U0682880

本书得到以下项目支持

科学技术部创新方法工作专项项目"四川省创新方法推广应用与示范"（项目编号：2017IM010700）

教育部新文科研究与改革实践项目"面向新型智慧城市的 SEM 式公共管理人才培养模式构建与实践"（项目编号：2021140114）

四川省软科学研究计划项目"建设高水平创新联合体研究"（项目编号：2022JDR0009）

西南交通大学本科教育教学研究与改革重大项目"文理工交叉融合的新文科人才培养体系构建与实践：以卓越行管人才培养为例"（项目编号：20220112）

西南交通大学一流本科课程建设专项"创新：方法、科技与商业的碰撞"项目

Springer

创新方法名著译丛

丛书主编/周 元

ABC-TRIZ

基于现代TRIZ模型的创新设计思维导论

〔德〕迈克尔·A.奥洛夫（Michael A. Orloff）/著

周贤永 陈 光 唐志红 刘 凤 梁洪力/译

ABC-TRIZ

Introduction to Creative Design Thinking
with Modern TRIZ Modeling

科学出版社
北京

图字：01-2019-3852号

内 容 简 介

　　本书是一部简单实用的创新方法著作，它以"ABC-TRIZ"（即一种易于理解的TRIZ）为名，以"在复杂中发现简约"为基本理念，采用一系列条理清晰的案例，从如何学习发明、怎样成为一个天才、创新思维与方法涉及的主要工具三个方面，对现代TRIZ的基本思想和应用进行了全面而精炼的介绍。此外，本书通过分析大量杰出人物性格的形成案例，对经典TRIZ理论创始人阿奇舒勒提出的"创造性人格开发理论（TDCP）"进行了进一步发展。

　　本书主要适合机械工程、人工智能、管理科学与工程、工商管理、公共管理等专业和从事创新思维、创新方法、技术创新管理研究与教学工作的研究人员、高等学校师生及政府相关管理部门人员使用，也可为从事技术创新和创新方法工作的企业技术人员、管理人员和相关领域的人士提供一定的参考。

First published in English under the title
ABC-TRIZ：Introduction to Creative Design Thinking with Modern TRIZ Modeling
by Michael A. Orloff
Copyright © Springer International Publishing Switzerland，2017
This edition has been translated and published under licence from
Springer Nature Switzerland AG.

图书在版编目（CIP）数据

　　ABC-TRIZ：基于现代TRIZ模型的创新设计思维导论 /(德) 迈克尔·A.奥洛夫 (Michael A. Orloff) 著；周贤永等译. —北京：科学出版社，2023.9
（创新方法名著译丛 / 周元主编）

　　书名原文: ABC-TRIZ: Introduction to Creative Design Thinking with Modern TRIZ Modeling

　　ISBN 978-7-03-073464-8

　　Ⅰ.①A… Ⅱ.①迈… ②周… Ⅲ.①创造学—研究 Ⅳ.①G305

中国版本图书馆CIP数据核字(2022)第195520号

责任编辑：张　菊 / 责任校对：何艳萍
责任印制：吴兆东 / 封面设计：黄华斌

科学出版社 出版
北京东黄城根北街16号
邮政编码：100717
http://www.sciencep.com

北京中科印刷有限公司 印刷
科学出版社发行　各地新华书店经销
*
2023年9月第 一 版　开本：720×1000　1/16
2024年1月第二次印刷　印张：33 1/2
字数：650 000

定价：388.00元
（如有印装质量问题，我社负责调换）

致我的儿子尼古拉（Nikolai）-
我喜爱和尊敬
他的创造性天赋
和卓越的教学技巧
以及负责任和有耐心的品格
他不仅影响了他的学生
还影响了我

这本书在一个非凡的年份出版。

今年①适逢第一篇 TRIZ 文章（1956 年）发表 60 周年，也恰逢由 TRIZ 的创始人根里奇·阿奇舒勒（Genrikh Altshuller）撰写的第一本 TRIZ 书籍（1961 年）出版 55 周年。

TRIZ 和 ARIZ 都起源于这第一篇文章和第一本书籍！

今年也恰逢根里奇·阿奇舒勒，以及他的同学兼兄弟，第一篇文章的共同作者，拉斐尔·夏皮罗（Raphael Shapiro）诞辰 90 周年。

伟大能经得起岁月的考验！确实如此，由根里奇·阿奇舒勒开创的理论——TRIZ 对于创造性设计思维、系统性创造知识和文明进一步发展来说，是一种绝对特殊的方法。TRIZ 正在拥有越来越多的使用者和拥护者！

现代 TRIZ 精心维持创始人的基本思想，促进这些思想的理解，并推动着这些思想的有效应用。

亲爱的读者将通过本书（*ABC-TRIZ*）中方法论的相似性及数十个应用实例，发现这种思想延续性，并将深入了解阿奇舒勒、夏皮罗及其他伟大的人物。

---

①时间遵从原书时间。下同。

杨昭（Zhao Yang）（中国），理学硕士：

　　我深信现代 TRIZ 应当在中国得到广泛传播。

阿迪希•盖希卡（Adehi Guehika）（科特迪瓦，现居加拿大）：

　　我认为现代 TRIZ 中的电子教育可能成为我的首要或第二事业。

奥克泰•塔巴克（Oktay Tabak）（土耳其）：

　　使用 MTRIZ 模拟任何工件并打开其设计的创意驱动程序是非常有趣的。

哈鲁尔•卡马鲁丁（Khairul Kamarudin）（马来西亚），理学硕士，博士：

　　伟大的 MTRIZ 电子课程！绿色技术的有趣应用是可能的。

爱德华•多罗查（Eduardo Rocha）（墨西哥）：

　　我希望不仅在我的工程专业，而且在每所大学都能得到这些非常宝贵的 MTRIZ 知识。

卡米拉•马丁内兹（Camila Martinez）（巴西），商业智能分析师：

　　我想在巴西传播 MTRIZ，这对我们的企业和大学来说非常重要。

皮瑞克•康特安托（Prerak Contractor）（印度）：

　　现代 TRIZ 和 MTRIZ 电子课程对于工程师与管理人员来说绝对是不可替代的！

苏根•瓦霍迪（Sugeng Wahyudi）（印度尼西亚，现居新加坡），硕士：

　　MTRIZ 可以对系统的历史发展进行建模，我在我的硕士论文中实现了！

哈立德•肖伊布（Khaled Shoaib）（埃及）：

　　现代 TRIZ 绝对是针对初步培训和设计思维应用的精心研究！

迈克尔·奥洛夫是现代 TRIZ 学院（AIMTRIZ，柏林，2000）的创始人、MTRIZ 教育建模的作者，他认为现代 TRIZ 技术是"抽取"、"重新发明"和"发明元算法 T-R-I-Z"。

现代 TRIZ 学院拥有来自 18 个国家的合作伙伴，并在全球范围内广泛创建现代 TRIZ 教育社团。

他的培训与咨询服务在许多公司和高校都很有名，包括西门子（SIEMENS）（德国柏林自动化和电子运输方向）、三星高级技术研究所（SAMSUNG Advanced Institute of Technology）（系统开发，韩国水原）、中国高校（在为期 2 天的培训中有 1000 名学员参与）、哈萨克斯坦、韩国、俄罗斯等的企业或高校。到目前为止，在超过 120 家企业中，大约有 500 个具有创造性的解决方案（其中许多是客户专利）是通过作者的咨询和问题解决（根据客户的订单或与智库团队合作）而获得的。

他在柏林工业大学教授 MTRIZ，并与航空航天研究所 (ILR) 合作，为欧洲坦帕斯（TEMPUS）和伊拉斯穆斯·芒多斯（ERASMUS MUNDUS）等项目提供服务，在埃及艾尔古纳校区（Campus El Gouna, Egypt）等地的国际理学硕士课程"全球生产工程"、"创业与创新管理"以及"能源工程"（参与者为来自"城市工程"和"水利工程"院系的学员）中讲授 MTRIZ，并在 ESMT 欧洲管理和技术学院（柏林）的领导力发展研究中心（CLDR）为一些高管培训课程提供服务。

从 2015 年开始，他成为国家核研究大学莫斯科工程物理研究所（MEPhI）自然科学教育学和方法学的 MTRIZ 教授。他的书中还包括同 MEPhI 及联合国教育、科学及文化组织信息技术教育研究所（IITE）合作的高中和大学学生及教师试点项目的实例。

本书主要针对工科大学的师生，不过，它当然也可以成功地被所有专业的师生及高中教师和学生使用。

现代TRIZ

- 发明的标准化元算法
- 标准化的表达和专业知识的积累
- 标准化的大规模培训
- 标准的个人和集体应用

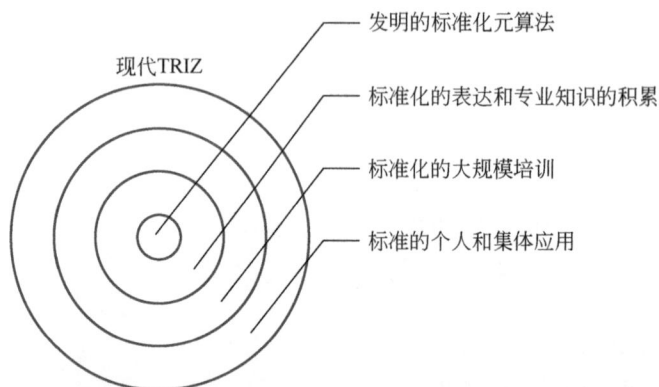

关于本书的标题

ABC 系列书籍一直受到重视。

它们打开通向世界奥秘的门户，通过教导人们阅读并分享他人的智慧、经验及思想情感来实现这一目标。它们帮助人们培养理解能力和同理心。

期望这本书成为你的创意入门书。它基本上是现代发明理论的缩影，可以帮助你发现现代 TRIZ。

关于 EASyTRIZ™ 培训系统（EASyTRIZ™ Training System）的标题

标题 EASyTRIZ™ 有两个含义：

1）它包含形容词"容易"；

2）它基于无线电定位缩写 EASy，也代表早期采集系统（目标获取和锁定，以便尽早开发有效反应）。关于培训目标，它可以参考 TRIZ 的早期采集系统：尽早获得正确的知识和技能，以便有效解决问题。

"TRIZ"是俄文缩略词，指"发明问题解决理论"。

我有必要从一开始就强调，创造性地解决问题的方法不是"制造"发明。该方法不能取代技术知识。它只能以最高效率帮助人们使用这些知识。它提供了一个合理的系统，而不是用大量的精力和时间来随机寻找答案。

想象一场拳击比赛。拳击手需要"肌肉"和"大脑"：强壮的肌肉很重要，特殊的战斗技巧也很重要。对于发明人和技术问题之间的"战斗"也是如此。知识、经验和能力——所有这些都是发明者的"肌肉"，而这种方法教会他不要把力量浪费在低效的拳头摆动上。

当然，掌握方法并不能保证发明者超过波波夫或爱迪生。同样，掌握大学物理课程并不能保证学生会随着时间的推移超过牛顿或爱因斯坦。

拥有伟大的创造才能不足以创造伟大的发明。除了历史条件必须有利之外，许多其他事情也必须同时发生才能实现。

该方法并没有否定能力可以发挥作用。它假定，每个人在不同程度上都有一定的才能。

该方法应主要用于解决常规发明问题 ——发明者每天遇到的问题。

该方法有助于培养人才并使其得到充分利用[1]。

根里奇·阿奇舒勒

---

①根里奇·阿奇舒勒.如何学习发明.坦波夫：坦波夫书籍出版社，1961（俄文）。

本书是提升你的领悟力的一次机会：

☆实用中的美丽
☆世俗中的惊艳
☆复杂中的简单

现代 TRIZ 学院的标志上有一句圣经格言①：

通过思维的更新而改变

本书邀请你改变你自己，
使自己变得更有创造力，更强大，
这样你就能学会克服困难，
将不可能变为可能，
并且可以单纯地为创造美丽的想法
和有用的解决方案而高兴

---

①罗马书 12:2。原来的拉丁文是：Transformamini renovation mentis. 资料来源：Nova Vulgata,Apostoli ad Romanos Epistula Sancti Pauli,12(2)。事实上，我们引用圣经并不意味着我们对任何特定的宗教有偏见，我们也没有试图改变读者的信仰。这仅仅意味着我们正从一个特定的历史文献来源中汲取智慧。

我们不能预知未来，但我们可以创造未来。

丹尼斯·伽柏

（1900 ～ 1979 年）

全息技术的发明者，1971 年获诺贝尔物理学奖

（引自 1963 年《发明未来》一书）

预测未来最好的方式是创造未来。

艾伦·凯

（1940 ～ ）

面向对象编程和图形界面的先驱

（摘自 1971 年 PARC 会议）

新范式的主张：

"创意" 与 "分析"

有三个观点得到了广泛的认同：

1）复杂性正在升级
2）企业还没有做好应对这种复杂性的准备
3）创造力是目前最重要的个人能力

IBM 表示，领导力的各个方面都需要创造力，包括战略思维和规划。

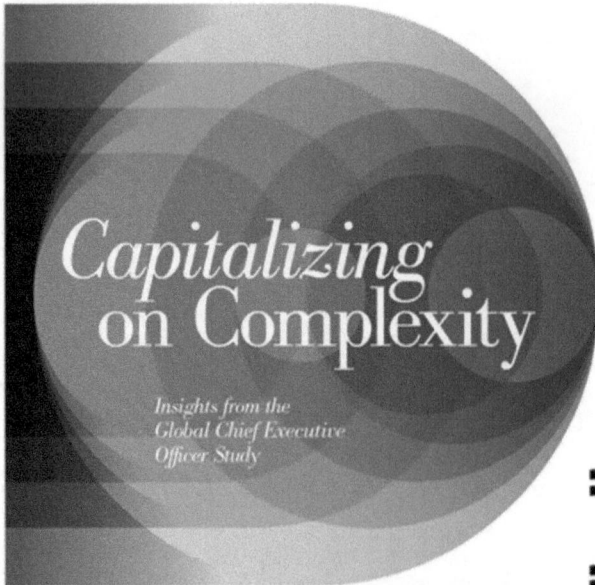

Capitalizing on Complexity: Insights from the Global Chief Executive Officer Study, July 2010

This study is based on face-to-face conversations with more than 1,500 CEOs worldwide.

海顿·肖尼西
撰稿人

是什么让三星公司成为一个如此具有创新性的公司？

　　正是 TRIZ 成为三星创新的基石。TRIZ 是俄罗斯的工程师们引入三星的，早在 21 世纪初，三星就在它的首尔实验室里雇用了这些工程师。

　　TRIZ 是一种系统性解决问题的方法。通常来说它的起源地是俄罗斯，它要求使用者找出当前技术条件和用户需求之间的矛盾，并设想出一种具有创新发展方向的理想状态。

　　在三星，即使是子公司的 CEO 也必须接受 TRIZ 培训。

　　如果你想要在三星发展，TRIZ 现在是一项必备的技能。

福布斯
2013.3.3

彼得·芬格
业内著名的 BPM 专家之一

创新是一个业务流程

克莱顿·克里斯坦森，哈佛商学院教授：……作为新价值的创造者，创新不是随机的、试错性的横向思维，而是一个可重复的过程。如今创新的重点在于意识到创新是可以被系统性地实现的，创新者是一个执着的问题解决者。

霍华德·史密斯，"欧洲卓越创新中心"首席技术官：……现在正在添加的东西可能是一种思维方式、一套工具、一种方法论，也可能是一个过程、一套理论，甚至可能是一门深奥的科学，但它都在逐渐成形，成为"下一件大事"。它叫 TRIZ……它是与不可靠、不系统、试错性、横向思维的心理学方法相对立的方法。其科学、有序、可重复且自带算法的流程让所有第一次遇见它的人大吃一惊。

BPM Institute.org™
业务流程管理专业人员
的点对点交流平台

2015.9.24

| 目　　录 |

第二篇 如何成为天才

第三篇　主要工具（总结）

如何学习发明?

攀登(ascension)改变人:
它改变人的价值体系。

任何人都可以跟随攀登步伐的每一步,如果一个人一辈子都只是原地踏步,那他简直就是在犯罪①。

根里奇·阿奇舒勒(Genrikh Altshuller)

---

① 作者综合了以下几本书:根里奇·阿奇舒勒《如何成为一个天才》,《创造性人格的人生策略》。

为了纪念 TRIZ 创立者，作者根据根里奇·阿奇舒勒第一部杰出著作[1]（如上图）的书名对第一篇的小标题进行命名，以便突出 TRIZ 思想的一脉相承。

---

[1] G.S.Altshuller. 如何学习发明. 坦波夫：坦波夫书籍出版社，1961（俄文）。

ABC-TRIZ：在复杂中发现简约

发明机器公司创始人 Val Tsourikov 博士著作的报告[1]

尽管 TRIZ（发明问题解决理论）业已在全世界范围内得到了广泛的传播，但是许多工程师和管理人员仍然无法理解 TRIZ，更不用说高校学生。其原因之一在于缺乏一套简单实用的书籍，以一种易于理解的方式对 TRIZ 进行阐述，使其不仅适合富有经验的专业人士，也适合于高校学生和高中生。

本书作者已经出版了一本关于"经典"TRIZ 的书籍[2]（它以工程师作为主要受众）。该书问世于 2002 ~ 2003 年，后又由德国斯普林格出版公司在柏林、纽约、莫斯科、北京（2010 年）等城市屡次重印。他的最新教材[3]《现代 TRIZ》，是有关 TRIZ 基本工具的最具综合性的著作。

您手上捧着的这本书是作者进一步逻辑性尝试的结果，它试图走近另外一个更大，同时也可能是更容易激发的目标受众群体——中小学生和高校学生。该书采用一些条理清晰的案例，对 TRIZ 的基本工具进行了详细而简单的阐述。这些案例对于读者和初次使用者快速而准确了解 TRIZ 而言，都是很有必要的。

迈克尔与 TRIZ 的相遇时间可以推回到 1963 年，当时他在明斯克理工中学学习，就像本书的预期受益人——当今的高中生一样年轻。后来，他先是成为我们学院的学生[4]，而后又成为我们学院的员工，在参加我们专利局专家所授课程的基础上，应用 TRIZ 获得了他的第一批发明。这些发明最后进化成了之后 TRIZ 的第一批算法和目录。

20 世纪 80 年代，本书作者支持了我们的实验室建设，在这一实验室里，我

---

[1] 该书由 Valery Tsourikov 博士所著，Valery Tsourikov 博士是基于 TRIZ 建模开发的世界智能软件先锋——发明机器（始于 20 世纪 80 年代中期）的设计者，他也是世界著名的美国波士顿发明机器公司的创始人。

[2] 该书至今已经出版 3 个德文版（2002~2006 年）和 4 个俄文版（2006~2015 年）。英文版：M.Orloff（2003, 2006）Inventive Thinking through TRIZ：A practical Guide.Springer-Verlag Inc., New York, 350pp., 2nd edition, 2006, ISBN-10 3-540-33222-7, ISBN-13 978-3-540-3322-0［用 TRIZ 进行创造性思考实用指南（原书第二版）］。

[3] M.Orloff（2012）Moder TRIZ：A Practical Course with EASyTRIZ Technology.Springer-Verlag Inc., New York, 468pp., 2nd edition, 2012, ISBN-10：3642252176, ISBN-13：978-3642252174。

[4] 本书作者同 Valery Tsourikov 一样是明斯克无线电技术学院（现白俄罗斯国家信息科学和无线电电子大学）毕业生。

开始开发一种至少部分地建立于 TRIZ 基础之上的发明机器智能系统，90 年代中期，他又帮助我们在许多国家传播推广这一软件。

如今，当本书作者作为一个 TRIZ 的使用者、培训者、咨询者、开发者一试身手以后，他希望通过写一本反映其对 TRIZ 的理解并总结其 TRIZ 培训经验的导入性著作，同一个极其重要的读者群体——中小学生和中小学教师、高校学生和教授进行交流。

本书作者使用"在复杂中发现简约"这一表述作为其座右铭，多年来一直在尝试开发一种大规模的 TRIZ 培训方法。他所提出的"抽取"与"重新发明"现代 TRIZ 技术已经成为初学者和专业人员的有效工具，这些工具可以帮助他们理解 TRIZ 思想，掌握实用性 TRIZ 方法。

这一致力于发展阿奇舒勒"创造性人格开发理论（TDCP）"的独特工作，其重要性可以采用史蒂夫·乔布斯的名言[1]进行强调："……当你第一次开始试图解决一个问题时，你首先想到的解决方案是非常复杂的，大多数人都停在那里。但是只要你坚持迎头冲过去，对问题进行更加细致地抽丝剥茧，你经常可以得到一些非常精巧而简单的解决方案。只不过，大部分人都懒得花精力走到那一步而已。"根里奇·阿奇舒勒深知 TRIZ 工具对于创造力的重要性，也非常清楚培养创造性人格的不可替代性。这种创造性人格会让人像史蒂夫·乔布斯所提的那样，即使周围充满了反对和质疑，也会仍然坚持己见，勇往直前。

遗憾的是，根里奇·阿奇舒勒没有时间去完成 TDCP。因此，"ABC-TRIZ"作者对读者或多或少知晓的著名人物性格形成案例进行了分析，这些案例令人印象深刻，他所做的这项工作是特别具有价值的。这些人物富有杰出的个人素质，此类个人素质对于社会重要创造性目标的实现具有不可或缺的作用，因而他们的生平事迹与人物素描具有极大的个人、心理、社会和伦理价值。书中的生平事迹与个人素描等主要依靠这些具有历史和当代意义的主角的自传散文与相关言论整理而来。

为了纪念 TRIZ 创立者，作者根据根里奇·阿奇舒勒的两本著作（第一本和最后一本著作[2]）的标题对本书的头两篇小标题进行命名，以便突出 TRIZ 思想的一脉相承性。

"ABC-TRIZ"值得你的努力！

祝愿读者成功掌握 TRIZ 的基本工具和 TDCP 的相关信息。

Valery Tsourikov

2010 年 1 月 ~ 2015 年 6 月

---

[1] 引自新闻周刊《论 iPod 的设计》，2006 年 10 月 14 日刊，https://en.wikiquote.org/wiki/Stevw_Jobs。

[2] G.S.Altshuller. 如何学习发明. 坦波夫：坦波夫书籍出版社，1961（俄文）。G.S.Altshuller, I.M.Vertkin. 如何成为天才：创造性人格的人生策略. 白俄罗斯，明斯克，1994（俄文）。

本方法的有效性

有一个故事可以帮助我们恰当地领会 TRIZ 的功效。我将借用一张海报［如图 I .1 (a) 所示］来说明这一点，出于有趣的考虑，德国人经常将这张海报挂在办公室和走廊里。海报中这段充满出人意料的睿智和互相矛盾的辛辣韵味的话语令我感到非常兴奋。您可以自己进行判断，其具体含义可以参看图 I .1 (b) 中的英文翻译，虽然其译文对于说英语的读者而言有点尴尬和笨拙，但是我们还是保留了原文的相关结构，对其中强调的词语组合进行突出标示。然而，这一线索是否足够清晰呢?

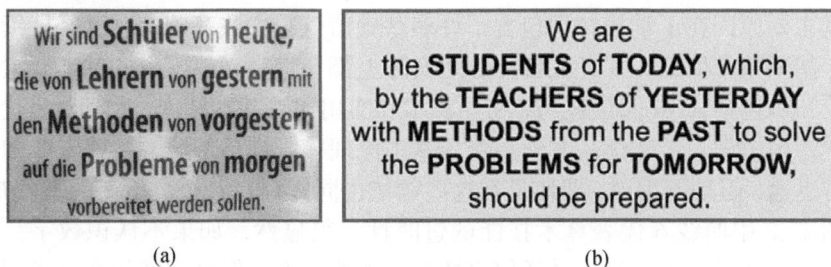

Wir sind **Schüler** von **heute**, die von **Lehrern** von **gestern** mit den **Methoden** von **vorgestern** auf die **Probleme** von **morgen** vorbereitet werden sollen.

We are the **STUDENTS** of **TODAY**, which, by the **TEACHERS** of **YESTERDAY** with **METHODS** from the **PAST** to solve the **PROBLEMS** for **TOMORROW**, should be prepared.

(a)　　　　　　　　　　　　　(b)

图 I .1　关于"为未来学习"!

我们是今天的学生，由昨天的老师带领，采用过去的方法去解决明天必须面对的问题。

因此，或许 TRIZ 也是过时的方法? 因为它们总是教我们使用"过去的发明"? ! 现在看来这种言论都是极端粗暴的!

TRIZ 没有过时。相反，它还没有完全成熟!

TRIZ 是最新的方法! 但是之前用来教授、现在仍然到处用来教授 TRIZ 的方法则是的的确确过时了! !

现在让我们来看一张关于基本知识和技巧过时性的有趣插图（图 I .2）。这张插图是我在 1995 年从一本名叫"机械工程市场"的德国杂志上看到的，而后我又补充了一条 TRIZ 知识过时曲线①，现在又增加了一条"算术曲线"。

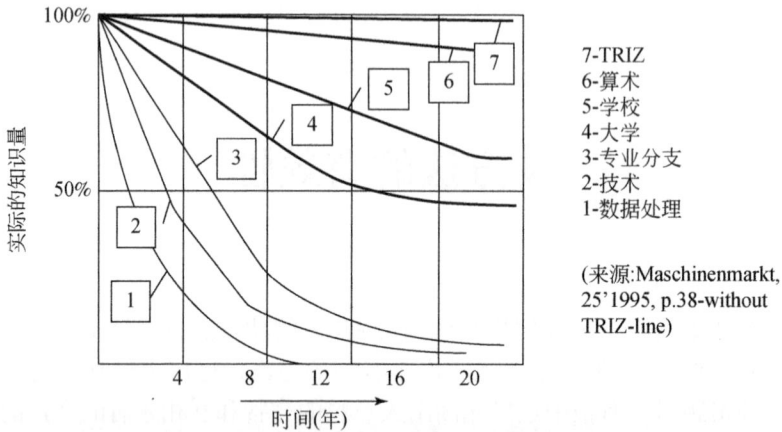

图Ⅰ.2　基本知识和技能的过时曲线

专家已经证明，当今世界许多知识变化非常迅速，如计算机技术和软件，而另外也有一些知识的变化较为缓慢，如学校教授的知识。

其主要原因在于学校知识包含了许多基础信息，这些基础信息已经持续存在数十年甚至数个世纪，并且在各行各业实际上都一直是必不可少的基本要素。这些学校知识包括 ABC 阅读技巧，实用算术和实用代数基本原理，物理学、化学、生物学、历史学、天文学、文学、音乐基本原理等。许多领域的特殊专业知识演进非常迅速，但是不用说，即使是在这些领域也同样存在着经久不变的基础知识。

图Ⅰ.2 中曲线 6 代表算术技能的过时性。很显然，如果不认识数字，不知晓运算规则和乘法表，我们做任何事情都将无能为力。但是，即使在算术领域，许多人也因为计算机的广泛使用而失去（在现代学校有时候有些人甚至从一开始就没有获得过！）精神上的计算技能。

TRIZ（图Ⅰ.2 所示曲线 7）在其基本模型中，一直在积累整个发明历史的总体经验。这些规则不会过时，相反，它们永恒不变！因此，为了保持 TRIZ 规则中的"精神计算"能力，你必须在实际应用时通过不断开发 TRIZ 建模和设计技能的方式，持续实践你的思维能力。

人们经常问我 TRIZ 的功效如何。有时候我会反问他们一个问题：算术的功效怎么样？算术的功效取决于谁在使用以及如何使用，即取决于使用的水平、熟练程度等。对于 TRIZ 的功效也同样如此：它是理论和实用工具的融合，它的应

---

① M.Orloff（2003，2006）Inventive Thinking through TRIZ：A Practical Gude.-Springer，NY，2006。

用功效完全取决于你自己。

在这里，我们回想一下俄罗斯杰出作曲家和钢琴家谢尔盖·拉赫玛尼诺夫（Sergey Rakhmaninov）的故事可谓正当其时。他曾经说过这样一段话："如果我一天不弹钢琴，我会注意到；如果我两天不弹钢琴，我的家人会注意到；如果我三天不弹钢琴，所有人都会注意到。"

不要忘了，他是一位伟大的钢琴家！这意味着即使是大师，也需要持续进行训练。如果大师疏于训练，其水准将不可避免地降低。因此，他必须在他职业生涯的活跃阶段不停地训练。这一哲理也存在于所有东方武术的训练过程之中。

的确，当到了需要全力投入、专心致志的关键时刻，再来问你自己在此之前是否已经做好了所有可以做到的事情，无论如何都为时已晚。

同时，需要注意的是，作为一门科学，TRIZ 还相当年轻。TRIZ 必然会进一步改进。关于这一点，想想物理学或数学的情形便可知道：在它们达到现有状态之前，至少在过去 200 年间，无数辛勤耕耘的研究人员对它们进行了不遗余力的改进与完善。

|第 1 章| 发明的奇迹

攀登（ascension）改变人：它改变人的价值体系。

任何人都可以跟随攀登步伐的每一步，如果一个人一辈子都只是原地踏步，那他简直就是在犯罪。

——根里奇·阿奇舒勒[1]

1.1 以五个"简单"任务热身

在大多数案例中，本书的相关任务都曾经在没有使用 TRIZ 的情况下得以完成。

因此，不论你是否拥有某种技能、经验或者创造才能，都可以提出或解决某些问题。

现在的问题是：我们能够从解决这些或类似问题的过程中提炼创新经验吗？这些经验之后可以被一般化，并进一步表述成为今后解决类似问题时使用的模型或者实用性建议吗？

TRIZ，只有 TRIZ 的回答才是肯定的。

如果可以从之前已经解决的问题中提炼出创新模型，并且由此学会如何解决类似问题，那么难道我们不能得到以下结论吗？——我们面临一种新的创造性理论的开端，这种理论可以称为发明理论。

对于这个问题，TRIZ 的回答仍然是肯定的。根据定义，TRIZ 实际上就是发明理论。TRIZ 一直在持续不断地开发新模型、新定义和新思想，这些新内容可以进一步促进该理论本身的发展。不过，TRIZ 之所以能够出现，是因为存在一些基本知识，离开这些基本知识，TRIZ 将不复存在。任何想要获得创新和发明

---

[1]作者根据 G.S.Altshuller 和 I.M.Vertkin 的《如何成为天才：创造性人格的人生策略》（白俄罗斯明斯克，1994 年俄文版）改编。

思维技巧的人都需要这些基本知识。

要想获得使用这些模型所需要的技能，对主要（基础的和高级的）模型进行研究是必不可少的。这些模型具有普适性，独立于其应用领域，虽然有些模型仍然太过"技术化"，但是它们可以适用于任何情形或问题。

这部导入性、实用性的综合著作，统领处于共同标题"ABC-TRIZ™"下的三篇，致力于研究经典 TRIZ 的主要模型。过去的数十年间，许多具有更加完善定义的 TRIZ 主要模型在不断进行积累。新的例证促进了这些主要模型的巩固和发展。更为重要的是，由新型工具软件包支持的新式教育技术使得这些模型的发展如虎添翼。这种集成性的综合体可以被称为建立于现代 TRIZ，或者更加简洁的 MTRIZ 基础上的教育体系。

现在让我们将注意力转向任务。我们将以一个非常漂亮的创造性任务开场。这项任务是我们的"标杆任务"之一，"标杆任务"就是那些其解决方案从有效性和精巧性方面看可以作为模板的任务。我们也将展示一些"儿童层次"的问题，其中的一个问题就是由 TRIZ 的创立者根里奇·阿奇舒勒告诉我们的。

我们应该记住，没有问题解决者的努力和创造才能，所有这些问题都不可能得到解决。许多发现这些问题解决方案的人的名字已经被遗忘在人类的历史进程中。然而，我们仍然可以利用他们的创造性成果。

与此同时，我们也提供了一些还远远没有得到解决的问题。你可以应用你的聪明才智和知识，也可以应用 TRIZ 技能去解决书中的这些问题。

问题 P1：根里奇·阿奇舒勒实验

这一问题[①]曾经被一帮幼儿园的小朋友解决。当然，并不是所有的小朋友都解决了这个问题，只有最聪明和富有创造性的小朋友成功找到了问题解决方案。为了区分真假，我们将通过一个短小的"连环图画"进行适当说明。

在游戏室，两根绳子从天花板上吊下来（图 1.1）。你需要用双手抓住它们。但是两根绳子离得太远，如果你抓住一根，你将无法抓住另外一根！

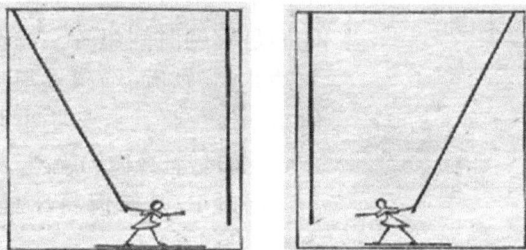

图 1.1 两根绳子的初始问题情形

①根里奇·阿奇舒勒. 寻找创意：发明问题解决理论导论. 新西伯利亚：科学出版社，1986（俄文版，存在更新版）。

初始位置如图 1.2（a）所示，它对应的是原始状态（"is"）。我们需要得到的位置如图 1.2（b）所示，它对应的是要求状态（"should be"）。

你将产生如下想法：摇荡其中一根绳子［图 1.2（c）］！但是当你抓住第二根绳子并回到原来的位置时，我们又将无法抓住第一根绳子［图 1.2（d）］。其原因在于第一根绳子太轻，导致它的摆幅较小。

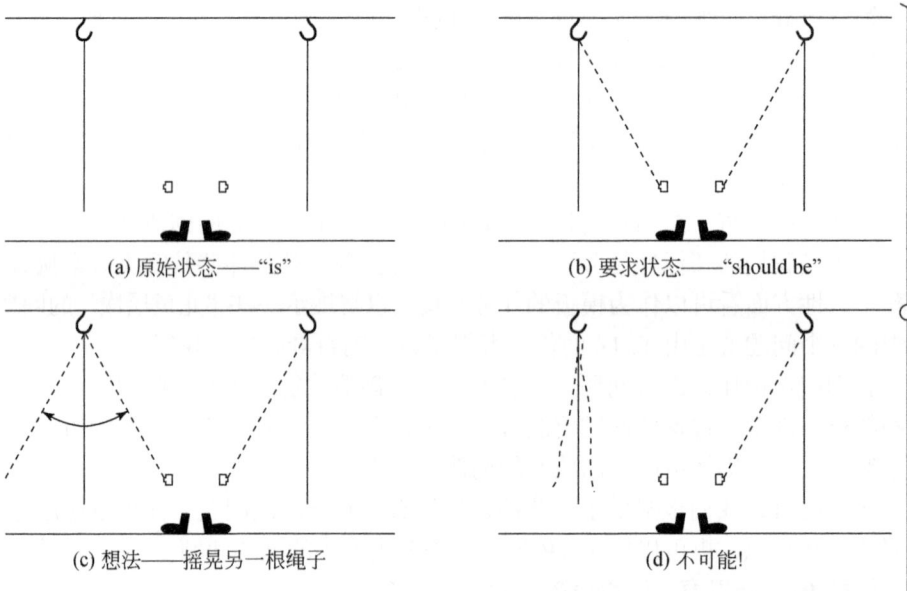

(a) 原始状态——"is"

(b) 要求状态——"should be"

(c) 想法——摇晃另一根绳子

(d) 不可能！

图 1.2　再次思考问题场景

图 1.3　悬挂在屋顶上的冰柱

根据根里奇·阿奇舒勒的描述，在这时许多小朋友开始大哭，需要用糖果来哄一哄。他们碰到了一个"不可解决的问题"，遇见了一个"不可逾越"的障碍。或者是没有给他们足够的时间思考，或者是他们在实验员和幼儿园教师面前感觉很害羞，抑或是……但是不管怎样，有一些小朋友的确找到了答案。他们是怎么做的呢？

问题 P2：如何将冰柱固定在屋檐水沟上？（图 1.3）

自我童年起，我就对以下离奇古怪的场景记忆犹新：春天或者冰雪融化期间，房屋管理员（在那个年代，房屋管理员就是为一栋或几栋邻近高楼看管庭院的工友）会爬上屋顶，将悬挂在屋檐上和水沟中的冰柱敲打下来。有一些冰柱长度达到甚至超过 1 米。

小孩都喜欢冰柱，一是因为它们看起来外形奇特，且在阳光照射下闪闪发光，二是因为它们"流着冰冷的眼泪"，三是因为它们掉至地面，破裂成无数"闪闪发光的碎片"。

我们也可以爬上雪堆或低矮院墙，将悬挂在谷仓顶的小冰柱取下。然后将冰柱当成糖果吮吸，它们看起来真甜……直到当天晚些时候，我们当中的许多人会因为这一怪异愚蠢行为而得到剧烈咳嗽和高烧不止的"奖赏"。

然后，我们对吮吸冰柱事件绝口不提，企图隐瞒我们生病的真正原因。然而，没过多久，母亲和祖母就会发现我们保持沉默背后的幼稚诡计，她们对事情真相已经了然于心……

无论如何，房屋管理员会敲下冰柱，以免它们意外掉落伤及屋檐下的行人。即使是孩子也知道那会伤人。父母会告诫我们，千万要注意观察高楼上的屋顶是否有冰柱，远离冰柱所能伤人的区域（也就是说远离冰柱掉落区域）。

现在的任务是：如何让冰柱在无需从屋顶房檐和水沟上拆除的情况下，完整保存并在春日阳光之下逐渐融化？

问题 P3：如何设计克里姆林宫上的红五星？

作为苏联的象征，莫斯科克里姆林宫（Kremlin）上的红五星（图 1.4）闻名于全世界。它们现在象征着俄罗斯和莫斯科。1937 年，莫斯科克里姆林宫所有主塔全部都安装了红五星，其中，最高的主塔即使没有红五星也高达 60 米。

图 1.4　莫斯科的红五星

　　红五星由一种含有硒和其他添加物（"硒质红宝石"）的特殊红宝石玻璃与由不锈钢钢筋所固定的半透明牛奶色玻璃建造而成。钢筋的条纹沿着星星轮廓分布，使其极其坚固。

　　主星直径约 5 米，面积约 6 平方米。当强风来临时，红五星很有可能从塔上吹翻下来。

　　由于红五星重约 1 吨，因此对于规划和建设红五星的工程师而言，如何保证其在强风中的可靠性和安全性成为一项严峻的挑战。

　　任务：如何让红五星在遇到强力风暴时安全可靠，同时做到工程建设简单、能耗低呢？

问题 P4：如何制作魔法水龙头？

　　魔法水龙头[①]是一个非常受欢迎的旅游胜地，坐落于西班牙加那利群岛（Canary Islands）最大岛屿之一——特尼里弗（Tenerife）的水上公园。

　　水流从水龙头汩汩流出（图 1.5），而水龙头看起来却悬在半空之中，这让那些即使是对其工作原理一清二楚的人也会大吃一惊。

图 1.5　魔法水龙头

　　在其他各个城市和国家都有许多类似的动态雕塑。

　　附带提示的任务：如何创造这样一种"假象"呢？

---

　　①答案可在以下网址获取：http://sobrecadiz.com/2008/07/11/el-parque-acuatico-aqualand-bahia-de-cadiz 以及其他网站。但是不要急于查看答案。先尽自己最大的努力！

同时请记住：如果一种现象、一个小把戏、一场戏法或者马戏表演存在吸引力，那么这意味着需要使这些"奇迹"发生的所有资源都是充足的。

主要的挑战是想出或者重新发明用来展示这一把戏的构造！因此，此处面临的任务是重新发明魔法水龙头。

问题 P5：如何让人们确信并坚持体育运动？

我们都听说过晨练或者是在户外散步或慢跑以呼吸新鲜空气是多么重要。我们都听说过抽烟或者药物滥用对于身体有多大危害。但是有一个问题：我们真的听从了这些不错的建议吗？我们采纳了这些有关健康的重要建议吗？

唉，答案经常是较为糟糕的情况。

纵然如此，卫生部和各种各样健康组织的热心成员一直都在尝试吸引人们的注意，使其更加关注紧要的健康问题，让他们丢弃诸如抽烟、酗酒、无休无止地观看电视等有害习惯。

我记得，从我遥远的孩童时期开始，人们在许多地方，如街道上、教育机构和工业企业里等，都会看到巨幅海报，这些巨幅海报会采用加大字体宣传类似于如下所述的有益标语：

"如果你想保持健康，那就强化自己！"

或者类似于图 1.6 所示的 20 世纪 50 年代宣传海报。

很明显，不是所有人都可以变得像海报中少先队员（苏联儿童组织成员）的父亲（也许是哥哥）那样强壮。

附带提示的任务：

如何改变海报中的设计和信息，以便促进人们坚持体育运动呢？也许，这需要采用幽默的发明来完成？

图 1.6　20 世纪 50 年代宣传海报

1.2　奇迹的秘密

TRIZ 是非常重要的，因为它为解决极其复杂的问题提供捷径。但是，它真正的价值在于会给你通往奇迹的钥匙！这个钥匙让人领会那些潜藏在未知世界深处的事物，只有拥有适当工具和技能的人才能发现这个钥匙。当然，通往奇迹的钥匙总是有较小的概率被偶然发现。

当完成培训并关注奇迹时，解决这些未知问题对于你来说相当容易，于是你会开始理解和赞叹这种新型问题解决方法的威力，开始品味非凡创意能力所带来的乐趣。

　　TRIZ 奇迹般地将方法和艺术融合为一体！

　　方法本身会产生描述和学习。方法经常打开创意的藏宝箱。奇迹诞生于你的才能被 TRIZ 思维提升之时，诞生于你战胜"不可能"之时，诞生于你被创意之美所折服之时。

　　你是否怀疑在我们思维活跃的时候仍然可以加入方法和奇迹呢？请看下面这张图片（图 1.7）。如果你没有方法，你可能永远也无法看到隐藏在图片深处的秘密。

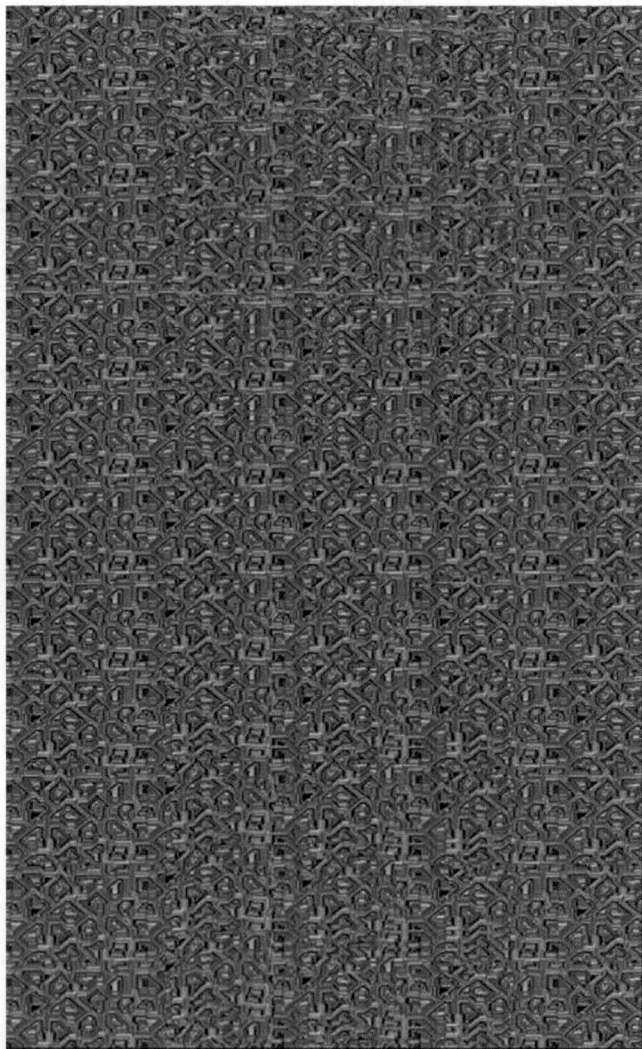

图 1.7　神奇的视觉海报

在开始之前，先学习这张图片的"秘密"：将其顺时针旋转 90 度并试着穿过图像，而不是观看图像本身。

例 1.1　神奇的视觉海报

观看这张图片的方法是：在一个光线明亮的房间，顺时针旋转 90 度。将图片靠近你的脸部，直到图像变得模糊，然后逐渐拿走图片，越过或者是通过纸张观察，而不是观察它的表面。在某个时刻你会看到图像将神奇地变化成一个 3D 形状。

TRIZ 也是同样的道理！其秘诀在于观察问题的本质，而不是表面。

歌德[①]曾经说过：

"置身事物表面是为学习；置身事物之外是为发明"。

当你意识到隐藏在图片深处的三维图像时，你肯定感受到了发现的奇迹，感受到了理解的奇迹！

很有可能你洞悉神奇的视觉图片中虚幻 3D 世界的初次尝试会遭到失败。但是，当你提升你的快速自我调整技能时，你从观看此类图片中获得的愉悦就会增加。

在学习 TRIZ 时，同样会发生这些事情。起初，你在学习的方法背后看不到任何激动人心的奇迹，因为你面临的任务过于简单，或者过于乏味，或者相反，根本无法理解，就像草率而肤浅地观看神奇的视觉图片一样。

但是当你独立完成至少数十个任务后，当你学会勇敢地处理任何具有挑战性的问题后，你将开始领略 TRIZ 的优势和高超艺术。

1992 年，我的德国老板和合伙人把一张奇怪的巨大海报挂在明斯克合资公司办公室的走廊上，海报上密密麻麻地布满了蓝绿色的波浪线，我已经在不断地提升我的 TRIZ 水平几十年了。海报是用电眼技术制作的，我们以前从未听说过。大约一个星期，海报和老板都成为人们嘲笑的对象。然后老板让大家仔细看一下海报，因为它隐藏着一个秘密。他还说，无论是谁知道了这个秘密，都不能与其他人分享，而是应该私下告诉他，而且只能告诉他，因为第一个"发现者"会得到奖品，他希望比赛公平。

在这大约 50 名工程师和程序设计员工中，有些人几乎着迷于这张海报，但另外一些人似乎对其毫不关心。最后，没有人发现这个秘密。

就是在那时我发现了真正"观看"神奇的图片和掌握 TRIZ 之间的相似性。我确信在任何活动中如果想要达到大师级别，人们不仅应该学习这种方法，也应该发现这个专业的优势，不论它初看起来有多么不堪。因为如果没有奇迹的出现，那么任何专业都不可能成为无穷无尽乐趣的源泉……

我在 50 多年前（1963 年）开始接触 TRIZ，那时候我将 TRIZ 创立者根里

[①]约翰·沃尔夫冈·冯·歌德（Johann Wolfgang von Goethe）（1749～1832 年），德国杰出思想家、诗人、哲学家和博物学者。

奇·阿奇舒勒出版的第一本著作①作为学习指南。在那本小书中，TRIZ 既没有名字也没有任何意味深长的工具或结构！我花了 3 年时间（2007 ~ 2009 年）去领会那本小书。这是我对 TRIZ 感兴趣、对提升 TRIZ 水平的"报答"。这也是我与 TRIZ 进行交流以及我对其奥秘进行愉快探索的时间！

我对 TRIZ 的原理一直非常赞赏，这种赞赏是一种对于奇迹——创造性思维固有的美丽奇迹和人类才华创造的新想法奇迹——持续深思的感觉。

你可能需要 3 周的时间来阅读本书，而其他人可能只需要 3 天。将你阅读这本书所花费的时间除以我阅读它的时间，你会领会在学习 TRIZ 时获得的巨大收获。你的时间成本将是我的几十分之一甚至几百分之一！

但是还有更大的奖励：当你读完这本书时，你将集中掌握成千上万的发明家和人才所积累的认知经验！

自然而然，你可以期望对发现 TRIZ 奇迹的赞赏，将比对神奇 3D 图片产生的赞赏来得更加强烈。

当然，掌握 TRIZ 需要多年的努力，而你是否能成功应用将取决于你的才能和品格。尽管如此，你可以比本书的作者更快地完成提升 TRIZ 水平的过程。这意味着你可以在生活中创造更多精彩的想法，抑或只是一个想法，但是一个值得天才去思考的想法。但愿如此！

顺便说一句，我之前说过的海报上有雄伟壮观的自由女神像。它在海湾上方轻盈地徘徊，在它背后，纽约从笼罩着浓浓晨雾的水中浮现出来，用它那两座令人难忘的塔楼，点缀着天空②。

每个人都不需要花费很长时间来学会毫不费力地看到 3D 图像的技能，只要最小的"自我调整"就能看到奇迹。

我希望你能够在日常生活中获得类似的自由：通过 TRIZ 获得创造性思维的自由。

1.3 每个人都是发明家！

我经常用这句话作为讲座和研讨会的开场白。然而专业的发明家并非总是同意这一观点。每个专业人士在内心深处都认为自己是一个特别有才华的人。这是真的！但我稍后会再回过头来谈这个话题。

人是一种非常有动力和专心的生物！也被赋予了使其成为独一无二个体的品质——选择的自由！人可以自由选择他的生活方式、教育、职业追求、音乐作品、

---

① G.S.Altshuller. 如何学习发明. 坦波夫：坦波夫书籍出版社，1961（俄文）。
② 由于恐怖主义袭击，纽约世界贸易中心的双子塔于 2001 年 9 月 11 日被摧毁。

书籍、购物、行为等。数十亿人——包括男人和女人，经验丰富的专业人士和学生，银发老者和稚嫩孩童——每天都在做出个人选择。数十亿人的选择，包括思想、言语和行为的选择，都会融合到我们所谓的"生活"中。

选择通常是无意识地、自动地发生的。实际上，人类的大脑总是在经历完整的"发明循环"（现代 TRIZ 的元算法）：

1）人意识到有某种需要，这为他的行为提供了动力。

2）他制定一个目标，实现该目标就可以满足这种需要。

3）他设计一种达到这个目标的方法，并找到想法和解决方案。

4）他比较并选择最好的想法。有时他找不到解决方案，然后他改变原始方法甚至改变目标，重复这一循环。

即使是非常懒惰且怯懦的人也是有创造力的，甚至他们更加需要具有创造性，以便以最少的努力获得他们想要的东西。

孩童（成人也一样）在找借口证明自己没有错误或失误时充满智慧！要说服自己放弃尝试达到无法实现的目标，向自己和他人证明不应该自责……

确实，选择可能非常困难。有时我们缺乏信息。有时我们缺乏资源（材料、时间和金钱）。有时，目前尚不清楚应对这种情况需要实现什么目标。在所有这些情况下，毫无例外，我们所处理的都是矛盾！

我们通过克服矛盾实现目标！这是 TRIZ 的关键假设之一。

这里有一些简单的（也许是有点滑稽的）"典型"矛盾的例子（图 1.8），它们可能会给你带来愉快的感觉，因为它们与你无关。

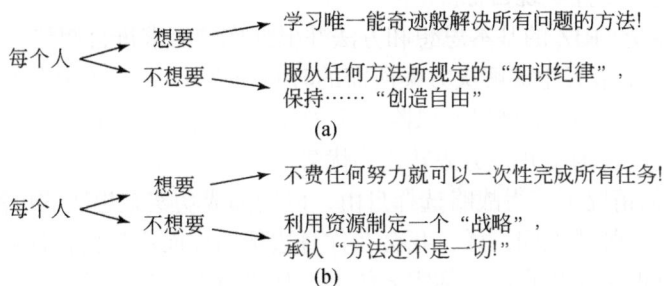

每个人 < 想要 → 学习唯一能奇迹般解决所有问题的方法！
不想要 → 服从任何方法所规定的"知识纪律"，保持……"创造自由"
(a)

每个人 < 想要 → 不费任何努力就可以一次性完成所有任务！
不想要 → 利用资源制定一个"战略"，承认"方法还不是一切！"
(b)

图 1.8　一些"基本"矛盾的示意图

如果你在这些例子中发现自己的身影，不要过于严苛地批评自己！用最少的资源来寻求"理想解"（ideal result）是很自然的！不过要记住这个警告：你去哪里并不重要，但是你到达哪里确实很重要[①]。

———————————
　[①]来自一首由俄罗斯吟游诗人尤里·古金（Yuri Kukin）创作的歌曲 Tight-Rope Artist（Канатоходец，1967）。

事实证明，随着情况变得越来越复杂，从心理上我们变得越来越能够接受以下观点：仅仅依靠任务便能够"解决问题"的策略！没有必要求助于额外的资源！从问题的具体情况中抽取所有必需的资源！

这并不意味着没有无法解决的问题。实际上有很多无法解决的问题，但在我们解决问题之前，我们经常会放弃。因为我们没有关于现状的必要知识，我们没有使用更有效的方法来寻找可能的解决方案。

人同时发明了目标和实现它的方法！

人做了被认为无法解决的事情！他把不相容的东西放在一起，以意想不到的方式表现出这一壮举。

是什么让这成为可能——知识或艺术，自然规律或直觉，刻苦工作或灵感，盲目运气或常规经验和常识？我们能否找到可用于发明创意和证实选择的方法？如果不能向所有人推荐这些方法（毕竟，每个人都是独一无二的），我们是否可以向尽可能多的人推荐这些方法呢？

TRIZ 为所有这些问题提供了积极的答案。TRIZ 是对实际例子和理论方法开展的研究。

对实际例子的了解促进了方法的内化。但是例子不能取代方法！几乎不可能找到涵盖每种可能情况的例子。在现实生活中，你无法像当你还是一个学童时，从朋友的练习册中复制答案一样，复制应对各种情境的答案。此外，例子会变得过时并失去吸引力，而方法则会继续发挥作用！

TRIZ 方法提升创造力。解决问题的知识可以增强你的能力并使你自由。

自由创造创意并实现目标。

如果你接受 TRIZ 的基本思想和方法并根据你的需求进行调整，你将能够：

1）从根本上节省生成解决方案所需的时间和资源，或者有其他更好的方法！

2）尽量减少犯严重错误的风险。不管发生什么事情，都不要害怕困难，而是坚持不懈地改善困境并将劣势转化为优势。

3）在任何情况下获得战略选择自由，以增加成功实施想法的可能性。

当然，像老师或顾问一样，我会在你身边帮助你而不是代替你做事。

这一切都取决于你自己。你需要练习，如果可能的话，请坚持。下面需要做 TRIZ 练习——请参阅下一节中的练习。

1.4　第 1 章的作业

请根据书中（或者最好不用）的内容自己回答这些问题：

1）为什么我们可以考虑将掌握 TRIZ 作为个人能力提升的途径？

2）我们能否从现有的发明和创新中挖掘出创造性的知识？

3）TRIZ 是解决任何问题的灵丹妙药吗？

4）TRIZ 的应用是否只需要逻辑思考？

5）TRIZ 教我们通过对对象进行深度考察来进行发明吗？

6）我们可以通过魔幻视觉图片看到奇迹吗？

7）根里奇·阿奇舒勒的第一本书是什么时候出版的？

8）学习中最常见的负面心理矛盾是什么？

9）你认为 TRIZ 可以帮你在解决问题时节省大量时间和资源，最大限度地降低犯下严重错误的风险，并在任何情况下获得成功选择的战略自由吗？

10）阅读本书后回到这些问题并重新回答！

|第 2 章| 走向现代 TRIZ

如果其结果是创造新的东西，那么这项工作就很有创意。创造新事物的过程可以具有非常深刻的有意性和系统性。

发明的方法论不是偶然的天赐之物，而是技术创造力发展的自然阶段。[①]

——根里奇·阿奇舒勒

2.1 TRIZ

TRIZ 创立于 20 世纪 40 年代末，由发明家、作家和独立科学家根里奇·阿奇舒勒（图 2.1）在苏联创建。他和他的同学拉斐尔·夏皮罗（Raphail Borisovich Shapiro）[②]一起迈出了开创一种学说的第一步，这一学说后来发展成为 TRIZ。

图 2.1　根里奇·阿奇舒勒（1926 ~ 1998 年）——TRIZ 的创始人[③]

[①]引自根里奇·阿奇舒勒. 如何学习发明. 坦波夫：坦波夫书籍出版社，1961（俄文）。

[②]《发明创造心理学》，《心理学问题杂志》，1956 年第 6 期，莫斯科，共同作者：根里奇·阿奇舒勒（1926 ~ 1998 年）和拉斐尔·夏皮罗（1926 ~ 1993 年）。

[③]图片来源：《明镜》杂志，2005 年 6 月号。

TRIZ 中"发明问题"（inventive problem）概念是指现有解决方案无法令人满意，或者连解决方案都不存在而且不可能使用现有专业方法获得解决方案，从而有待寻找有效解决方案的问题，如表 2.1 所示。

表 2.1 发明问题与发明的定义

概念	定义
发明问题	发明问题（发明性任务）（inventive assignment）——包含不相容要求和/或不相容特性矛盾的问题。这些矛盾是通过系统的各个部分或给定系统及其周围环境的不规则发展而出现的，它们无法通过适当的方法和手段得到解决
发明	发明（创造性思想，创造性解决方案）——消除矛盾的想法，从而消除包含该矛盾的问题

TRIZ 的最基本思想是可以根据以往在其他各个领域所积累的经验来解决一个新的发明问题！

为了识别这种经验，根里奇·阿奇舒勒及其追随者分析了数十万项发明。结果，他们发现了在真实发明中最常用到的"发明技巧"（转换模型）。他们还发现了两种基本类型的矛盾，其解决方案产生了新的发明：技术矛盾（MTRIZ 中的"标准矛盾"）和物理矛盾（MTRIZ 中的"根本矛盾"）。

TRIZ 的定义解释如表 2.2 所示。

表 2.2 TRIZ 的定义解释

概念	具体解释
TRIZ 的定义	发明问题解决理论（TRIZ）——TRIZ 是一种用于产生想法和解决问题的建设性方法论（constructive methodology），它主要应用矛盾模型及其解决方法设计技术系统，而这些解决矛盾的方法是从以前的已知发明中提取出来的
建设性方法论——TRIZ 定义的补充	TRIZ 是一种建设性的方法论，包括可实际重复使用的模型和方法，应用这些模型和方法可以进行新发明，也可以教授发明创造的流程、模型以及方法

TRIZ 建立在以下基本规律之上：技术系统根据某些规律发展，这些规律可以被认知并应用于设计新的创造性技术……从而将技术系统发展为精确的科学[1]。

TRIZ 的结构如图 2.2 所示。

在根里奇·阿奇舒勒和拉斐尔·夏皮罗的第一篇题为"发明创造心理学"的文章中，他们在每个新问题的创造性解决方案中找到三个基本前提：

1）表述问题，并确定阻碍问题解决的矛盾，这些问题和矛盾是因为采用工程师的常用方法而产生。

2）消除矛盾，以期获得新的、更好的技术效果。

---

[1] 根里奇·阿奇舒勒. 寻找创意：发明问题解决理论导论. 新西伯利亚，科学出版社，1986（存在更新版）。

图 2.2　经典 TRIZ 的结构

3）变换其他系统组件，使其与已改变的组件保持一致。

随后根里奇·阿奇舒勒提出了解决发明问题的三个原则：

1）识别和消除系统性矛盾是解决发明问题的关键！

2）虽然发明问题不胜枚举，但是系统性矛盾类型的数量相对较少。存在典型的系统性矛盾，以及用于消除它们的典型技术[①]。问题解决方法（技术）可以通过分析伟大的发明来获取。

3）有针对性地解决问题的战略战术必须以技术系统进化规律为基础。

以下两段关于"心理因素"的看法对于理解 TRIZ 基本原理至关重要：

发明方法论不仅基于支配技术科学总体进化的规律和发明人积累的经验总结，还考虑了人类的心理因素。它假设……每个人都有一定的才能。该方法有助于培养这些才能并使其得到充分利用[②]。

[①]根里奇·阿奇舒勒.如何学习发明.坦波夫：坦波夫书籍出版社，1961（俄文）。

[②]作者（迈克尔·奥洛夫）在根里奇·阿奇舒勒.如何学习发明.坦波夫：坦波夫书籍出版社，1961（俄文）基础上所下定义。

定向搜索不排除直觉。相反，思维过程的规范化创造了一种特殊的"态度"，有利于直觉的闪现[①]。

TRIZ 在全球的快速扩张始于 1995～1996 年，当时国际商业报纸发表了有关摩托罗拉和三菱公司花费数百万美元购买世界上第一个引人注目的 TRIZ 软件包——发明机器的故事。该软件包带有一个"桀骜不驯"的口号：产生发明的软件。很少有人知道大约在该故事被披露的 10 年之前，这款软件包的开发工作就已经在明斯克开始进行，它是根据一位杰出的 TRIZ 学者、人工智能和专家系统方面专家——特苏里科夫（M.M.Tsourikov）设计并运行的概念框架开发而成的。

如今，TRIZ 已经成为一种全球现象，正在变成一种将流传给 21 世纪及其之后数个世纪世代子孙的宝贵资产。而且，TRIZ 在持续发展。

2.2　现代 TRIZ 的阿奇舒勒工具箱（A-studio）

文明是在发明的基础上产生的。新想法的发明不仅涉及技术和技术的发展，也涉及社会进化。主要的创造性思维方法从过去到现在一直是头脑风暴。这种思维方法在我们现在的时代是否有效？

在我们这个时代，文明的发展日益呈现技术主导的趋势。技术制品本身变得越来越多样化和复杂。创造推动技术发展的新想法需要更加有效的思维方法。新思维方法必须更加强大。然而，最重要的是，创造性思维应该更有建设性。为了将动机与客观知识、才能与发明过程系统性管理有机联系起来，需要一种有效思维的创新技术。

现代 TRIZ 创造了摆脱思维组织方式不佳这一刻板印象的机会。在这种情况下，MTRIZ 不会否定直觉、才能、联想思维和推测的作用。这些创意元素依然构成个人创造力的核心要素，但是它们需要以一种新的方式，即与 MTRIZ 结合使用才能发挥其作用。

MTRIZ 通过学习良好组织思维的技术和模式，提供了一种应用 TRIZ 的系统化方法。

根据 TRIZ，发明就是借助于充当思维导航仪的转换模型，将工件的当前状态（"是"或"存在"）转变到未来状态（"应该是"或"需要是"）的路径（图 2.3）。

[①]根里奇·阿奇舒勒.发明算法.莫斯科,莫斯科工人出版社,1973（俄文）。

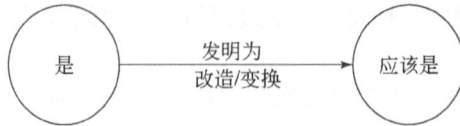

图 2.3　发明就是从"是"状态向"应该是"状态的系统转变

TRIZ 的应用说明如下（图 2.4）。

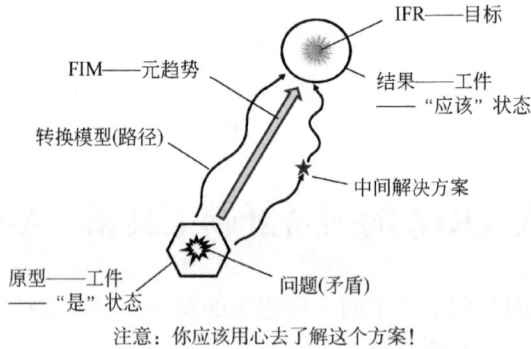

注意：你应该用心去了解这个方案！

图 2.4　根据 TRIZ 解决问题的最简单方案

根据 TRIZ 构造解决方案的一种简化方法（图 2.4）是：

1）首先将矛盾表述为一个问题模型。

2）设定一个目标——一个最终理想解（IFR）。

3）形成一个或多个指向最终理想解（"元趋势"）方向的理想功能模型（FIMs）。

4）必须选择达到目标的转换模型，即具体路径。使用 TRIZ 工具［目录、表格（矩阵）等］可以大幅度减少测试和中间解决方案（用星号表示）的数量！

5）最后（这是最重要和最具创造性的时刻！），你必须通过这条路径来发明具体的解决方案，以改变原型工件的现有构造，从而形成一个满足最终理想解要求的结果工件新构造。

6）当然，在解决方案生成过程的最后，我们必须验证这个想法，并检查它的可操作性和功效。

现在我们将研究儿童对问题 P1 给出的解决方案，将其与 TRIZ 方法进行比较！它将帮助我们逐步了解 TRIZ 建模和问题解决流程。

例 2.1　孩子针对问题 P1 给出的第一个解决方案[①]

有个女孩解决了这个问题。起初她表现得太普通了（头脑风暴！惯用的操作

①根里奇·阿奇舒勒. 寻找创意：发明问题解决理论导论. 新西伯利亚：科学出版社，1986（俄文版，存在更新版）。

方法）：她抓住一根绳子，但不能抓到另一根，然后扔了绳子，又抓住了另一根……
但在这时她变得冷静了。她停止了胡闹，开始思考起来！

"我拉这根绳子"，她对工作人员说，"请把那根绳子给我。"

工作人员说她和那位先生（根里奇·阿奇舒勒）不能干扰比赛。女孩继续思考。
她环顾游戏室，想找点什么。

然后她走到窗台前，在玩具中翻了翻，拿出一个破烂的洋娃娃。需要第二个
"人"给她绳子！那个女孩发现这个"人"就是这个洋娃娃！

她把绳子绑在洋娃娃上（图 2.5），然后摆动产生"钟摆"，再跑向第二根绳子，
抓住它，然后回来抓住摆动的洋娃娃。

因此，她因创造一个真正的奇迹而得到一个非常大的糖果"格列佛"！

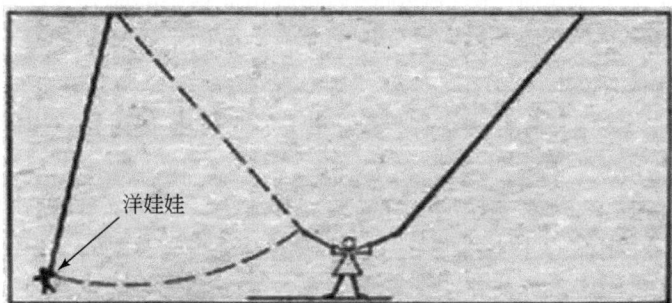

图 2.5　第一个孩子对于问题 P1 的解决方案

例 2.2　TRIZ 针对问题 P1 给出的第一个解决方案

现在让我们根据 TRIZ 启动"神奇"的问题解决过程，我们将与幼儿园的孩
子一起解决（示范性）问题 P1 ！

现在假设你已经非常了解 TRIZ，至
少从 ABC-TRIZ 角度来看！

目的：增加绳索摆动幅度。要做到
这一点，我们必须增加摆动时间。"系统"
的主要缺陷：绳子因太薄太轻而很快失
去动力。空气阻力迅速使它停止摆动。

现在让我们去看看我们的"神奇"
顾问（图 2.6）——阿奇舒勒矩阵，或阿
奇舒勒矛盾矩阵（A-matrix）[1]。

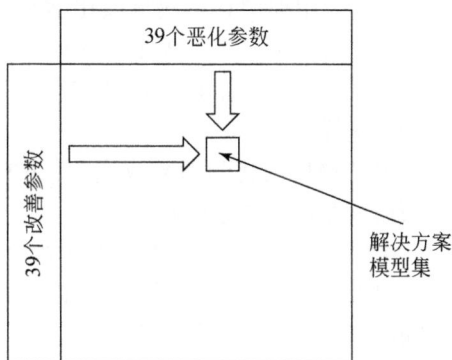

图 2.6　阿奇舒勒矛盾矩阵的结构

------

[1]参见本书 S21.2 阿奇舒勒矩阵表格。

首先，我们必须以规范的矛盾形式向我们的"顾问"简要介绍问题："我们想要这个——改善因素，但我们不能这样做——因为存在障碍或恶化因素"。"经典"阿奇舒勒矛盾矩阵（图 2.6）包含 39 个改善因素（行）和 39 个恶化因素（列）。

如果我们选择一个改善因素和一个恶化因素，它们会指向（见箭头）一个包含"建议"的阿奇舒勒矛盾矩阵单元格，即问题解决模型，我们在这里讨论的是可以由选定的一对因素来描述其矛盾的任何问题。

更确切地说，矩阵中的单元格包含模型的序号，这些模型的实际描述则放在一个特殊目录，即"阿奇舒勒目录"①中。"阿奇舒勒目录"具有 40 个这样的模型。这 40 个解决问题的模型（导航仪，专业转换）构成了"魔术"工具箱，并附有示例！这些模型包括诸如"反作用""动态化""复制""分割"等不同类型的内容。你所要做的就是选择并使用阿奇舒勒矛盾矩阵单元格中的序号，查看该序号所对应模型给出的建议，并检查模型示例以了解它是如何工作的。

当然，就像任何魔术故事一样，你必须了解这个模型究竟如何在你的具体问题情境中进行使用！你必须解释模型提供的提示，以便可以想出解决问题的方法！

这个模型是一个神奇的比喻，你需要"弄清楚"（就像在童话中一样！）这个比喻，然后利用你的才能和想象力将其转化为情境或对象的变化，从而最终消除问题。现在我们看看如何将当前情境中存在的矛盾，告诉我们的"顾问"——阿奇舒勒矛盾矩阵。

我们可以这样表述：绳子必须摆动很长时间，但它会迅速失去能量。这一可能矛盾的非正式描述可以转化成为以下阿奇舒勒矛盾矩阵输入参数：改善因素 23"运动物体的作用时间"和恶化因素 39"能量损失"。阿奇舒勒矛盾矩阵"建议"我们应用模型 01"物理或化学参数改变"，02"预先作用"和 18"中介物"。让我们试着弄清楚那些模型"建议"我们做什么。

让我们思考一下这些模型"建议"我们怎么做。可能的解决方案"素描"看起来像这样：

01"物理或化学参数改变"：b）浓度或稠度、柔韧度、温度等的变化。我们假设需要增加绳索的重量。

02"预先作用"：a）事先对对象进行必要的（部分或全部的）改变；b）事先将对象布置到位，以便它们可以从最佳位置投入使用，并且可以在不浪费任何时间的情况下使用。我们需要提前改变绳索的重量。

18"中介物"：a）使用另一个物体转移或传递行动；b）暂时将对象与另一个（易于分离的）对象连接。它越来越好了！我们需要将一些相对较重的物体连

①参见阿奇舒勒目录（本书 S22.2，或者 S22.3，或者 S35 部分）。

接到绳子上！

我希望你能记得游戏室有很多玩具！

这就是创新思维发挥作用的地方：你可以拿一个足够重的玩具，比如一个大型娃娃，提前将它系在一根绳子上，然后将那根绳子摆成一个摆锤！然后跑去抓第二根绳子，回到中央位置，抓住第一根绳子。

好了！"中介物"已经奏效了！

因此，在寻找解决方案时，我们通过了以下四个阶段：问题、问题模型（矛盾）、解决方案模型和解决方案！这是一个简化的"经典"TRIZ 循环，该循环在许多书籍中都有如图 2.7 所示说明。

当然，实际上它要复杂得多。虽然如此，但是 TRIZ 确实是建立在矛盾及其解决方法

图 2.7　"经典"TRIZ 的简化问题解决流程

（模型）基础之上。本书的目的是帮助你研究这些模型并获得正确应用的初始技能。

这就是它被称为 TRIZ 的"ABC"的原因。

主要 TRIZ 工具集包括矛盾模型和矛盾解决模型，这些模型是在各种阿奇舒勒目录以及从这些目录中选择模型的阿奇舒勒矛盾矩阵基础上开发出来的。为了纪念根里奇·阿奇舒勒，作者将这个主要工具集称为"阿奇舒勒工具箱"（A-studio）[1]。

基本的"阿奇舒勒工作室/工具箱"模型构成了 TRIZ 的"ABC"。

当然，这本书并不像你用来学习阅读字母、音节和单词的入门书那么简单。但是，你将学习解决的问题比幼儿园实验研究复杂得多。你可能比那个实验中的幼儿园的孩子大三倍！所以你有完全不同的任务存储。基于多年的 TRIZ 教学经验，作者希望这本书不仅有用，而且有趣，并且可以以探索的方式令人着迷，包括自我探索和追求魔力都可以被认为是迷人的。

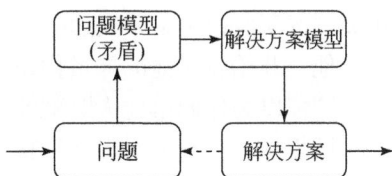

2.3　MTRIZ——赫比！

我向年轻的读者讲述这一部分，告诉他们要想成功实现个人目标，需要坚持不懈，事实上，大部分培训都是非常艰苦的工作，而不是娱乐。

你手中的这本书为你提供标准的初始入门知识，以符合 EASyTRIZ™ 项目（www.modern-triz-academy.com）中的 MTRIZ 初级和从业认证资格。

---

[1]迈克尔·奥洛夫. TRIZ 创新思维，"阿奇舒勒工具箱：思维的算法导航仪"部分。

　　然而，仅凭这一点是不够的：你还需要训练和坚持来掌握与使用这些知识，哪怕在可能面临失败的情况下也仍然继续下去。

　　在本章的结尾部分，我想给大家讲述一个故事[1]，它不仅证实了标准训练和积极实践的重要性，而且提醒我们，无论做什么，成功在很大程度上取决于我们追求并实现自身目标的动力、毅力和意志。

　　赫伯·布鲁克斯（Herb Brooks）[2]被任命为美国国家冰球队教练参加 1980 年美国普莱西德湖冬季奥运会。

　　他一开始就对他的球员们说：

　　"你以为你们单凭天赋就能赢得比赛……先生们，你们没有那么好的天赋。"

　　试想一下——他对那些精挑细选成为一支球队、一群兄弟、一个家庭的美国优秀球员说出了那一番话！

　　为了提高起跑速度并提高他的球员的耐力，他发明并实施了一种方法，该方法后来基于他的名字而被称为"赫比"（herbie）。这种方法基本上可以归结为[3]：在每次训练期间，球员必须从他们的球门线开始（图 2.8），在他们那一侧场地冲刺蓝线，一到达蓝线就停在原地，接着滑回球门线；停下来，转身，立即跑到中间红线并回到他们的球门线；然后停下来，转身，立即跑到另一侧场地的蓝线上，回到球门线；最后，停下来，转身，并立即跑向另一侧的球门线——然后回到他们的球门线！他们不得不做数百次！

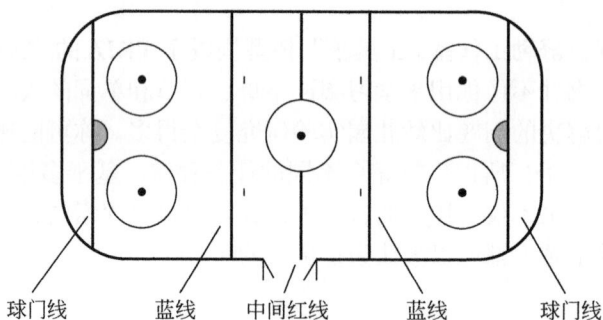

球门线　　　　蓝线　　　　中间红线　　　　蓝线　　　　球门线

图 2.8　宽 30 米、长 60 米的冰球场

　　问问你们自己，能承受这样的训练吗？！

---

　　[1]作者在开始写作这本书的同时，也在撰写《现代 TRIZ》一书。他认为这个故事非常重要，因此他将在这两本书中均会讲述这个故事。

　　[2]赫伯·布鲁克斯（1937～2003 年），美国杰出的冰球教练。

　　[3]引自赫伯·布鲁克斯："跑到红线，回来。蓝线，回来。远蓝线，回来。红线，回来。你们要在 45 秒内完成。习惯这个训练。你们会做更多。为什么？因为这很有用，先生们。我不能向你们保证明年二月我们会是普莱西德湖最好的球队。但我们会处于最佳状态。我可以向你们保证。"

如果答案是否定的，那么也许这本书不适合你，你需要找点别的东西来打发时间。

如果答案是肯定的，那么请放心，对于那些能够并且愿意努力工作的人来说，EASyTRIZ™ 项目并不是那么困难。

在赫伯·布鲁克斯被任命之前，他对美国奥委会成员说：美国人必须改变他们的打法，采用加拿大人和俄罗斯人的混合打法！

在与苏联队的半决赛中，他的球员们以 4∶3 的比分取得了胜利。尽管美国对芬兰的决赛（4∶2）同样精彩，但许多人还记得这场比赛就好像是决赛一样，因为它更令人难忘。美国国家冰球队成为 1980 年冬季奥运会冠军。

赫伯·布鲁克斯在他的回忆录中写道[1]：我们是一支快速、富有创造力的球队，在没有冰球的情况下表现得非常自律。

> 因此，胜利是在比赛之前取得的！
> 只有赛前才能确保在比赛中获胜！

这场比赛（通常被称为"冰上奇迹"）之所以成为一项杰出的体育赛事，是因为它展示了在一项精心设计的强化训练方案和专心致志、坚强意志的精神品质综合作用基础上造就而成的个人能力与团队合作能够取得的成就。

我记得那场比赛……

理解并熟练应用现代 TRIZ 的个人和团队也能取得类似的伟大成就。

EASyTRIZ™ 项目可以成为任何愿意成功并准备通过 MTRIZ——赫比培训以获得成功的人的成功催化剂。

我衷心祝你好运！

迈克尔·奥洛夫
2011 年 1 月至 2015 年 10 月于柏林

附：我记得赫伯·布鲁克斯的另一则格言——对我来说特别重要——将游戏还给玩家。

这让我想起了我的另一个梦想。我希望尽早开始开展基础 TRIZ 培训，但无论如何不要推迟到高中时期，最好是在孩子上学之前就开始进行。

我希望孩子们将训练看作一场激动人心的比赛，看作一场对周围世界快乐和迷人的考察。我希望这种快乐和着迷在他们成年后一直存在。

---

[1] www.herbbrooksfoundation.com。

TRIZ 必须为儿童做更多事情：它必须来到学校、幼儿园和家庭。

在前面，我引用了赫伯·布鲁克斯带领他的团队取得奥运会胜利后所说的话。他想让游戏回馈给孩子们，重振游戏的乐趣，防止游戏被轻率的商业主义和"狂热主义"所摧毁。

我想用赫伯·布鲁克斯的另一句话来结束本章，只是这不是讨论冰球，而是讨论 TRIZ：

敢于与众不同，毫不妥协，勇于创新，精心准备，通过努力和坚持获得最大成功，敢于梦想，不怕失败，尊重他人，尊重师生……不屈不挠，不卑不亢，勇于斗争和忘我工作，所有这一切都是对人类，包括运动员和志愿者的热爱。

2.4　第 2 章的作业

请根据（或者最好不用）书来回答这些问题：

1）TRIZ 第一篇文章何时发表？

2）什么是发明问题？

3）什么是创造性的想法？

4）TRIZ 最基本的概念是什么？

5）TRIZ 的定义是什么？

6）为什么 TRIZ 是一种建设性的方法论？

7）TRIZ 中获取新发明的系统平台是什么？

8）解决问题的三个基本前提是什么？

9）解决创造性问题的三个原则是什么？

10）TRIZ 获得新发明的心理平台是什么？

11）一项发明应该是从"是"状态到"应该是"状态的系统过渡吗？

12）你能否根据 TRIZ 绘制并解释解决问题的最简单流程？

13）你能向你的朋友讲述一个聪明的幼儿园小女孩解决"双绳问题"的故事吗？

14）你能使用阿奇舒勒矛盾矩阵和阿奇舒勒目录中的转换模型向你的朋友展示"双绳问题"的解决方案吗？

15）根据经典 TRIZ，什么是简化的问题解决流程？

16）什么是 MTRIZ——赫比，你怎么看待它？

第3章 | TRIZ 的发明算法

从广义上讲，算法是计划好的行动过程中的所有程序。从这个意义上说，发明问题的解决程序被称为算法。

为了有效解决发明问题，我们需要一个启发式程序，以便允许我们采用指向解决方案领域的定向运动取代从多个解决方案选项中进行抉择的蛮力。

这个算法摒弃了错误的步骤。

但该算法并没有消除发明者思考的需要[①]。

——根里奇·阿奇舒勒

3.1 TRIZ 之前：头脑风暴的元算法

所有已知的创造性技术都可以被概括为"头脑风暴"，这种说法并不完全准确，但至少很简洁。它也比试错法更公平，因为它可以被重新命名为"尝试 - 成功"法，这将使人与这种方法的关系变得更轻松，但同时会增加使用它时的心理惰性。

尽管如此，这个概念和头脑风暴的概念是一样的，在头脑风暴中，每一种尝试都被理解为猜测想法并对其进行"跳跃"，而所谓的"创造性狩猎"也就产生了。这就像在"创造性狩猎"的迷雾中痛苦地徘徊，因为这样的搜索缺乏导航器和定位仪。

现在让我们看一看"经典"图表[②]（图3.1），它以上面定义的头脑风暴的方式描述了"创造性思维"。

查看该图产生的第一个问题：该图可以帮助解决问题吗？

答：不能。

[①]作者根据根里奇·阿奇舒勒的《发明算法》（莫斯科工人出版社，1973年，俄文版）改编。
[②]G.Wallas（1926），《思想艺术》，哈科特·布雷斯，纽约。

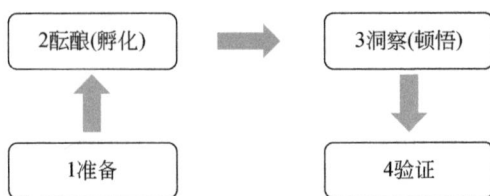

图 3.1　华莱士（1926）的创造过程

理解这张图能提高解决问题的效率，就像那个著名的笑话——理解消化系统的运作原理能提高进食的乐趣一样。

然后第二个问题出现了：这个图有什么实际用途吗？

你将在下面找到问题的答案。

实际上，效率低下的并不是图表：整个图的思想框架呈现的是一种元算法，图只是一个广义的概念。

这个图表简单地描述了人类在解决任何问题时会产生的四种基本心理元状态（非常普遍的状态）。

这使得许多作者（即华莱士的继任者们），将他的描述定义为创造性思维的一般模式。

但是从什么角度来看呢？从一个旁观者的心理学家的角度来看。

根里奇·阿奇舒勒在一个例子[①]中清楚地描述了这种外部观察的内容，一个人（心理学家）在不知道船的目的地、河流状况或船的操纵方法的情况下观察船的运动，并试图把船的运动变化与其他任何东西联系起来。例如，他试图将太阳的位置与船只航向联系起来，即使船长是盲人，也能改变航向。

成千上万的研究出于惰性或喜爱的传统，已经对"船的运动"进行了描述和评论。他们没有考虑问题的内容、问题所属的专业领域或该领域的规律和模式。

尽管如此，华莱士图仍然具有重大的实际意义，这要归功于一个突出的事实，这一事实已被科学证明是可靠的：

该图采用精确的心理学描述了人类在寻找复杂问题解决方案过程中的行为。

至少，在所有无法根据常识或内在本能的自动性找到解决方案的情况下，可以遵循华莱士图的行为模式。

也有理由相信，就像图描述的那样，基于逻辑或"包含"必要的内在或后天的自动性可以找到解决方案，只是需要一点时间。这就是为什么（也是唯一的原因）人们通常会说找到了解决办法。例如，通过逻辑的应用，人类的思维就完全

---

①根里奇·阿奇舒勒.创造力作为一门精确科学.戈登和布瑞奇，纽约，1988 年（根里奇·阿奇舒勒.创造力作为一门精确的科学.安东尼·威廉姆斯译，1979 年，俄文）。

等同于数字处理器。甚至，连数字处理器需要时间进行计算，并采用预先选择的方法来寻求解决方案的事实也被忽略了。所有这些导致了严重的方法论错误，即将"逻辑"方法与"本能"寻求解决方案的方法分离开来，从根本上只偏爱其中一种方法来寻求解决方案。

毫无疑问（我们将在下文中更精确地看到这一点），心理状态可以而且应该被审视，以创建支持解决复杂问题的模型。审视的目的只是获得可靠、有效和切实可行的解决问题的建议，以及了解建议何时可以有效使用或不能有效使用。

事实证明，多年的研究成果和无数的"创造性知识"来源是无法令人满意的，因为这意味着对于创造力的"解释"和"理论"而言，存在着同样多的方法、风格和基础。

基本属性的完全一致比这些"方向"之间的差异更令人困惑：它们只不过是以数百种不同"作者版本"形式出现的相同试错方法而已。

根里奇·阿奇舒勒在不愿意妥协的情况下，写下了关于这个问题的文章[1]：

传统的"试错法"被认为是唯一的创造性思维机制，这具有很大的思维惰性。

千百年来，人们一直在用"试错法"来解决创造性问题，没有也不可能存在另一种创造性问题解决方法的想法，这种思维随着时间的逐步推移根深蒂固并不断自我成长。

"创造力"概念本身最终与通过直觉搜索探讨解决技术问题的过程融合在一起。

灵感、直觉、天赋和幸运时刻被认为是永恒的特质。

3.2 发明元算法 ARIZ-1956

ARIZ[2]——发明问题解决算法——是一种包含从"是"状态到"应该是"状态转换的使用说明的方法，并在其流程（图 3.2）中进行了说明，该流程的形式和特征是算法。第一版 ARIZ 于 1956 年发布。

那时，根里奇·阿奇舒勒和拉斐尔·夏皮罗提出了一个三相方案，即第一个"发明算法"，被称为 ARIZ-1956，它不仅是矛盾转换模型的基础，也是未来 ARIZ 发展的核心。

与其他类似的方案和理论相比，元导航思维或元算法最显著的区别在于它的工具性和建设性。

---

①根里奇·阿奇舒勒. 如何寻找创意. 新西伯利亚：科学出版社，1986（俄文）。
② ARIZ 是俄文中发明问题解决算法的首字母缩写。

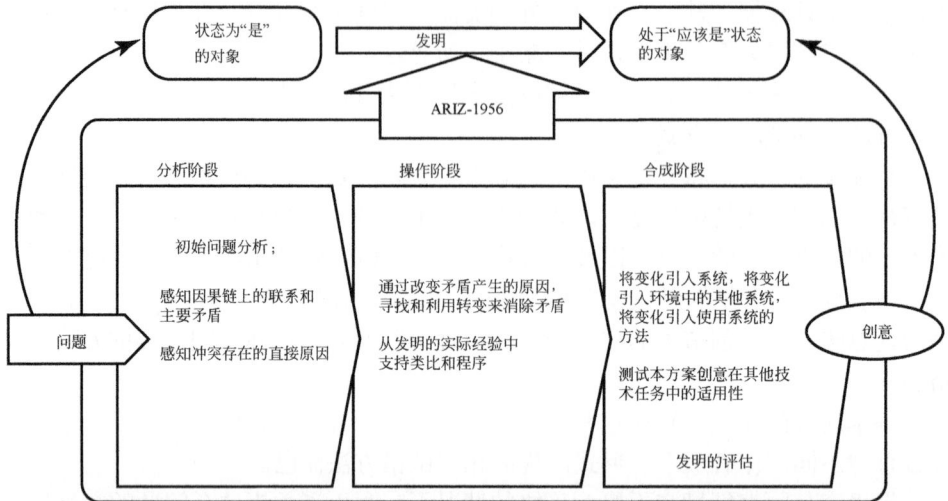

图 3.2　发明的第一个元算法：ARIZ-1956

　　工具性指的是 ARIZ-1956 的三个主要阶段，即分析阶段、操作阶段和合成阶段，已经具备了向任何对象提供实际变化（转换）的第一批模型和建议。与此同时，ARIZ-1956 又具有建设性（目标导向和有效性）。

　　到 1961 年，根里奇·阿奇舒勒已经完成了对来自 43 个专利类别的 10 000 项发明的研究！

　　提取发明程序（转换模型，导航器）的想法被充分证明。

　　《未来的 TRIZ》的作者写道："……当然，每一个工程问题都有其独特的解决方式。每个问题都有其独特之处。"

　　在分析的基础上，对系统矛盾及其成因进行了深入剖析。情况立即就改变了。通过使用已定义的合理方案，就会出现进行创造性搜索的机会。

　　没有什么神奇的公式，但有一些程序足以应付大多数情况。

　　TRIZ 从 ARIZ-1956 开始发展到一个强有力的关键思想——建立和比较特定类型的矛盾（特定类型的冲突），对应于特定类型的充分有效的转换模型。这个想法并不是在 ARIZ-1956 中提出的，但它很快就成为一个自然的和有逻辑的发现，使得 TRIZ 的模型与物理、数学和所有科学的模型具有结构上的相似性。

　　这些年来，ARIZ 发生了变化，变得更加复杂；到 1985 年，它已发展成为最复杂的版本之一，包括两位数的步骤和过渡性建议。

　　对于大规模应用，我们需要更简单的 ARIZ 版本、专门的版本，如根据学生和用户的教育水平、特定职业及其应用的专业语言来定。

　　对初学者来说，学习 ARIZ-1956 几乎是不可能的，因为首先必须掌握 TRIZ

的工具（基本）模型。根里奇·阿奇舒勒还表示，ARIZ 是为"大师级别"学者设计的。

这就是迄今为止 TRIZ 教育的经验已证明的，学习 TRIZ 基本模型的基础必须要基于简单的方案，如发明的元算法等现代 TRIZ 中详细阐述过的方案。

当预测和接近 TRIZ 的大规模应用时，我们可以预测到它不仅会用于工程中，而且基本上会用于所有其他领域。从目前来看，没有任何限制。

然而，无论 ARIZ 和元算法的整个系列版本如何，最完美的 ARIZ 都将是一种也许可以被无限接近的、无与伦比的理想。

在每个 ARIZ 中，总会有一个片段无法放入算法中，一个非理性的组件无法消除，和所有其他组件一样重要，它们只是在美丽与和谐、直觉和幸运的情况下显现出来。

3.3 发明元算法 T-R-I-Z（MAI T-R-I-Z 1995）

我们会凭直觉在短时间内做出很多决定。我们没有使用任何逻辑"算法"来形成解决方案。此外，在大多数情况下，我们似乎不应用任何来自物理、化学或其他领域的特殊知识。

但是是这样吗？如果我们迅速地应用"算法"，而又无法识别推理的分步特征，那该怎么办？如果在许多情况下，最简单的知识足以让我们做出决定，而我们的惰性使我们相信，它也足以解决更复杂的问题，那又会怎样呢？

长达一年的实践表明，对于那些试图解决问题的人来说，太多的问题太过复杂，他们无法在数月乃至数年的时间里找到解决方案，即使这些问题可以在数小时或数天内使用 TRIZ 来解决。对于不同的国家和地区，具有不同特征的公司和不同的对象，这种体验是相同的。

为了解决更复杂的问题，我们是否需要更有效的方案和模型？

也许问题本身看起来很复杂，是因为我们没有通过模型和方案来解决它们？

让我们来看一个日常生活中的简单例子。

例 3.1 一杯热茶

你正准备泡一杯茶，因此你需要热水。几分钟后，茶泡好了，如果你不拿着杯子，就不可以喝茶了，反之会烫到你的手指（图 3.3）。一个人如何能够喝到一杯装有他的手指皮肤无法承受的温度的茶？

在这种情况下你能做什么？很简单：你可以抓住杯子的上边缘，只是这种握法可能不太安全；或

图 3.3 一杯热茶

者你可以用纸巾把杯身包起来，然后安全地握着。

其他的解决方案也是可能的，但是对于简单的分析来说，这两个就足够了。

事实上，在发现问题和找到解决办法之间似乎不止一步之遥。

现在，我们将使用一个智能"摄像机"并通过"缩放"功能来改变时间刻度，同时也将一起观察并诊断查找解决方案过程中的几个中间步骤。

1）首先，我们注意到我们可以喝茶，但是因为水温太热，而拿不稳杯子。

这是什么时刻？答：这是第一次认识到问题状况和冲突对抗——我们可以从杯子里喝茶，但不能将杯子握在手里。

这里至少出现了两个主要动机：①达到主要目标（target）的雄心，即喝茶；②为达到目标的前期选择趋势（trend）。也就是说，我们必须以某种方式用手抓住杯子，且不烧灼自己。

我们将在第一步中用"T"标记"目标和趋势"一词。

2）根据经验，我们知道茶水通常不会被完全填充到杯子边缘，所以我们可以试着小心地抓住温度较低的杯子边缘，因为杯子边缘被周围的空气冷却了。另外，我们也可以用纸巾。

这里发生了什么？这个"趋势"的答案是：我们已经分离了空间中相互冲突的属性，杯子的一部分（上边缘）温度较低，可以用手指触摸，以便从杯子的另一部分喝到热的茶，而不用等茶凉。

然而，空间中相互冲突的属性分离只不过是我们以前在类似情况下本能地自动做出的成千上万个类似决策的通用模型。这意味着在某种程度上我们已经发展并内化了这种行为"模式"。

在给出的例子中，我们简单地将问题抽象为一个已知的模型和一个已知的解决方法〔通过使用从复杂到简单的简化（reducing）过程〕。

对于基于模型"中介物"的解决方案，这同样适用！实际上，纸巾在手指和茶杯之间起到了中介作用。这里也有一个"简化"过程，即解决过程试图通过引导我们走向已知的行为模式来进行简化。

让我们想象一下，你不能抓住杯子的上边缘，因为它一直都是满的，并且你找不到纸巾。

最初的问题情境可以转化为一种思维、一种模型，以一种标准矛盾类型的形式出现，基本上随处可见：我们想喝茶，却不能用手拿着杯子，因为会烫到手指。

这个问题可以被表述为一个更根本的矛盾：杯子必须是热的，因为里面有热茶，但它又不能是热的，这样人们才能喝到茶。

所以我们最终意识到了根本矛盾，这就是问题的本质。我们在第二步中用"R"标注"简化"一词。

3）在时间、空间、结构、材料等方面产生变化。

接下来会发生什么? 答: 解决根本矛盾或标准矛盾的创意发明, 就是解决问题的创意发明(invention)!

你不能等到水温冷却下来, 这意味着时间资源是不可用的。

你不能使用茶杯的任何其他部分, 这意味着空间资源是不可用的。

然而, 你可以通过使用纸巾作为媒介来改变对象的结构……但是没有纸巾。

可以用其他任何材料代替纸巾, 如把一张纸折成条状, 绕在茶杯周围①。对于给定的情况, 这已经是您自己的小发明和问题解决方案了。

然而, 在我们的分析中, 我们对有意义的发明不感兴趣; 我们感兴趣的是思维过程本身, 以及对发明的第一次确定。

毫无疑问, 这一步可以被称为解决方案构思的发明(invention)或发明过程(inventing)。用"I"来标记这一步。

4) 在做最后决定之前, 你应该评估一个或多个想法的有效性。

在过渡到动作之前会发生什么? 答: 你要检查一下想法。你已经设法(如果你不着急的话!)使用以下方法或多或少地思考了应用该想法的可能条件和后果。

你已经检查了脑海中第一个想法的质量。你把注意力集中在拿杯子的方法上。可以试着握住杯子的上边缘, 但这太危险了。你立即将注意力转移到可能会感受到水温的杯壁部分, 但你在心里"感觉到"可能烫到自己。然而, 你认为冒这个险是值得的, 于是试着举起杯子。

现在你的想法已经在"摄像机"的观察范围内发生了变化, 在恐惧中你"看到"可能会毁掉你的衣服。如果你拿不住杯子, 热茶就会洒在你干净的衣服上!

你的思维马上就被放大到可以分析整个情况的范围, 更可怕的是, 你突然想起老板办公室的接待会在一小时后到来, 你将被授予公司杰出发明家的称号!但是你没有合适的衣服可以换, 而且你不能参加自己的颁奖典礼!!

你的思维不断缩放, 从你的手指在热杯壁上切换到你的脏衣服, 从你的脏衣服切换到你老板的接待会等, 不停地切换。你确实想到了, 不是吗?

这就意味着, 除了草率的人之外, 没有任何人可以在什么状况或需求变化都不考虑的情况下, 走得很远。

这就是这个步骤的关键思维"操作"和这个步骤本身可以隐喻地称为"缩放"(zooming)的原因。我们将这一步骤用"Z"来标记。

根据你所知道的两种转换模式, 即"预先作用"和"中介物", 我想给你一些友好的建议。为了不经历刚才描述的"恐怖"事件, 你可能需要在准备茶

---

① 你还记得咖啡馆(如星巴克)纸盒装的茶杯或咖啡杯吗? 那个纸盒是用事先准备好的纸条围起来的。

图 3.4 尽情享用热茶的一种方式——添加一个茶托

杯时添加一个茶托，然后尽情享用一杯热茶（图 3.4）。

当然，你肯定已经注意到，我们在本例中使用的元算法（MAI）的不同阶段的首字母与 TRIZ 理论的名称相匹配！这个提示对初学者记忆 MAI 的各个阶段很有帮助。

在现代 TRIZ 中，T-R-I-Z 是 MAI 的另一个名字。

MAI T-R-I-Z 的阶段（图 3.5）准确地反映了 TRIZ 最重要的工艺过程，也表达了 TRIZ 作为发明理论的本质。

因此，产生想法以解决问题的每个过程都包含四个关键步骤（箭头"循环"显示了循环过渡到重复运行的 MAI，在以前的循环没有导致满意的解决方案的情况下）：

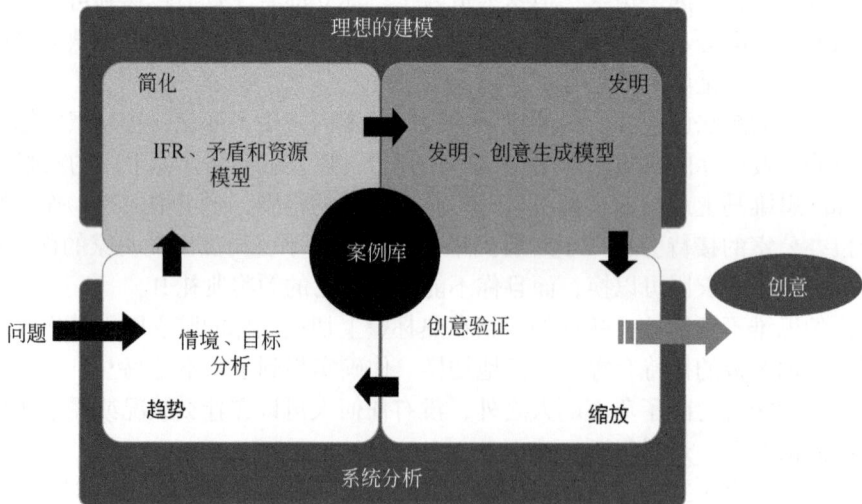

图 3.5 发明 T-R-I-Z 的元算法图

1）分析初始问题情况，设定目标（趋势）；
2）构造一个优选、简单的问题模型（简化）；
3）自己创造一个有效的想法（发明）；
4）在不同的情景和环境对想法进行检验以评估效果（缩放）。

MAI T-R-I-Z 开发于 1995 年，针对初学者，他们可以通过这种方式更好地记住算法的阶段，因为它与 TRIZ 理论相似。

我们将再次指出，"元"（Mate）部分指明了 MAI 非常抽象和概括的层次；它仅定义解决问题的最主要步骤，并且不包含每个步骤的特定模型或说明。

不过，这些步骤本身在解决任何问题或进行任何发明时都是必不可少的和具有特征性的。

当使用特定的模型和建议来实现 MAI 的每一个步骤时，MAI 就会从功能上分解并转化为一种特定的实用的发明算法。实际算法的类型（名称）是由所使用的模型类型来定义的。然而，在每一个实际的算法中，MAI 的四个重要步骤都可以被精确地挑选出来。

MAI 的基本价值在于，在它的帮助下，基于 TRIZ 的问题解决的重要阶段一目了然，并且易于理解。装备 TRIZ 工具库的 MAI 对于初学者来说，变成了一个有效的发明思维导航仪。

MAI 对于培训任务以及解决实际问题都是有效的。在结束这一章时，我们将指出，MAI 在概念上非常接近于发明问题解决的第一个算法（ARIZ-1956）。

TRIZ 与任何应用领域的任何问题解决方案有关的解释可能性和传播范围，原则上不受任何限制。这意味着，在 TRIZ 的基础上，发明的一般理论可以很好地发展为解决问题和产生有效想法的理论。

MAI 也可以做到这一点，它可以解决几乎所有的问题，并在任何应用领域产生有效的想法。通过各阶段的设备，采用诊断、还原、转化、验证等具体的实用模型，明确了应用趋势。

这本为初学者设计的书使用了初学者的 MAI T-R-I-Z 版本，因此仅限于用 TRIZ 的基本通用模型来解决矛盾。

3.4 第 3 章的作业

根据学习内容，回答以下问题（最好不用书）：

1）头脑风暴的关键阶段是什么？你能画一个头脑风暴的过程图吗？

2）为什么头脑风暴法不能有效地解决问题？

3）ARIZ 是什么？

4）ARIZ-1956 的关键阶段是什么？你能画一张 ARIZ-1956 的图吗？

5）你能解释一下 ARIZ-1956 分析阶段的目的和主要步骤吗？

6）你能解释一下 ARIZ-1956 操作阶段的目的和主要步骤吗？

7）你能解释一下 ARIZ-1956 合成阶段的目的和主要步骤吗？

8）为什么你认为发明元算法 T-R-I-Z 是回到 ARIZ-1956 ？

9）你能解释一下 MAI T-R-I-Z 趋势（目标）阶段的目的和主要步骤吗？

10）你能解释一下 MAI T-R-I-Z 简化阶段的目的和主要步骤吗？

11）你能解释一下 MAI T-R-I-Z 发明阶段的目的和主要步骤吗？

12）你能解释一下 MAI T-R-I-Z 缩放阶段的目的和主要步骤吗？

13）你能告诉你的朋友关于"一杯热茶"问题的发明解决方案的故事吗？你可以使用这本书来说明你的故事。

第4章 | 问题建模

建立在识别和消除矛盾基础上的发明问题解决算法是阻碍系统进一步发展的主要因素[①]。

——根里奇·阿奇舒勒

4.1 矛 盾

有很多种方式去识别和思考矛盾模型（表4.1）。然而，我们应该专注于与经典 TRIZ 有很大关联的定义。在扩展过程中我们也会研究其他模型。

表 4.1 矛盾、二元矛盾模型定义

条目	条目阐述
"矛盾"的定义	矛盾——系统冲突模型，反映了对对象功能属性的不兼容要求
"二元矛盾模型"的定义	二元矛盾模型——或更简化的二元模型/二元矛盾——仅仅反映两个性质（因素）之间的不相容冲突矛盾

二元矛盾模型用图 4.1 表示。

任何错综复杂、多因素的矛盾都可以用二元模型的组合形式表示。必须找到主要的二元"关键"矛盾，这是解决复杂的组合模型问题的必要条件。

让我们以一种非正式的方式来阐述问题 P1 到问题 P5 的矛盾（和接下来的 TRIZ 形式相近）。

例 4.1 问题 P3 莫斯科克里姆林宫的红宝石之星

A）星星必须具有较大的表面积才能从远处被看到，但是这也导致了它在强

[①] G.S.Altshuller 和 I.M.Vertkin 的《如何成为天才：创造性人格的人生策略》（白俄罗斯明斯克，1994年俄文版）。

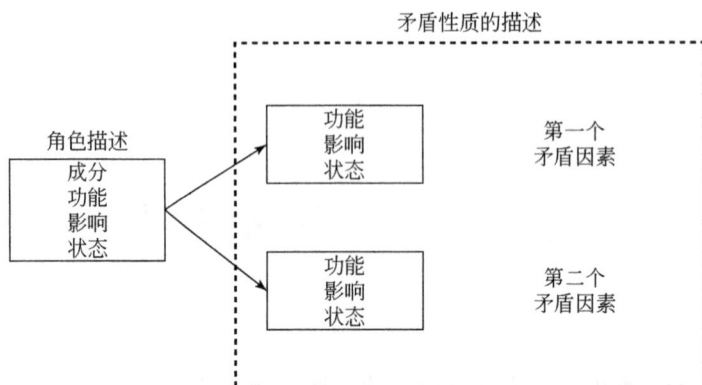

图 4.1　二元矛盾的一般描述

风中会受到巨大风力（风帆面积）的影响，具有不可靠性。

公式：星星巨大的表面 VS 较低的可靠性

"VS" 意思是 "相对于"。

B）星星必须大（即从远处可见的表面积较大），但是它又必须很小［有轻微的风阻（风帆面积）］，并且能够抵挡住强风。

公式：星星 大的表面积 VS 小的表面积

例 4.2　问题 P2 沟槽的冰柱

A）冰柱必须被安全地固定在沟槽内 VS 导致融化的因素（由于沟槽表面温度升高）。

公式：冰柱 根据温度牢牢固定

B）冰柱必须悬挂在沟槽下直到融化；冰柱不得悬挂在沟槽下，因为当它升温时，它会从沟槽中分离出来。

公式：冰柱（必须悬挂 VS 不能悬挂）在沟槽下面

例 4.3　问题 P4 魔法水龙头

A）水喷射 必须汇聚到某一点！ VS 并不是固定的地点！（不明显）

B）水喷射 需要大量的水 VS 必须具有较大的高度才能不间断地流水！！

例 4.4　问题 P5 说服人们去锻炼身体

A）海报 有用 VS 无聊

B）海报 必须吸引人们的兴趣，体现有用性 VS 因为无聊并没有引起人们兴趣

例 4.5　问题 P1 根里奇·阿奇舒勒的实验

A）两根绳子　必须紧挨着孩子 VS 不需要紧挨着孩子，隔远一些

B）两根绳子　一根绳子长时间摇摆 VS 一根绳子很快失去了摇摆的动力

4.2 标准矛盾（SC）

许多哲学家和研究者检验了各种创造方法，提出矛盾是问题的核心，但是在根里奇·阿奇舒勒之前还没有人把这一概念转变为"通用的钥匙"，并以此来解决问题。

只有 TRIZ 将矛盾转化成建设性模型，并为其配备了能将该模型转换以消除矛盾的工具。

发明就是解决矛盾!

例 4.6 远距离游泳运动员的训练（以下这个例子被简称为"游泳运动员"）

图 4.2 是北京奥林匹克泳池，是 2008 年奥运会时为游泳运动员建造的集美观与实用于一体的建筑。墙和屋顶看起来像是由上千个肥皂泡组成的，像一朵巨大的泡沫云。

问题情境

假定游泳运动员正在水池中训练远距离游泳，如 5 千米、10 千米或更长距离。通常这种游泳项目在海中进行，或湖中或河中。很明显，在水池里训练更好，不用受天气变化影响，可以全年进行。

但是，问题是在一个普通的泳池（图 4.2），游泳运动员不断地触到泳池的池壁，当他触到池壁就必须换方向游，因此他不能进行一个连续不断的直线运动。

运动技巧与即将到来的比赛的实际条件不符，运动员的节奏和呼吸受到干扰。

和平常的泳池相比，长距离的泳池可能看起来尤其长。我们需要一个特别长的泳池来训练。

在听到这个问题后，研讨会的一些听众会很快想起已知的解决方法。剩下的就是为他们知道正确的方法而欢呼，并说我们现在将研究如何在 TRIZ 模型的帮助下实现这种解决方案。

人们通常会提出不同的建议，对头脑风暴来说更典型的是：建圆形泳池

图 4.2 北京奥林匹克泳池

［图 4.3（b）］。当这个方法第一次被提议，研讨会的参与者不可能提出控制方法。他们坚持认为提出的解决方法很容易实施。

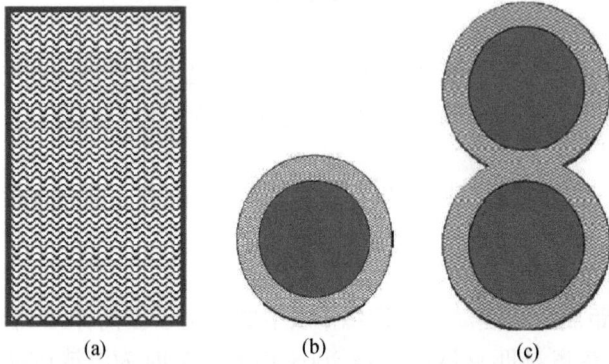

图 4.3　为"无限"距离游泳而建的传统的（a）和可能的（b，c）泳池形状

然而我要反对的是，圆形泳池的直径远大于矩形泳池的 50 米边长。我通常得到的答案是："是的，一个圆形泳池可能会更大，但它有一个简单的形状，很容易建造。"

最后我尝试提出一个"拯救"的反对意见：如果运动员一直在圆形泳池中朝一个方向游，那么他的一只手臂最终会比另一只手臂更长。

于是，我听到了关于 8 字形泳池的建议，这种形状很难建造。这个方案显然更糟，第一个想法再一次被采纳，并得到了广泛认可。

作为情境模型的标准矛盾

因此，我们需要一个无限长轨道的泳池。

问题在于事实上这种泳池可能形状复杂，如一个圆形或 8 字形泳池。无论如何，长方形都是这三种里面难度较小的一种。我们处在这样的处境中：没有找到解决问题的办法，就不能建新的泳池。

问题的一般模型都可以做如下表述：假定两个不同特征的泳池面临着互相矛盾的需求，即轨道的延长使泳池形状变复杂了。

寻常的泳池是长方形的，但它不会很长。所以，如果我们增加一个特性，就会减少另一个特性。

问题模型表示不同属性之间互不相容的两个需求，这个模型可以描述为典型的或标准的，因为事实上这样的模型几乎在每一个问题情境下都以"标准"的方式出现（表 4.2）。

作为简化的入门级别，将本示例的标准矛盾描述为"游泳轨道长度"属性和"游泳池形状"属性之间的矛盾［图 4.4（a）］。

表 4.2 标准矛盾定义

条目	条目阐述
标准矛盾（1）	标准矛盾（在经典 TRIZ 中：技术矛盾）——二元（双因素）模型，反映了一个对象两种不同功能特征互相矛盾的需求
标准矛盾（2）	标准矛盾——二元模型中的一个因素支撑该系统中最重要的性质特征（积极因素），而另一个因素与这个特征不对应，或抵消了这个特征（消极因素）

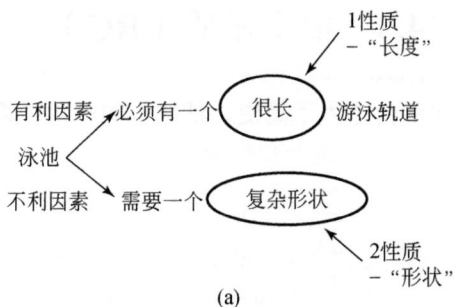

(a)

公式: 泳池 无限长的游泳轨道 VS 复杂形状

(b)

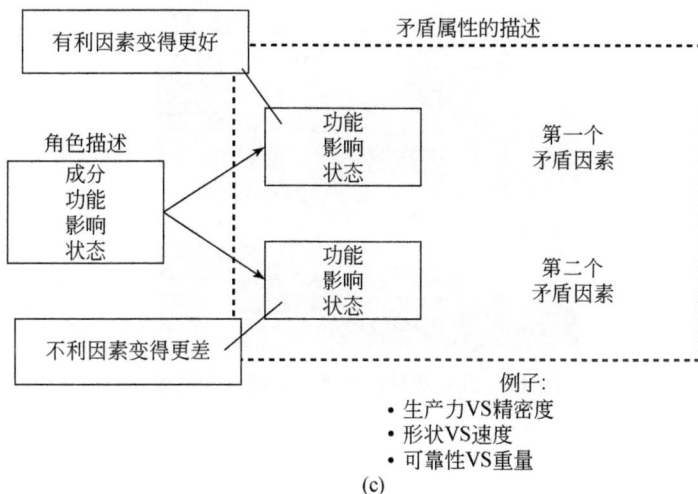

例子:
- 生产力VS精密度
- 形状VS速度
- 可靠性VS重量

(c)

图 4.4 标准矛盾的定义

注意：尝试独立解决例 4.6，游泳运动员的问题。

如果遇到困难，请继续阅读。

第 8 章提供了标准矛盾的解决方案。

在你尝试思考之前不要看答案！

这种问题情境在实践中会经常遇到。你会很容易列举出几个例子。当你读了这本书以后，你就会解决很多这类问题。

如果你完成了训练并达到 MTRIZ 初级，或拿到从业资格，你将掌握一项几乎完美的技巧，你可以用它在任何情境中建模和解决此类矛盾。

4.3　根本矛盾（RC）

例 4.7　跳水训练和跳台（为了简便，把这个例子叫"跳水"）

图 4.5 是北京奥林匹克泳池跳台和跳板的全景图。

图 4.5　北京奥林匹克泳池的跳台和跳板

问题情境

跳水运动员用脚尖旋转和转体练习现代复杂的跳水技巧已经很多年了。图 4.6（a）是德米特里·萨乌丁跳水画面，他获两次奥运会的冠军，五次世界冠军，十二次欧洲冠军，他参加了五次奥运会，并且是唯一一个在跳水项目获八个奖项的运动员。

跳水的关键就是入水。如果入水瞬间如图 4.6（b）和图 4.6（c）一样，是一件好事。但即使是这样，身体，尤其是手腕上的负重仍然很高，很容易导致职业病。可以说德米特里·萨乌丁也没有免于经历手术或关节长时间愈合之苦。在一次采访中他曾说："做过太多手术了，我已经不能从 10 米跳台跳下去，因为我的背太疼了。"

如果跳水运动员以错误的方式跳水，结果会更严重——即使在图 4.6（d）中看起来"无害"，但是，这毕竟是一个 10 米的高度！

当他从 1 米高度跳下去，并不会造成伤害，但是如果从 10 米跳下去，就会造成伤害。换句话说，同一对象具有完全相反的属性！

对跳水运动员来说，跳水怎么可能不受到任何伤害呢？

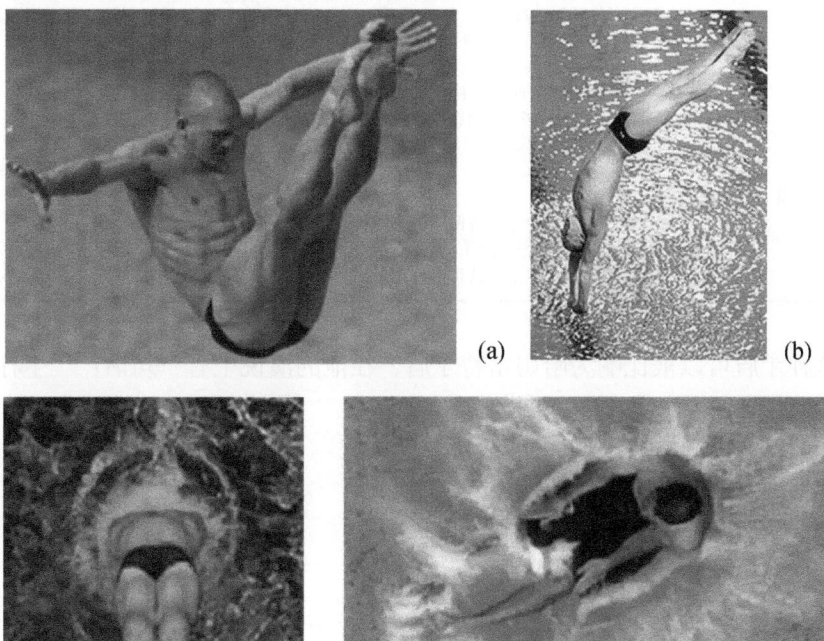

图 4.6　跳水照片

从根本矛盾看问题情境模型

首先，我们将在以下变量中创造一个标准矛盾的问题：跳水的高度必须增加，但这增加了跳水的阻力，这对运动员来说有负面影响。分析表明，随着跳水高度增加，跳水运动员的入水速度也增加了。我们无法改变跳水高度和下降速度。

那么，解决办法需要从水中入手！但是怎么做呢？随着高度的增加，人体撞击水的表面产生的影响和撞击水泥或石头产生的影响只有轻微区别。

水能变"软"吗？至少在身体接触水面的那一瞬间，尤其是在入水方式不对的情况下？

我们可以把这个问题概括为，一个相同的特征（水密度）面临着两种不同的、矛盾的特征：水必须是"硬"的，这就符合一个自然属性；当人体从很高的高度撞击水面，水必须是"软"的，这样才能避免伤害。

因此，对水表面的空间提出了两种相互排斥的要求（表 4.3），也就是说，水必须同时是软的和硬的。

表 4.3　根本矛盾的定义

条目	条目阐述
根本矛盾（1）	根本矛盾（在经典 TRIZ 中：物理矛盾）——相矛盾的二元模型，也就是说，相互矛盾的需求来自同一个结构的同一个特征（如组成、资源、功能、作用、条件等）
根本矛盾（2）	根本矛盾——二元模型，其中第一个因素反映一个需求为正因素，第二个因素反映同一需求为负因素，因此两个因素代表同一结构的相同属性（如组成、资源、功能、作用、状态等），但它们相互排斥
附加项	在根本矛盾中： a）对于对象的主要功能来说两个因素可能都是必需的 b）"负因素"是不合要求的，必须被转化成正因素 c）"负因素"阻止了主要特征的发展

这种矛盾可以被比喻为哈姆雷特矛盾，在他的演说中有一句话："生存还是毁灭，这是个问题！"

注意：尝试独立解决例 4.7"跳水"的问题。

如果遇到困难，请继续阅读。

第 8 章中提供了标准矛盾的解决方法。

在你尝试思考之前不要看答案！

这一问题的核心是对根本矛盾的准确界定。模型中的矛盾被极度放大，第一眼看上去不可能有解决办法（见第 8 章答案）。这种矛盾也被作为一个参考的基础。

图 4.7（a）是一个根本矛盾的示例，图 4.7（b）是以公式形式对根本矛盾进行展示，根本矛盾的概括解释见图 4.7（c）。

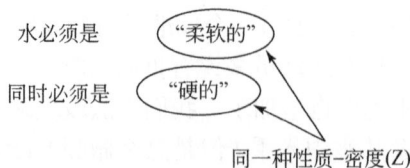

水必须是　　　"柔软的"

同时必须是　　"硬的"

同一种性质-密度(Z)

(a)

公式：
水必须是→软的（减轻跳水运动员入水时受到的伤害）VS 硬的（物理性质）
（b）

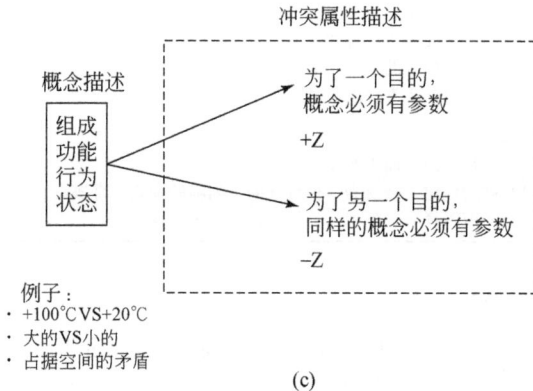

冲突属性描述

概念描述

组成
功能
行为
状态

为了一个目的，
概念必须有参数
+Z

为了另一个目的，
同样的概念必须有参数
−Z

例子：
· +100℃ VS +20℃
· 大的 VS 小的
· 占据空间的矛盾

（c）

图 4.7　根本矛盾的定义

4.4　矛盾是发展的一种属性

TRIZ 的目的就是创建和使用有效的模型来发明有效的想法。解决具有内在矛盾的问题需要特别专业的创造知识和技巧，这些创造知识和技巧现在已经以一种完整的形式被提炼出来了，也就是说，作为统一的概念、理论模型与实践导向的技术，仅在 TRIZ 中出现。

如果不解决矛盾，任何系统（产品、技术、组织、矛盾情境）都无法得到发展。这就是为什么用发展矛盾来定义的问题总是对具有发明思维的工程师和管理者构成挑战，并且需要充分调动他们的知识和创造能力，还有特有的心理集中力。

根据系统附加说明 1（表 4.4），创意有效性的特征是其核心，它是对发明创意质量的重要要求。

为了理解情感对于想法感知的特殊性，根据系统附加说明 2，它是对至少两种危险现象的警告和保护：

1）对作者所发现的想法评价过高（很少见）；要记住，客观的评价只有在想法得到实践后，也就是说在真实的试验之后才能进行。

2）对于人们（社会）想法的评价过低；当然，更好的评估取决于该想法在实践中的成功应用。

让我们看几个例子来说明上述术语。

表 4.4　系统附加说明 1

属性条目	条目阐述
属性：有效性——"系统"补充说明对"发明"的定义	由于以下特点，本发明以高效率而出众： 1. 消除阻碍系统发展的问题； 2. 创建具有更高系统所必需的新属性的对象； 3. 为系统或周边系统的进一步发展提供机会； 4. 通常以最少的手段（资源）解决问题； 5. 需要对系统本身或边缘系统，进行最低程度的改动
属性："奇迹"现象的消失——对"发明"定义的"心理学"补充	本发明是： 1. 在被发现之前不明显； 2. 被发现时，被视为一种特殊的、闪耀的现象"奇迹"； 3. 当被解释后，被视为一种普通而简单的现象

例 4.8　自行车的发明

自行车可以被认为是一种发明思想，它起源于已知的使用轮子的交通工具，如战车、手推车（用于货物）或马车（用于人）。

自行车作为一种发明思想，与之前的交通工具存在三点根本不同。

第一，"充满活力"：自行车和之前的交通工具不同在于，自行车只通过人力消耗来使用，也就是说，它是借助人腿部的力量来向前行驶的。我们需要指出的是，一辆手推车或一辆马车过去是由一种额外的动力来移动的，如马。

第二，"功能性"差别：运动原理发生改变，即转动轮子的稳定动力。

第三，也是最根本的，"工程和构造"：不同的是轮子位置的改变，轮子和一个框架连接。

最初的发明或问题情境可以表述为人类用腿（或手、整个身体，或尽可能的其他部位）移动的必要性。目的可以被认为是移动速度的增加和/或消耗能量的降低。

然而，直接使用已知的运输工具似乎并不有效。一个人可能会驾驶一辆货车，以便短途旅行；为了让货车行驶起来，需要费很大力气，然而由于重量大，货车很快会减速。可以根据这个想法进一步构思，如改变滚轴的参数设置。

问题的核心可以用以下矛盾的形式来诠释：通过人类的能源用货车增加移动速度（附加因素、发展目标参数），通过货车的重量推动（作为障碍的负面因素，当达到原型的第一个因素或劣势时）。最初的情况和解决方法见表 4.5。

表 4.5　在自行车发明想法之后不久的初始问题情境的矛盾模型

#	问题描述	矛盾		解决办法	时间轴
		（+）- 因素	（−）- 因素		
1	通过肌肉力量加速人类在地球上的运动	速度增加；消耗能量减少	两轮、三轮或四轮车的巨大重量	法国的西夫拉克伯爵发明了一种两轮车，它由木制框架制成，没有把手	1790 年

译者注：（+）- 因素表示改善的方面，（−）- 因素表示恶化的方面，# 是表征序号的一个符号，下同。

第一辆自行车是踏板车（图 4.8），"驾驶员"坐在马鞍上，用双腿从地面上推动来实现移动。

促使作者发明解决方案的发明模型可以定义如下：复制自由转动的轮子；连接旨在执行相同功能的元素；复制动物的骑行（为了使第一辆"自行车"更舒适，配有舒适的软垫或小的"真实的"马鞍）。

即使车轮放置的基本方案在 200 年内（整整两个世纪）没有发生变化，这项发明也是一项开创性发明，它创造了一种新型的人类在地球上运动的工程系统。

注意：有证据表明，关于西夫拉克伯爵及其"先驱"发明的信息是伪造的。不过，对我们来说，还有其他重要的东西，那就是 17 世纪末 18 世纪初儿童双轮自行车的普及，这和西夫拉克伯爵的发明是

图 4.8　孩子们的自行车玩具（复制版）
——西夫拉克的自行车模型
为了更好地说明，消除了覆盖车轮的侧面部分。

相关的。对我们来说，重要的是图 4.8 所示的交通工具的移动原理，不管它的名字是什么。这种玩具现在还可以买到，事实上前面没有把手。

例 4.9　把手和可调动的前轮的发明

很明显，"第一辆自行车"的严重缺点之一是转向问题。只能通过将车身侧向倾斜到转弯方向的复杂方法完成自行车转弯这种复杂的情况的解释，在连接自行车的部件中被找到了。

造成这种复杂情况的原因是在一个固定结构中连接所有自行车部件。

现如今，似乎很难想象，从第一辆自行车的发明到实现装置第一个移动前轮的初始机械化花了将近 30 年的时间，而且，在过去 200 年中，自行车的转向模式基本上没有发生变化。

问题描述和矛盾模型见表 4.6。

表 4.6　发明前轮的转向系统后的初始问题情境的矛盾模型

#	问题描述	矛盾		解决办法	时间轴
		（+）- 因素	（−）- 因素		
2	转向困难	提升转向时的掌控力	所有部件的连接，缺少转向零件	卡尔·德赖斯男爵通过移动的前轮发明了转向系统（德国）	1817 年

在这个发明中，前轮被一个"叉子"扣住，其顶上连接着一根杆（图 4.9），

该杆穿过自行车车架上的开口并连接到横杆（"把手"）上。发明方向盘和把手的核心发明模型可以被定义为：对马车或手推车的转向机构的简化复制。这种机制早已为人所知。

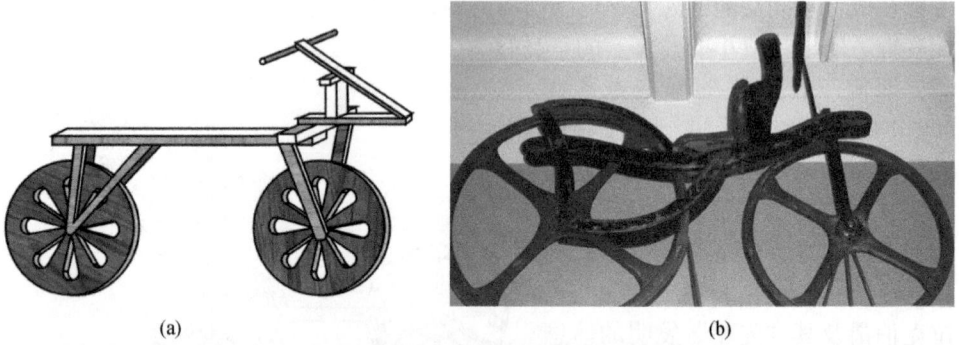

图 4.9　卡尔·德赖斯的自行车模型（a）和实体（b）
右图来自澳大利亚维也纳技术博物馆。

尽管转向得到了改善，但运动原理（即用脚蹬）仍然没有改变（图 4.10）！

图 4.10　卡尔·德赖斯自行车的移动示例

例 4.10　脚踏板的发明

如今，似乎很难想象自行车的移动是由腿推动来实现的。历史记载卡尔·德赖斯以图 4.10 所示的移动方式穿越了德国和法国以宣传他的杰出作品。

当然，从能源消耗的角度来说，这种方式既不经济，移动也不具有连续性。这种问题的反映和矛盾模型见表 4.7。

表 4.7　脚踏板发明后的初始问题情境的矛盾模型

#	问题描述	矛盾		解决办法	时间轴
		（＋）- 因素	（－）- 因素		
3	从地面用腿蹬车需要大量体力，速度慢，不连续	移速增加；舒适；能量消耗减少	能量从人转换到车的缺失	菲利普·费舍尔发明了与前轮相连的脚踏板。他还将前轮扩大了两米，以增加每个踏板旋转的驱动力（德国）（图4.11）	1830 年

显然，这里关键的发明想法就是通过类比复制，如水井绞车或任何其他具有一个或两个手柄的提升装置。

由此，可以在这里区别出两个矛盾属性。

矛盾是系统发展中的固有部分，系统应用过程中提出了新的需求。矛盾反映了新的需求对象的现有或被提出的属性不兼容。

例如，标准矛盾模型问题情境在例4.8 ~ 例 4.10 中表示出来（以简化形式）：①例 4.8，"增加速度"的需求与原型的"重量"属性冲突；②例 4.9，"转向"需求与原型构造的"部件固定连接"冲突；③例4.10，"提高移动舒适性"需求与原型构造的"能量传递不足"冲突。

图 4.11　第一辆脚踏自行车的样本
作者在柏林雷诺汽车展上拍摄的照片。

特别是，对于例 4.8 ~ 例 4.10 中提出的问题情况，可以形成根本矛盾，如下所示：

1）例 4.8，"小重量"要求（方便加速）与"巨大重量"属性（适用于原型，如手推车）冲突；

2）例 4.9，"没有固定连接"（方便转向）与"部件紧密连接"（提高结构的协调性）冲突；

3）例 4.10，"使用腿蹬离地面的方式"（让"自行车"轮子转起来）与"不要使用腿蹬离地面的方式"（因为没有已知的启动方法使车轮滚动以确保"自行车"连续运动）冲突。

这种不兼容性是暂时的，它可以在相同的运行原理下通过有效改变对象或者获取一个新对象进行消除；有时候也可以通过改变对象的运行原理进行消除。

如果不能以明显的方式满足一组要求，则存在难以解决的问题情况。在这种情况下解决问题需要采用非平凡的、具有出乎意料的想法且具有高效率的解决方案。

所以，矛盾可以被视为一个模型问题。矛盾表明了问题的根本。

问题的根本是对象需求和属性之间的不相容性。无论这种不相容性是表面上的，还是实质性的，它们总是会产生客观的（物理的）影响，导致系统的效率降低，甚至无法实现系统的主要有用功能。

只要存在两种类型的系统矛盾（标准矛盾和根本矛盾），足以对任何冲突、任何问题进行建模。这些矛盾既反映了系统发展不平衡的客观部分，也反映了矛盾形式的心理、主观感知和描述（表述）模式。

矛盾的准确诠释并不容易，它还需要相当多的经验以及必要的技巧。然而，要想进一步解决矛盾还需要对矛盾进行准确的诠释。

4.5 第 4 章的作业

练习 1 现在你知道例 4.1 和例 4.2 中 A）是一个标准矛盾，B）是一个根本矛盾。

任务就是用例 4.3 ~ 例 4.5 定义矛盾的类型。

练习 2 墙纸和刀片。以前，整把刀在刀刃变钝后被扔掉。在寻常的家庭条件下，重新做一个锋利的刀刃是很困难的。我们怎样提高刀的使用寿命呢？

刀片（标准矛盾）：

行为、状态、对象	
刀片	
（+）- 因素	（−）- 因素

刀片（根本矛盾）：

行为、状态、对象	
刀片	
+Z	−Z

练习 3 汽车防盗措施。几乎所有的汽车防盗警报系统都有一个缺点：在警报响后，小偷仍然有时间逃离犯罪现场。

汽车（标准矛盾）：

行为、状态、对象	
汽车	
（+）- 因素	（−）- 因素

练习 4 在冲撞事故中对摩托驾驶员的保护。在冲撞事故中，摩托驾驶员为

了保护自己可以穿厚夹克和厚裤子。然而，这种衣服会阻碍摩托驾驶员的运动，使其驾驶摩托变得困难。

摩托驾驶员的穿着（根本矛盾）：

行为、状态、对象	
摩托驾驶员的穿着	
+Z	−Z

练习 5 航空母舰。在第一批航空母舰建造过程中，出现了一个问题情境：许多飞机应该装在航空母舰上，但飞机的机翼很大（翼展很大），不可能把飞机放在甲板上和货舱里；机翼的长度不能缩短，因为翼展是根据飞机的战术和技术要求确定的。

航空母舰（标准矛盾）：

行为、状态、对象	
航空母舰	
（+）- 因素	（−）- 因素

飞机（标准矛盾）：

行为、状态、对象	
飞机	
（+）- 因素	（−）- 因素

航空母舰（根本矛盾）：

行为、状态、对象	
航空母舰	
+Z	−Z

机翼（根本矛盾）：

行为、状态、对象	
机翼	
+Z	−Z

第 5 章 | 抽 取

发明方法论①（即使只是简单了解）能丰富你的"创意兵工厂"。
其中包括几十种方法（模型），它们共同构成一个解决问题的合理系统。

——根里奇·阿奇舒勒

5.1 每个工件中的有效模型

抽取是现代 TRIZ 方法的第一种基本教学方法。每个学生在其发明生活中都会使用这种方法。为了介绍它，让我们使用一个简单的例子。

例 5.1 私人记事簿页面的一角（完成：第 6 章）

在图 5.1 中，我们看到了私人记事簿的穿孔角。穿孔是为了方便而整齐地撕下一页的一角。

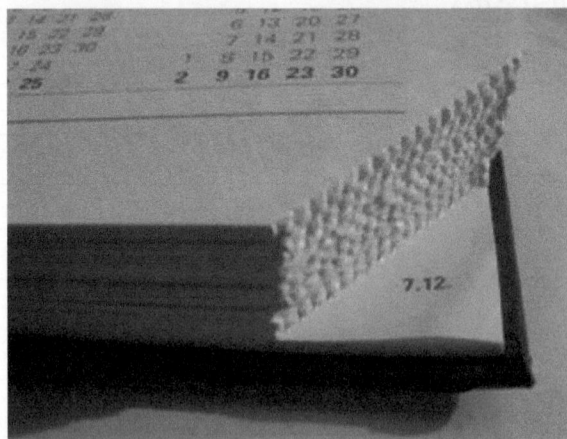

图 5.1 私人记事簿页面的一角

---

①G.S.Altshuller 和 I.M.Vertkin 的《如何成为天才：创造性人格的人生策略》（白俄罗斯明斯克，1994 年俄文版）。

角的日常撕扯在页面间形成了一条清晰可见的线，虽然有些已经被撕掉了，但上面仍然有它们的角。穿孔线被用来代替书签，以便能够打开在当前页面上记录了当前日期的记事簿（如图 5.1 所示，当前日期是"十二月七日"）。

显然，在发明穿孔之前，角部的有序撕裂是困难的。撕裂线是不均匀的，有序地撕开一个角需要花很多时间。

问题：在这里使用什么创造性的过程（模型）来发明穿孔的想法？

对于那些不了解 TRIZ 的人来说，给出正确的答案似乎是不可能的，因为问题本身是不可理解的。

乍一看，一切似乎很简单，因为我们通常只看到应用的过程，如已经穿孔的记事簿。

让我们问一个首要问题：穿孔是为了什么？

答案可以这样表述：以一致有序的方式撕开页面角。

另一个问题：穿孔有什么帮助？

答：穿孔产生了撕裂线，在孔之间只留下少量的纸张部分，这使得撕开过程变得快速。

TRIZ 在某个时候发现和积累的一种工具，现已成为最有效的创新模式之一，这种工具就是"预先作用"。

与此模型相对应的发明方法在 TRIZ 中陈述如下。

预先作用：

a）预先对对象（完全或部分地）进行改变；

b）预先放置这些物体，使它们可以在适当的位置显示其效果而不会浪费时间。

本案例可以看出，预先穿孔的纸张，可以被更快更准确地撕下。

此外，我们还应注意，借助这种方法，已经消除了以下标准矛盾：必须快速执行撕角，但这会导致撕裂线不均匀。

或者是：当慢慢地撕开时，一条整齐的撕裂线是可能的，但是这需要太多的时间。

在经典 TRIZ 中，已经描述了 40 个经典模型（专门化转换[①]），并将其放在阿奇舒勒目录[②]中。

每个模型都是通过我们今天能够定义的抽取方法发现的。对于每个研究对象（发明），对属于工件的"应用层"的工程转换的研究较少，而对属于工件的"创意层"的发明转换的研究较多。

---

① M.Orloff. 通过 TRIZ 进行的发明思维：实用指南（2003，2006）.Springer-Verlag Inc.，New York，350 pp.，2nd edition，2006，ISBN-10 3-540-33222-7，ISBN-13 978-3-540-33222-0。

②参见第三篇（S22.2 或 S22.3 或 S35 部分）。

目录中仅包括"有效"模型，即最常发现的模型和在许多对象中发现的模型。

在这里，我们应该指出，40 个经典模型中的许多模型与工程转换密切相关，并且它们对不同应用领域的解释需要适应性，有时相当复杂。

学生应该学习所有的模型，以便能灵活运用每一个模型。

抽取方法主要是为了更快地获取转换的基本模型而设计的。

这种方法的创新之处在于发现熟悉的、平常中的不寻常和忽视了的情况。当使用抽取方法时，这些研究具有趣味性。

抽取总是会在最简单的对象和事件中产生令人印象深刻的意料之外的创意。

我们邀请您使用抽取方法，并在任何领域和任何对象中定义新的转换模型。这在完成认证工作时特别有价值。

5.2 MTRIZ 学习的关键方法——抽取

我们可以看到，抽取是从自然环境或人造物体的对象中选取创意模型的过程。要正确地完成这种工作，我们将使用表 5.1 的定义。

表 5.1 抽取的定义及补充

概念	概念解释
"抽取"	1. 使用描述创新想法和对象的信息来源，从任何（给定的）工件中绘制转换模型
补充	2. TRIZ 抽取——从对象转换的 TRIZ 模型中抽取 3. 抽取的目的是快速、准确地研究转换模型和实例 4. 抽取的首要目标是发展技能，以了解工件中的功能和创意演化 5. 抽取的第二个目标是发现新的转换模型，并对所有转换模型进行系统分类和组织

在抽取过程中，必须坚持一定的模式，如图 5.2 所示。

抽取过程的总体描述如下：

1）首先，我们可以选用任何工件并为其选择真实或虚构的原型，假设原型是其构造开发历史中的该工件的前身。理想情况下，原型具有与工件相同的有用功能（意图、使用目的），但我们仍然只能使用一个对象作为原型，它只共享与工件相匹配的几个功能。

2）其次，必须检查工件中固有的积极变化并与原型的属性进行比较。

3）再次，所确定的变化要具有建设性。抽取的本质是从每一个确定的建设性变化中找到创造性的转换模型，客观地参与变化。

4）最后，正在进行的抽取模型可以在早期版本的 TRIZ 目录转换模型中找到。如果使用给定的转换模型无法令人信服地描述某些更改，则可以描述、命名新模型并将其包含在您的个人创意目录中，并进一步发送给管理员以评估定义。

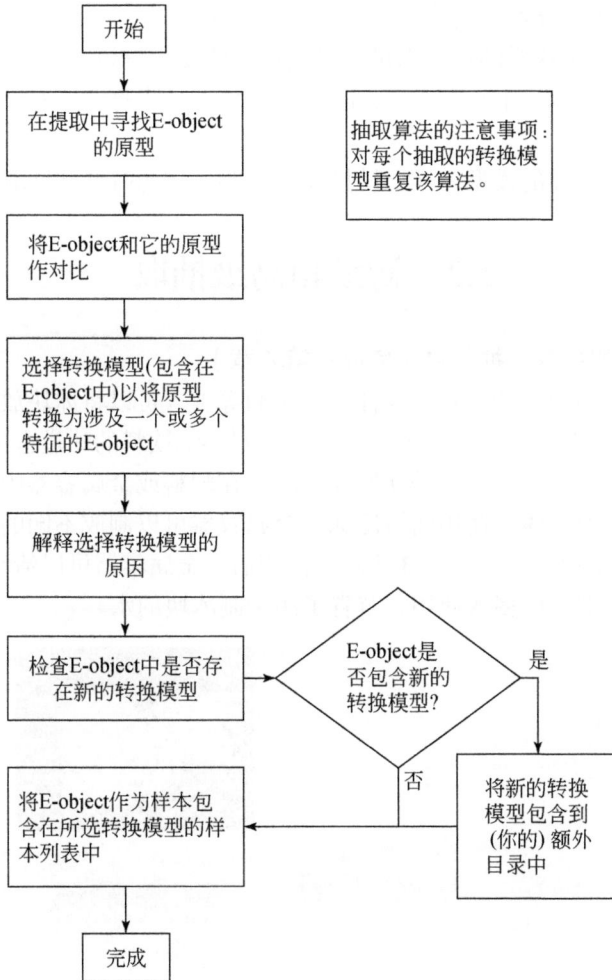

图 5.2 转换模型的抽取算法

以下是使用第一个示例的算法说明：任何没有穿孔的私人记事簿都可以用作原型。

然后很明显，所采用的"预先作用"方法，即预先准备穿孔，可以快速、整齐地撕开页面的边角。

区分两种基本的抽取变体：

"抽取 -1"——抽取部分或全部参与从原型到工件过渡的目标转换模型；

"抽取 -2"——抽取这种转变所必需的、与某些消除的矛盾相关的主导性转换。

以下三个特征可以帮助确定主导性转换：

1）首先，（主导性）转换完全参与整体转换。

2）其次，每次这样的转换都足以描述基本的发明思想。

3）最后，当尝试消除这种转换时，从原型到工件的转换的描述是不可能的或绝对不完整的。

与所有高度定性的模型一样，转换模型需要一定的解释和抽取经验。

5.3　初级和高级抽取

例 5.2　饮用冰饮：抽取 -1（完成：第 6 章）

为了更长时间地冷却饮料（果汁、鸡尾酒等），可以将冰块放入其中。当冰块融化时，饮料的比例随着水的相对量增加而减少，饮料的味道也随之发生改变。

解决这个"冲突"的办法是众所周知的：在塑料或金属容器中使用冰。金属容器内的水或其他液体在使用前被冷冻。金属容器可以制成不同的有趣形状和图形（鱼、花、水果等），如图 5.3 所示。使用后，金属容器可以清洗和重复使用。

由于金属容器可以多次使用，节省了用于制冰块的水。

图 5.3　可重复使用的冰容器

抽取结果如表 5.2 所示。

同时，以下模型对工程解决方案的各种属性也很重要：① "01 物理或化学参数改变"；② "05 抽取"；③ "08 周期性作用"；④ "10 复制"；⑤ "12 局部质量"；⑥ "18 中介物"；⑦ "25 柔性壳体和薄膜"；⑧ "34 嵌套（套娃）"。

考虑在 EASyTRIZ 软件包中实现这个示例的另一种方法。

表 5.2　例 5.2 饮用冰饮的抽取 -1 结果

LC*	序号	方法导航	抽取例证
+	01	物理或化学参数改变	反复冻结
+	02	预先作用	第一阶段准备
+	03	分割	许多小图形
	04	机械系统替代	
+	05	抽取	介绍冷却功能的存在；水与饮料混合的特性已被消失
	06	机械振动	
	07	动态化	
+	08	周期性作用	多次使用
+	09	颜色改变	图形可以是彩色的
+	10	复制	许多对象的副本
	11	反作用	
+	12	局部质量	冷却饮料的剂量
	13	廉价替代品	
+	14	气动和液压结构	图形的浮动
+	15	抛弃或再生	图形内部的再创造
	16	未达到或超过的作用	
	17	复合材料	
++	18	中介物	容器是冰和饮料之间的中介物
	19	空间维数变化	
+	20	多用性	任意形式
+	21	变害为利	材料，包括生产各种形状的图形
+	22	曲面化	
	23	惰性环境	
	24	增加不对称性	
++	25	柔性壳体和薄膜	容器由薄箔组成，冰的融化支持饮料的低温
+	26	相变	
	27	热膨胀	

续表

LC*	序号	方法导航	抽取例证
	……		
	33	减少有害作用的时间	
++	34	嵌套（套娃）	容器里的饮料和水
	35	合并	
	……		
	40	有效作用的连续性	

++ 代表有效方法导航；+ 代表部分有效的方法导航。* LC，合理水平；关键模型包含有关矛盾的描述。下同。

可以发现，创造一个发明思想的关键创造性模型是"18 中介物"和"25 柔性壳体和薄膜"的方法。

实际上，容器在冰与饮料之间扮演着中介者的角色。这就是为什么很难确定哪种方法对整体解决方案更重要。有可能的是，方法"18 中介物"应略微优先考虑，但要说明的是，容器也可以是非柔性的，它不是由薄箔制成，而是由硬金属制成，这种解决方案也是众所周知的。

识别主导性转换是抽取 -2 的目的。

还应注意，抽取 -2 的目的不限于先前描述的那些。此阶段的另一项重要任务是定义应用关键转换所消除的矛盾。

注意：这个矛盾是关于原型而不是所研究的工件的！

抽取的方法不应用于工件，而是应用于原型。

工件是转换的结果。初始问题情况的对象和矛盾属性的载体是原型。

这就是为什么转换模型要参与从原型到工件的过渡，以及它们为什么要清除原型的矛盾。

很容易看出，主导性转换是从抽取 -1 结果表的主要转换中选择的。在"无软件""手动"变体中，只有表中具有"++"等级的模型才会转移到新表中。在新表中，根据定义，其长度不能超过五行，我们选择最能影响解决方案构思过程的关键转换。

例 5.3 饮用冰饮：抽取 -2

对于每个关键转换构建一个矛盾模型，这个模型被表示为这种转换所消除的矛盾。如果解决方案是基于几种转换设计而成的，那么它们可能有一个共同的矛盾模型。

表 5.3 所示为所分析示例的抽取 -2 结果表。还可以考虑在 EASyTRIZ 软件包中实现这个示例的另一种方法。

表 5.3　例 5.2 饮用冰饮的抽取 -2 结果

LC*	序号	方法导航	抽取依据
++	01	物理或化学参数改变	
++	05	抽取	
+	08	周期性作用	
+	10	复制	
+	12	局部质量	
++	18	中介物	根本矛盾：冰必须放在饮料里才能使饮料冷却，但又不能放在饮料里，因为不能改变饮料的味道
++	25	柔性壳体和薄膜	标准矛盾：当冰融化时，饮料冷却下来，但味道也发生了变化
++	34	嵌套（套娃）	

有趣的是，在这种情况下，我们可以交换矛盾，或者它们都可以放在每个单元中，因为这两个相关的转换都可以被视为"关键转换"，即具有生成主要解决方案想法所需的"全部"的转换。

注意：今后，细心的读者可能会在这些实际例子中发现其他新模式。如果发生了这种情况，请对模型进行描述和命名，确定其在其他对象和解决方案中出现的频率，并将其发送到现代 TRIZ 学院进行验证，并录入阿奇舒勒发明原理 - 目录中。这样的提议将大大提高其作者的认证概率。

5.4　第 5 章的作业

任务 1　束发"操作"

让我们思考一个非常有创意的发明程序——用弹性发带将马尾辫固定，即"发箍"！

方法如下：先将束发带放在一只手的手腕上，用手抓住发尾；再用另一只手从手腕上拉开束发带（图 5.4）。

你的任务：执行抽取 -1 过程。

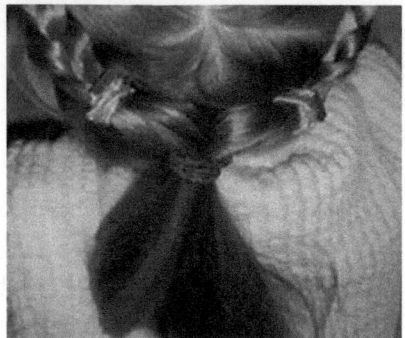

图 5.4　使用束发带扎头发

任务 2 我们衣服的结构组织

不要被"听起来很科学"的标题吓倒——这只是一个小玩笑。任务是这样的：确定衣服的主要 TRIZ 原理。将它们写为抽取 -1 结果。

使用以下对象作为提示：洋葱、鸡蛋、卷心菜和包装好的糖果有什么共同之处？

任务 3 花地毯

在德国的时候，我去过一家大商店，那里会出售园丁想要的一切东西。我的注意力被一个画着花毯的又大又长的盒子吸引住了。这些花看起来很逼真，好像是从地毯上长出来的。此外，从图中可以清楚地看到，地毯——如果我曾见过这种"室内"物件——是在一个真正的花园里铺开的（图 5.5）！

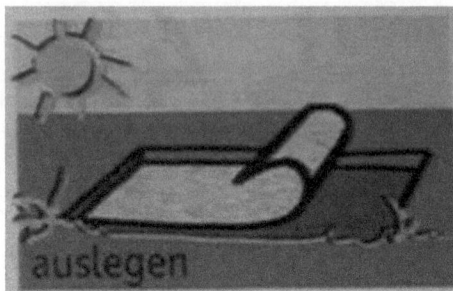

(a) 展开!

(b) 盖上一层薄薄的泥土!

(c) 浇水!

(d) 享受!

图 5.5 拥有真正鲜花的地毯

原来，这家商店宣传的是由特殊土壤制成的各种长度的"地毯条"，以及底部由某种海绵状材料制成的多孔物。土壤中的孔隙事先被不同花的种子和肥料填满，图中显示了种子发芽长成花朵后"地毯"的样子［图 5.5（d）］。最重要的是，客户可以设计出自己的图案，然后专业的园丁们选择需要的花卉品种来重现这些图案并定制花坛地毯！

为其做一个抽取 -1 过程：一个地毯，用于种植鲜花。

额外任务：

列出其他物品、自然物、童话英雄和其他文学作品，进行抽取，并将最有趣的结果发送给我们，以纳入 MTRIZ Pool 数据库。

任务 4　"移动信号灯"

图 5.6 所示为高峰时段临时安装在繁忙十字路口的移动式红绿灯。

请对该对象的构造和操作执行抽取 -1。

图 5.6　中国哈尔滨一个十字路口的移动信号灯

任务 5　"有趣的帽子"

图 5.7 显示了一个漂亮的中国女孩，一个冰淇淋供应商。她的太阳帽顶端有一个内置电池供电的风扇。执行抽取 -1 以获得此帽的构造和解决方案。

图 5.7　中国哈尔滨，圣加里河畔纪念碑附近的冰淇淋小贩

任务 6　比较任务 4 和任务 5 的结果

任务 7　超声波哨

一家美国公司生产了安装在前保险杠上的超声波哨。在气流的影响下，超过 50 千米 / 小时的速度时，超声波哨会发出超声波信号，这些信号对动物来说是可

怕的，但人是听不见的。速度越快，信号越"响"（图 5.8）。

任务 8 雪崩救援安全气囊

德国企业家彼得·阿肖尔（Peter Aschauer）提出了一种新的救援设备：一种由非常薄的亮橙色尼龙制成的雪崩救援安全气囊。这个安全气囊被装在一个小背包里，当使用者发现自己有被埋在雪下的危险时，气囊会被由用户启动的小钢瓶中的压缩氮气充气（图 5.9）。

图 5.8 超声波哨

图 5.9 雪崩救援安全气囊

任务 9 魔术包装

赫尔德密斯航空公司（美国）开发了各种尺寸的高弹性聚乙烯袋。机械或热冲击会引发聚合物泡沫的产生，然后聚合物泡沫会均匀地分布在袋的内部（图 5.10）。

任务 10 在每个解决方案中定义一个（或两个）主导性转换模型（方法导航）

图 5.10 魔术包装

第6章 | 发　　明

算法[①]将发明问题解决的过程视为识别、澄清和克服矛盾的一系列操作。

但是我们不应该认为在阅读了算法的书籍后，可以立即解决任何问题。阅读完 sambo[②] 的技术说明后，不要只是去参加些比赛。

实践技能是在教育任务中培养出来的。

——根里奇·阿奇舒勒

6.1　机敏思维的最简 TRIZ 算法 T-R-I-Z™

（Algorithm START T-R-I-Z）

本书基本上是为初学者设计的，我们使用的是 MAI T-R-I-Z 的起始版本，它仅限于使用主要的通用 TRIZ 模型来解决标准矛盾。

"机敏思维"（START）是"深度思考的最简 TRIZ 算法"（simplest TRIZ algorithm of resourceful thinking）的首字母缩略词，是为了帮助更好地记忆。T-R-I-Z 表示算法的阶段（图 6.1）。

START 和 MAI T-R-I-Z 之间的主要区别在于，每个 START 阶段都有特定的程序，可以开发基于 TRIZ 模型的解决方案。这将元算法（即最大程度地集成、聚合，并因此抽象的"路径"）转换为可执行的实用算法，该算法指导、组织和规范所执行的工作以创建新的解决方案。

注意：此方案必须牢记！

对该计划的通用建议如下。

---

①根里奇·阿奇舒勒.发明算法.莫斯科：莫斯科工人出版社，1973（俄文）。
②俄罗斯"无武器自卫"的战斗和体育艺术。

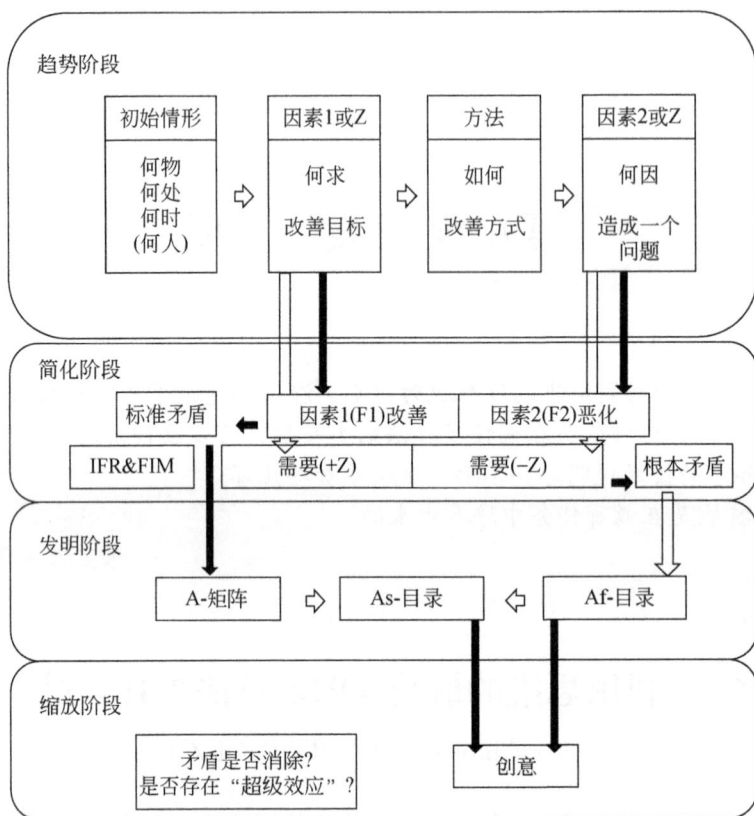

图 6.1 机敏思维的最简 TRIZ 算法 T-R-I-Z™——最简单的发明算法

1. 趋势阶段

任何问题的解决都是从对初始情况的分析开始的，或者如果你愿意的话，可以从诊断问题开始。因此，在扩展的现代 TRIZ 版本中，这个阶段也称为"诊断"。

分析，自然涉及系统中"何物"、"何处"和"何时"的确定，从而使系统产生的结果质量以及相应的操作效率提高。

这些问题的答案[①]必须能对初始问题情况进行足够准确和简明的描述。

无论如何，我们必须确定使情况更好的目的，即改善或加强该系统的目的。这是通过询问"何求"（即为了什么目的），改变现有系统来完成的。对于该问题的答案，无论是直接还是间接地，都包含着一个指示——或者至少是一种假

[①]公元一世纪，罗马修辞学家昆蒂利安（Quintilian）提出了使用引导性问题或"控制性"问题的建议。参见 M.Orloff 的《通过 TRIZ 进行发明性思考》，4.1 节"发明性理论"。

设——关于系统改变的方向。

为了改进系统，我们可能会尝试使用已知方法进行更改。从本质上讲，这些方法都在试图回答这个问题："我们如何改进系统？"

显然，如果这些尝试都不奏效，我们将面临一个"发明问题"。这意味着我们有一个无法用已知方法克服的障碍，因此，需要一个不明显的创新想法。这个想法就是我们所说的"发明"，不管它是大是小，不管它是否能够成为一项专利，或者只是为了消除生产过程中的一些缺陷。

"为什么"问题的答案有助于确定妨碍系统运行所需改进的原因。

正是"改善目标"（以及这些"何因"）中固有的性质的对立、不相容或有时完全相互抵触，导致必须用"矛盾"和"问题"来定义最初的情况。

因此，在趋势阶段中，我们对问题情况进行一般性审查，非正式地定义一个或多个矛盾，并确定系统所需改进或演变的方向（趋势）。

2. 简化阶段

尽管如此，"为什么"问题的集中答案——正如趋势阶段所提出的——是以"最终理想解"（IFR）的形式表述出来的。

最终理想解实质上构成了一种进化趋势：

未来系统改造的目的和模式。

最终理想解可单独记录，或纳入"功能理想模型"（FIM）的制定中。功能理想模型的实施旨在达到最终理想解。

从方法上讲，功能理想模型和最终理想解在这一阶段被固定下来，作为后续建模和思想生成的目的论基准，功能理想模型被简化为某种标准形式。

根本矛盾：同一性质上的要求是截然相反的。在图 6.1 中，这种冲突以两个相反的需求的形式表示，因为它们适用于相同的属性 Z：为了一个目的，Z 必须增加（趋势 +Z），而为了另一个目的，Z 必须减少（趋势 –Z）。

这两种形式的矛盾模型都有各自的解决方法和路径。

6.2 节讨论了解决标准矛盾的"路径"。根据聚类法求解标准矛盾。在 6.3 节给出了一个根本矛盾的解决路径。根据聚类中的 RICO-Radical（根本矛盾工具集）方法求解根本矛盾。

3. 发明阶段

在这个阶段，通过借鉴 TRIZ 中创建的目录的转换模型来支持思想的生成。在现代 TRIZ 中，这个阶段也被称为"转换"。

为了解决标准矛盾，我们使用"阿奇舒勒 – 目录"（见表 S22.2）中的专用转换模型，而阿奇舒勒矛盾矩阵帮助我们选择合适的模型（见表 S21.2）。

总的来说，我们认为，一个有效想法的创造是人才与知识和创造性思维技能融合的结果。

4. 缩放阶段

在现代 TRIZ 中，这一阶段也被称为"验证"，即对新发现创意的质量进行检验。这些想法必须得到"验证"，也就是说，检查可执行性和效率。

隐喻名称"缩放"的使用是由主要验证程序的性质所决定的，即必须在几个层次上验证想法。因此，有必要在操作区域的层次上评估解决方案的质量，即这一区域原本是问题的根源所在。

要做到这一点，我们必须"放大"并评估解决方案的质量，如在整个系统的级别上，我们可能想要更广泛地在包含最初为其创建工件（系统）的用户利益的级别上查看。

最后，但并非最不重要的是，在许多情况下，有可能（而且常常是必要的）在更高的、更普遍的层面上衡量观念的影响，如在社会领域的层面上，甚至在整个自然领域的层面上。

这些转换类似于更改焦点缩放！用照片或摄像机改变"视野"，即我们通过透镜看到的空间。MAI T-R-I-Z 的第四阶段暨最后阶段的隐喻名称源于这个功能概念。

6.2 用标准矛盾工具集解决标准矛盾

当然，现在每个人都熟悉日常计划的普遍解决方案。

之前例 5.1 演示了最简化 MTRIZ 分析。

现在，我们可以借助方法 BICO（聚类二进制），以一种基于 TRIZ 的非常简单的方法的变体来表示这个解决方案，即在阿奇舒勒矛盾矩阵中从阿奇舒勒目录中选择转换模型（导航仪）。

不同之处在于，我们将从阿奇舒勒矛盾矩阵中选择改善因素和恶化因素绘制成各自的标准含义。所选的标准因子成为阿奇舒勒矛盾矩阵的行和列，用于选择具有导航仪编号的矩阵单元，这些导航仪编号在统计上被推荐用于解决标准矛盾，这些标准因子可以被精确地表示出来。

所选择的正负标准因子定义了阿奇舒勒矛盾矩阵的二进制输入，所选择的单元格包含推荐导航仪编号的群集（组）。这意味着，为了获得受欢迎的结果，我们接收到这一组导航仪编号作为阿奇舒勒矛盾矩阵（集群外）的结果。图 6.2 给出了这种过程的一个示例。

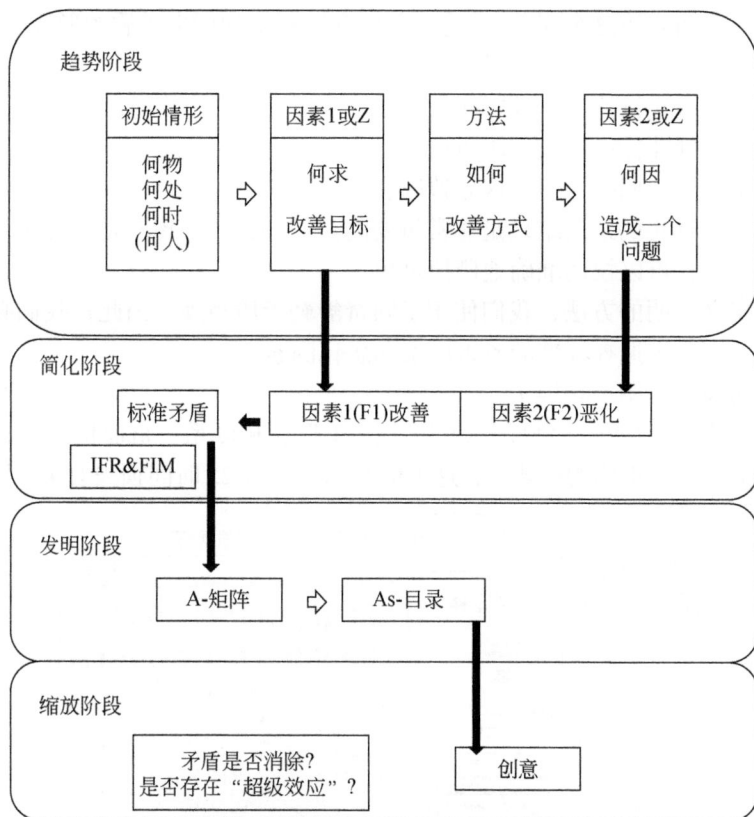

图 6.2 机敏思维的最简 TRIZ 算法解决标准矛盾路径

例 6.1 私人记事簿页面的一角（标准矛盾工具集）

让我们将问题解决过程和结果的总结描述引用到例 5.1，私人记事簿页面的边角。

第一阶段：趋势（诊断）

要在实际日期（目标）的页面上轻松地打开日程计划表，你可以一步一步地，一天一天地撕掉过去日期的边角。然后，与实际日期相关的页面总是第一个没有撕角的页面。这一页很明显，因为所有的撕掉的边角都不见了，并且显示了实际的日期。

问题是很难把边角撕干净。问题解决方案的方向是找到一种方法，帮助日程计划的用户准确地撕掉边角。

如何帮助用户快速准确地撕掉边角？

备注：其他趋势在本次任务中没有被审查。

第二阶段：简化（改造）

让我们重新表述这个问题（改造），并以众所周知的标准矛盾的形式来想象它：

边角必须迅速撕掉，但结果是撕裂线不均匀；

如果边角被慢慢撕掉，撕裂线会更准确（但这需要太多时间）。

让我们选择非标准形式的矛盾：

边角必须迅速撕掉，但是这导致撕裂线不均匀。

陈述一个理想的最终结果是非常重要的。例如，"理想"是一种撕裂方法，在这种方法中，可以快速准确地撕掉页角。

为了定义发明的方法，我们使用了阿奇舒勒矛盾矩阵。因此，我们必须从阿奇舒勒矛盾矩阵中选择标准的改善因素和恶化因素。

第三阶段：发明（转换）

获得"直线"的要求可以与改善因素 21 形状相联系。负面情况下，需要太多时间才能获得"正确的形式"，这可能与恶化因素 25 时间损失有关（图 6.3）。

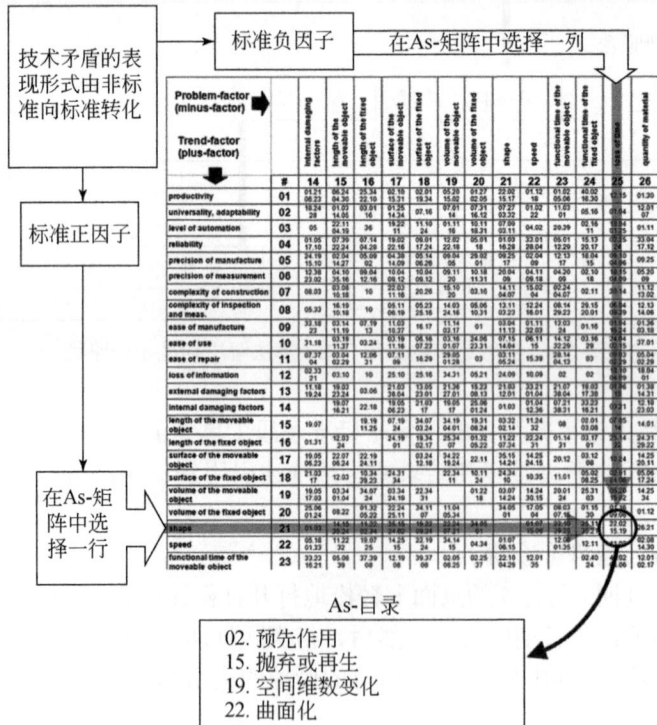

图 6.3　基于阿奇舒勒矛盾矩阵中标准形式矛盾的 As- 目录导航仪选择过程示意

在阿奇舒勒矛盾矩阵的第 21 行和第 25 列的交汇处，有一个单元格，我们从中选择以下导航仪：

02 预先作用——提前做好部分工作；

15 抛弃或再生——更换使用过的零件；

19 空间维数变化——使用高级维度空间（例如，3D 而不是 2D）；

22 曲面化——使用弯曲和圆形的形状与轨迹。

请注意。在 EASyTRIZ 软件中，这个选择"隐藏"在程序中，我们可以立即看到选择的结果——所选单元的内容，即集群 02、15、19、22。

在上述导航仪中，02"预先作用"包含一个相当有建设性的提示，该导航仪的基本内容是：

a）提前对对象进行必要的修改（全部或至少部分）；

b）将物品提前准备好，以便它们可以从最佳位置投入工作，并且不浪费时间。

基于导航仪的通解思路（图 6.4）：先在撕裂线出现的地方做小切口或小孔。

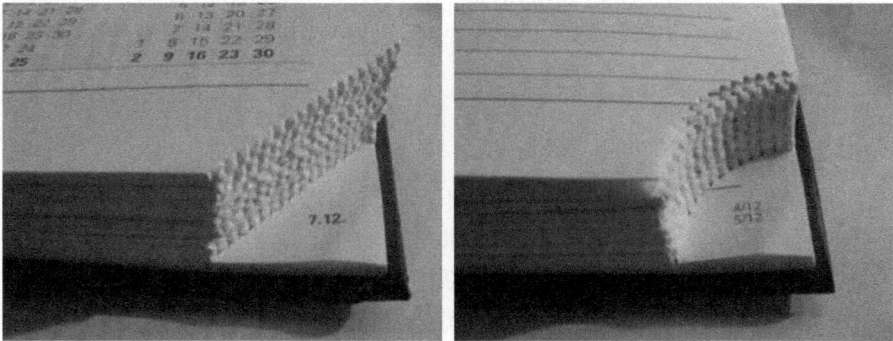

图 6.4　日记或私人记事簿的页角

第四阶段：缩放（验证）

主要矛盾已经消除。

这个问题没有任何负面影响就解决了。

您可以在 EASyTRIZ 软件中找到示例的实现变体。

关于在缩放的基础上对解决方案的验证，我们可以添加以下内容：

1）在产品层面（日常计划册）上，新的解决方案可以确保撕裂线的良好形式（不同艺术形式，如图 6.4 所示），并获得日常计划册的精美外观，而与撕裂角的数量无关。

2）在用户层面上，使用日常计划册确实变得更加方便，矛盾几乎完全被消除（读者现在可以自己想为什么我们说"几乎"而不是"完全"了）。

3）在公司层面上，作为日常计划册的生产企业，在引进一种新的操作程序的技术和设备方面出现了一些复杂的问题。

4）在市场层面上，新的日常计划册的价格现在可以比原型的价格更高，公司的所有费用都将转给日常计划册的买家；但是，该公司的战略也可能更有远见。

研究和发现 TRIZ 模型的世界是一个有趣的、令人兴奋的、有用的消遣，并且这也很简单！

要做到这一点，你不需要专门的实验室。相反，您必须养成在周围工件中看到 TRIZ 模型的习惯，从这些工件中抽取这些模型，并对一个发明建模！你的实验室就在你所在的地方。换句话说，就是你周围的整个世界。

这里有一些简单的例子。

例 6.2 "充气人"

知道我对人们在逆境中获胜的故事感兴趣，两年前我的大儿子给了我一张光盘，里面有一部电影叫《奔腾年代》。事实上，这个故事和电影都是关于一个著名的骑师和他的马的故事。

为了了解更多关于这部电影的信息，我发现了一个奇妙的技巧，制作人员过去常常在竞技场戏里拍摄很多人。很自然地，我立刻决定把它作为一个全新的例子提供给我的学生。

这就是他们所做的。

第一阶段：趋势

为了填满大空间，电影制作者不得不邀请许多额外的人员，这在行政管理上是非常具有挑战性的，同时价格也是非常昂贵的。

许多群众戏需要雇用成千上万的群众演员。通常，这些人愿意每天赚一点钱。然而，从导演的角度来看，额外的成本可能是非常重要的，特别是如果拍摄时间持续数天甚至数周。

而这只是一长串问题中的第一个。

首先，几乎不可能一天一天地把同样的人聚集在一起。其次，他们必须穿同样的衣服。最后，他们必须采用相同的场地（如大厅、体育场、空地等）。三个因素共同导致了极其复杂的管理问题（如监督、邀请、组装、放置、简报等），从而导致拍摄时间拖延，费用上升。

为了减轻或消除所有这些问题，必须确定寻找想法的总方向。那么，我们能做些什么呢？

第二阶段：简化

为了找到解决办法，我们必须把这个问题当成标准矛盾。

在以下属性之间存在冲突：增加人员（人群）占用的空间和增加人群规模与管理复杂性和高成本（增加费用）之间的冲突。

这些非正式因素可以用阿奇舒勒矛盾矩阵中的以下形式因素代替。

改善因素 19 运动物体的体积：人群移动，占据较大的拍摄空间。

恶化因素 08 控制和测量的复杂性：很难组织和控制人群。

矩阵单元位于交叉处，行对应于所选择的有利因素，列对应于所选择的不利因素，矩阵单元包含过去常用来解决这类矛盾的转换模型编号：在这个矩阵中，这些编号是 10、14 和 24。

要转变的问题对象是"人群"。

第三阶段：发明

导航仪 10 复制建议：使用简化的、廉价的复制品，而不是不可获得的、复杂的、昂贵的、不合适的或脆弱的物品。

导航仪 14 气动和液压结构的使用建议：在物体中使用气态或液态部件，而不是固定部件，可充气或充液的部件……

创意：采用假人。

想法：假人将是可充气的[①]（图 6.5）。

图 6.5　充气假人

导航仪 24 增加不对称性：a）物体从对称形状向不对称形状转变。

创意：为了让观众看起来更真实，在假人中间穿插一些"真实"的演员和临时演员。

第四阶段：缩放

优点：

1）充气假人很便宜。

2）假人很容易"管理"，可以填满任何空间。

3）假人可以穿任何衣服。

可以使用假发和面具。

---

①摘自 http://www.flickr.com/photo_zoom.gne?id=29695924 & size=l。

缺点：

1）假人是静态的，所以必须使用一些额外的东西。

2）假人的敷料、放置、取出、脱妆等是一个劳动密集型的过程。

3）在这个例子中，缩放的隐喻意义可以是相当字面的：我们必须评估在不同缩放级别拍摄的解决方案的可接受性。摄影师必须确保这些假人不是近距离拍摄的，人群也不是长时间从同一地点拍摄的，否则观众可能会注意到场景的静态和人为性质。

然而，最主要的是：矛盾已经被消除了，与拍摄大量人群相关的原始问题也被消除了。

显然，这种简单的假人只能用于重新创建静态人群（或静态人群的一部分）。

直接强化了这一理念：把假人变成"机器人"，可以做出简单的动作，如从一边到另一边摇摆。

还有另一个明显的改进：计算机图形学的使用使复制任何数量的数字在空间内的运动成为可能。在这种情况下，复制方法也得到了最好的使用。

考虑到计算机动画的方法，"充气式"的人物隐喻将是相当恰当的。这种人物的数学模型是一个离散的框架"穿着"一个"外壳"。

最后但并非最不重要的是，电影《奔腾年代》里的假人是由一家美国公司提供的，他们的名字很适合充气的人群。

6.3　用根本矛盾工具集解决根本矛盾

我们的目标是发展技能，以便以 MAI T-R-I-Z 的格式描述任何发明和有趣的创造性解决方案。在此过程中，提出一个有趣的创造性解决方案，就是借助 TRIZ 方法和模型，调整和呈现发明创造过程本身。

为了解决根本矛盾，需要使用如图 6.6 所示的 START 路径。

让我们引用对问题解决过程和结果的概述，如例 5.2 关于饮料用冰的抽取。

例 6.3　饮料用冰（RICO 方案）

第一阶段：趋势（诊断）

保存饮料——果汁、鸡尾酒等。长时间冷却，饮料中充满冰块。然而，随着冰的融化，饮料的味道会发生变化，因为水的相对含量会增加。

加冰的冷饮怎么能在喝的时候不改变原来的味道呢？

第二阶段：简化（改造）

让我们提出一个根本矛盾：

饮料里的冰——必须在里面冷却饮料，而不能留在里面，因为它会导致饮料在饮用过程中味道的变化。

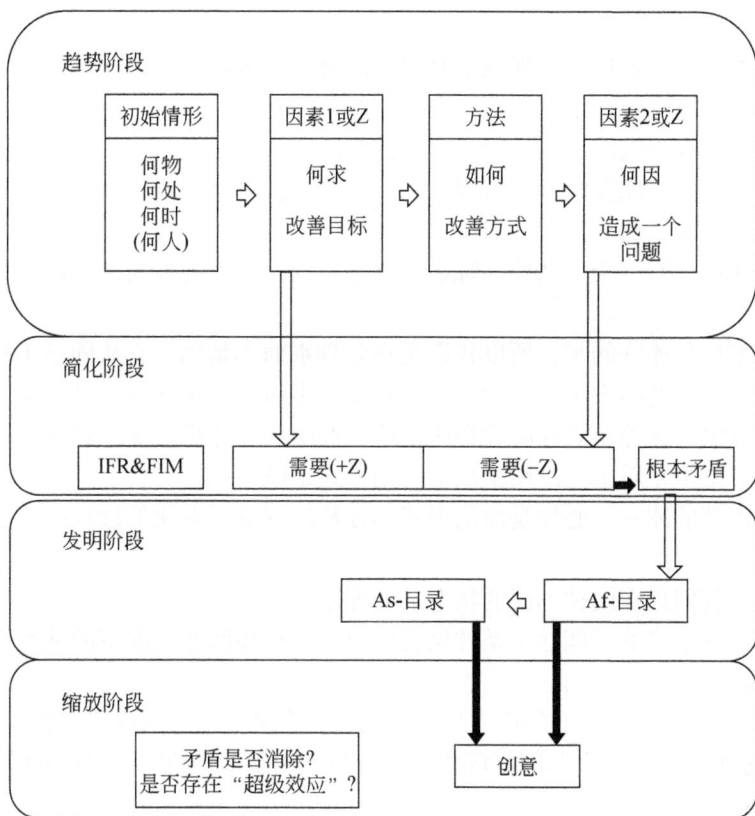

图 6.6　机敏思维的最简 TRIZ 算法解决根本矛盾路径

　　我们可以使用阿奇舒勒矛盾矩阵来选择一些改善和恶化因素，但是在这种情况下我们会面临一种困惑：选择改善因素 26 物质的量是因为我们需要很多冰来冷却饮料，也选择恶化因素 26 物质的量是因为我们不需要冰来破坏饮料的味道。

　　这意味着我们选择了同一个数字作为改善和恶化因素！此外，我们在阿奇舒勒矛盾矩阵中使用了一个特殊的"部首输入"，产生了主对角线上的单元格，但是对角线上的单元格不包含导航仪！

　　在这种情况下能做什么？

　　TRIZ 中有一个特别的建议，通过使用一组和集群一样的特殊模型来解决根本矛盾[1]。看看下面的发明阶段。

　　最终理想解可以表述为：

　　冷饮的味道（加冰后）不变。

―――――――――

①见阿奇舒勒目录的 S26 和（或）S36。

第三阶段：发明（转换）

在根本矛盾的表述中，强调了对冰块的对立要求：

在饮料里加冰包含了"必须"和"不能"。

冰对饮料有积极的影响，因为它使饮料冷却。

然而，饮料使冰变暖，冰就变成水。水与饮料混合，改变其味道。因此，冰对饮料也有负面影响。

我们还可以看一个更精确的陈述，这是不同的，因为参与冲突的对象的命名更精确。

冰只不过是冰冻的水，所以我们是在处理水而不是冰。它从固态（称为冰）转变为液态（普通的水）。这意味着，在现实生活中，水本身就是产生"饮料冷却和成分变化"这种矛盾性质的物体，这种性质从一种状态变化到另一种状态。

因此，根本矛盾也可以用稍微不同的方式来说明：

饮料内部的冰——必须是冰的形式，在从冰到液态融化的过程中不能是水的形式。

因此，我们只在两种不同的状态下处理水。

只有四种主要的可能性（条件聚类得出）来分离问题情况下的冲突属性和一个根本矛盾：

1）空间——在一个空间内实现相同属性，在另一个空间内实现相反属性；

2）时间——在一个时间间隔内实现相同属性，而在另一个时间间隔内实现相反属性；

3）结构上——系统的一部分拥有一个相同的属性，整个系统拥有一个相反的属性；

4）在物质/能量中——一个目标的物质或能量场（或能量场的元素）具有一个相同的属性，而另一个目标的物质或能量场（或能量场的元素）具有一个相反的属性。

该系统（饮料）必须总体具有以下属性：

——特定口味（成分）；

——很凉爽。

冰饮的一部分可以拥有以下特性：

——与饮料成分不同；

——凉爽，就像饮料一样（直接接触元素）。

因此，前两个属性存在冲突。

解决方案（请参阅 S25 部分中的阿奇舒勒分离原理 – 目录或作者另一书中[①]

[①] M.Orloff, *Modern TRIZ*（sections 14.2.4, 14.2.5 and 14.2.6）。

的高级阿奇舒勒分离原理 – 目录，或遵循软件 EASyTRIZ 中的 RICO 选项，其结果是在专门的转换的帮助下支持基本转换）。

1）根据"第四条"基本导航仪——"材料中的分离"和专业导航仪 38 均质性：从一种材料构造协同作用的物体，可以用同一种饮料制作冰。

2）根据"第三条"基本导航仪——"结构分离"和专业导航仪 18 中介物：使用一个对象之间的转移和传播效果，冰块（无论其是用什么材料做成的）可以储存在由塑料或金属制成的小容器中。

3a）根据"第二条"基本导航仪——"时间分离"和专业导航仪 02 预先作用：完整或部分预先实现必要的动作（除了前面的点），冰可以提前冻结。

3b）根据"第二条"基本导航仪——"时间分离"和专业导航仪 02 预先作用 [作为步骤 1）的补充]：同一饮料的冰块可以在准备饮料的过程中被冻结。在制冰机的帮助下，这可以在几分钟内完成饮料的消耗。

第四阶段：缩放（验证）

缩放包含饮料和饮料本身的玻璃容器的水平：主要矛盾被消除。饮料会冷却，无论选择哪种溶液，味道都不会改变。

缩放饮料的消费者层次：一些消费者可能喜欢"消失的"同款饮料制成的冰块，而其他人可能希望他们的"不消失的"冰块继续漂浮在饮料中！在这种情况下，我们需要进行一个"营销实验"。

缩放饮料制造商的水平：饮料制造过程变得更加复杂；需要购置新设备（如速冻机）和 / 或材料（多用途冻融小冰雕模具）。

缩放冰块模具制造商的水平：出现了一个新的商业机会——大规模生产冰块模具，可用于冷冻或冷饮。

结论：本章最重要的成果是在第一个工具版 START［机敏思维的最简 TRIZ 算法 T-R-I-Z（趋势 - 简化 - 发明 - 缩放）] 中开发了一个元算法。

START 是现代 TRIZ 学习和实际应用的基本工具与模型方法。

START 的主要价值在于，创建任何有效解决方案的过程都可以建模并以标准的 START 格式呈现，就好像决策是基于 TRIZ 的主要工具模型和方法一样。

该方法是一种有效的教学平台，可以帮助初学者快速、恰当地掌握 TRIZ 模型的原始应用技术。

所有这些都用以下关键因素来解释：

——创造性解决问题的逻辑很好地体现在 START 中，并且对初学者来说是完全可以理解的。

——MTRIZ 学院和所有信息源包括软件的所有培训课程的例子都是结构化的，并以相同的起始格式提出。

——所有学生从第一天或甚至几小时的培训中可以很容易地学习起始的格

式，并准确地应用它来创建类似的描述，在实践中重塑教育或任何其他由他们选择的工件。

如本书后面所述，一个简单的标准 START 格式对于积累任何工件的创新和发明经验以及解决实际问题与产生有效的解决方案都是必不可少的和高效的。

6.4　第 6 章的作业

练习 1　输入关于 MAI T-R-I-Z 的正确答案（可能有几个正确答案），然后开始 T-R-I-Z。

趋势阶段的目的如下：

#	目的	是	否
1	要构建初始问题情况		
2	指派负责人来解决问题		
3	识别非正式矛盾		
4	确定搜索解决方案的方向（趋势）		

简化阶段的目的如下：

#	目的	是	否
1	确定合适的矛盾形式模型		
2	选择阿奇舒勒矛盾矩阵的转换模型		
3	确定未来解决方案的技术		
4	识别最终理想解和功能理想模型		

发明阶段的目的如下：

#	目的	是	否
1	计算解决方案的经济效益		
2	根据阿奇舒勒发明原理 – 目录中的模型提出解决方案		
3	根据阿奇舒勒物理矛盾 – 目录中的导航仪提出解决方案		
4	提出基于资源的解决方案		

缩放阶段的目的如下：

#	目的	是	否
1	检查冲突是否消除		

#	目的	是	否
2	为项目开发技术文档		
3	检查如何开发解决方案		
4	检查积极和消极的影响		

练习2　你能再次独立解决如例2.2根里奇•阿奇舒勒的实验所示问题P1吗?

练习3　你想解决问题P2? 如何将冰柱固定在檐沟上? 试着去做!

练习4　你想解决问题P3, 莫斯科克里姆林宫的红宝石星吗? 试着去做!

练习5　你想解决问题P4, 魔法水龙头吗? 试着去做!

练习6　你想解决问题P5, 说服人们去参加体育运动吗? 试着去做!

练习7　你能再次独立找到例3.1, 一杯热茶的解决方案吗?

练习8　尝试独立解决例4.6中的问题, 长距离游泳运动员的训练。

练习9　尝试独立解决例4.7中的问题, 跳水板和跳水塔上的训练。

练习10　尝试独立解决例4.8中的问题, 自行车的发明。

练习11　尝试独立解决例4.9中的问题, 车把和可操纵前轮的发明。

练习12　尝试独立解决例4.10中的问题, 踏板的发明。

练习13　尝试独立解决练习2中的问题, 墙纸和刀。第4章4.5节。

练习14　尝试独立解决练习3中的问题, 防止偷车。第4章4.5节。

练习15　尝试独立解决练习4中的问题, 发生碰撞时摩托车驾驶员的保护。第4章4.5节。

练习16　尝试独立解决练习5中的问题, 航空母舰。第4章4.5节。

第 7 章 | 重新发明

基于发明元算法的抽取和重新发明具有一种现代的创造性思维的"TRIZ 断层扫描"。它的工作原理就像一台"时间机器":

重新发明让我们可以探索任何时间任何时代的发明家的创造性思维!

——鲁温·基塞尔曼

工程学博士,发明家,发明家俱乐部[①]"Schopfer"负责人

在波恩德国博物馆举办的现代 TRIZ 学院年度研讨会的组织者[②]

7.1 重新发明作为基础方法

重新发明是现代教育的基本方法[③]。重新发明的内容是在 TRIZ 模型的参与下,对发明创造的所有阶段进行重构和描述。

当重新发明的时候,初学者正在学习用 MAI T-R-I-Z 格式说明已知解决方案的问题,以便了解如何在 TRIZ 的基础上解决这些问题,以及在未来如何通过使用 MAI T-R-I-Z 和 TRIZ 来解决类似的问题,如表 7.1 所示。

表 7.1 对于"重新发明"的定义

定义及补充条目	相关阐述
对于"重新发明"的定义	重新发明——发明过程的建模(重建、再现、更新)
补充 1	TRIZ- 重新发明——基于 TRIZ 模型对发明过程建模
补充 2	第一个目标是让学生快速、正确地掌握以 MAI T-R-I-Z 格式解决创造性问题的算法
补充 3	第二个也是最重要的任务是让学生为自主解决任何新的实际问题做好可靠的准备

①发明家俱乐部协会早期在前学院计划(创新评估 - 支持德国创新运动的国家计划)的框架内在德国成立。
②可在以下网址查询:www.deutsches-museum.de。
③M.Orloff 的"通过 TRIZ 进行发明性思考",实用性指南;第 9 部分"从存在到未来"。

MAI T-R-I-Z 只是一个用于创造性问题解决的通用框架和导航仪。它只有与 TRIZ 的模型和方法相结合，才能成为一种实用的仪器，它强化了 MAI T-R-I-Z 的各个阶段，从而成为 ARIZ 的一种变体——创造性问题求解算法。

抽取和重新发明是现代 TRIZ 研究人员的基本工具，也是学习现代 TRIZ 基础知识的基本工具集。在这本书中，我们看了 TRIZ 最早的模型。

为此，我们从"另一端"开始。也就是说，我们将从逆向分析角度，从已解决问题的结果，从已有发明及任何包含创造性想法的人工制品当中开始学习，我们将从所有文明的经验中学习。

如果我们有一些感兴趣的工件，那么它通常有一个原型——一个具有相同目标，但是其缺陷可在结果中消除的工件。因此，发明总是从原型工件引导到结果工件，如图 7.1 所示。

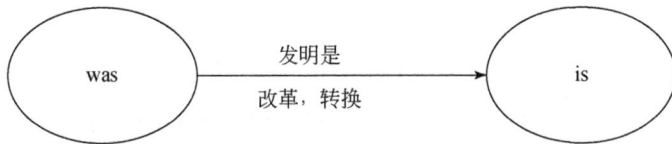

图 7.1　重新发明从状态"was"向状态"is"的系统转变的模型

图 2.3 和图 7.1 的区别在于，在图 7.1 中，我们知道解决办法——结果。我们可以将结果与原型进行比较，并抽取导致此结果的转换模式。在这种情况下，对发明过程的研究可以通过对发明过程进行建模来实现（特别是因为我们不知道发明过程的所有组成部分）。这种被称为"重建"的模型可被称为"重新发明"。

重新发明是现代 TRIZ 训练的一种基本而有效的方法。这种简单的重新发明、发展和通过重新发明学习任何已知发明的技术就是"学习如何发明"的方法。

首先，我们对以下几个方面感兴趣：

—原型工件中的问题类型；

—任何发明背后的创造性转换类型；

—发明有效创意的目的种类；

—原型工件（资源）的那些组件的类型，这些组件在创建新工件时会发生实际的更改；

—原型中那些导致问题的组件成分和交互作用，这些问题需要通过发明有效的想法来消除。

应该注意的是，我们几乎可以获得关于潜在结果的唯一技术知识。然而，导致这种结果的审美评价和动机通常是未知的。

同样，在解释发明产生的方法时，我们只能根据 TRIZ 近似地描述需要的模型，从而得出具体情况下的结果。与任何其他"创造性理论"相比，TRIZ 都取得了巨大而重要的进展。

重新发明是一个迷人的过程。兴趣和研究的游戏在重新发明中结合在一起。还有什么比这更有趣呢？

一种基于标准矛盾的简化重新发明算法如图 7.2 所示。

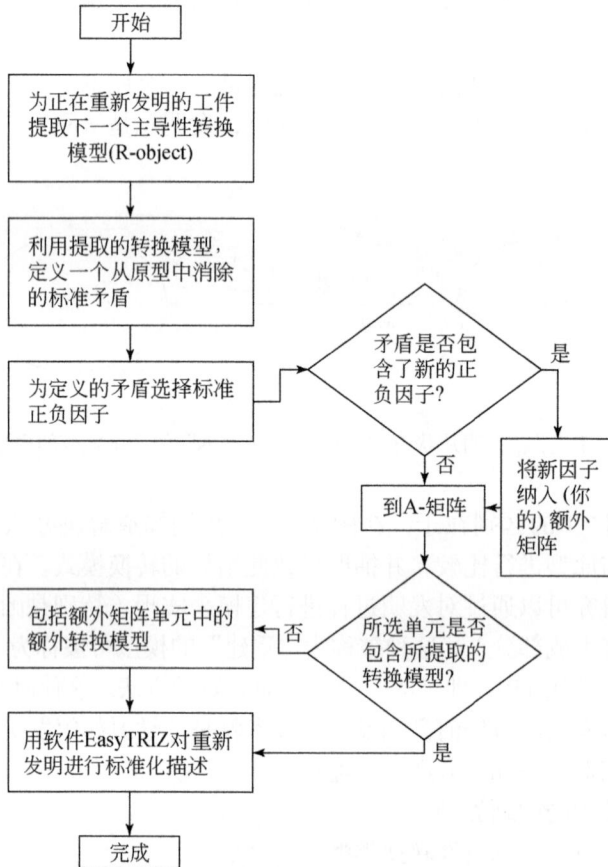

图 7.2　一种基于标准矛盾的简化重新发明算法

关于重新发明算法的说明：①对每个提取的转换模型重复该算法。②尝试为新的转换模型定义一个额外的矛盾。③尝试为每一个额外的矛盾定义一个新的正负因子。④对于每一个额外的矛盾，描述重新发明的形式上的正负因子。

重新发明过程的一般描述包括以下内容：

1）获取任何结果工件并执行抽取 -1。

2）选择主导性转换（在初学者学习期间只选择一个），为从原型工件到研究结果工件的转换提供主要原理和关键思想。

3）继续执行抽取 -2，并确定主导转换已经解决的关键矛盾（在初学者学习期间只选择一个）；矛盾是主要解决问题的模型。

4）在给定矛盾的基础上，再现初始问题情况，这将研究者引向了 MAI T-R-I-Z 的初始阶段；

5）基于转换模型和应用于构造的实际变化，从不同的角度检查结果工件属性：①在整个构造的层面上；②在元素和材料层面上（如有必要）；③在周围系统的层面上。所有这些都对应于 MAI T-R-I-Z 的最后阶段。

将来，重新发明有效解决方案的类似结果可以包含在个人创意目录中，其中收集了有效使用转换模型的例子。重新发明的例子也可以发送给 TRIZ 数据库的管理者，以供他们列入高效原型目录。

7.2 重新发明的关键实践程序

准备和实现重新发明是进行初步抽取的必要条件！实际上，至少有必要在结果工件中实现专门化转换模型，且有必要从原型工件中揭示矛盾。只有这样，才有可能在一个重新发明的过程中把它们联系在一起！

让我们看几个例子，基于标准矛盾的简化创造算法以说明上述过程（图 7.2）。

例 7.1 私人记事簿页面的页角（标准重新发明）

想象一下，在角落里有一个有穿孔线的新记事簿，我们能精确快速地撕裂页面的一小部分。这是一个结果工件。

首先，我们必须回忆起一些在页面上没有穿孔线的类似的记事簿。它是一个原型工件。

现在我们必须对记事簿进行比较，并从新的模型中抽取出转换模型，同时将这个操作的结果放入表中（表 7.2 和表 7.3）。

可以看到，导航仪 02 预先作用是主导性模型（表 7.2 中有两个加号）。

抽取 -2 中的标准矛盾，这主要是通过时间的基本变换来解决的，即预先制作一排便于撕破页面一角的小孔。

表 7.2 对记事簿的抽取 -1（简化）

抽取 -1			
LS	序号	导航仪	理由
++	02	预先作用	提前完成部分工作
+	12	局部质量	必须保证撕裂线正好在预期的位置延伸，并具有要求的形式
	16	未达到或超过的作用	有可能页面在某些地方有轻微的破损

表 7.3　对记事簿的抽取 -2（简化）

			标准矛盾和根本矛盾的抽取 -2
LS	序号	导航仪	理由
++	01	空间分离	根本矛盾：得到一个好的撕裂线（与时间损失）VS 没有得到一个好的撕裂线（与节省时间）
++	02	时间分离	标准矛盾：角必须迅速撕开，结果是撕裂线不均匀

　　根本矛盾主要是通过空间的基本转换来解决的。我们必须明白，最初的穿孔线改变了页面的空间，使页面空间呈现的形状不是普通的，而是排列成一条直线的小孔。

　　因此，这种小洞线形式的空间变化将有助于撕裂页面。

　　抽取后，我们可以将所有的结果合并到一个特殊的图表中，用于重新发明的标准建模（图 7.3）。

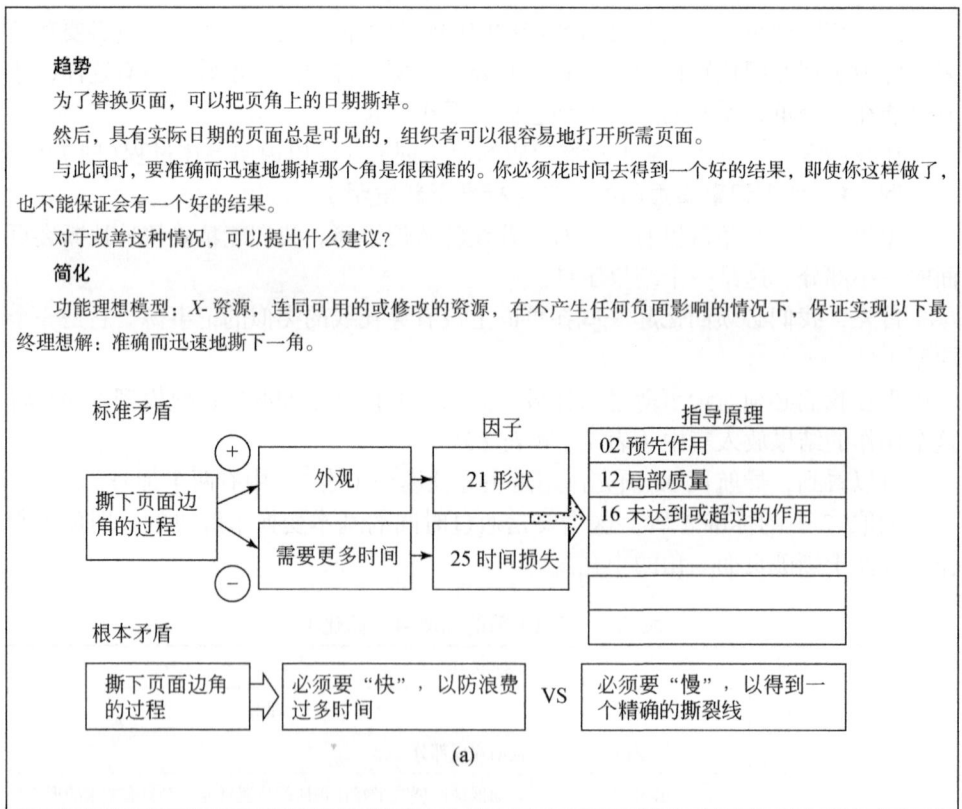

趋势

为了替换页面，可以把页角上的日期撕掉。

然后，具有实际日期的页面总是可见的，组织者可以很容易地打开所需页面。

与此同时，要准确而迅速地撕掉那个角是很困难的。你必须花时间去得到一个好的结果，即使你这样做了，也不能保证会有一个好的结果。

对于改善这种情况，可以提出什么建议？

简化

功能理想模型：X- 资源，连同可用的或修改的资源，在不产生任何负面影响的情况下，保证实现以下最终理想解：准确而迅速地撕下一角。

(a)

发明

主导模式：导航仪 02 预先作用 -a）提前改变对象（完全或至少部分）。关键思想：先用一组小洞做一条线，这样可以方便地撕开页面的一角。

辅助导航仪：导航仪 12 局部质量和导航仪 16 未达到或超过的作用——打洞。

缩放

这些矛盾消除了吗？——已经消除。

负面影响：对想法应用的约束——推荐只能由制造商实现。

简述

为了保证私人记事簿在页面角快速撕下后的精美外观，提前在角上打一个孔，这样更容易撕破。导航仪 02 预先作用占主导地位。

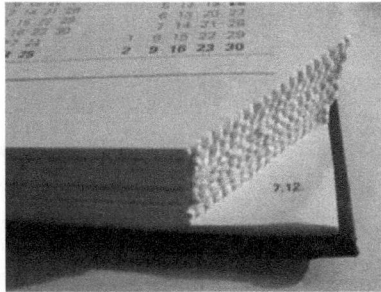

(b)

图 7.3 记事簿的重新发明

这些结果已经被整合到标准的重新发明形式中，无须在计算机上使用 EASyTRIZ 软件就可以进行重新发明。

可以根据字段的大小及其在页面上的组合稍微更改这种形式。

对于"无软件"工作来说最重要的事情是，在没有软件 EASyTRIZ 的情况下，可以把从结果工件中抽取的任何模型放入"导航仪"的领域中。

这个结果可以在智库团队的某次会议上展示出来，放入某个项目的档案中，或者在 MTRIZ 学院用于证明（如远程证明）。

因此，有两个关键的步骤来完成整个重新发明的过程：抽取和自我改造。

7.3 重新发明的科学和艺术

有多种形式可以用来制作和记录重组。例如，可以创建一个简短的版本，用专门的转换模型来演示操作，而不需要形成根本矛盾，有时甚至不需要形成标准矛盾。或者，相反，如果 A- 目录中没有这些新导航仪，则可以按照个人经验，在抽取后的描述中加入所建议的新导航仪。

例 7.2 "充气假人"（一种简化的重新发明）

我们省略了第一阶段的抽取工作，并立即以重新发明的标准格式显示第二阶段的结果。所有的模拟细节在这里是完全清楚的。我们只注意到没有以公式的形式给出根本矛盾和标准矛盾，但以其他形式给出的根本矛盾和标准矛盾都有可能在"论文"格式中出现。我们在这里使用了来自阿奇舒勒矛盾矩阵和阿奇舒勒发明原理 - 目录的正式模型。如图 7.4 所示。

趋势

为了填满大空间，电影制作者不得不邀请许多额外的人员，这在管理上是非常具有挑战性的，而且所需成本非常高。我们能做些什么？

简化

功能理想模型：X- 资源，连同可用的或修改的资源，在不产生任何负面影响的情况下，保证实现以下最终理想解：以容易控制的方式获得成千上万的额外服务。

标准矛盾

最初的非正式版本：

成千上万的群众演员 ► 有可移动人物的人群 ► 控制的复杂性

阿奇舒勒矛盾矩阵单元格的正式版本和"推荐"（公式的解决方案）：

成千上万的群众演员 ►（＋）19 运动物体的体积 VS（－）08 控制和测量的复杂性 =10, 14, 24

发明

主导模式：10 复制和 14 气动和液压结构的关键思想——使用充气假人！

辅助导航仪：24 增加不对称性——结合了假人、演员和临时演员。

缩放

这些矛盾消除了吗？——是的。

负面影响：不可近距离拍摄。

简述

为了有更多的人，电影制作者发明了充气假人，用了导航仪 10 复制和 14 气动和液压结构。

图 7.4　重新发明充气假人

　　如果你觉得上面的例子一点都不有趣，或者不特别有趣，可以看看图 7.5 和图 7.6 中的两个例子。

　　试图从我在柏林街头拍摄的两张广告海报中抽取矛盾和转换模型。

例 7.3　我想去那里！

有一个非常简化和非常短的重新发明。

　　我个人喜欢图 7.5 中的这张海报（大约 4 米 ×6 米，就像我在明斯克看到的下一张海报一样），因为它立刻让你注意到这个年轻人的年龄和他"舒服地"依偎在一个苗条的年轻女人怀里的方式之间的"不可能的矛盾"，就像一个孩子依

这是多么根本的矛盾啊?

好的,这个怎么样?

男人应该是成年人(可以开车),而且应该是孩子(被女人掌控)

图 7.5 "男人又变成孩子了"(这是一个好口号!)

图 7.6 运动:"支撑起幸福和好心情"

偎在他母亲的怀里一样!我猜他一定是她的丈夫。而且,你马上就能看到他像孩子一样发脾气,用他的"成年手指"指着维也纳车展的地址,显然是要求带他去那里。

你知道用语言描述像这张好的海报眨眼间捕捉到的东西要花多长时间吗?但是,你仍然可以很容易地继续研究它的结构……那里有很多 TRIZ 模型。

为什么这幅画自相矛盾?因为它通过看展览的海报来隐喻现实中成年人像孩子一样的刻板行为!

设计师如何描述这种形象和情况？

利用空间上的根本转变，将一个较小的成年男子放在一个女人的怀里，并将这个男人描绘成一个混合了两个年龄的孩子——一个任性的孩子在一个女人的怀里，一个成年男人则指向一个关于即将到来的汽车展览的海报！

例 7.4　如果你想要健康……

在这一节的最后，我们想给你们展示另一张海报——这张海报来自一个非常严肃的"作者"，来自德国卫生部[①]，如图 7.6 所示。这张海报赞美健康的生活方式并"鼓动"人们去追求运动（当然要适度）。

这就像是本书之前提出的"简单"问题之一的答案——问题 P5，我们如何说服自己去参加体育锻炼呢？

所以，你觉得这些海报中的哪一个（图 1.6 和图 7.6）能更好地激励你至少每天做你的"早操"，以及它们是否有相同的"幽默费用"。

他们建议至少要"运动 30 分钟，最好是每周运动 3 次"，而不是吃药。

然而，我们的"科学"研究还没有结束！

根本矛盾　海报具有鼓动（带来好处）VS 不鼓动（带来欢乐）的矛盾

解决方案是将两种请求——利益和快乐——结合在一起，并将其与矛盾的组成部分结合在一起！

这里应用了两个基本模型：

1）空间转换，放置足球（这在现实中当然要大得多！）在一包药丸的小格子中；

2）在结构上矛盾地结合了足球和非常小的药丸格子，不可思议地减小了体积。

这是创造性的广告解决方案！

例 7.5　固定冰柱

问题 P2 的解决方案是由来自中国的学生李晓天提出的。他出生在河南省，那里是著名的少林寺所在地，也是功夫的发源地。

李晓天告诉我们，在他的童年，这个问题被他的祖父解决了。在他居住的村子里，许多人这样做是为了防止冰柱从屋顶上掉下来。因此他想起了他祖父的解决方案，并以一种全新的形式呈现了出来（图 7.7）。

[①] 德意志联邦共和国联邦卫生部。

趋势

在春天或解冻的时候,屋顶经常会被冰覆盖——冰柱。大冰柱对过路人是危险的,因为它们可能会掉落。问题:如何防止冰柱从屋顶上掉下来?

简化

功能理想模型:X-资源,连同可用的或修改过的资源,在不使对象变得更复杂或不引入任何负面属性的情况下,保证实现以下最终理想解:冰柱牢固地固定在屋顶上。

标准矛盾

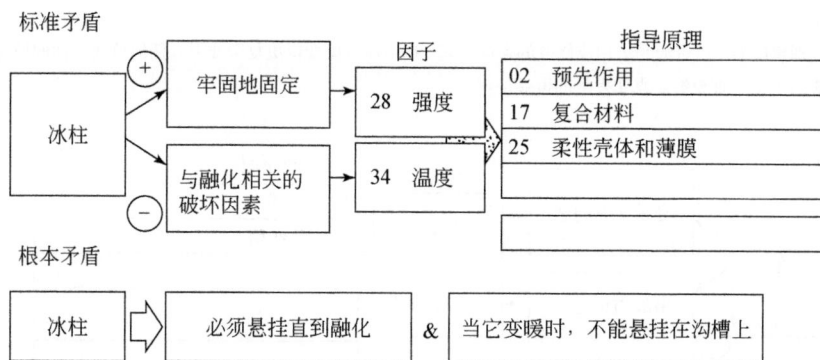

(a)

发明

关键思想——17复合材料:从均匀材料过渡到组合材料。

"祖父"的关键想法:用一根结实的绳子从下方系在排水沟上。当冰柱形成时,它就冻结在冰里。

附加导航仪02预先作用:提前系紧绳索。

缩放

矛盾消除了吗? ——是的。

超级效应:没有。

负面影响:没有。

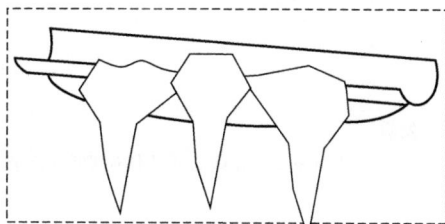

(b)

简述

事先用一根结实的绳子系在排水沟上,因此,当冰柱开始形成时,就会出现冰的"混合物",而绳子就会被冻结在冰里。冰柱几乎被牢牢固定,直到它们完全融化。主导性导航仪:17复合材料,02预先作用。

图 7.7 固定冰柱举例

例 7.6 证明你是对的

这个示例是由来自印度的承包商学生 Prerak 创建的。他首先在一个名为 GIZMODO 的小工具网站上发现了这个系统。他喜欢这个系统,并找到了它的制造商——英国 TTB 工业公司。

后来很明显，这样的系统在强制大众遵守交通规则方面可以大有作为。在工作坊中，参加者提出以下简单而有效的建议：所有车辆均需在车上安装"黑匣子"，以记录主要的运动参数，并制作全景环境视频（图 7.8）。

趋势

车祸中无辜的一方往往无法证明他或她是对的，因为没有证人。即使是事故后的照片也不一定有助于确定事故发生前的确切情况。你能做什么？

简化

功能理想模型：X- 资源与可用或修改的资源一起，在不使对象变得更复杂或引入任何负面属性的情况下，保证实现以下最终理想解：真实发生的可靠证据。

标准矛盾

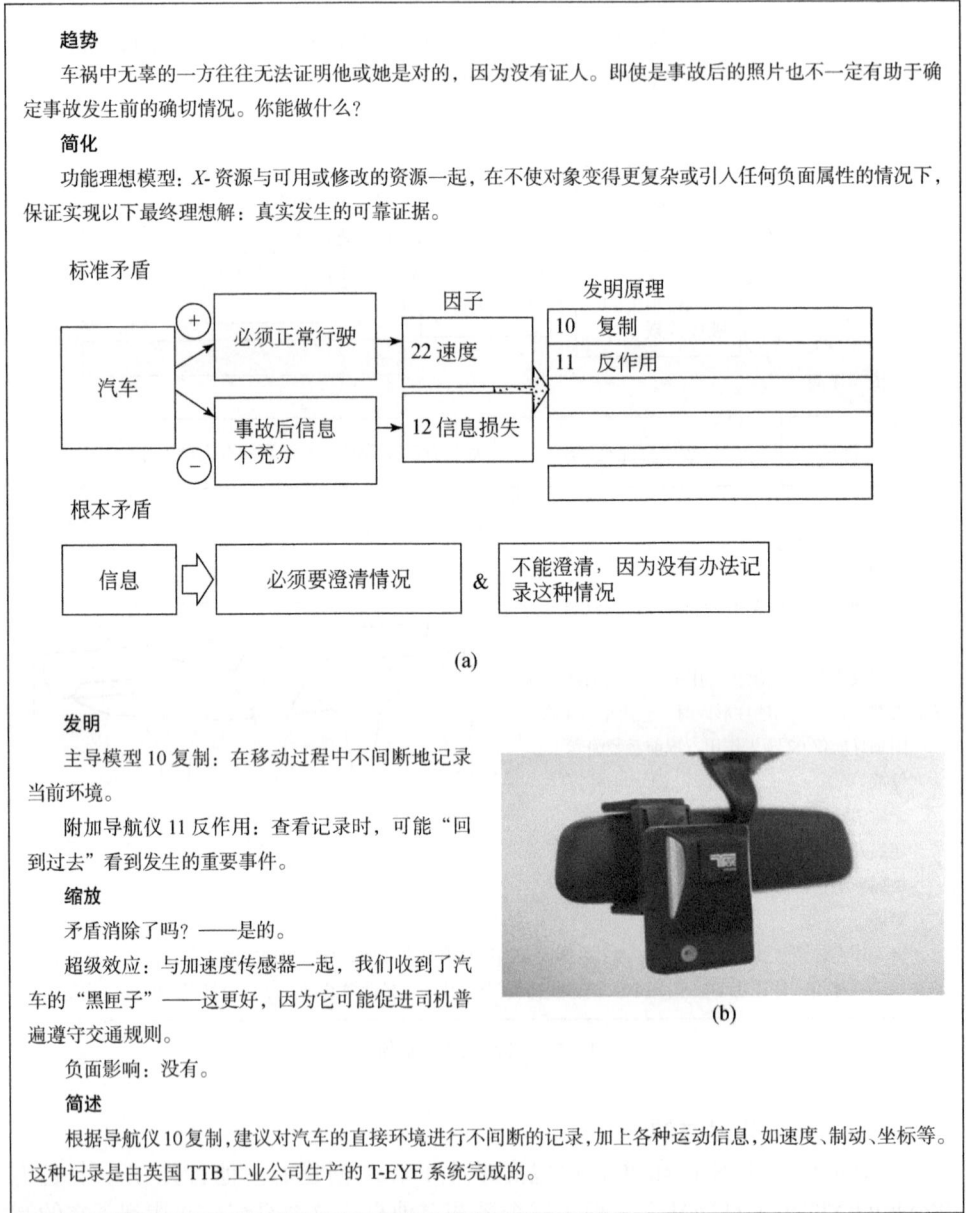

因子　　　发明原理

必须正常行驶 → 22 速度　　　10　复制

汽车　　　　　　　　　　　　11　反作用

事故后信息不充分 → 12 信息损失

根本矛盾

信息 ⇒ 必须要澄清情况 & 不能澄清，因为没有办法记录这种情况

(a)

发明

主导模型 10 复制：在移动过程中不间断地记录当前环境。

附加导航仪 11 反作用：查看记录时，可能"回到过去"看到发生的重要事件。

缩放

矛盾消除了吗？——是的。

超级效应：与加速度传感器一起，我们收到了汽车的"黑匣子"——这更好，因为它可能促进司机普遍遵守交通规则。

负面影响：没有。

简述

根据导航仪 10 复制，建议对汽车的直接环境进行不间断的记录，加上各种运动信息，如速度、制动、坐标等。这种记录是由英国 TTB 工业公司生产的 T-EYE 系统完成的。

(b)

图 7.8　证明举例

例 7.7 用蓄电池代替电池

这个例子是由哥伦比亚大学的学生 Carolina Olave 设计的。

她用重新发明来说明从第一个不可再生的电化学电源（电池）到可再生和可充电的电化学电源（蓄电池）的转变。她还认为在 TRIZ 建模方面，这种转变更接近于"15 抛弃或再生"模型（图 7.9）。

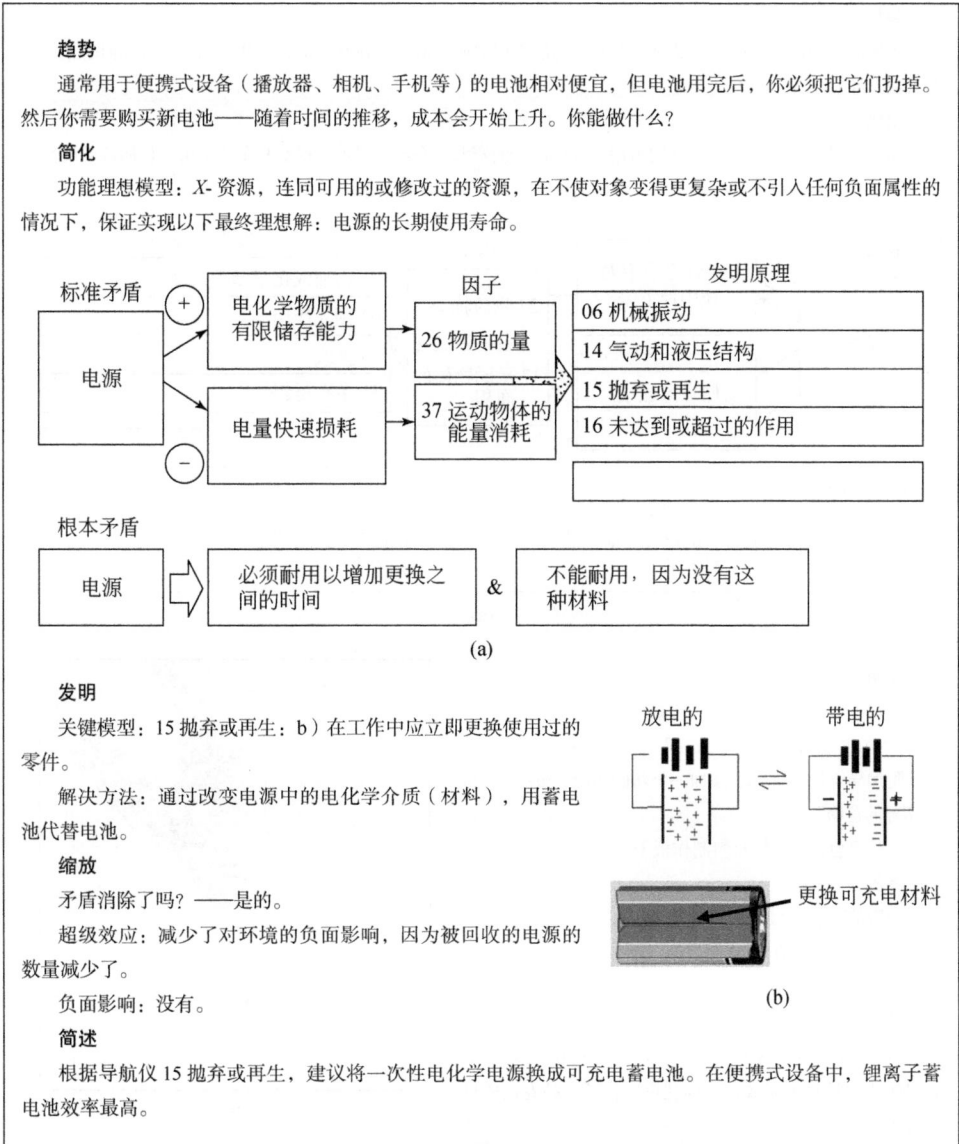

趋势

通常用于便携式设备（播放器、相机、手机等）的电池相对便宜，但电池用完后，你必须把它们扔掉。然后你需要购买新电池——随着时间的推移，成本会开始上升。你能做什么？

简化

功能理想模型：X- 资源，连同可用的或修改过的资源，在不使对象变得更复杂或不引入任何负面属性的情况下，保证实现以下最终理想解：电源的长期使用寿命。

(a)

发明

关键模型：15 抛弃或再生：b）在工作中应立即更换使用过的零件。

解决方法：通过改变电源中的电化学介质（材料），用蓄电池代替电池。

缩放

矛盾消除了吗？——是的。

超级效应：减少了对环境的负面影响，因为被回收的电源的数量减少了。

负面影响：没有。

(b)

简述

根据导航仪 15 抛弃或再生，建议将一次性电化学电源换成可充电蓄电池。在便携式设备中，锂离子蓄电池效率最高。

图 7.9 用蓄电池代替电池

例 7.8 柔性菜板

这个例子是中国台湾的学生曾健智开发的。她在德国杂志《现代主妇》中找到了这个创意。

她所要做的就是将这种人工制品变成教具，制定一个重新发明的例子，展示如果它的制造商知道 TRIZ，这种板是如何被发明出来的（图 7.10）。

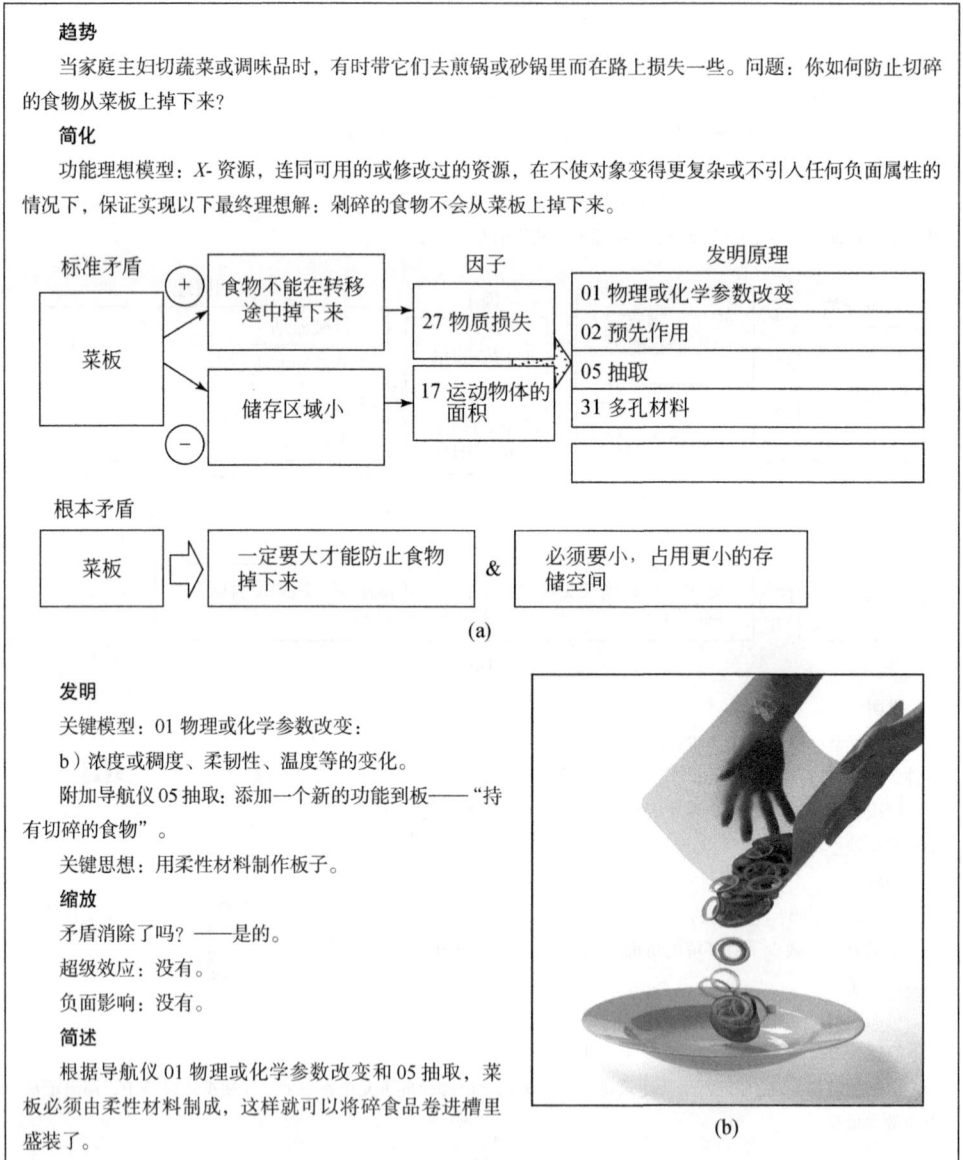

趋势

当家庭主妇切蔬菜或调味品时，有时带它们去煎锅或砂锅里而在路上损失一些。问题：你如何防止切碎的食物从菜板上掉下来?

简化

功能理想模型：X- 资源，连同可用的或修改过的资源，在不使对象变得更复杂或不引入任何负面属性的情况下，保证实现以下最终理想解：剁碎的食物不会从菜板上掉下来。

(a)

发明

关键模型：01 物理或化学参数改变：

b）浓度或稠度、柔韧性、温度等的变化。

附加导航仪 05 抽取：添加一个新的功能到板——"持有切碎的食物"。

关键思想：用柔性材料制作板子。

缩放

矛盾消除了吗? ——是的。

超级效应：没有。

负面影响：没有。

简述

根据导航仪 01 物理或化学参数改变和 05 抽取，菜板必须由柔性材料制成，这样就可以将碎食品卷进槽里盛装了。

(b)

图 7.10 柔性菜板举例

例 7.9 冬天手套里的 iPhone

这个例子是加拿大学生 Adehi Guehika 做的。他出生在非洲国家科特迪瓦。

他提议将移动电话（这次是苹果公司生产的 iPhone）整合到冬季手套中。他甚至画了一只手套的草图（图 7.11）。显然，在加拿大，他发现这个话题具有特殊的个人意义！

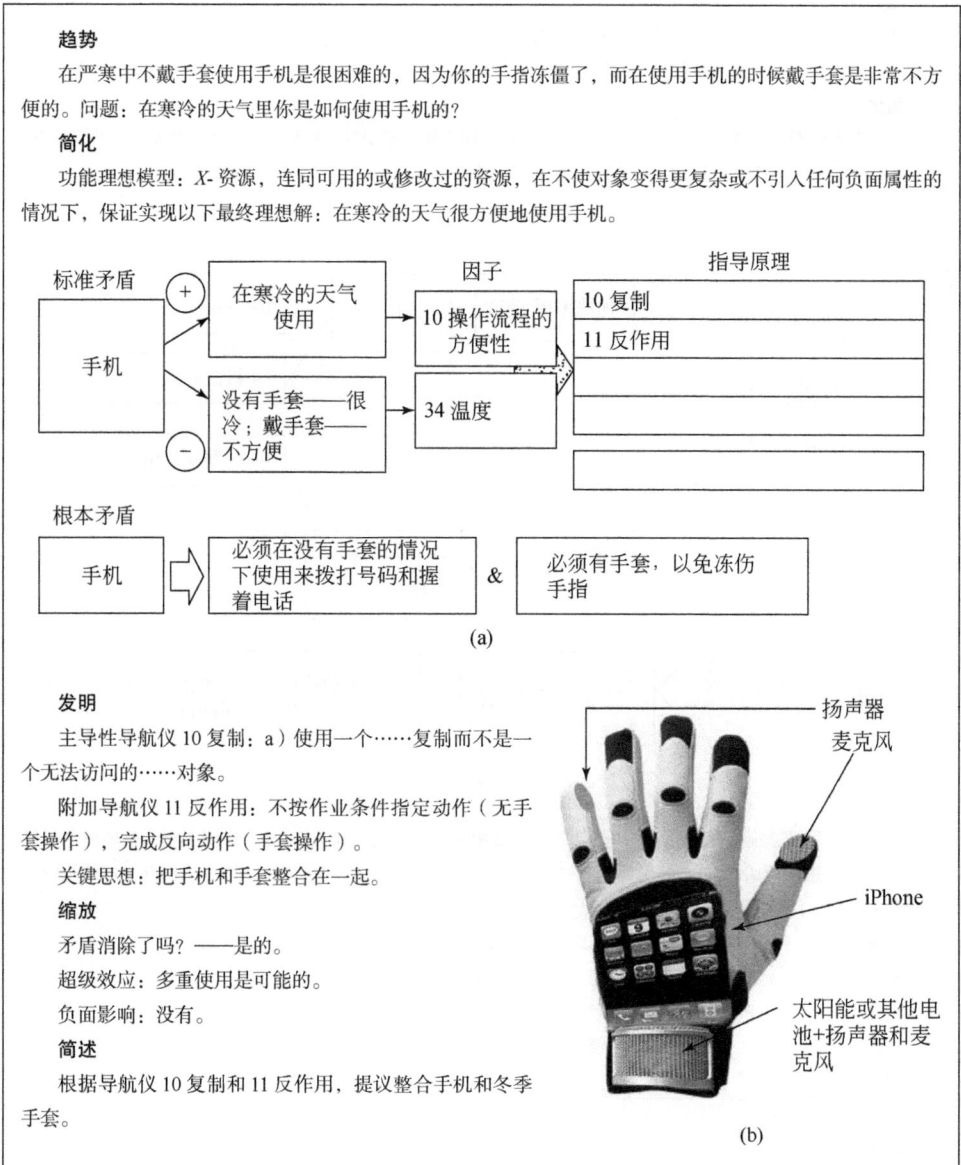

趋势

在严寒中不戴手套使用手机是很困难的，因为你的手指冻僵了，而在使用手机的时候戴手套是非常不方便的。问题：在寒冷的天气里你是如何使用手机的？

简化

功能理想模型：X- 资源，连同可用的或修改过的资源，在不使对象变得更复杂或不引入任何负面属性的情况下，保证实现以下最终理想解：在寒冷的天气很方便地使用手机。

(a)

发明

主导性导航仪 10 复制：a）使用一个……复制而不是一个无法访问的……对象。

附加导航仪 11 反作用：不按作业条件指定动作（无手套操作），完成反向动作（手套操作）。

关键思想：把手机和手套整合在一起。

缩放

矛盾消除了吗？——是的。

超级效应：多重使用是可能的。

负面影响：没有。

简述

根据导航仪 10 复制和 11 反作用，提议整合手机和冬季手套。

(b)

图 7.11　冬天手套里的 iPhone 举例

例 7.10   "白板"改为"黑板"

这个例子是由来自伊拉克的学生萨拉·哈桑提出的（图 7.12）。从方法论的角度来看，这项工作非常有趣，因为它说明了在我们周围熟悉的人工制品中存在着激进的创造性思想。

趋势

在普通的教室里，老师用粉笔在普通的黑板上写字或画画。这需要花费大量的时间，而且图像的质量往往很差。问题：你如何提高教师工作的质量和生产力？

简化

功能理想模型：X- 资源，加上可用或修改的资源，在不使对象变得更复杂或引入任何负面属性的情况下，保证实现下列最终理想解：在课堂和讲座中使用高质量的插图。

发明

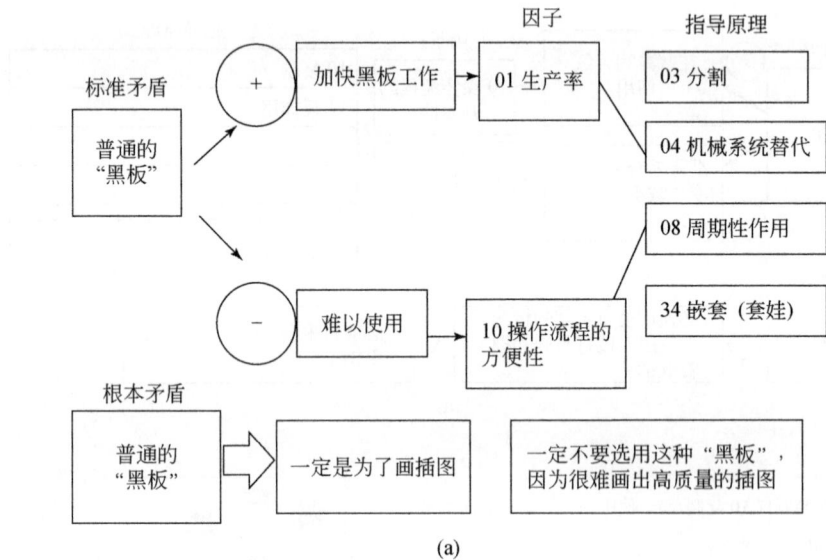

(a)

关键思想 04 机械系统替代：a）用光学、声学或嗅觉方案取代机械方案；b）使用电场、磁场或电磁场与物体相互作用；c）用动态字段代替静态字段，用随时间变化的字段代替固定字段，用具有特定结构的字段代替非结构字段。

关键思想：1）屏幕和投影仪；2）电子"白板"；3）计算机课程。

模型 34 嵌套（套娃）也被使用：它有可能将图像无限制地"插入"黑板。

缩放

矛盾已经消除了吗？——是的。

超级效果：可能的多种用途。

负面影响：没有。

简述

根据模型 04 机械系统替代，教室设有屏幕和投影仪、电子"白板"和电脑。

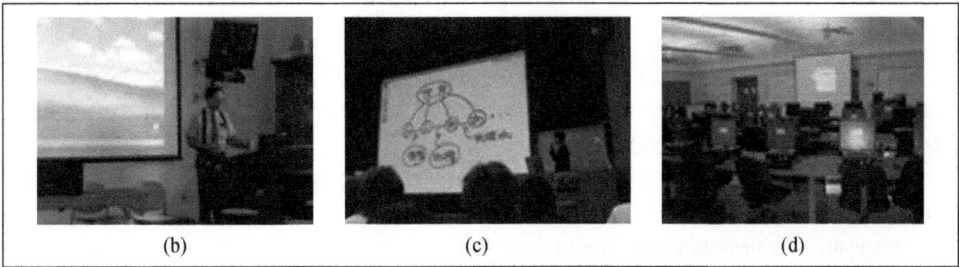

图 7.12 "白板"变为"黑板"举例

例 7.11 "桌面"在"衣柜"抽屉

这个例子由来自伊朗的学生阿耶·霍西尼设计（图 7.13）。当她发现自己在一个拥挤的学生宿舍时，想出了这个有效的解决办法。后来她用她独一无二的幽默把它变成了一个重新发明的例子。为了拿到"桌子"，她测量了抽屉的尺寸，一家建筑材料商店为她裁下了面板，然后轻松而精确地将"桌面"插入她的衣柜抽屉。

趋势

曾经有一个学生需要更多的空间来放置她的书、笔记本和其他工作所需的东西。学生宿舍的房间里没有大桌子。问题：在这种情况下我们能做些什么?

简化

功能理想模型：X- 资源，连同可用或已修改的资源，以及在不使对象变得更加复杂或引入任何负属性的情况下，保证达到以下最终理想解：有足够的空间暂时放置工作所需的书籍。

(a)

(b)

发明

关键思想 19 空间维数变化：a）一个物体的形状是这样的：它可以移动，不仅是以线性的方式放置，而且是以二维的方式放置，也就是在一个表面上，可以改善从表面到三维空间的过渡。b）在几层楼上施工；倾斜或翻转物体；使用有问题的空间的背面。

第二个键模型 34 嵌套：a）一个对象在另一个对象的内部，也在其他对象的内部，等等；b）一个对象穿过另一个对象的空心空间。

关键思想：在衣柜的抽屉里再做一个临时桌面！

缩放

矛盾已经消除了吗？——是的。

超级效应：生存与进取的一课！

负面影响：没有。

简述

根据模型 19 空间维数变化和 34 嵌套，临时桌面是在衣柜抽屉里做的。

(c)　　　　　　　　(d)

图 7.13　　"桌面"在"衣柜"抽屉举例

例 7.12　有用的肥皂泡

这个例子是由来自俄罗斯的学生莱昂尼德·纳斯列科夫提出的（图 7.14）。他使用了一个很棒的网站 www.membrana.ru 的大量例子作为原型和工件来完成他的认证工作，然后几次回到网站来验证他的数据。

趋势

广告公司经常在路边设置巨大的广告牌，上面印有公司的标识，但是司机们看不清，因为他们行驶得太快了。问题：如何让标识符被很多人和在很远的距离上可见？

简化

功能理想模型：X- 资源，加上现有的或经过修改的资源，并且在不使对象变得更加复杂或引入任何负面属性的情况下，保证实现以下的最终理想解：从很远的距离就可以看到标识。

因子 指导原理

肯定在很远
的地方就能
看到

16静止物
体的长度

10 复制

标准矛盾

+

22 曲面化

标识

25 柔性壳体和薄膜

很难做很
多大的木
板

01 生产率

34 嵌套(套娃)

-

根本矛盾

标识

必须在很远的地方就
能看到，以最大限度
地发挥潜在的影响

不能从很远的地方看到，因为
很难看到

(a)

发明

如果本发明的作者了解 TRIZ，获胜的想法可能是通过以
下特性的"花束"向他们提出的：

22 曲面化和 25 柔性壳体和薄膜——这与肥皂泡有什么不
同？

10 复制和 34 嵌套：放在容器里的许多肥皂泡……会变成
一个标志，在天空中翱翔！

缩放

矛盾已经消除了吗？——是的。

超级效应：生存与进取的一课！

负面影响：没有。

简述

为美国亚拉巴马州"雪人"公司工作的发明家设计了一台
机器，制造充满氦气的肥皂泡。10 复制和 25 柔性壳体和薄膜。

插图：http://www.flogos.net/events.html；http://www.
membrana.ru/articles/business/2008/04/18/151600.html

(b)

(c)

(d)

(e)

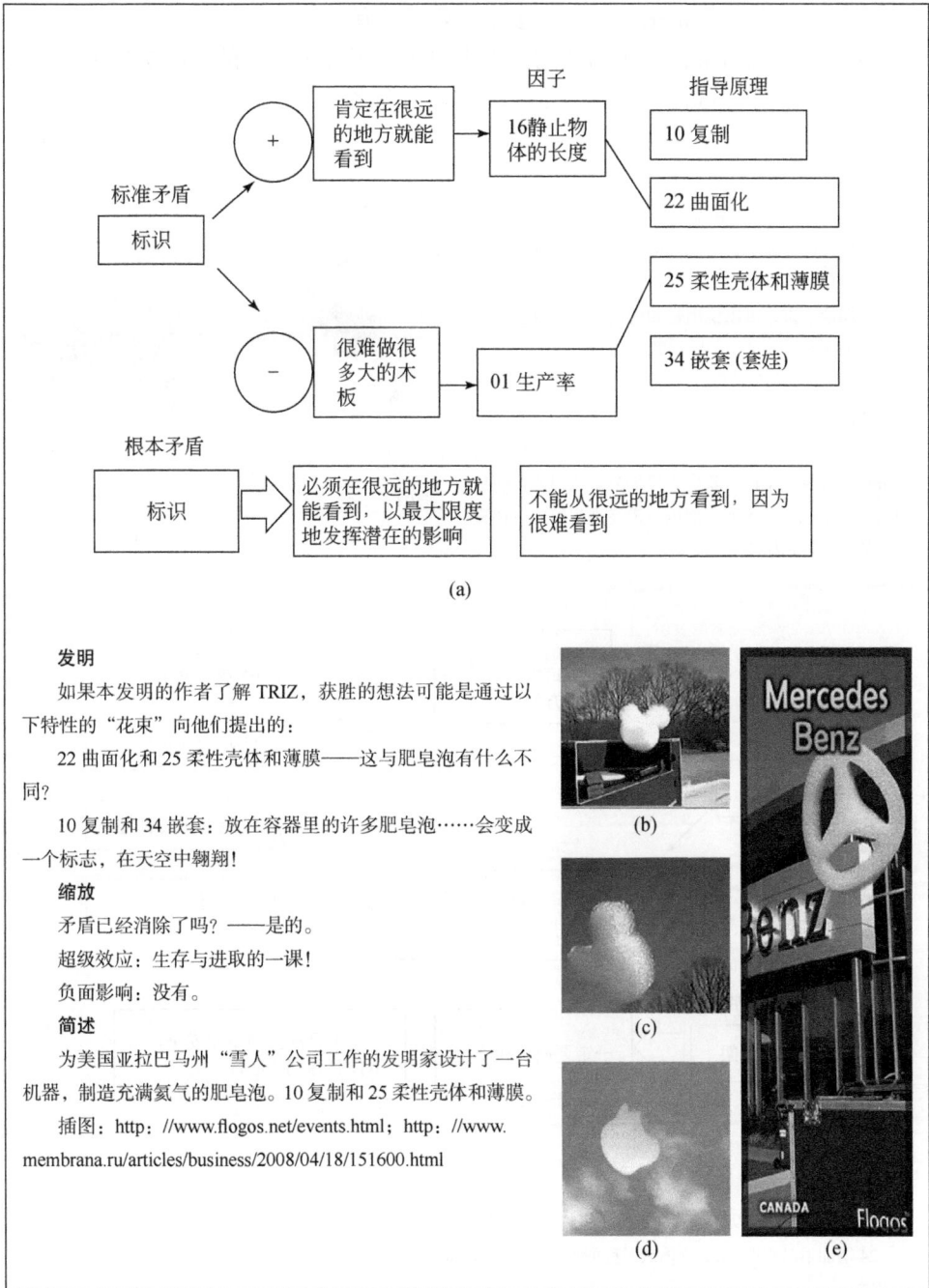

图 7.14　有用的肥皂泡举例

例 7.13　每个人都很快乐——孩子，妈妈，爸爸！

这个例子是由来自马来西亚的学生卡鲁·卡玛鲁丁开发的（图 7.15）。她是一个工业设计师。这种重新发明是她的认证工作之一。

趋势

一个简单的"婴儿托架"是众所周知的。

但是，这里显示的支架不能调整大小，这使得它有点不方便。

从理论上讲，可以使用带扣的皮带，但这会引入有棱角的元素——可能会导致麻烦。

问题：我们如何使婴儿托架更方便？

简化

功能理想模型：X-资源，加上现有的或经过修改的资源，并且在不使对象变得更加复杂或引入任何负面属性的情况下，保证实现以下最终理想解：可调整大小的免提婴儿托架。

(a)　　　　(b)

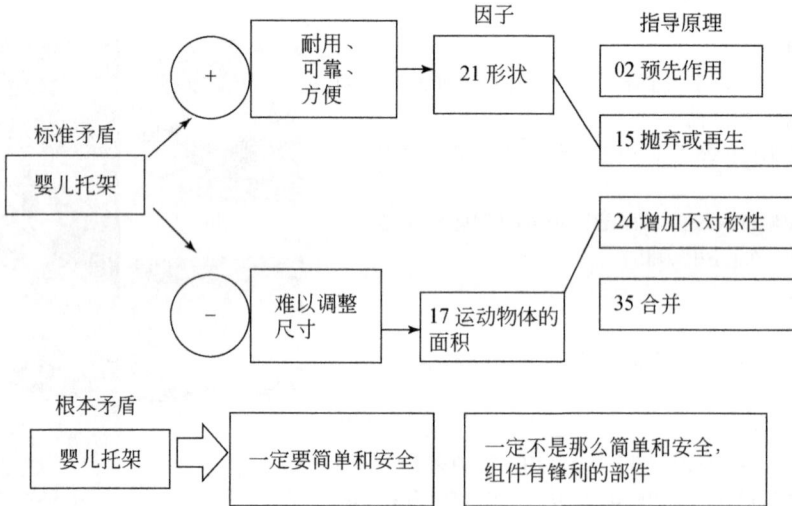

(c)

发明

抽取有助于识别以下提供合适的矛盾解决选项的转换模型。

24 增加不对称性：a）物体从对称的形状变成不对称的形状；b）如果物体已经是不对称的，增加不对称的程度。

35 合并：a）为相邻操作联合相似的对象。

解决方案：使托架没有锋利的元素或肩带！

这是一个特殊的布披肩，两个环穿过的布是由婴儿的重量拉伸的！

下面列举了可用于不同情况和不同用途的托架的例子。

这里的关键元素是一个双环扣。需要一些时间来学习它……

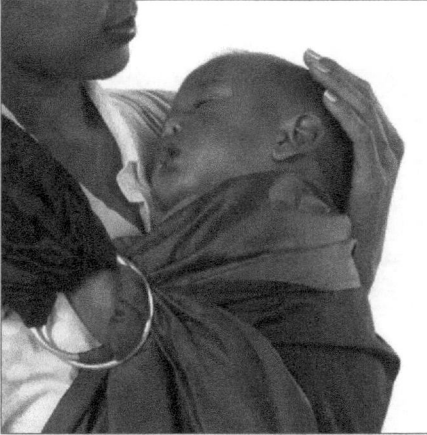
(d)

(e)

(f)

(g)

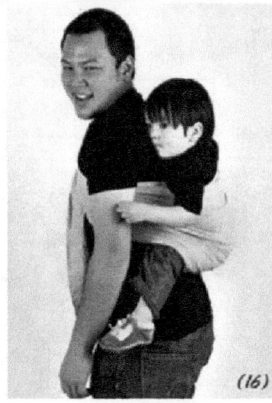
(h)

缩放

矛盾已经消除了吗？——是的。

超级效应：① 下排，中间——披肩也可用于哺乳；② 一堂关于发明创造的课，似乎所有的东西都已经被发明出来了！

负面影响：没有。

简述

该解决方案是基于一种特殊的结构，两个环穿过一个到另一个，并和拉伸布一起充当"婴儿托架"。使用的转换模型：24 增加不对称性和 35 合并。

这些例子是对初学者进行教学的有效手段，也是支持旨在创造新解决办法的工作的有效手段，特别是在不断交流现实问题的解决办法时。

图 7.15　婴儿托架问题

例 7.14 输送机的发明

这个例子由来自土耳其的学生冈泰·塔巴克设计（图 7.16）。他特别感兴趣高效管理方法的发明：标准化、等级管理结构等。这是他的作品之一。

趋势

起初，福特工厂的汽车从头到尾都是在同一个叫"装配站"的工作地点组装的。问题：如何加快汽车组装，以便能够批量生产？

简化

功能理想模型：X-资源，连同可用或经修改的资源，以及在不使对象变得更加复杂或引入任何负面属性的情况下，保证达到下列最终理想解：许多汽车的快速组装（串行生产）。

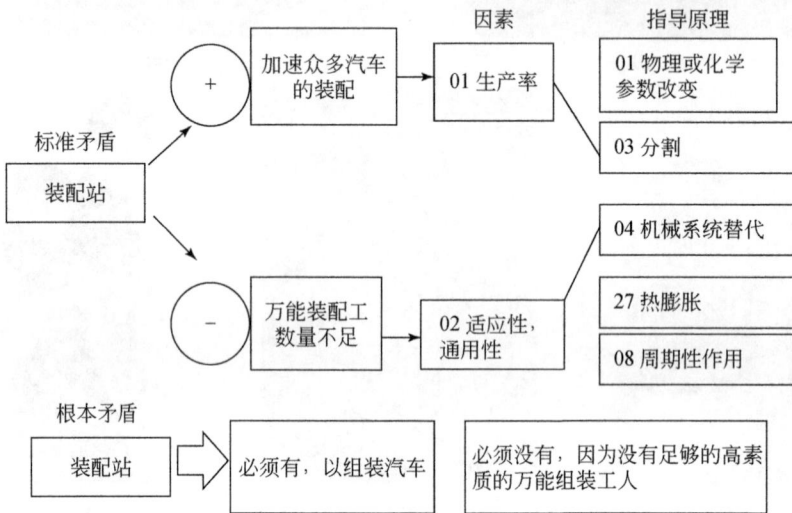

```
                                因素          指导原理

          +      加速众多汽车      01 生产率      01 物理或化学
                 的装配                          参数改变

  标准矛盾                                        03 分割

  装配站                                         04 机械系统替代

          -      万能装配工      02 适应性，      27 热膨胀
                 数量不足        通用性
                                                 08 周期性作用

  根本矛盾

  装配站    ⟹   必须有，以组装汽车    必须没有，因为没有足够的高素
                                     质的万能组装工人
```

(a)

发明

一群领航员模仿亨利·福特（Henry Ford）发明的传送带理念：

03 分割：a）将一个物体分解成单独的零件；c）提高拆卸的程度（分解成几部分）——把工艺过程分解成几组操作，使它们持续时间相同。

04 机械系统替代：c）用动态字段替换静态字段，用临时字段替换固定字段，随着时间的推移，具有特定结构的非结构化领域发生了变化——从一个装配站到另一个装配站移动汽车，而不是工人；汽车可以通过传送带移动或者自己移动。

08 周期性作用（由示例开发人员添加）：a）从连续函数到周期性函数（脉冲）的转换——每个装配站在输送机运行周期内进行专门操作。

缩放

矛盾已经消除了吗？——是的。

超级效应：大众化技术之路！

负面影响：在专业工作站的单调工作。

简述

1908 年，亨利·福特推出了世界上第一台组装著名 T 型汽车的输送机。在接下来的 20 年里，该公司生产了 1500 万辆这种型号的汽车——只有黑色！1924 年，这些汽车占世界汽车总数的 50%。从传送带的思想里可以很容易地抽取模型 03 分割、04 机械系统替代和 08 周期性作用。

(b)

图 7.16　输送机的发明举例

例 7.15　聪明的黑鸟的早餐

2015 年 7 月 4 日早晨，我和我亲爱的朋友海因里希·科赫斯（Heinrich Kochs）在汉诺威附近的家中一起喝咖啡。一只小鸟飞到桌子旁边，开始旋转。

我拍摄了这个焦躁不安的小家伙，并让所有在场的人注意她的行为。她似乎想对我们说些什么，或者给我们看些什么。

朋友说，这只鸟要求他打开水龙头浇灌草地，并且这只鸟总是在她想吃东西的时候做同样的事情！我们很惊讶，但是我的朋友移动了洒水器，打开了水龙头。这只鸟立刻开始在潮湿的地面上奔跑，把她的嘴低到地面上。

事实上，她很快就吃上了她的"早餐"——雨虫！

也就是说，鸟儿看到了与下雨时情况的相似之处，也就是说，雨虫在下雨期间和之后从地面的土壤中爬出。显然，鸟儿注意到了雨后出现的虫子！正是这个高个子男人在这里引发了"雨"！

现在她飞过来，要求他打开水龙头，这样她就可以吃东西了！

还有什么好说的？那么，大自然是怎么想的呢？

工作分配。我请读者进行抽取和重新发明，这只鸟在雨的帮助下为自己发明了一种"获取食物的技术"，在这位"高大的上帝"的帮助下，这种技术被转化了。

例 7.16　座头鲸发明"空中捕鱼网"

在海面上可以看到一条鼓泡线突然出现。线路转弯了，封闭了！谁创造了它，为什么？

这条线是由座头鲸创造的。他在鱼群周围游泳，会产生特别小的气泡，这些气泡在水中不会很快溶解。气泡上升成为一面明亮的白"墙"！

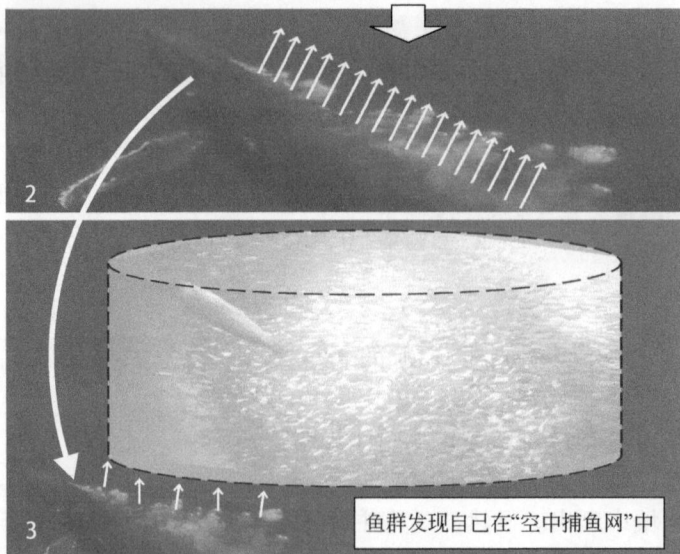

鱼群发现自己在"空中捕鱼网"中

鱼试图向上逃跑！

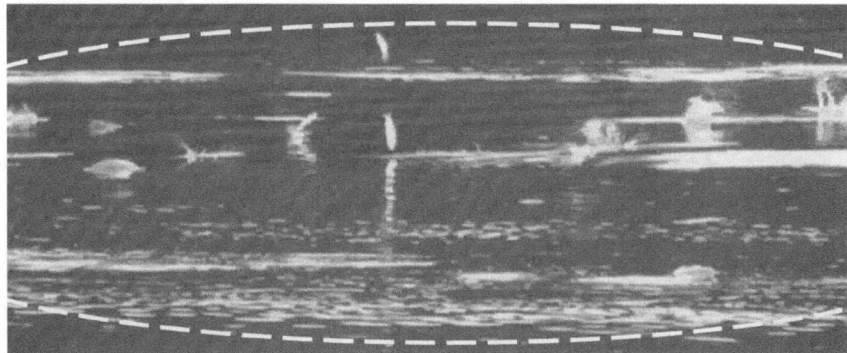

然后，第一头鲸鱼的同伴们张开嘴巴，让鱼群飞到海面上把它们捞起来！鲸鱼大快朵颐！

然后另一头鲸鱼作为"捕鱼者""工作"，这样他的同伴就可以享用大餐了。

令人难以置信的是，来自不同家族的鲸鱼在这片海域偶然相遇，竟然意识到要进行这样一次狩猎的谈判！他们是怎么做到的？

他们确实明白，嘈杂和五颜六色的气泡吓坏了鱼，并把它们堆进"气缸"。他们明白必须游到下面，封闭上升的气泡会形成一个圆柱体，里面会有一群鱼。然后同伴们就可以尽情享用了。

这怎么可能？毫无疑问——他们思考！

作业：我建议读者对这个难以置信的例子独立地进行抽取和重新发明！

你可以将这个例子和之前的例子与 www.modern-triz-academy.com 里的模型进行比较。

例 7.17 回答问题 P4 "魔法水龙头"

当然，这项任务被当成一种玩笑。我们将避免演示"真正的"发明——不管有没有 TRIZ。但是，我们将根据 TRIZ 执行熟悉的重新发明的程序。

为此，我们假定这一"魔法水龙头"的运作原理是已知的，通过抽取已经获得了所需的模型和矛盾（图 7.17）。

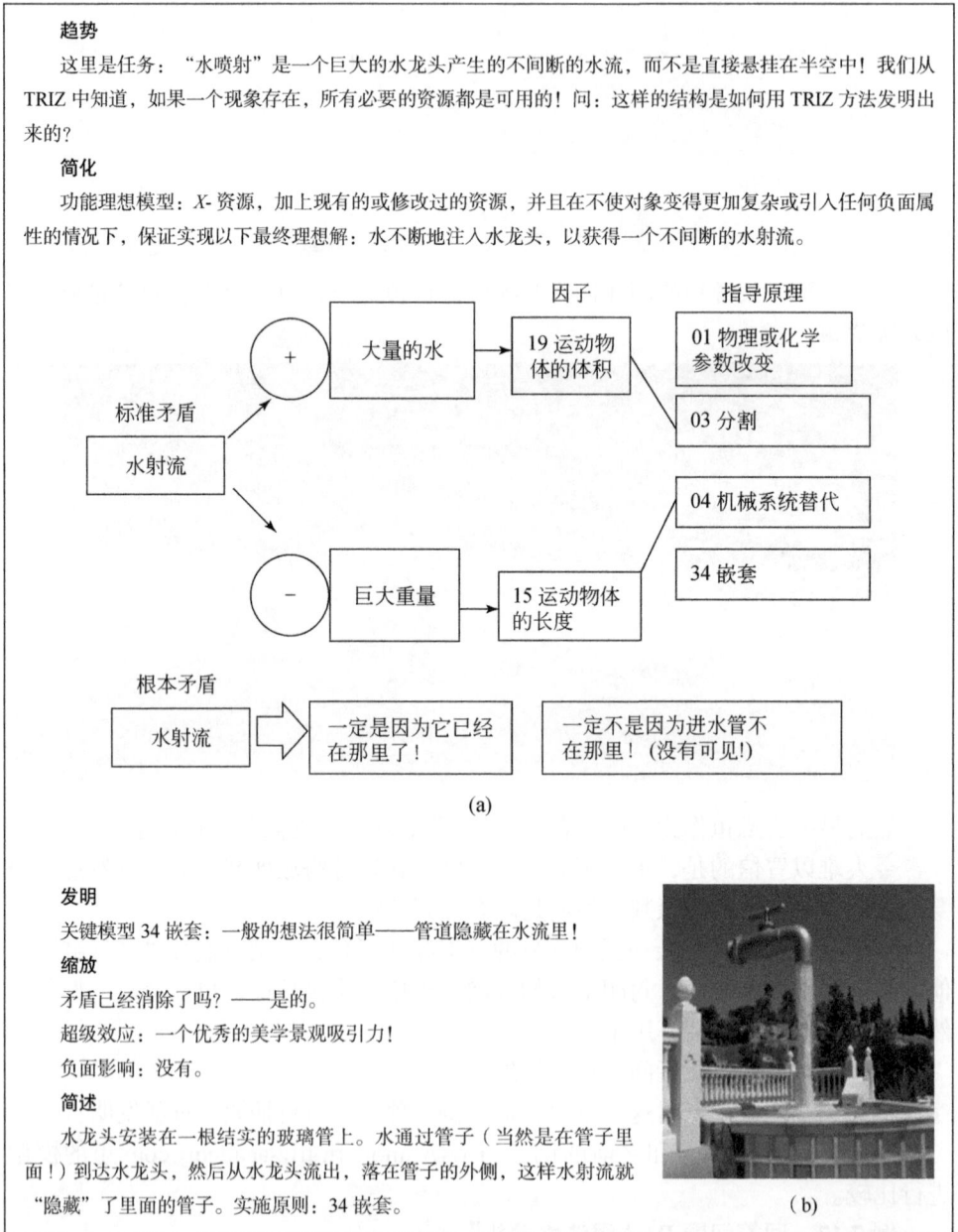

趋势

这里是任务："水喷射"是一个巨大的水龙头产生的不间断的水流，而不是直接悬挂在半空中！我们从 TRIZ 中知道，如果一个现象存在，所有必要的资源都是可用的！问：这样的结构是如何用 TRIZ 方法发明出来的？

简化

功能理想模型：X- 资源，加上现有的或修改过的资源，并且在不使对象变得更加复杂或引入任何负面属性的情况下，保证实现以下最终理想解：水不断地注入水龙头，以获得一个不间断的水射流。

(a)

发明

关键模型 34 嵌套：一般的想法很简单——管道隐藏在水流里！

缩放

矛盾已经消除了吗？——是的。

超级效应：一个优秀的美学景观吸引力！

负面影响：没有。

简述

水龙头安装在一根结实的玻璃管上。水通过管子（当然是在管子里面！）到达水龙头，然后从水龙头流出，落在管子的外侧，这样水射流就"隐藏"了里面的管子。实施原则：34 嵌套。

(b)

图 7.17 "魔法水龙头"举例

给我们发送类似的重新发明!

例 7.18 例 5.2、例 5.3 和例 6.3 的重新发明,一杯冰镇饮料(图 7.18)

趋势

为了让饮料(果汁、鸡尾酒等)冷却更长时间,你可以加冰块。然而,随着冰的融化,饮料的味道正在发生变化,因为饮料中水的相对含量正在增加。如何准备冰镇饮料,使其味道在食用过程中保持不变?

简化

功能理想模型: X-资源在不产生不可接受的负面影响的情况下,与其他现有资源一起获得了最终理想解:饮料已经用冰块冷却,其味道必须保持不变。

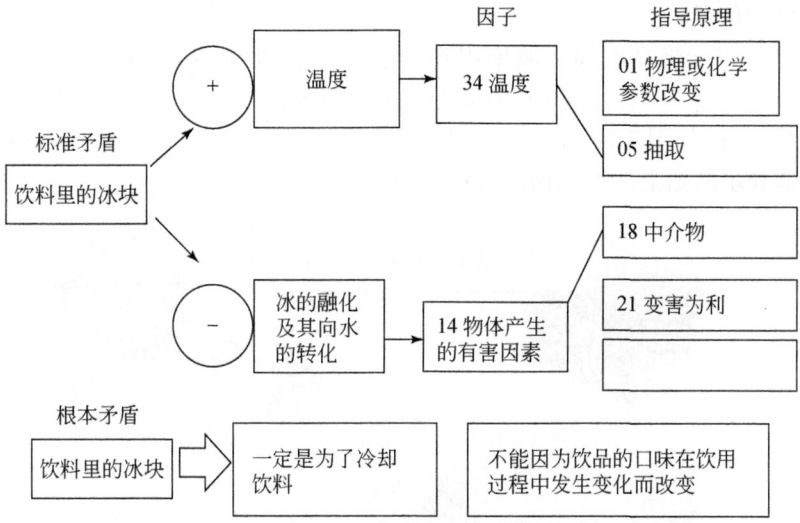

(a)

发明

关键模型: 18 中介物 a)使用另一个对象来传输一个动作。

关键思想:封装冰使饮料变得冷却,没有水进入饮料。

基于根本矛盾的附加解决方案——在材料上分割导航仪和专业导航仪 38 均质性:交互对象应该使用相同的材料——冰雕。

缩放

矛盾已经消除了吗? ——是的。

超级效应:可以用形状优美的小雕像来装饰饮料。

简介

根据 18 中介物,使用密封的冰来冷却饮料。

冰雕可以用同一种饮料按照 38 均质性模型制作。

(b)

图 7.18 "冰饮"的重新发明

例 7.19　特殊的情况下，找到由您抽取的新的转换模式

将光转换为声音的碳纳米管（CNT）涂层透镜[①]可以将高压声波聚焦到比以往任何时候都更精细的位置。密歇根大学工程学研究人员发明了这种新的治疗性超声波手术方法，他们认为这种方法可以为非侵入性手术提供一种隐形刀具。

研究人员的系统是独一无二的，因为它执行三个功能：把光转换成声音；聚焦于一个微小的点；放大声波。为了实现放大，研究人员在他们的透镜上涂上一层碳纳米管和一层橡胶材料，该涂层称为"聚二甲基硅氧烷"碳纳米管层，其能吸收光并转化为热量。当橡胶层暴露在热量中时会膨胀，通过快速的热膨胀大幅增加信号。

研究小组能将高振幅声波聚焦到一个只有 75 微米 × 400 微米的小点上（1 微米是 1/1000 毫米）。他们的超声波光束可以用压力而不是热量进行爆破和切割。

实验装置[②]如图 7.19 所示。利用光纤水听器检测超声波，并将信号传输到光电探测器和示波器上。聚焦精度可提高 100 倍。

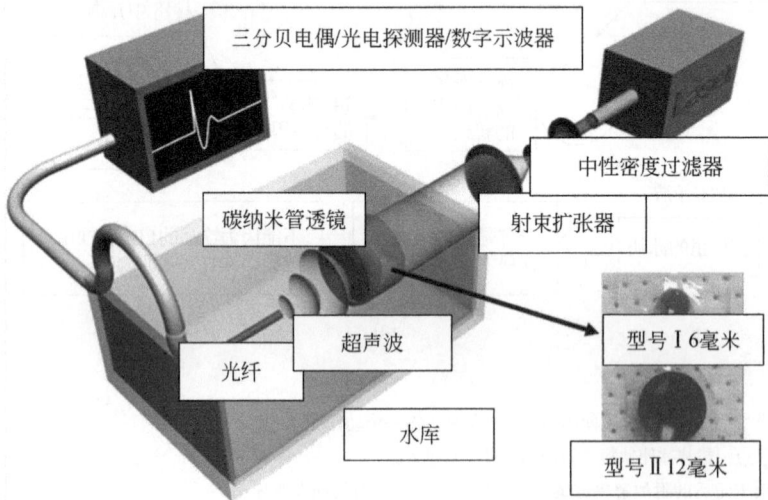

图 7.19　激光聚焦超声检测实验装置

由此产生的声波频率比人类能听到的高出 10 000 倍。它们在组织中通过产生冲击波和微气泡来产生压力，该种压力的来源可能是微小的癌性肿瘤、阻塞动脉的斑块，或者输送药物的单个细胞。这项技术也可以在整容手术中得到应用。

[①] www.ns.umich.edu/new/releases/21044-super-fine-sound-beam-could-one-day-be-an-invisible-scalpel。
[②] www.nature.com/srep/2012/121218/srep00989/full/srep00989.htm。

三种主要导航仪的抽取结果如表 7.4 所示。

表 7.4 激光聚焦超声的抽取 -1（简称）

抽取 -1

最小二乘法	序号	导航仪	理由
++	—	聚焦	将高振幅声波聚焦到一个只有 75 微米 ×400 微米的斑点上是将聚焦精度提高 100 倍的必要条件
++	18	中介物	利用光声透镜将激光转换成超声波是必要的
++	17	复合材料	通过放大来提高透镜的效率对于用两层特殊的碳纳米管和聚二甲基硅氧烷覆盖透镜是必要的

注意：没有一个经典的模型能够充分代表这一成果的实验和装置的主要变化，体现为增加压力和减小声斑的大小！关键模型应该命名为"聚焦"。

让我们为条目数为 41 的模型给出一个实验定义（表 7.5，图 7.20）。

表 7.5 "聚焦"模型实验定义

条目	条目阐述
41. 聚焦	a）作用、效果或影响对某一物体或选定的几个物体的集中； b）影响能量集中在一个小的面积（缩小，按比例缩小），而不是这种能量通常那样对一个大面积的影响

重新发明

在这种情况下，可以在重新发明形式的额外领域中添加一个"新"模型，并对您的想法进行解释，以提出新模型。

发明

主导导航仪建议：聚焦——初步定义为影响能量集中在尺寸较小（缩小，按比例缩小）的区域，而不是通常的针对尺寸较大的区域。关键思想：聚焦超声是通过光声发射器（18 中介物）

聚焦

产生的，由碳纳米管（CNT）- 聚合物复合材料（根据 17 复合材料）制成，在凹面（透镜）上形成，直接实现声聚焦。

图 7.20 包含一个建议与新的模式在重新发明中（片段）

例 7.20 这艘"潜艇"没有螺旋桨怎么行动？（图 7.21）

趋势

已知的肌肉动力潜水器有一个严重的缺点：它们需要相当大的努力，以确保在相对较高的速度长时间地航行。其原因是迄今为止这种潜水器使用的所有推进装置，包括螺旋桨，都具有相对较低的效率比，低效率比转化为较高的功率损失。总的来说，所需功率（2.5 ~ 5.0kW）比正常功率（0.2 ~ 0.4kW）高出约 1 个数量级（10 倍），而正常功率可由一个人维持 2 ~ 4 小时。

人类的力量是无法增强的。我们能做什么？

简化

FIM：以物质或能量粒子形式存在的 X- 资源位于操作区内，并与其他可用资源一起确保获得下列理想解：减少环境对运动的阻力和产生额外的动力。

标准矛盾的公式和解决方案（一般）：

水下推进器 ▶ 01 生产率 VS 36 功率 =01，02，40

水下推进器 ▶ 01 生产率 VS 39 能量损失 =01，02，04，14

根本矛盾：

水下推进器 ▶ 必须提高效率 VS 必须不提高现有推进装置的效率，如螺旋桨

发明

主要模型：01 物理或化学参数改变和 04 机械系统替代。

解决方案是基于能源和物理 / 技术效应的应用：建议新的潜水器使用水推进装置。外部水由一个肌肉动力泵吸入，并在两个地方排出（图③）：①船头，水"附着"在潜水器的两侧，根据绑定效应，稀释介质，减少运动阻力；②船尾，通过沿潜水器主体的水管。因此，绑定效应提高了两个推进装置的动力效率。

缩放

矛盾已经消除了吗？——是的！

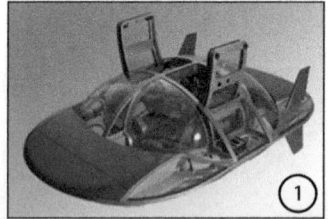

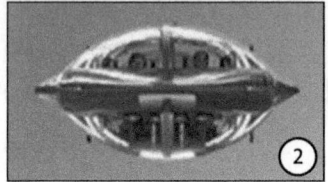

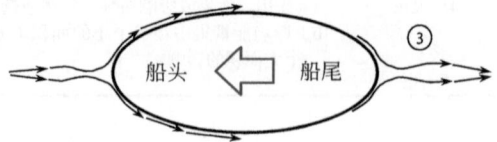

图 7.21 潜水器的改造

例 7.21 阿奇舒勒矛盾矩阵建议与抽取模型不匹配的重要特殊情况

假设，你在阿奇舒勒矛盾矩阵中选择了合适的改善和恶化因素，但是相应的矩阵单元格中没有包含抽取阶段选择的导航仪。

你必须只使用你选择的导航仪再抽取！

你可以描述导航仪及其在"纸质表单"（EASyTRIZ 软件中的 Windows "想法"）的"发明"领域的影响。这些导航仪也可以记录在"导航仪"集合下的附加字段中。

注意：上面的建议非常重要！如果您坚持在抽取阶段识别"您的"导航仪，那么您将避免"虚构的"甚至"粗俗的"数据表示！

再次强调：不要使用包含"必需"导航仪的某个阿奇舒勒矛盾矩阵单元格中定义不准确的改善和恶化因素！换句话说，完全依靠抽取 -1 和抽取 -2 的结果，您将正确和客观地从阿奇舒勒矛盾矩阵使用正式因素与模型，只有当它们有真正对应的因素和导航仪，您才能选择再抽取！

例 7.22　特别重要的情况下，阿奇舒勒矛盾矩阵中的改善因素或恶化因素与您的抽取不匹配

绝对重要的是，首先要确定非正式的正负因素，而不是诉诸于阿奇舒勒矛盾矩阵的参数。

这将帮助你磨炼技能，养成一个习惯，充分准确地定义最初问题的性质（内容、意义、本质）。

如果在选择某个因素时有疑问，可以尝试两个或三个其他变量。

也许你可以从阿奇舒勒矛盾矩阵的不同单元中得到不同的导航仪。如果一些导航仪可以启发你的其他想法，把这些重新盘点在单独的表单中。

例 7.23　论原型在重新发明中的作用

学生在重新发明过程中所犯的一个典型错误就是对于发明（结果工件）的矛盾的表述。这是完全错误的！

注意：在抽取和重新发明中发现的矛盾只是为原型而制定的！

在结果工件（即新的发明）中，矛盾和问题通过抽取的转换模型被清除！

最后但同样重要的是：表格和程序窗口中的所有字段必须尽可能简洁地填写。

尽管简短，但您输入表格的文字必须使用高中生可以理解的语言。特别是，有必要避免使用晦涩难懂的专业术语、缩写、单词和表达方式。当然，如例 7.19 和例 7.20 所示，有时没有特殊术语很难建模，但这可以通过说明来辅助。

7.4　第 7 章的作业

让我们考虑一下作者的一些附加建议。

明智的做法是持续不断地训练抽取和重新发明技能。

这必须成为一种习惯和专业需要。

这是例行公事，如国际象棋棋手，当他们独自一人时，经常分析国际象棋问题或著名的国际象棋游戏，以确定新颖的想法。类似的训练（这就是训练——你还能叫它什么？）是由音乐家，当然还有运动员完成的。

所有这些都是自我完善的蜿蜒长路。

现代 TRIZ 通过提供交换有效例子的技术，为自我完善提供了新的机会。这是由发明元算法 T-R-I-Z 格式的标准化信息演示过程来支持的。

我们已经考虑了几个由现代 TRIZ 的不同用户开发的例子。在这一部分，采用了几种抽取和重新发明形式。这些例子是很简单的。毕竟，我们的最终目标是：

希望给出尽可能简单、不需要特殊知识的通用例子。

一些毕业生已经完成了培训，并获得了使用 EASyTRIZ 软件包的认证（在大多数情况下，是在远程电子课程的框架内）。其中一些课程是作者在柏林工业大学教授的，他在那里为未来的全球生产工程理学硕士开设了一门现代 TRIZ 课程。EASyTRIZ™ 软件包中已实现了更复杂的专业格式。该程序格式中的示例用于存储和交换已完成的示例。

本章的目的是向您展示，所有读者都可以掌握 TRIZ 模型，并使用周围的工件创建几十个类似的示例，他们的日常生活或其他项目，构成他们的职业环境。这一章的目的也是帮助那些已经开始研究 TRIZ 的读者快速获得使用 TRIZ 基本概念和模型所需的实用技能的基础知识。

仅仅阅读这本书或其他类似的书是不够的。

要学习使用 TRIZ 进行发明，你必须不断地进行抽取和重新发明的训练。

让我们不断提高自己！[1]

---

①一些例子和表格可在 www.modern-triz-academy.com 下载。

|第8章| 作 业 答 案

本书所描述的所有解决方案中的"超级任务"（用斯坦尼斯拉夫斯基的话说）并不寻求为读者提供惊讶、欣喜或任何其他高度愉悦兴奋的感觉。

问题是，"奇迹的出现"随之而来的是"奇迹的消失"，这个非常真实的心理学"定律"在 4.1 节中得到了强调。

作为这本书的作者——我希望这本书中的例子不会让你无动于衷，希望你花在细读这些例子上的时间不仅会被证明是有用的，而且还会给你带来片刻的快乐，帮助你体验许多小发现的乐趣。

本章的第一个实际目标是重复演示如何通过建模矛盾和应用转换模型来构建解决方案。

第二个实际目标是帮助读者通过学习在例子中使用的类似（标准）方法计划来加强他们解决问题的能力。所有的重复发明都是建立在发明元算法 T-R-I-Z（见第 3 章）基础上。这就是为什么所有解决方案都以标准的重新发明格式或类似的简化格式提出。

为了防止某些例子显得"极其严肃"，作者用故事来表达这些例子，并尽可能地使其滑稽可笑，因为他的文学能力很有限。因此，你应该幽默地来对待这些例子，或者用他们的话说，用一撮盐（cum grano salis）。毕竟，这个系列书籍的标题是 ABC-TRIZ，因为任何 ABC- 书籍的定义都必须是可访问的、非正式的，而且不能无聊到一定程度。

另一个警告：显然，不可能写出所有例子，其风格和内容符合每个人的喜好。这就是为什么我们衷心呼吁"再投资"，因为它可能由学生或本书的任何其他读者执行并发送给作者。

注意：如果到目前为止你还没有学习过本书的基本材料，请不要阅读下面的章节，而是回去学习！这个建议完全是为了您的利益！

第1章~第3章

除了问题 P3 外，这些章节的答案都在本书的其他章节中。问题 P3 的答案在下一部分，第二篇，如何成为天才。

第4章　问题建模

例 4.6 的重新发明，游泳运动员

现在我们想给大家展示一下对于"游泳运动员"作业的原始问题情况的著名的精彩解决方案。

趋势

开阔的水域是用来训练长距离游泳运动员的。在恶劣的天气下，训练可能变得困难。在通常的 50 米泳池中，游泳者不可避免地会到达泳池边缘，必须转身离开才能继续游泳，这损害了他的技术，打乱了他的节奏。具有复杂圆形（圆形、椭圆形或 8 形）形状的泳池可以解决这个问题，但这样的泳池形状会太复杂。

简化

功能理想模型：X- 资源，加上可用或修改的资源，在不使对象变得更复杂或引入任何负面属性的情况下，保证实现下列最终理想解：长距离游泳运动员在泳池中的适当训练。

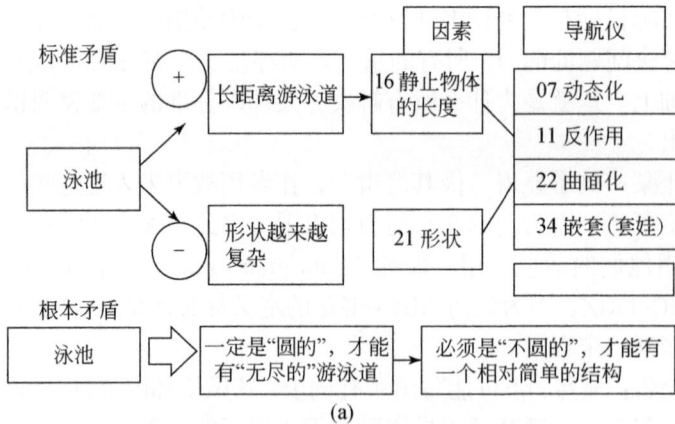

(a)

发明

关键模型：11 反作用 -b）使物体或环境的可移动部分固定。关键想法：使水可移动。还有：07 动态化。考虑到 22 曲面化，提出了一个圆形泳池！

缩放

矛盾已经消除了吗？——是的。

超级效应：它可以管理训练参数（运动速度和阶段），并调整游泳运动员的游泳技术，因为教练位于游泳运动员附近。

负面影响：没有。

简述

为了给长距离游泳运动员提供足够的训练机会，并简化泳池的设计，根据导航仪 11 反作用，泳池内的水可以移动。

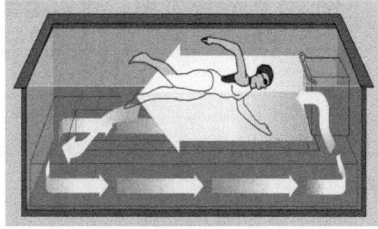
(b)

图 8.1　水流游泳模拟

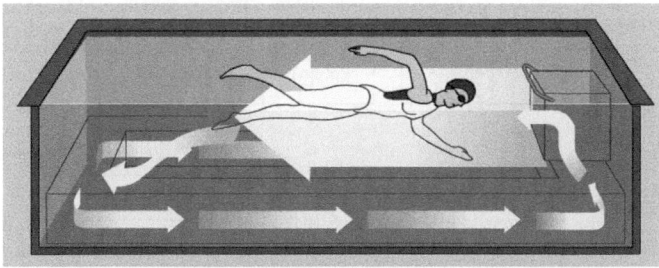
(a) 水流游泳模拟器操作方案

(b)"无尽的"水道游泳池（Conrays）的例子

(c)一个"无尽"水道游泳池（无尽池）的例子

图 8.2　游泳模拟器

例 4.7 的重新发明，跳水运动员

趋势

高台跳水运动员的训练和职业病的高风险有关。这种训练的关键时刻是跳水运动员下水的时刻。例如，从 10 米高的地方摔下来不仅会导致疼痛的挫伤和皮肤破裂，而且还有脊柱损伤的危险。我们如何使高台跳水运动员的训练更加安全？

简化

功能理想模型：X- 资源，加上可用或修改的资源，在不使对象变得更复杂或引入任何负面属性的情况下，保证实现下列最终理想解：从任何高度安全进入水中。

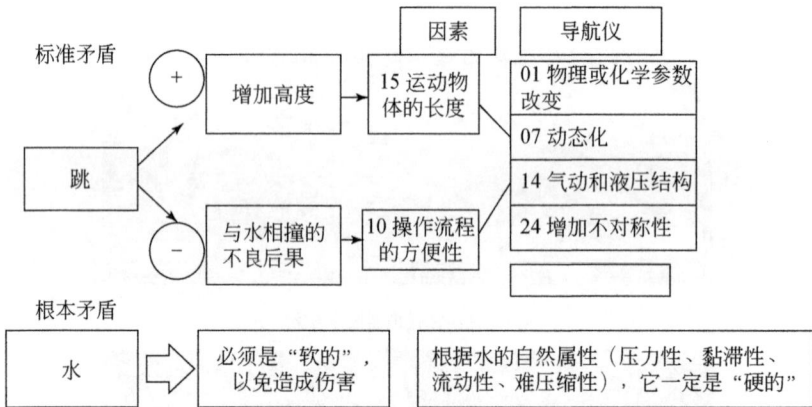

(a)

关键模型: 01 物理或化学参数改变 -a）转变为"伪状态"；b）浓度的变化。

07 动态化 -c）使一个物体可以移动，而不是固定的。

14 气动和液压结构 - 使用气体或液体部分代替物体中的固定部分：充气，气垫。

关键思想：跳跃时注入压缩空气，在水面做一个"气垫"。

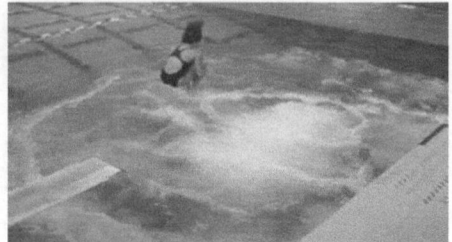

(b)

缩放

矛盾已经消除了吗？——是的。

超级效应：儿童安全训练。

负面影响：构建的复杂性增加。

简述

为了使高台跳水运动员安全训练，需要在其跳跃过程中向水中喷射压缩空气，在水面上形成"气垫"。导航仪使用：01 物理或化学参数改变、07 动态化和14 气动和液压结构。

图 8.3　跳水重新发明模型

(a) 娜塔丽的 "气垫" (b) 密塔普尔的 "气垫"

图 8.4　配有 "气垫" 的跳水池

根据娜塔丽公司提供的信息，"气垫" 于 1971 年首次在加拿大魁北克省的克莱尔角使用，后来在加拿大、美国和欧洲的许多泳池中使用，现在几乎在所有的奥运会上使用。

图 8.5　注入压缩空气（Natare）

例 4.8 自行车的重新发明

尽管西夫拉克伯爵的故事是一堆谎言（至少根据一些专家的说法），而且他本人是一个虚构的人物，但没有任何人能阻止我们重新发明传说中提到的某个人在当时发明的物体。

为了增加趣味性，我们将以一个假设性的故事作为重新发明的序言，这个故事讲述了西夫拉克伯爵是如何发明这种精巧的物体的。同时我们还将这个虚构的故事取代了正式的抽取。

我们将采用同样的方法，引进两个更聪明的发明，这两个发明大大改善了"我们所知的自行车"。

西夫拉克伯爵的传说

伯爵坐在河岸边钓鱼，突然，他看见一辆大车的轮子在滚动。它滚动而不掉，所以他自言自语地想：坐在那个轮子上不是很好！但这其中存在一个两难的问题：一个人如何驾驶一个轮子？

他放弃了捕鱼，回到了城堡，他想着如何驾驶一个车轮。他去了马厩，坐在一个轮子上，跨坐着，他把脚分别放在左右两侧，然后抓住一根柱子，站着。他害怕，不敢骑出去。接下来他鼓起勇气，用力使自己离开了柱子……砰！他头朝下摔下去了！他很幸运，在木地板和他的前额之间有一个小草堆。

他认为，这一定是历史上最短的一次骑行，因为你真的不能长时间骑一个轮子。此外，马车有更多的轮子，当你驾驶马车时，你可以坐下！所以，为什么不把两个轮子连在一起呢？不是在同一个车轴上，而是一个接一个。还有一个额外的好处——你可以在中间放一个座位。

很快发明做好了。

伯爵使自己成为一匹两轮"马"，并像云雀一样快乐地骑行。

他享受骑在那东西上的时光，周围的人也尽情地笑着。他用腿蹬地，你知道，这让他的"马"跑得更快。然后，他抬起腿，一边滚动一边继续前进，不知怎么地，他设法保持住了方向。如果那不是奇迹，我不知道那是什么。一个坐在轮子上却没有摔倒的人！很快，他的工人们开始为自己的孩子制造这样的"马"，人们开始从其他国家来看伯爵的发明，并建造类似的东西来享受。

至于伯爵，他很快就会因为"马"的摇摆而感到无聊，因为"马"顽固地拒绝转向他想去的地方，所以他把它放在阁楼里然后去钓鱼。

遗憾的是，伯爵不知道 TRIZ 系统的演化规律，或者他本可以发明大量有趣的东西，如踏板车、滑板，甚至是单轮车加上一堆转向装置！

此外，他可以写下他的发明方法，将其作为一种特殊的创造性技术，并赋予它一个奇特的名称，如"复制""合并"，甚至"局部质量"。然后可以教他的后代使用那些。

谁知道我们的文明会进一步发展多远！

自行车的发明

趋势

问题：我们怎样才能仅利用肌肉力量来加速人类在陆地上的运动？

如果我们拿一个轮子站在它的轴上，运动时间会太少！这是危险的！我们骑马的时候怎么样？

一个推车如果太重了，则无法跳到它上面然后继续推动。

所以，我们被车轮困住了。但是我们可以做些什么来增加旅行的持续时间？

简化

功能理想模型：X-资源，加上可用或修改的资源，在不使对象变得更复杂或引入任何负面属性的情况下，保证实现下列最终理想解：自行车的发明。

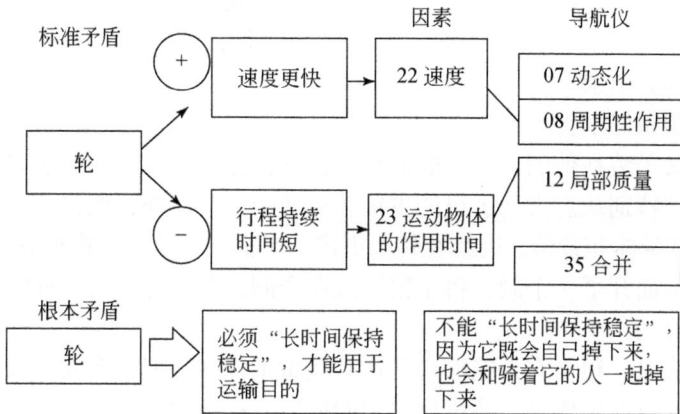

因素 导航仪

标准矛盾

+ 速度更快 → 22 速度 → 07 动态化 / 08 周期性作用

轮

− 行程持续时间短 → 23 运动物体的作用时间 → 12 局部质量 / 35 合并

根本矛盾

轮 → 必须"长时间保持稳定"，才能用于运输目的 → 不能"长时间保持稳定"，因为它既会自己掉下来，也会和骑着它的人一起掉下来

(a)

发明

关键模型：35 合并 -a）将相似的物体联合起来进行相邻的操作。关键思想：把两个轮子结合成一个整体结构。附加导航仪 12 局部质量：一个位于轮子之间的座位，以及一个在运动时保持在前面的手柄。

图中的车轮是打开的，侧壁已拆下。

缩放

矛盾已经消除了吗？——是的。

超级效应：我们可以移动！这本身就是一项壮举！

负面影响：很难转弯！而且它不会自己滚动很长时间。

(b)

简述

为了利用车轮和肌肉力量实现连续稳定的运动，根据导航仪 35 合并建造，这种结构配有一个座椅和一个手柄，在运动时可以抓住。

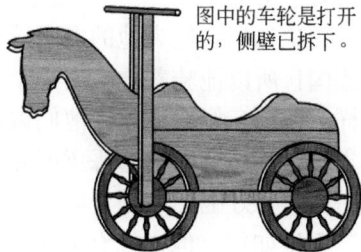

图 8.6 自行车重新发明模型

重新发明例 4.9 把手杆和转向前轮的发明

男爵冯·德赖斯传奇

冯·德赖斯男爵骑的是他从西夫拉克伯爵那里得到的"马"。其中一个观众说："女士们，朋友们，孩子们，仆人……"一只公羊突然出现了，并且正好在男爵的引导下"马"自己跑过来了！男爵开始蠕动并扭曲他的身体，让"马"转过身去，但事实并非如此！男爵倒在地上！每个人都开始大笑，但他全身疼，并不认为这很有趣！

无论如何，这个男爵很执着，受过良好教育！所以他开始思考，为什么他几乎每次骑着他的两轮"马"时都要摔倒并受伤？

他提出了这个想法：当我骑着我的"马"，我转向另一种方式，它的两个前轮可以围绕垂直轴转向侧面移动。那个轴有一个学名：*Kingus pinus*（那些不讲拉丁语的人称为主销）。

很快发明做好了！

男爵把叉子装在他的"马"的前轮上，这样轮子就可以在叉子之间旋转。代替把手，他把特别从意大利进口的主销装在叉子上。此外，他将"马"的头部清理干净，使其身体非常薄，最终看起来更像一个框架。最后但并非最不重要的是，他在框架的前面开了一个洞，将主销插入那个洞，并使它与两个杆配合，这样他就可以左右转动。

当他完成时，很少有人能够理解他到底做了什么，但很多人都认为这是一个真正的奇迹！所以男爵决定测试他努力的成果——滚动！它转弯了！它永远不会倒！

好吧，几乎没有。有时候，当男爵试图转弯过急时，主销会卡住……好吧，上帝救了男爵……

无论如何，他为他的发明感到非常自豪！他希望向全世界展示它，震惊法国和德国！所以他骑着他的用一个旋转的主销代替头的新"马"从柏林到巴黎！怎么样，你问？好吧，就像他们说的那样："有很多震惊！"路上有岩石，有自杀的土拨鼠，还有嫉妒的恶意诅咒他……但他坚持自己，或者更确切地说是挂在他的手柄上！好吧，他是个男爵，大声说出来！男爵很坚强！

无论如何，他也没有关于 TRIZ 的第一个想法。这就是为什么他没有把他的新方法称为"动态化"并为后代将其写下来。

他也完全不了解 TRIZ 系统的演化规律，其直接可悲的结果是，必须通过从德国到法国一直挫伤他不那么柔软的组织和身体部位来证明他的发明的价值。然后可能从法国回到德国。

他可能也应该用弹簧装备他的"马"，以使骑行更舒适。他们确实知道如何制作弹簧！

把手杆和转向前轮的发明

趋势

法国的西夫拉克伯爵的"赛马"有一个主要缺点——很难驾驭。如果你愿意用"赛马"的话,"马"将很难"适应"转弯。设计缺陷导致这种"赛马"难以在"真正的"道路上使用。

问题:我们怎样才能增加法国的西夫拉克伯爵的"赛马"转向的便利性?

简化

功能理想模型:X-资源,与可用或修改的资源一起,并且不使对象更复杂或引入任何负面属性,保证达到以下最终理想解:转弯稳定而舒适。

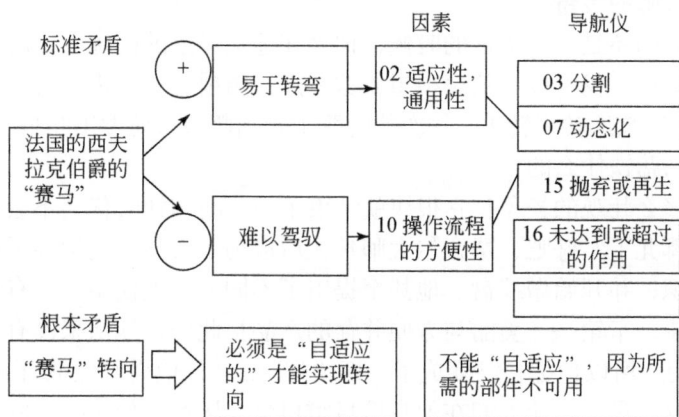

(a)

发明

关键模型:03 分割-将对象分成若干部分。07 动态化 -b)将对象分成相对可移动的部分。

主要观点:将前轮与整体结构分开,并将其连接到手柄上,以便可以转动该轮。

缩放

矛盾已经消除了吗?——是的。

超级效应:没有。

负面影响:没有。

简述

为了在转弯时增强转向的便利性,将法国的西夫拉克伯爵的"赛马"前轮与整体结构分离,并配有转向手柄。使用的导航仪:03 分割和 07 动态化。

(b)

图 8.7 手杆和转向前轮重新发明模型

例 4.10 踏板的重新发明

踏板！啊，忘了踏板吧，整个自行车已经被数百个有才华的人发明和改造了数百次，其中包括俄罗斯锁匠阿尔塔莫诺夫，德国大师费舍尔和男爵冯·德赖斯（见上文）。我已经告诉过你关于西夫拉克伯爵的事，我不寒而栗地想到，如果我在他的"自行车"里提到列奥纳多·达·芬奇，有些人会说什么？这些话是"证据"，证明是他发明的。我甚至在南方发明教育中心的发明博物馆的"达·芬奇自行车"附近拍了照片。但是谁知道真相呢？尽管如此，我还是认为我必须告诉你另一个故事——关于费舍尔大师的故事——因为它至少有一定的真实性。

费舍尔大师的传奇

费舍尔大师还是个小男孩的时候，他坐在他父母家的门廊上，冯·德赖斯男爵从他身边骑过！我可以在脑海中想象这一点：男爵急速前进，转动着他的"马耳朵"，随心所欲地转来转去，每次他的靴子碰到鹅卵石就发出咔嗒咔嗒的声音，好像他穿着马蹄铁什么的！

天啊！多么壮观的景象！它很快就结束了……啊，时间，你会不会留下来……

我说到哪儿了？好吧，费舍尔大师长大后成为了大师。他学会了所有关于机械装置的知识，并开始做绞盘。他甚至提出了不同的观点模型——有把手和有弯曲辐条的车轮。车轮——美丽与方便并存的产品！此外，他从来没有忘记西夫拉克伯爵的远见，所以他把自己变成了一匹"马"，就像伯爵曾经拥有的那匹一样，他开始四处骑"马"，让人们在他身后目瞪口呆。毕竟，他所乘坐的是一个"小玩意"，而且是一件奢侈品。

有一天，他骑着他的"马"重击地面，看到一些厚颜无耻的女孩嘲笑他！当然，他认为这是对他的轻视，因为他希望得到阿谀奉承！但是，是的，他知道一旦他开始跑得更快，他就会"失去"他的靴子。这是一个问题，一个明显的矛盾。

所以他认为：我需要通过应用科学使这些轮子不同时滚动。事实上，当我能够推动轮子的时候，我为什么要用脚推地面——它是如此容易！

很快发明做好了。

他需要一对绞车，装在前轮轴左侧和右侧的圆锥形端口上。女士们，先生们，不用担心，因为我们有踏板！不管怎样，费舍尔少爷心想：现在我要给那些女孩看看。她们不会嘲笑我的！靴子别脱！我踩着踏板，车轮滚动着，每个人都说："啊！哦！那个人是谁？"

最后，致命一击：踏板装有方形的轮轴顶端！

（好吧，实际上他这么做是为了避免事故：一旦圆锥系紧的踏板掉下来，他可能会死掉！）一句话，他就是非常炫酷的！

同样，他不熟悉 TRIZ 的基本知识也是一种耻辱。因此，他没有把他的发明方法命名为"中介物"或者至少是"复制"（费舍尔大师的发明中没有明确提及甚至缺少 TRIZ 基本知识）。如果不是因为他的无知，他可以做得更多！

此外，他不知道 TRIZ 系统进化规律，也不知道如何使快速骑行更安全。他所能想到的就是一个巨大的前轮。一些头脑风暴！

今天我们知道一个事实，我们必须"感谢"头脑风暴的疯狂大前轮，它造成了许多伤害（特别是头部受伤），甚至死亡。

踏板的发明

趋势

冯·德赖斯男爵的"赛马"有一个主要缺点——为了加速，人们需要不断地用腿蹬离地面，这让人感到不适。为了延长出行时间，需要增加推力，从而导致更高的能量消耗。我们如何提高推动冯·德赖斯男爵的"赛马"的便利性和减少能源消耗？

简化

功能理想模型：X-资源，加上可用或修改的资源，在不使对象变得更复杂或引入任何负面属性的情况下，保证实现下列最终理想解：以最小的能量消耗加速的难易程度。

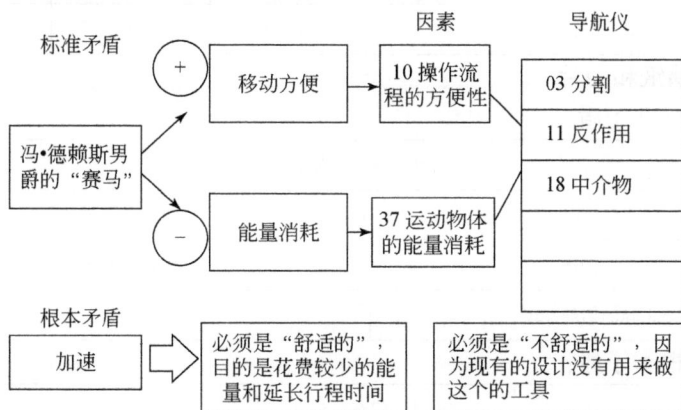

(a)

发明

关键模型：11 反作用 -a）不要按照任务规定的动作，完成一个相反的动作——不要推动地面以加速车轮旋转，而是推动车轮以使其沿着地面滚动。18 中介物 -a）使用另一个对象来传递动作。在"结构分离"模型的框架内，可以有效地解释相同的导航仪，以解决根本性的矛盾。

解决方案的关键思路：安装介质杠杆（类似于水井绞车手柄），将动力从腿部直接传递到前轮。

缩放

矛盾已经消除了吗？——是的。

超级效应：没有。

负面影响：没有。

(b)

> **简述**
>
> 为了提高运动的便利性和节省能源，我们使用了特殊的杠杆，类似于水井绞车手柄，把力量从腿部直接传递到前轮。导航仪 18 中介物。
>
> 图片来源：《蜘蛛脚踏车》。

图 8.8　踏板的发明模型

第 4 章的作业

练习 1　关于这个问题的正确答案列表

#	练习 4.3	#	练习 4.4	#	练习 4.5
1	根本矛盾	3	标准矛盾	5	根本矛盾
2	标准矛盾	4	根本矛盾	6	标准矛盾

练习 2　墙纸和刀片

关于刀的标准矛盾：

行动、状态、对象	
刀	
（+）- 因素	（−）- 因素
需要正确的切割方式	变钝

关于刀的根本矛盾：

行动、状态、对象	
刀	
+Z	−Z
一定很锋利才能切割	一定很钝

练习 3　防止汽车盗窃

汽车的标准矛盾：

行动、状态、对象	
汽车	
（+）- 因素	（−）- 因素
必须配备防盗报警系统	罪犯有一定的时间从犯罪现场驾车消失

解决方案：有人建议用一种装置来保护汽车，这种装置在检测到未经授权的进入时会向汽车内部喷入浓厚的乳白色烟雾。报警系统启动后，设备开始工作。烟雾有一个特殊的配方，并不损害汽车内部，但它在相当一段时间不能被消除（如几十分钟）。

（参见阿奇舒勒发明原理 - 目录的导航仪 09 颜色改变）

练习 4　发生车祸时对摩托车驾驶员的保护

摩托车驾驶员的防护服：

行动、状态、对象	
摩托车驾驶员的服饰	
+Z	–Z
必须厚，以保护手臂、腿和其他身体部位免受伤害	必须要薄，以免限制摩托车驾驶员的行动

解决方案：有人建议摩托车驾驶员穿上充气救生衣，这种救生衣只有在摔倒时才会启动。

（见导航仪 14 气动和液压结构的使用）

练习 5　航空母舰

航空母舰的标准矛盾：

行动、状态、对象	
航空母舰	
(+) - 因素	(−) - 因素
必须是有限的大小	必须容纳许多飞机

飞机的标准矛盾：

行动、状态、对象	
飞机	
(+) - 因素	(−) - 因素
必须有很宽的机翼	必须有容纳能力

航空母舰的根本矛盾：

行动、状态、对象	
航空母舰	
+Z	–Z
必须使许多飞机运转	必须有更少的飞机，不能超过有限的持有量

机翼的根本矛盾：

行动、状态、对象	
机翼	
+Z	–Z
机翼必须足够宽，才能飞起来	必须足够窄，才能把飞机放在舱里

第5章 抽 取

任务1 束发"操作"。提示：主导模型-02 预先作用，18 中介物和 34 嵌套（套娃）。

任务2 我们服装的结构组织。提示：主导模型-34 嵌套（套娃）。

任务3 鲜花地毯。提示：主导模型-02 预先作用，17 复合材料，31 多孔材料和 34 嵌套（套娃）。

任务4 "移动信号灯"：

LC*	序号	导航仪	抽取方法的验证
++	05	抽取	挑出（包括）所需的功能
+	07	动态化	让对象可以移动
+	10	复制	复制由普通交通灯执行的功能
++	12	局部质量	位于最需要它的地方
+	19	空间维数变化	能够定位在一个二维平面而不是只有在一个独特的一维点
+	29	自服务	利用太阳能电池独立补充能量

图 8.9　移动信号灯抽取-1 结果

任务5 "风扇帽"。

在这个解决方案中可以识别以下 TRIZ 模型（如果选择通常的"普通香草"防晒帽作为原型）：

LC*	序号	导航仪	抽取方法的验证
++	05	抽取	挑出（包括）所需的功能
+	07	动态化	让对象的元素可以移动
+	10	复制	复制由普通风扇执行的功能
++	12	局部质量	位于最需要它的地方
+	19	空间维数变化	能够定位在一个三维平面而不是只在一个二维平面
−	29	自服务	无

图 8.10　风扇帽抽取-1 的结果

任务 6 比较任务 4 和任务 5 的结果。

很容易看出，这两个完全不同的工件中几乎所有 TRIZ 模型都是相同的！当然，这也适用于主导模型 05 抽取和 12 局部质量。

这证明了 TRIZ 创新模型的普遍性。这也意味着，随着建模经验的积累，您将能够转移这种经验，并使用它来创建想法，以改善任何对象。

你所要做的就是运用你的联想思维和创造性幻想能力。抽取，反过来，有助于发展这些能力。

图 8.11 提供了主导导航仪 05 和 12 的其他实现示例，这些示例用于改进前面描述的两个构件。顺便说一句，在这些例子中，发明者消除了帽子和红绿灯之间的最后差别（当然是在创造思维方面），使用太阳能蓄电池。演出（通过组合和整合的帽子演变）必须继续下去！

(a) 太阳能蓄电池的帽子 　　　　　　　　(b) 帽子与笔灯用于阅读或照明的方式

(c) 带有内置收音机的帽子 　　　　　　　(d) 帽子与可拆卸的风扇

图 8.11　主导模型 05 和 12 的不同实现（或者您认为的其他实现！）

任务 7 超声波哨声。提示：主导模型 -02 预先作用，06 机械振动。

任务 8 雪崩救援气囊。提示：主导模型 -25 柔性壳体和薄膜与 14 气动和液压结构。

任务9 魔法包装。提示：主导模型 -27 热膨胀。

第6章 发　　明

练习1 输入关于 MAI T-R-I-Z 和 SMART 的正确答案（或有多个正确答案）。
趋势阶段的目的如下：

#	目的	是	否
01	构建初始问题情境	+	
02	分配负责解决问题的人员		
03	识别非正式矛盾	+	−
04	确定方向（趋势）寻找解决方案	+	

简化阶段的目的如下：

#	目的	是	否
01	确定合适的矛盾形式模型		
02	选择阿奇舒勒矛盾矩阵的变换模型	+	
03	确定未来解决方案的技术	+	−
04	识别最终理想解和功能理想模型	+	

发明阶段的目的如下：

#	目的	是	否
01	计算解决方案的经济效益		−
02	根据 As- 目录中的导航仪提出解决方案的建议	+	
03	根据 Af- 目录中的导航仪提出解决方案的建议	+	
04	提出基于资源的解决方案的想法	+	

缩放阶段的目的如下：

#	目的	是	否
01	检查矛盾是否被消除	+	
02	为项目编制技术文件		−
03	检查开发一个解决方案的可能	+	
04	检查是否有积极和消极的影响	+	

如何成为天才

Г. Альтшуллер, И. Верткин

КАК СТАТЬ
ГЕНИЕМ

ЖИЗНЕННАЯ СТРАТЕГИЯ ТВОРЧЕСКОЙ ЛИЧНОСТИ

为了纪念 TRIZ 创始人，并强调 TRIZ 思想和阿奇舒勒在 TRIZ 之后提出的创造性人格开发理论（TDCP）之间的延续性，作者根据根里奇·阿奇舒勒最后一部杰出著作[1]（如上图）的标题，为本书第二篇配上了一个副标题。

----

①如何成为天才：创造性人格的人生策略 - 白俄罗斯，明斯克，1994（俄文）。

寻求而不屈服

作者为第二篇撰写的序言

这种情感诉求是这本书的主题。我想告诉我亲爱的读者一个我熟知的与上述标题相关的简短故事。从我十几岁开始，我的人生座右铭一直是（现在仍然是）来自①卡弗林的小说《两个上尉》中的一个精彩的表达，在英语中听起来像这样：

去奋斗，去寻找，去发现，永不屈服！

很久以后，我才知道这句话是阿尔弗雷德·丁尼生②（Alfred Tennyson）的短诗《尤利西斯》（Ulysses）的最后一行。我明白，只有和前面两行一起，才能正确解释这一行：

一颗英雄般的心，
因时间和命运而软弱，但意志坚强
去奋斗，去寻找，去发现，永不屈服！

在那之后不久，我得知丁尼生的原作成为英国杰出探险家罗伯特·斯科特十字纪念碑上的墓志铭。在 1912 年到达南极之后，他无法克服最后的 11 英里（1 英里=1609.344 米），到达最初在南极洲的基地，在那里他的生命本可以得到拯救。

这句诗句反映了斯科特和他的同伴们的处事方式，它以惊人的准确性成为许多其他坚持不懈、忠于自己的目标、具有永恒的崇高道德价值观的先驱者和发现者，即许多其他勇敢人士的感人追求。我在编写本书时（2012 年），对丁尼生的原始思想已有长时间的理解，因此我从该诗句中抽取——使用自己书中的术语——两个关键方面，并记录形成了原诗的缩略版本：

---

①维尼亚明·亚历山德罗维奇·卡弗林（1902 年 4 月 19 日，普斯科夫—1989 年 5 月 2 日，莫斯科），苏联作家，他最著名的小说《两个上尉》（1938 ～ 1944 年）在第二次世界大战期间完成（下文引用维基百科）。

②阿尔弗雷德·丁尼生，第一男爵（1809 年 8 月 6 日—1892 年 10 月 6 日），英国最受欢迎的诗人之一，维多利亚女王统治时期的大不列颠和爱尔兰桂冠诗人；《尤利西斯》（希腊语，奥德修斯）是一首无韵诗，写于 1833 年，出版于 1842 年。

寻求而不屈服。

在我看来，这就是丁尼生整个诗句的精髓。

我认为这本书的"超级任务"就在于用这样一句极度压缩的诗来告诉你实现目标的方法。

我祝你在实现目标的过程中拥有好运和勇气。但事实是，你必须在一定程度上做好准备，以保护自己的命运，捍卫自己的利益，并在困难时期表现出巨大的毅力，这些困难可能会持续数天、数月甚至数年。

我之所以写这篇文章，是因为成千上万的发明家禁不起与环境的斗争，在路途中间和"最后 11 英里"都达不到他们的目标。

阿奇舒勒在他的最新著作①中写道："为认识出现的想法而奋斗——追寻想法产生的必然性和规律性；创新者必须能够证明他的发明的必要性……没有人会代替他……没有准备好为他发明而奋斗的发明者，就像一个害怕看到血的外科医生，或者一个不能承受过载的宇航员，或者登山运动员习惯于只在镶木地板上行走……"

阿奇舒勒认为，发明问题解决理论之后的下一个阶段应该是创造性人格开发理论。《如何成为天才》一书是对 1000 多本传记进行研究的结果，名人们无私地为他们的信仰和理想而战，他们赢了，有时死了，但没有投降。作者为有创造力的人对抗"生活环境"提出了"国际象棋游戏"的概念②，在我看来是非常有前途的。它的发展要求继续开展实际工作，分析有创造力的人的传记，并寻求支持这些人的活动的建设性意见。我为这本小书选择了几本传记，涵盖了从 19 世纪初到现在的一个漫长的历史时期。我的观察与阿奇舒勒的观点一致，即未来天才的许多素质（即使不是全部）都植根于童年，植根于儿童的经历和事件。我们将进一步探讨这个想法，寻找培养人才的切实可行的建议。

在这里，我只会告诉我的读者关注自己和孩子的想法，以便能够理解和评估一个特定的起源时刻，对创造性活动、爱好梦想、有用概念的兴趣，可能成为所有生活的目标。

一位德国企业家、工程师和研究人员的传记中记录了沃纳·冯·西门子（Werner von Siemens）不平凡的一生。他伟大的毅力震惊了我并提供了一个可靠的例子，告诉我们如何追随生活的目标。

除上述内容外，我还要引用沃纳·冯·西门子于 1852 年写下的精彩话语。当时沃纳 36 岁，但那时他已经经历了许多艰难的人生考验。

但他并没有变得冷酷无情：他明智而勇敢地定义了自己对生活的理解，以及

---

① G.S.Altshuller, I.M.Vertkin. 如何成为天才：创造性人格的人生策略 - 白俄罗斯，明斯克，1994。
② 合作作者，著名的 TRIZ 专家伊戈尔·弗特金（Igor Vertkin）（现居英国）。

这些话语所表达的自己的人生道路。他一生都坚持这种认识。

"我们的目标和宗旨必须始终高于我们努力所能实现的，因为只有这样，我们才能尽最大努力……

任何种类的个人成就都应该根据他们为他人创造的利益来判断。这样的事迹只有在为公众利益做出贡献时才值得尊敬。"①

沃纳·冯·西门子

我在 10.3.1 节和 11.2 节中谈到沃纳·冯·西门子。这本书中所讲述的他的生活故事以及其他杰出人物的生活故事，将帮助你克服生活中可能遇到的困难，实现你所向往的目标。

最后，应作者的要求，我邀请你认识作者和他的 TRIZ 同事②，瓦莱里·米哈伊洛维奇·特苏里科夫 [图Ⅱ.1（右）]。

图Ⅱ.1　我（左）与瓦莱里·米哈伊洛维奇·特苏里科夫（右）

我们相识于 1972 年，当时我被任命为明斯克无线电技术学院（MRTI）电子计算机系的助理，瓦莱里被调到 MRTI 完成高等教育。

我们都对 TRIZ 很感兴趣，但谁能想到 TRIZ 会成为我们的职业和人生道路呢？更确切地说，两种截然不同的方式汇聚在一个我们热爱的目标——为系统工程设计开发创造性工具。

①由本书作者翻译；请参见 11.2 节。
②作者与瓦莱里一样，毕业于明斯克无线电技术学院（现为白俄罗斯国家信息科学和无线电电子大学）。

　　到 20 世纪 80 年代中期，瓦莱里发明了世界上第一个智能软件①，发明机器，用于在 TRIZ 的基础上解决问题。

　　我从一开始就研究 TRIZ 的起源，并建立 TRIZ 的精确模型和范式。我继承了瓦莱里的简化 TRIZ 的想法。瓦莱里曾经（在 20 世纪 80 年代末）说过，TRIZ 需要"民主化"，使其不仅适用于精英阶层，而且适用于所有人。

　　如今，现代 TRIZ 学院的简单可靠的方法已经被应用多年，正确、快速地培训了成千上万的学生和专业人员。

　　祝你好运！

迈克尔·奥洛夫

德国柏林，2012 ~ 2015 年 10 月

---

　　①瓦莱里·特苏里科夫博士，20 世纪 80 年代中期开始设计基于 TRIZ 建模技术的开拓性智能软件——发明机器，并于 1992 年成为美国波士顿著名的发明机器公司的创始人。

TRIZ 的概念

ſchon oben (§. 367.) angezeiget. Die Vollkommenheit demnach in der Kunſt zu erfinden entſpringet aus der Vollkommenheit des Witzes und des Verſtandes. Wo viel Witz, Scharfſinnigkeit und Gründlichkeit iſt, da iſt die Kunſt zu erfinden in einem groſſen Grade. Weil aber hier von derjenigen Erfindungs-Kunſt geredet wird, die man der Verſuch-Kunſt entgegen ſetzet, und da man nicht durch bloſſe Aufmerckſamkeit auf unſere Empfindungen etwas entdecket, ſondern vielmehr aus einigen bekanten Wahrheiten durch richtige Schlüſſe andere herausbringet, die eine Verknüpffung mit ihnen haben; ſo wird zur Vollkommenheit der Erfindungs-Kunſt, oder vielmehr zu hurtiger Ausübung derſelben auch eine groſſe Erkäntniß erfordert. Wer viel weiß, der kan viel finden, wenn er die Kunſt zu erfinden beſitzet. Hingegen kan auch einer durch die Kunſt zu erfinden nichts herausbringen, wenn er geringe Erkäntniß in einer Materie hat. Und daher geſchiehet es, daß

kommet und ihre Vollkommenheit.

我们真的相信
这是300年前写
的吗！
现在我们只是
试图接近这个
真理，去理解
它。

图Ⅱ.2　300 年前的克里斯蒂安・沃尔夫书稿

发明艺术是建立在敏捷的智慧和理性之上的，特别是建立在发现的技巧之上……发明艺术的完美来自敏捷和理性的完美。在那里，有许多急智、理智和周密，在更大程度上出现了发明的艺术。

既然我们将在这里讨论与试验的艺术相对立的发明的艺术……那么要完善发明的艺术，甚至要更早地实施，需要知识。如果一个人拥有发明的艺术，他知道很多，也能做很多。但是，如果一个人对这门学科没有足够的知识，即使用发明艺术也不能创造任何东西。[①]

克里斯蒂安・沃尔夫（哲学家）

①克里斯蒂安・弗赖赫尔・冯・沃尔夫（1679 年 1 月 24 日—1754 年 4 月 9 日），德国启蒙理性巅峰时期的哲学家；由作者翻译自 1752 年马格德堡出版的 Vernünftige Gedanken von Gott，der Welt und des Menschen，auch allen Dingen überhaupt（1719）861 页。

利用 TRIZonal①的概念（表Ⅱ.1），我们简要地展示了三个主要的区域：知识、艺术和……情感，它们可以从人造物中抽取出来。这三个区域是能客观认识的，因此，存在于每一个人造物中。

表Ⅱ.1　TRIZonal 的定义

条目名称	条目含义
TRIZonal 一词的定义	TRIZonal 是积累的知识的总和，以三个相互依存的知识（经验、技能）区域（领域）的形式出现在一个艺术品中

至少，这些想法是在三个"心理"区域的参与下产生的，如图Ⅱ.3所示：①应用（设计）区；②创意区；③心理区。

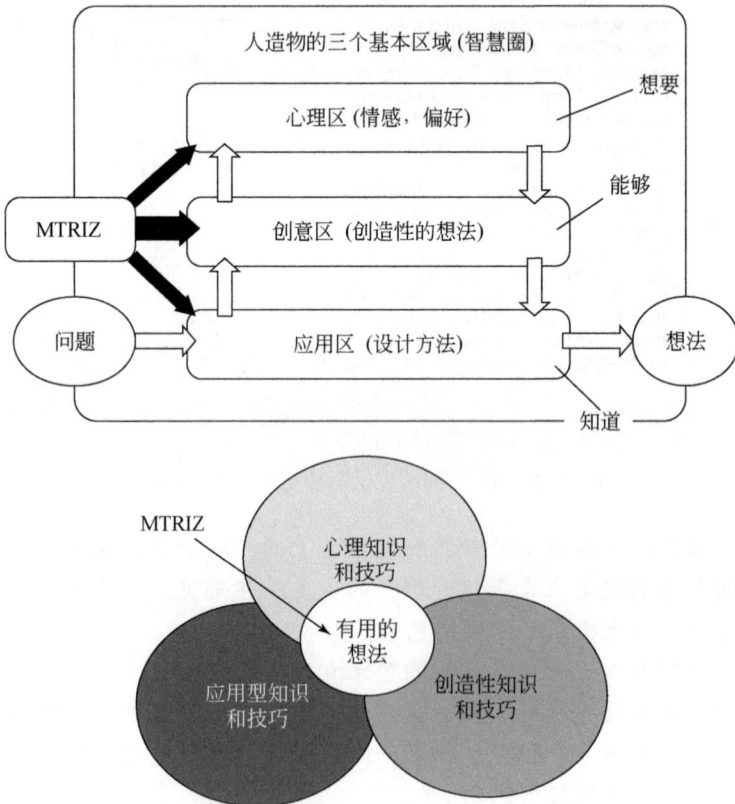

图Ⅱ.3　人造物的三个基本区域以及有用的想法的产生机制

---

①读作［ˈtriː z（ə）nl］。

TRIZ 的概念

建构主义设计思维的理论和艺术在现代教育中是没有教授的。但也许这是好事，因为没有创造性的方法或工具可以与 TRIZ 相提并论。现在是开始教授 TRIZ 的正确时机。

相反，学生们被迫接受各种各样的"灵丹妙药"，如头脑风暴和某些一般性的创造力增强方法。这是不够的——远远不够！

新的创新思维的核心至少必须围绕应用知识、心理学和 TRIZ 基本原理，以令人接受的形式提出，并用令人信服和易于理解的例子加以说明。最重要的是，TRIZ 和现代 TRIZ 渗透到了相邻的三个区域。因此，这就是我们称这个方案为"三区域"（TRIZonal）的依据。

然后，创造有效想法的过程将使用三个"专门"区域：专业的（应用的）、创造性知识和技能，以及对实现既定目标（情感、心理学）的承诺和毅力，即

知识 + 能力 + 欲望！

很明显，如果没有专业知识和……动机，就不可能产生有效的创造性想法。

同时，来自不同知识领域的专家（发明家、工程师、设计师、心理学家、神经生物学家等）越来越多地断言推动创造新的高效创意产生的关键因素是预见性、预感和对解决方案"美"的感觉，一种由新发现想法的新颖性和效率带来的内在愉悦，以及解决方案的出乎意料且常常令人惊叹的简单性，不管是由于它的独特性，还是反之，突然出现的多种途径导致了大量可行的选择。这些感觉可以被定义为"奇迹效应"。这是一个非常积极的时刻，许多发明家都非常了解这个时刻，这激发了他们的创造力。

然而，也有消极的时刻。其中之一是直接相反的感觉，当发明的"秘密"被解释后，它似乎不再是奇迹。作者把这种现象称为"奇迹的消失"。

尽管如此，我对成千上万个发明的分析仍然让我对那些无论大小的发明所蕴含的思想的美丽和效率产生了无尽的钦佩之情。

这样的艺术品真是数不胜数，如工业新奇产品和博物馆展品、玩具和商店商品、几乎所有的家用电器和互联网上广告的最新产品、建筑方案和新展览、艺术和文学作品、我的学生和数以千计的认证专家写的论文等。这样的例子不胜枚举。

很可能是这种崇拜促使我开发了一些简单的培训工具来教授 TRIZ 的基本原理，即抽取和重新发明。我对简单而有效的解决方案的嗜好帮助我形成了发明元算法（MAI）的想法。我特别高兴地发现，MAI 的步骤可以用 T-R-I-Z 符号命名，并可以根据这些名称充分填充实质内容。

在我看来，在不久的将来，心理支持方法将更加深入地发展。特别是，这种支持已经在我们的 EASyTRIZ™ 方法和软件中以实验为基础使用了数年，其形式是基于颜色刺激的激励器。

我们将在下面的案例研究中尝试扩大这些区域。

第 9 章 | 操作区域

如果一项工作的结果是创造一个新奇的东西，那么这项工作是具有创造性的，在创造新事物的过程中同样可以极有意识性和计划性。[①]

——根里奇·阿奇舒勒

9.1 操作区域（OZ）中的重新发明

9.1.1 操作区域的定义

本节继续研究本书第一部分介绍的主要转换模型。现在我们将更详细地考虑矛盾元素（构造）的相互作用结构。

我们假设我们解决了一些技术系统（TS）改进的设计问题。设计问题是由 TS 与世界（W）的相互作用以及提高 TS 功能效率的要求引起的。设计问题的解决方案需要改变 TS。构想和解决问题是由设计者等执行的，即问题求解器（PS）。

为了解决这个问题，PS 识别 TS 中的问题区域，如子系统不能有效地运行。非常简单地，我们将这个子系统定义为操作区域（OZ）。

按照惯例（图 9.1），OZ 已经从 TS 中分离，但是 TS 和 OZ 有同一领域（被虚线包围的范围）的特性，进一步表明了两者的功能连接性。存在一种极端情况，即 OZ 和 TS 完全重叠。

解决问题时，OZ 应该现代化。典型的现代化包括增加子系统的特定质量，从而提高整个系统的

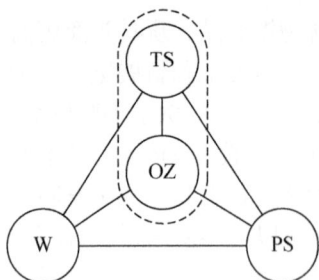

图 9.1 OZ 作为 TS 通过解决问题寻求改变的中心区域

[①] G.S. 阿奇舒勒 . 如何学习发明 . 坦波夫：坦波夫书籍出版社，1961（俄语）。

质量。例如，主要质量包括生产率、可靠性和低功耗。

OZ 通常包含少量的积极参与者，被称为"行动者"，一个或多个行动者以及他们的互动特征将被改变，以实现转换的目标。转换的目的是消除矛盾，以实现 OZ 所需的主要有用功能（MPF）。

通常，由于某些原因，如在试图做出改变时，试验项目中的一个或多个重要质量的恶化，其改变是可以避免的。这种情况是由标准矛盾（SC）表示的。上文已研究了由根本矛盾（RC）所形塑的更尖锐的冲突，如试验项目中一个相同的质量必须满足两个直接对立的要求（或保持相同质量的两个相反的状态）才能改变。

只有消除矛盾，才有可能解决问题。

如果一个人不知道如何消除矛盾，那么解决问题就需要创造性的设计思维。

在这里，TRIZ 的优点完全显现。首先，TRIZ 提供了改变 OZ 的工具（导航仪）。此外，在更高的层次上，TRIZ 提供了选择 OZ 的导航仪和实现了直接开发 TS。

形象地说，OZ 是问题的震源，不像问题的震中，震中指的是问题的外在表现，特别是矛盾的形式。这个隐喻定义可以用下面的简单架构来解释（图 9.2）。

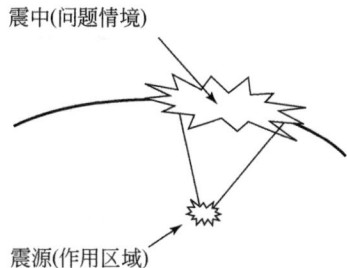

图 9.2　地震的震中和震源

因为地壳的位移或发生在地壳上某种深度的其他变化，地震发生在震源上。

震中被定义为那些地下变化体现在地球表面的区域。

换言之，在震源中演化的"不可见"过程是震中观察到的"可见"问题（破坏和其他灾难性后果）的原因。

反过来，在解决问题的过程中，以及在开发设计解决方案和创造性思想的实施过程中，TRIZ 考虑 PS 的行为。

操作区域（OZ）是最基本的 TRIZ 理念之一。

在 TRIZ 框架内分析问题情境时，我们以矛盾的形式提出问题。问题（不管其表现形式）、冲突、矛盾：所有这些都在表面上，即在"震中"。

但这些矛盾又是怎么引起的呢？什么地下过程产生问题、冲突、矛盾？什么元素充当这些地下过程的发起人或参与者？

所有这些问题的共同答案可能位于操作区域，即问题情境中的"震源"。

操作区域（OZ）的形式定义仅给出了这个概念的很小的一部分思想（表 9.1）。要真正掌握它，就必须积累丰富的实践经验。不过，我们将使用下面章节中提供的例子来回顾 OZ 识别的相对简单直观的情况。

表 9.1　操作区域和"奥卡姆剃刀"增添操作区域的定义

概念	含义
操作区域的定义	操作区域（OZ）是系统因素的总称，在某些情况下，是直接相关的系统环境元素的总体，并导致矛盾的出现
"奥卡姆剃刀"增添操作区域的定义	操作区域（OZ）包括充分描述导致矛盾出现的过程（以及原因和后果）的必要和足够的要素

9.1.2　利用 MAI T-R-I-Z 进行再创造

TRIZ 起源于从已知发明中抽取转换导航仪以及将发明的过程构建为一个整体的想法（图 9.3）。

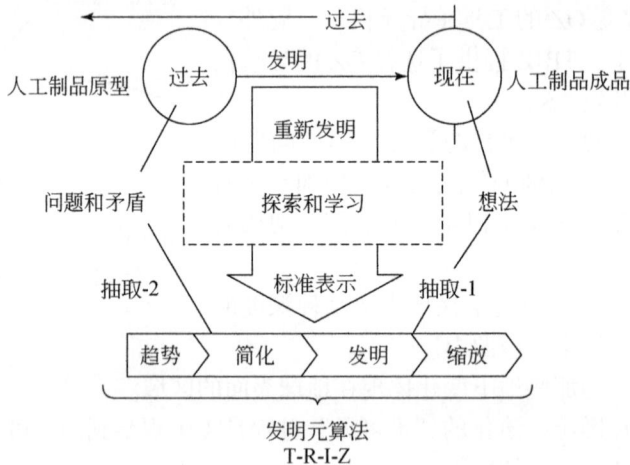

图 9.3　重新发明：从"过去"状态到"现在"状态的系统转换

如果我们有一些感兴趣的人工制品（人工制品成品），那么它通常有一个原型，这个原型与成品有着相同的目的，但是在成品中其已知缺陷被消除了。因此，新构造的发明总是从人工制品原型到人工制品成品的一种过程。

TRIZ 从对已解决问题和已有发明的研究开始。MTRIZ 适用于任何包含创意的人造制品。MTRIZ 作为一个系统，可以从文明的经验中吸取教训。

事实上，根里奇·阿奇舒勒从一开始，在整个 TRIZ 的发展过程中就实施了两个想法。①

---

①发明创造的心理学——《心理学问题》杂志，第 6 期，莫斯科，1956 年。合著者：Genrikh Saulowitsch Altshuller（1926~1998 年）和 Rafail Borisovich Shapiro（1926~1993 年）。TRIZ 的创始人以及所有其他作者在 TRIZ 的所有后续工作中都缺少对抽取和重新发明的明确定义与解释。

1）研究了数以千计的发明，以发现和识别最常见的转换模型（发明方法），从而在人工制品原型的设计中发现了决定性的改变，以获得具有所需属性的人工制品成品并消除原型中的矛盾。结果，在经典 TRIZ 中识别了不同级别的所有模型。以现代结构化和标准化的形式提出，这种探索性的方法，被称为"抽取方法"或"抽取"（提取、提炼、萃取）。

2）基于 TRIZ 的基本概念，提出并发展了多步骤方法方案的变形（参见第3章）——所谓的"发明问题解决算法（ARIZ）"，它允许复制（模拟）创造任何发明的过程，以显示矛盾的形成和克服、创造性方法的使用、质量控制解决方案的实施等。经过研究，ARIZ 成为迎接新挑战的有力工具。在 ARIZ 特定的标准化格式和版本中，即发明 T-R-I-Z 的元算法（MAI T-R-I-Z）中，对发明过程的模拟被称为"一种重新发明的方法"或"重新发明"（重塑）。

这两种方法——抽取和重新发明——是 MTRIZ 研究人员的基本工具，也是训练 MTRIZ 基础的基本工具。

在现代 TRIZ 中，重新发明是一种基本的、非常有效的训练方法。研究重新发明和所有已知发明的这种简单技术是学习如何进行发明的确切方法。

首先，我们感兴趣的是以下几个方面：原型中的各种问题；发明中的各种创造性转化；发明有效想法的目标类型；要进行实际更改以显示为新人工制品的人工制品组件（资源）类型；原型组件的组成和相互作用会导致问题，有必要发明消除问题的想法。

重新发明是一个迷人的过程。重新发明将兴趣与探索性搜索结合起来，还有什么比这更好玩的？！

在许多案例分析中，我使用了基于 MAI T-R-I-Z 的发明过程四阶段描述，并且在这一方案的每一个阶段，也已为它们提供了一个完整的信息目的和结构图。

在这一部分中，我们将更详细地讨论重新发明的构成要素。

一种基于 MAI T-R-I-Z 的简化的重新发明方法

1）对于案例分析中的任何人工制品成品，在具有相同目的的两个对象的发展历程中，可以匹配人工制品成品之前最接近的人工制品原型。然后，以反向顺序（即 Z-I-R-T）实现对 MAI T-R-I-Z 的四个阶段中的每一个阶段的相关信息的研究和提炼：①缩放。识别制品成品的好处。为实现目的，需在不同的尺度（变焦）中研究结果，即在项目、系统、超级系统、社会、环境等的水平上研究，就像是用数码相机或摄像机来缩放。②发明。抽取 -1 是从制品成品中抽取专门的和基本的变换。③简化。抽取 -2 是从制品原型中抽取矛盾。④趋势。在制品原型中为解决方案识别问题和方向（趋势）。

2）重建（模拟）完整的发明过程以创建制品成品，有必要填写一个专门的标准化的重新发明的表格。同时，如果必要的话，需要添加附加的建模元素：操

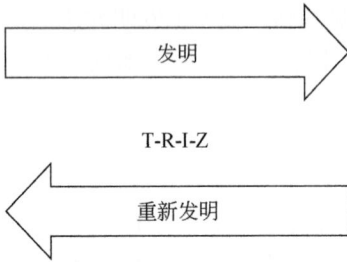

图 9.4　基于 MAI T-R-I-Z 发明与
重新发明

作区域（OZ）与操作时间（OT）的描述、最终
理想解的描述和功能理想模型的描述以及其他
描述。

　　我们可用以下形式表示发明过程和重新发
明过程之间的关系（图 9.4）。

　　毫无疑问，读者应该仔细研究图 9.5 和
图 9.6，以清楚地了解训练和发明应用 MAI T-R-
I-Z 的结构共性与作用（执行）差异。

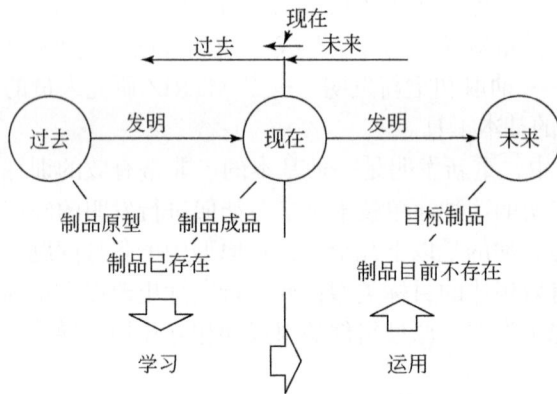

图 9.5　发明作为"过去"和"现在"的转换（用于重新发明）以及"现在"和"未来"发明
新制品（目标制品）的转换

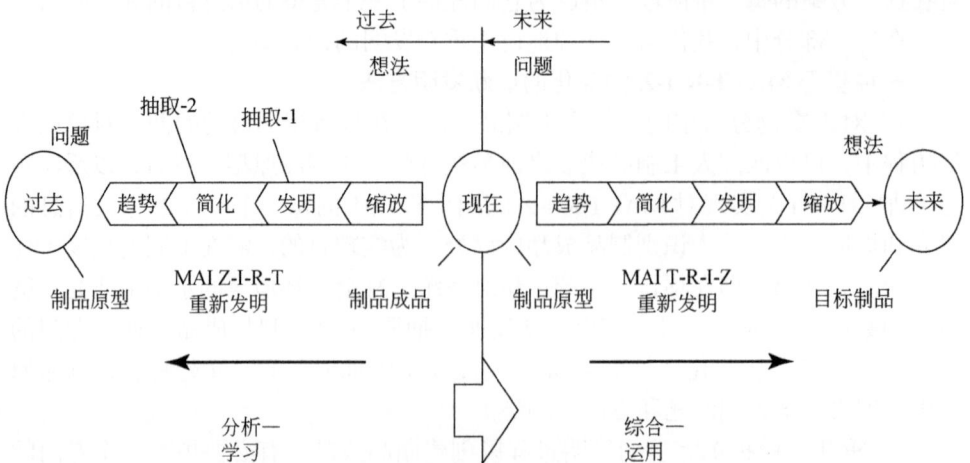

图 9.6　MAI T-R-I-Z 在训练和新发明中的应用

我们应该记住，所有的转换都开始于 OZ 并主要在 OZ 中实施！

9.2 操作区域的转化

9.2.1 操作区域的参与者

为了了解操作区域的性质和其中起作用的构成要素，我们将讨论几个额外的定义（图9.7）。在9.4节专题讨论之前，你会发现这个方案的概要描述。

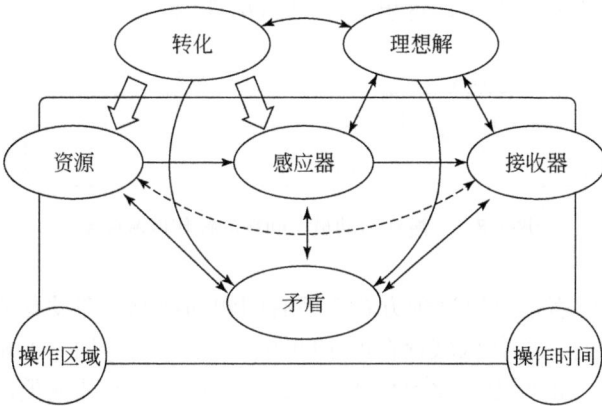

图 9.7 操作区域的主要构成要素一览图

首先，最重要的是"参与者"的确定，即积极参与解决问题并充当相关过程及其结果的载体的操作区域（OZ）构成要素。这些元素通常可以分为两类：效应感应器和效应接收器（表9.2）。

表9.2 操作区域（OZ）各构成要素的定义

要素	含义
参与者	参与者是操作区域的核心元素，积极参与问题情境并充当源于操作区域过程的载体，并导致特定矛盾性质的出现
感应器	感应器通过能量、信息或材料的传递影响另一个参与者（接收器），并导致接收器的改变
接收器	接收器是接收感应器产生的效应并在这种效应的影响下改变或激发行动的参与者
主要接收器	主要接收器是操作区域的产物。如果操作区域（OZ）代表整个系统，那么主要接收器是系统的产物
主要感应器	一般来说，主要的感应器直接影响主要接收器，并且一定要被转化，以便发明解决方案

OZ 的结构可以通过一些图形方案来说明。最简单的是反映 OZ 元素的功能结构方案和这些元素之间的功能关系（如不同材料的信息或物理效应，材料的传递、机械或电磁效应等）。

让我们思考案例 4.6 中问题的功能结构模型。

例 9.1 "游泳运动员"操作区域（OZ）的功能结构建模（初步近似）

这个问题的定性描述（非正式的，非数学的）再次作如下说明。

初始问题情境：游泳运动员每次到达游泳池边缘时都必须转身，这干扰了游泳运动员在长距离和超长距离上的训练。

让我们简单地考虑由三个元素组成的操作区域（OZ）（图 9.8）：游泳运动员、水和游泳池。注意：事实上，这里的 TS 与 OZ 重合。

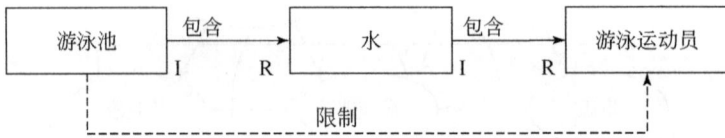

图 9.8 "游泳运动员"问题的操作区域模型

注释 1：初学者通常以这种方式考虑有问题的情况，即没有细节，但是考虑整个系统——设计的操作区域存在严重问题。他们立即开始"重做"整个系统！建议修建一个巨大的圆形游泳池！或者，建议将游泳池修建成类似于 8 字形的形状等，但是这样太复杂了！

好，让我们跟着他们的思路！水在"抱"着游泳运动员，而游泳运动员则"推它"去游泳。游泳运动员是主要的接收者。游泳池包含水，水和游泳池一起被认为是一种在初始状态下对游泳者产生正面和负面影响的系统。

游泳池的主要有用功能（MPF）是训练游泳者。然而，游泳池的边缘通过限制动作和强迫其转身对游泳运动员产生负面影响。这些结果导致游泳运动员完成这段距离会产生能量损失和时间损失。

元素之间的相互作用通过功能动作（"包含"和"约束"）来指定。

注释 2：为了消除对先前结构的否定心理，所有的功能动作都是由不定式动词构成的。

元素的"角色"用"感应器"和"接收器"的初始字母 I 和 R 来指定。如果需要，我们还可以介绍 I 和 R 索引。

所以，相较于游泳池的主要有用功能（MPF），当只有一个行动者在边缘上消极地"阻止"游泳，此时改变位于 TS（OZ）的东西，将会得到一个"无尽的"水池！

标准矛盾的表述如下：

第9章 操作区域

游泳池 ▶ 无尽的游泳轨迹 VS 复杂的形状

基于标准矛盾的简短的解决方案如图 9.9 所示。

趋势

开放水域用于训练长距离游泳运动员，在坏天气里，训练是不可能的。在一个50米的游泳池里，游泳者不可避免地会到达边缘，此时不得不转身离开，再继续游泳，这削弱了游泳运动员的技术，破坏了游泳运动员的节奏。具有复杂圆形（圆形、椭球形或8字形）形状的游泳池可以消除问题，但是这样的游泳池形状太复杂。

简化

功能理想模型：X-资源，可用的或修改过的资源一起使用，而不使对象更复杂或引入任何负面属性，保证实现以下最终理想解：游泳池中长距离游泳运动员的充分训练。

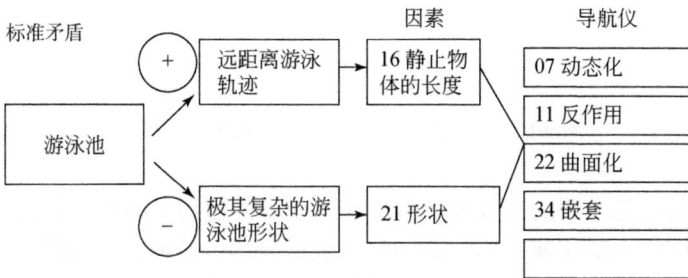

(a)

发明

关键模型：11 反作用-b）使一个目标对象的可移动部分或者环境固定，或固定的部件可移动。关键的想法：水可以移动。此外：07 动态化。考虑22 曲面化——建议修建圆形游泳池。

缩放

矛盾是否已经被消除？——是的。

(b)

超级效应：当教练在游泳运动员附近时，就可以管理训练参数（运动速度和阶段），并及时调整游泳运动员的游泳技术。

负面影响：没有。

简述

为了给长距离游泳运动员提供足够的训练机会和简化水池设计，根据导航仪11 反作用使水池中的水可移动。

图 9.9 对"游泳运动员"问题的重新发明的简短版本

让我们对本书第一篇例 4.7 中问题的功能结构模型进行类似的回顾。例 4.7 是有关跳水运动员的训练。

例 9.2　建立"跳水运动员"问题的操作区域功能结构模型

初始问题情境：跳水运动员在跳水时会受伤。如果跳水运动员以错误的角度进入水中，受伤的概率会增加。

操作区域（OZ）同样包括三个元素（图 9.10）：跳水运动员、水和游泳池。

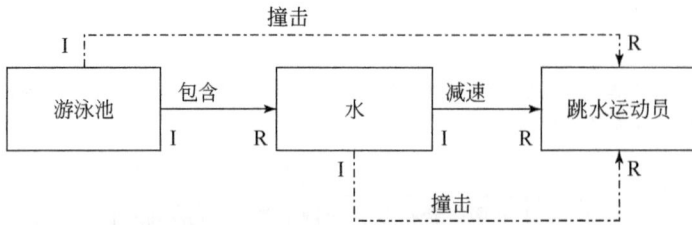

图 9.10　"跳水运动员"问题的操作区域模型

跳水运动员是主要的接收器。当跳水运动员接触到水面时，水会"撞击"他，但水也会使他的运动减速，不让他与水池底部碰撞。然而，如果跳水运动员与它发生碰撞，相对较浅的水池底部也会对跳水运动员产生负面影响。

因此，游泳池包含水，水和游泳池一起被认为是一个对跳水运动员既有积极影响又有消极影响的系统。

MPF 是训练跳水运动员，保证其安全，排除外伤。

事实上，这里的 OZ 也与 TS 重合，除了跳水塔，这确实不影响未来的解决方案，在这个案例中，对于操作区域的定义是非常重要的。

哪个行动者可以在这个操作区域改变？游泳池和水都有可能变成 MPF。从水性能的分析开始似乎更简单。

这是在现实中完成的。

根本矛盾的表述如下：水必须是软的（对跳水运动员来说）vs 硬的（物理性质）。

在图 9.11 中展示了基于根本矛盾的简单解决方案。

在 AFS 目录 S25 中可以发现材料的基本变化，并得到以下特殊模型的支持：01 物理或化学参数改变和 14 气动和液压结构。

通过改变（转换）操作区域（OZ）的资源可以解决此问题和类似问题。顺便说一下，在许多情况下，描述和分析这些资源时会产生解决方案的想法。

因此，我们着手分析并选择资源来解决"跳水运动员"问题。

趋势

跳水运动员的训练与高伤害和职业病风险有关。这种训练中的关键时刻是跳水运动员进入水中的时刻。例如，10 米高背部（入水）跌倒不仅会导致疼痛挫伤和皮肤破裂，而且会导致脊柱损伤。

如何让跳水运动员的训练更安全？

简化

功能理想模型：X-资源，连同可用或修改的资源，并且不引入任何负面属性，保证实现以下最终理想解：从任何高度安全进入水中。

根本矛盾（两种形式）

a）水必须是软的（对跳水运动员）VS 硬的（物理性质）

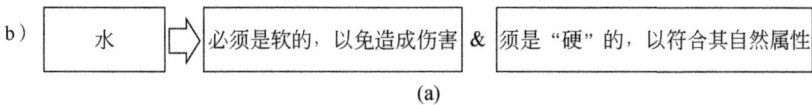

b）

| 水 | ⟹ | 必须是软的，以免造成伤害 | & | 须是"硬"的，以符合其自然属性 |

(a)

发明

AFS 目录（4 个根本转变）中关键的专业化模式：01 物理或化学参数改变 -a）转变成"假状态"；b）浓度的变化。14 气动和液压结构 - 使用气态或流体部分代替物体中的固定部分：充气的，气垫的……

关键理念：在跳跃时注入压缩空气，在水面形成"初步安装的气垫"。

缩放

矛盾消除了吗？是的。

超级效应：1）儿童安全训练；2）邀请游客从高处跳入跳水池，进行积极的娱乐活动！

负面影响：增加了建筑的复杂性。

(b)

简述

为了使高水平的跳水运动员进行安全训练，在跳跃过程中向水中注入一股强大的压缩空气，在水面上形成一个"气垫"。导航仪使用：01 物理或化学参数改变和 14 气动和液压结构实现材料 / 能量的基本转换。

图 9.11 "跳水运动员"问题的重新发明的简短版本

9.2.2 操作区域（OZ）的资源

表 9.3 展示了资源的定义及其分类。

表 9.3　操作区域的资源的定义及其分类

要素	解释
资源	资源是作为整体系统对象的人工制品①的材料和非材料（模型）组织成分的总和
系统技术资源（补充定义 1）	系统技术资源是人工制品的系统定义、形成、实现构成要素的综合

系统定义构成要素是确定人工制品的目的和有效性的模型
系统形成构成要素包括人工制品的系统组织的所有要素：功能组成、过程相关概念化、与结构相关的概念化，当然，也包括它们的基础的材料和非材料组成部分，如构造和知识（信息），特别是思想，尤其是概念化的想法
系统实现构成要素首先包括确定制品的所有过程和功能并调整其与周围制品的实际交互的人工制品的整体结构

| 物理技术资源（补充定义 2） | 物理技术资源是在人工制品结构中存在的系统形成和系统实现构成要素的总和 |

结构定义了在空间、时间、材料和所有过程中人工制品的物理实现，过程涉及其与材料、能量和信息的相互作用的过程，这些过程都发生在结构内部和与周围人工制品的交换过程中

| 操作区域（OZ）资源（补充定义 3） | OZ 资源（操作区域资源）是系统定义、形成和实现的驻留在操作区域（OZ）的人工制品构成要素的综合 |

众所周知，分类表（表 9.4）将资源划分为八种类型，然后将其分为两大类：系统技术资源和物理技术资源。从表中列出的资源中选择任何类型的最左边的值总是最好的。

TRIZ 关键表述之一是提醒（与分析和合成的目的相关），当人工制品的任何资源被改变时，它所有的其他资源，以及周围的人工制品的资源也可能被改变。

问题的成功解决取决于分析和修改 OZ 以及综合解决方案思想所涉及的资源。因此，操作区域（OZ）的大小（其元素和关系的数量与构成）直接依赖于考虑到的资源。

当通过资源的转化成功解决问题时，只有调整问题的表述或简化初始问题的描述（减少），才需要发展矛盾模型。表 9.4 列出了各种类型资源。在这一节中，我们将仅限于从寻找解决方案所涉及的资源转换的角度来回顾实际例子和评论。

①此处，"人工制品"一词使用其最广泛的意义，指的是任何一种综合的系统构成（无论是物质的还是非物质的），包括任何建筑、信息、过程、现象、任何类型的艺术作品等。

表 9.4　操作区域（OZ）资源分类和用于选择需要解决问题的资源的价值尺度

系统技术资源			
系统	信息	功能	结构
与一般系统属性有关	与传输承载信息的消息有关	与功能的创建有关	与对象的组成有关
该系统的目的、效率、生产率、可靠性、安全性、可生存性、耐久性等	数据完整性、准确性、有效性、抗干扰性、测量方法和效率、管理、编码等	主要有用功能符合系统的目的、辅助功能、消极功能、工作原理说明（功能模型）	组件间通信关系列表，结构类型（线性、分支、并联、闭合等）

物理技术资源			
空间	时间	材料	能量
与几何性质有关	与时间评估有关	与材料性能有关	关于能量的性质及其表现
物体的形状、物体的尺寸（长度、宽度、高度、直径等）、形状特征（空腔、凸起等的存在）	事件的频率、时间间隔的持续时间、时间滞后/领先。操作时间（OT）：问题情境存在的时间间隔	化学组成、物理性质和特殊工程性质	应用和测量能量的类型，包括机械、重力、热、电磁和其他力；能量利用方法等
资源属性	价值： 免费→廉价→昂贵 质量： 有害的→中性的→有用的 数量： 无限→充分→不足 运用准备： 准备→变化→创造		

例 9.3　OZ 资源"游泳运动员"问题

在最一般的形式下，这个问题被归结为以下问题：我们必须改变什么以确保游泳运动员不与池边碰撞？

尽管这个问题具有普遍性，但它包含了一个决定未来变革的主要实用目的的要求。这种变化可以用不同的方式来表达，但正如我们之前看到的，即使是这样的措辞也提示了一些潜在的富有成效的想法，如建造一个圆形的或 8 字形的游泳池，并有一条"无休止"的泳道。有了这样的泳道，就可以避免游泳运动员在游泳一段时间后会到达游泳池边缘，因为这样的边缘（通常意义上）根本不存在。

因为我们对这些想法不满意，而且它们的实施显得过于复杂，原来的目的被替换成：游泳池必须有一条无止境的泳道，这样游泳运动员永远不会到达游泳池边缘，而且必须有一个简单的结构。这种双重要求来自对这个问题固有矛盾的界定和分析。还应该注意的是，在下面的 9.2.3 节理想目标建模中提供了对未来解决方案的"图像"适用的更详细的描述。

要改变某些东西，我们必须首先确定什么是可能的和有利的变化。

现在，对初始情况的分析发现，操作区域（OZ）由三个元素组成：游泳运动员、水和游泳池。这些元素具有许多属性，并且每个属性都与某种类型的资源有关。

让我们画一个在初始问题情境中可用的资源清单（表 9.5）。可以通过直接引用特定的、可用的或所需的资源，或者通过制定适用于某些可能属于某一类型资源的未知组成要素的要求，以提供描述。

表 9.5　"游泳运动员"问题的操作区域（OZ）资源描述

资源	属性	解释
系统技术	系统	1）训练过程的系统结果：在规定的或最短的时间内游泳一定距离 2）便宜的游泳池
	信息	1）游泳运动员所覆盖的距离的长短是由其游泳的泳道长度来衡量的 2）使用计时器对游泳时间进行直接测量
	功能	1）水在支撑着游泳运动员（水面） 2）游泳运动员把水推开以持续游泳 3）游泳运动员正在水面上游泳
	结构	结构关系 1：游泳运动员相对于水移动 结构关系 2：游泳运动员相对于游泳池移动 结构关系 3（目标）：游泳运动员不能触摸池边
物理技术	空间	1）无限泳道 2）小型甚至非常小的游泳池
	时间	OT：训练间隔。正是在这个时间间隔，出现了与游泳池的建设有关的矛盾
	材料	圆形或 8 字形的游泳池需要大量的建筑材料
	能量	大量能量消耗以求水在大游泳池中保持温暖

上述性质和要求构成了问题情境的初始"综合草图"。这些属性中的一些与目标要求是直接对立的。因此，在通常的矩形水池中，结构关系 2 直接与结构关系 3 发生矛盾，因为从游泳池的一侧向另一侧移动时，游泳运动员最终会接触到边缘并且必须转身。

在一个圆形游泳池中，没有这样的接触或旋转，但是在这个解决方案中，与空间资源相关的属性之间出现了矛盾：无限轨迹和有限池（或者最好是稍小的池）。

如果我们将游泳池保持在一定范围内，则可以确定游泳运动员能保持游泳的最小的游泳池大小。这种尺寸可以与人体尺寸相媲美，如它可以受最高的人的两倍高所限制。我们假设游泳池的长度是 5 米，一个人怎么能在这样的游泳池里游泳而不接触到它的边缘呢？

假设，答案可能是这样的：如果游泳运动员相对于游泳池一动不动，他就无法到达游泳池的边缘。然而，这就引出了一个问题：游泳运动员如何能够游泳，也就是说，如何相对于水继续运动？

然而，上述的假设性答案包含一个想法（方向），原则上可以帮助我们使用结构资源解决其一般结构形式的问题。由于没有明确的实际建议，我们只能提出一些潜在的可实现的解决方案。

因此，以下两个具体的想法有一定的实用价值。

解决方案1：拴住游泳运动员。例如，在一个小水池的中间把一个弹性的（如由橡胶制成的可伸缩的，在一定条件下，可以是非弹性的）缆绳固定在他的皮带上（图9.12）。

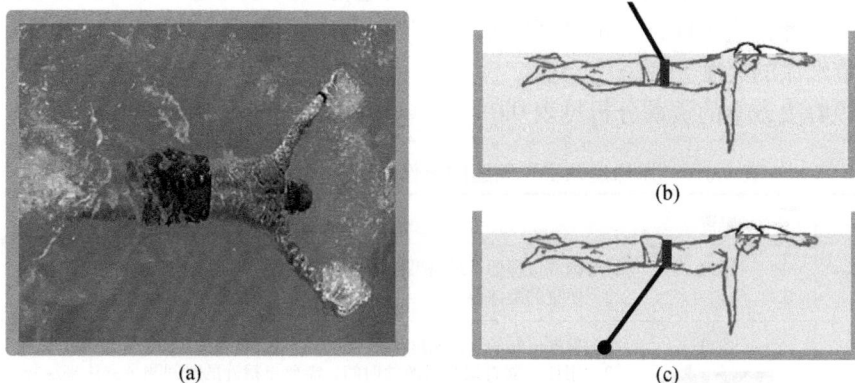

(a)　　　(b)　　　(c)

图9.12　"游泳运动员"问题的可能解决方案：游泳运动员用缆绳固定

解决方案2：使水可移动。

第一个解决方案有一个显著的优点和一个显著的缺点。它的优点是非常简单。缺点是：在一定的时间间隔内测量游泳运动员相对于水的运动距离和速度是困难的，缆绳可能会妨碍自由臂的运动。

由于明显的新问题，我们不提供该解决方案妨碍调整后的资源分析表。

第二个解决方案（图9.13和图9.14）对应于图9.9所示的控制解决方案。

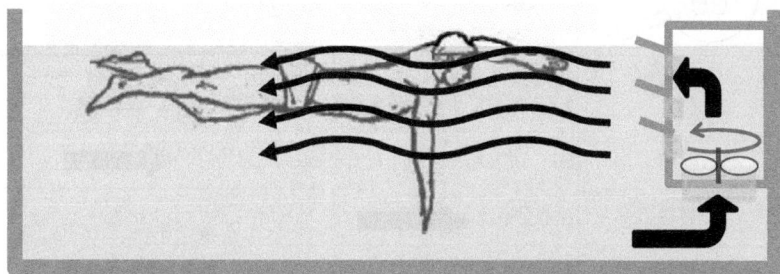

图9.13　"游泳运动员"问题：水流解决方案

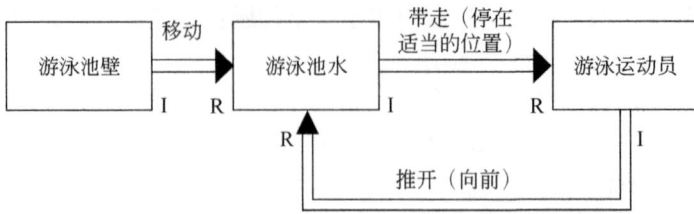

图 9.14 "游泳运动员"问题：解决方案模型

这个解决方案的基本思想是使水在游泳池内移动。要做到这一点，有必要将一个足够强大的调节泵安装在游泳池的边缘，它能有力地通过特殊的狭缝喷射水。狭缝的设计是为了保证一定高度的水流均匀，可以通过改变水泵叶片的旋转速度来调节水流的速度。

该解决方案的资源分析见表 9.6。

表 9.6 "游泳运动员"问题的操作区域（OZ）资源描述：水流

LC	资源	遵从
	系统	1）训练过程的系统结果：在规定的或最短的时间内游泳一定距离 2）便宜的游泳池
	信息	1）根据已知的水流速度计算游泳运动员所覆盖的距离 2）用计时器直接测量游泳时间。需要更精确的时间测量方法来解释水流速度的变化 3）有必要监测水流速度的变化
*	功能	1）游泳运动员正在把水推开以持续游泳，并沿着水面移动 2）水支撑游泳运动员，并产生一个不断增加且可控的运动阻力
**	结构	结构关系 1：游泳运动员相对于水移动 结构关系 2：水是相对于游泳池运动的。有必要用一个新的元件补充系统，即用与游泳运动员移动的方向相反的泵送水以及其他结构元件来管理水流 结构关系 3：游泳运动员没有相对于游泳池移动，因此不能接触游泳池的边缘
	空间	1）无限泳道 2）小甚至是非常小的游泳池
	时间	OT：到达池边的时间（当向前或向后移动时）
	材料	建造泵系统
	能量	泵和其他新元件的运行将带来额外的能量消耗

星号标志着必须改变的主要资源，以实现解决方案的关键思想。白色箭头指向主导资源的关键更改。黑箭头指向有问题属性（缺点）的出现。

例9.4 解决方案缩放："游泳运动员"问题

解决方案的批判性回顾

当游泳运动员在水上游泳时，即使在一个小池子里，他也能无限期地游泳。然而，游泳运动员仍然有可能在一定条件下到达游泳池边缘。

如果游泳运动员的体力消耗相对较小，水可以把他拉到下游，他的双腿可能触碰游泳池的后缘。如果游泳运动员的体力消耗相对较大，他可以克服水阻力，并用手臂或头到达游泳池的前缘。直到这些情况之一出现之前的 OT 很短。

这里出现了"小游泳池"问题。该问题的 OZ 功能 / 结构方案如图9.15所示。该问题可以通过增强信息资源，即更好地管理水流参数来解决。

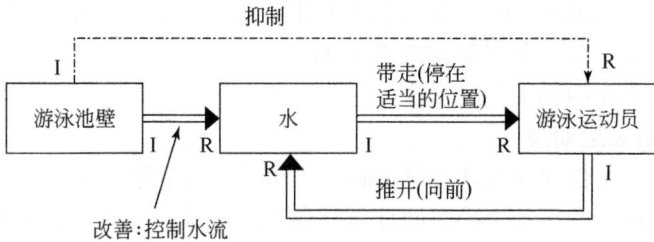

图9.15 "小游泳池"问题的 OZ 模型

解决方案的加强

必须注意两件事。第一，材料资源的描述对新的建筑没有特殊的要求！第二，必须将新的元件（泵）引入系统中。同样，没有额外的要求，除了安装的地方或其材料。

因此，在现有的水池中，游泳运动员能实现无期限的游泳。事实上，在马拉松游泳运动员的训练中，即使是在小游泳池中嵌入一个泵，也不能阻止他们到达游泳池的边缘。我们还可以将泵嵌入现有池壁中，并在训练期间激活它。

9.2.3 理想目标建模

最终理想解就像登山运动员爬上陡坡时所持的绳索。绳子没有把他拉上来，但它支撑着他，不让他掉下去。他一松开绳子，就会摔下来。[1]

根里奇·阿奇舒勒

---

[1]作为精确科学的阿奇舒勒创造（1979 年；后来的版本可用）。

在没有详细介绍的情况下，我们介绍了另一个重要的概念：一般矛盾（GC）（表9.7）。这个概念与 TS 的 MPF 关系密切。顺便说一下，我们认为 MPF 的内容是直观的，因此没有强加特定的定义。

表 9.7　一般矛盾的定义

概念	含义
一般矛盾	一般矛盾（在经典的 TRIZ 中这一矛盾被称为管理矛盾）仅仅是一种反映，一般需要达到与 MPF 有关的某一性质（或状态）的一种系统要求，如预期的系统功能，或者是消除阻碍 MPF 实现的障碍

注意：为了解决这个问题，一般矛盾通常会归结为标准矛盾或根本矛盾。

在这种特殊情况下，GC 可能与 MPF 相一致，但是 GC 通常反映了一些必须实现的附加要求，以完全实现 MPF 的目标。

我们将在下面的例子中展示这一点。

例 9.5　游泳运动员

MPF：在一个普通的游泳池里正确训练超长距离游泳运动员。

问题：游泳池的尺寸太小，而且需要在边缘转身，这阻碍了游泳运动员以正确的姿势在游泳池中游泳。

GC：不需要转身就可以游泳，但不知道怎么做。

就其本身而言，GC 只有一种形式的矛盾——目标部分。这个目标就是达到一定的效果或消除缺陷。第二部分只意味着一件事：在当前的情况下无法迅速而有效地完成这一点。

在这个例子中，我们曾经考虑过圆形游泳池的设计，但是这很困难，而且需要很长的时间来构建！所以仍需要长期的研究！这就是 GC！

例 9.6　跳水运动员

MPF：从一个较大高度开始适当地训练。

问题：受水的影响而受伤。

GC：消除训练中的伤害。第二部分未在此处指出：最初不知道该怎么做！

例 9.7　克里姆林宫的星星——问题 P3

MPF：高处的大而明亮的星。

问题：在大风中星星坠落的危险。

GC：在任何风中都可以设计出坚固的星星。但当施工人员开始设计时，他们不知道该怎么做！

本小节开头引文中的隐喻有助于我们进一步理解最终理想解概念。事实上，绳子不仅能让登山者从高处坠落，而且还能让登山的人达到顶峰！

再说，必须有人将绳索固定在山坡上方，这人必须是一位大师—— 一位看到了目标和通向目标的道路的先驱，他不得不依靠自己的力量爬上顶峰（在我们的例子中，依靠的是他的知识和经验），他开辟了让人们追随的到达顶峰的道路。

不同之处在于，我们（寻求新方法来确保公司成功的人）必须在遇到问题的情况下担当先锋。我们必须学会看到目标——以及找到通向它的道路——并安装便于我们到达顶部的耐用和可靠的"绳索"，以实现最终的理想或到达目的地（表9.8）。

表 9.8 最终理想解、功能理想模型解决问题的"目标 - 元趋势路径"的定义

概念	含义
最终理想解	最终理想解是将工件增强为最佳且（理想的）符合工件指定用途的功能性状态或动作
功能理想模型	功能理想模型是一种正式的模式隐喻描述，它描述了工件为了达到最终理想解而必须发挥作用的方式
解决问题的行动"目标-元趋势路径"	在 TRIZ 模型和方法的基础上生成思想的过程是一个目标导向的系统，其中最终理想解和功能理想模型是通过目标与元趋势（用于实现目标的一般方向和方法）定义的。每个目标的路径由 TRIZ 转换模型组成

初学者通常在制定最终理想解时遇到明显的困难。其原因是心理惯性，它将潜在的发明者（为某个发明者道歉）拉回原型，而目的是获得具有新属性的工件，这必须以最终理想解的形式表述出来。

为了在最终理想解的制定过程中削弱心理惯性，TRIZ 从业人员开发了以下两种久经考验的规则：

1）在初始阶段，你不应该思考如何和用什么（在什么资源的帮助下）来获得解决方案。

2）获取预期结果所需的未知资源或动作可以临时替换为一个隐喻符号，如 X- 资源。

让我们提醒读者基本的 FIMs[①]。为了更好地记住这些标题及其定义，我们还提出了已知功能理想模型的新扩展标题。

1）Maxi-FIM 最大功能理想模型或"操作区域本身的功能理想模型"。

OZ 本身确保获得最终理想解：（需要的功能）。

2）Macro-FIM 宏观功能理想模型或"放大的 OZ 的功能理想模型"。

在不使系统过于复杂且不造成不可接受的负面影响的情况下，X- 资源确保与其他可用资源一起获得最终理想解：（需要的功能）。

3）Micro-FIM 微观功能理想模型或"深化 OZ 的功能理想模型"。

---

① M.Orloff，通过 TRIZ 进行的创造性思维，8.2 部分，功能理想建模。

物质或能量粒子形式的 X- 资源位于 OZ 内部，并与其他可用资源一起获得最终理想解：（需要的功能）。

图 9.16 中重复的方案说明了最终理想解、功能理想模型和其他读者已知的概念之间的相互作用（希望如此）。

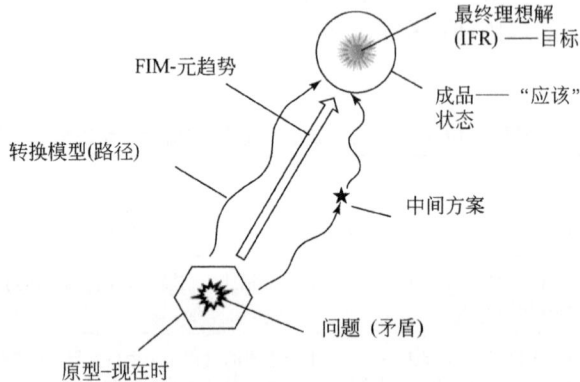

图 9.16　与最终理想解和功能理想模型有关问题解决方案的主要概念的连接

寻找解决方案的过程包括：首先，将矛盾作为问题的一个模型。其次，我们建立目标（最终理想解），我们选择一个或多个功能理想模型来确定导致最终理想解的元趋势。再次，选择转换模型，即具体的路径带我们到达目的地。最后，但并非最不重要的是，我们走这些路径：发明了特定的解决方案，并改变了原型工件的资源，以便新工件最终与受人喜爱的最终理想解一致。

应该指出的是，一旦你正确地制定了最终理想解，并正确地确定了相关的功能理想模型，它们就会引导你去解决这个问题。

注意：你应该牢记这个方案！

例 9.8　"跳水运动员"问题的最终理想解和功能理想模型

在最普遍的情况下，问题归结为以下：我们必须改变什么，以确保跳水运动员在训练过程中不受伤？

现在，对初始情况的分析确定了 OZ 由三个元素组成：跳水运动员、水和水池。

在这种情况下，对可用资源的审查不会提供任何明显的提示，而这些提示可能有助于生成解决方案的想法。因此，我们忽略了这个问题的资源表。

我们所想到的就是必须以某种方式使水变得"柔软"！有趣的是，软水的想法被证明是相当有建设性的，并最终得到了一个解决方案，尽管角度略有不同。也就是说，软水需求是未来解决方案的一个最终理想解。

我们需要实现某种"软"水，当跳水运动员穿透水面时，会受到轻微影响，然后减速向下运动，直到他开始重新站起来。从本质上讲，我们现在距离完成针对该问题的 IFR 仅一步之遥。

最终理想解：水一定很软！

OT：最终理想解必须存在于跳水运动员跳水的整个过程中，包括他进入水中的那一刻。

有效的资源（没有汇总表）：水、空气、大气压力和重力。

它的意思是："水必须是软的"？这意味着水密度必须大大低于其自然值。

Micro- 功能理想模型或"深化 OZ 的功能理想模型"：

物质或能量粒子形式的 X- 资源位于 OZ 内部，并与其他可用资源一起确保获得最终理想解："软"水 = 低水密度。

一个令人愉快的离题：

我记得在特内里费岛发生的一件事。我在一个小海湾出口中间的水下岩石上游了很长时间。海面上有一点波涛起伏。我没有注意到波涛更大了，很快，汹涌的波浪升上了我的头顶。就在这时，在刺穿了另一个波浪之后，我看到水下持续的白色"沸腾"环境，嘶嘶声震耳欲聋，使我难以上浮。我很难分辨哪里是上面，哪里是下面，下降的过程以及意识紧张的时候，我看到了黑色的锯齿状的悬崖，冲过来迎接我。水的密度非常的饱和，使我不能游到水面。

我必须快速思考来决定如何走出这场混乱，或者，"科学地"走出这种动荡。我不知道直接游到岸边是否行得通，因为我总是漂回到逆流的"泡沫"中，这可能是海岸形成的。救生员发射的一枚橙色信号弹在海岸上方升起，成为我后来看到的物体。

冲向下一个浪头时，我看到附近的人离我大约 100 米，他们站在长长的光滑海浪上，沿着岩石海湾的一侧冲向海岸。他们中的一些人躺在冲浪板上，朝我的方向瞥了一眼。显然，他们注意到我正处于这巨大的泡沫区域和持续的巨浪带来的危险之中。我意识到我应该先沿着海岸向冲浪者游去，那里没有逆流，然后向岸边游去。所以，让这个故事成为给初学者的一课吧，我当时就是初学者。

理想的解决方案：注入强大的压缩空气射流，以确保 OZ 中的水迅速被空气饱和！

解决方案的示意图如图 9.17 所示。

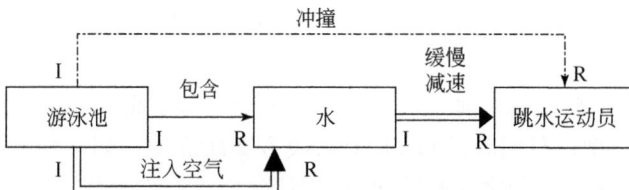

图 9.17 "跳水运动员"问题的解决方案模型

当跳水运动员跳跃时，从池底向上注入压缩空气（在此情况下，震源与震中重合），在水面上形成一个"气垫"，这大大减轻了跳水运动员受到的冲击。

例 9.9 解决方案缩放："跳水运动员"问题

如果水中空气过度饱和，跳水运动员可能从空气和水的混合物中掉下来，并撞到池底。

相反，如果饱和度不够，"气垫"的效能可能会严重受损。

图 9.18 所示的 OZ 的功能结构方案说明了这些极端情况，该方案模拟了"气垫"故障时可能出现的一些问题。

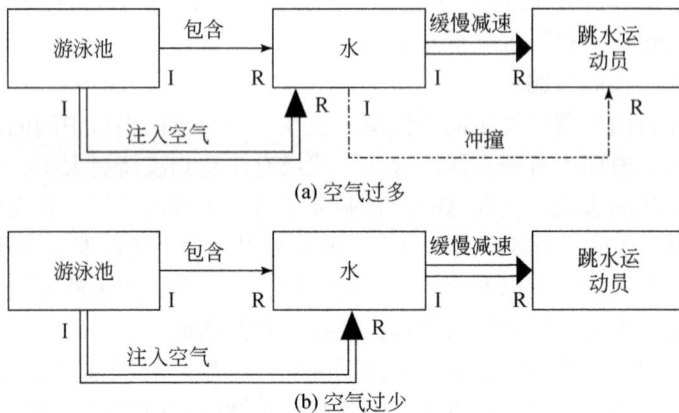

图 9.18 关于"气垫"问题的 OZ 模型

在 OZ 的层面上缩放：问题已经消除，或者至少在相当程度上减轻了。

在教练的水平上缩放：① 可以尝试更复杂的跳跃；② 有可能开始训练年龄较小的孩子。

在游泳池的层面上缩放：出现了商业上可行的机会。吸引更多的游客，他们将从安全的高跳板跳水中获得乐趣。

9.3 操作区域的自造

9.3.1 阿奇舒勒的实验 -1：女孩聪明的解决方案！

在这里，我们将展示一种最隐喻的 FIM 解决方案，即，Maxi- 功能理想模型。

根据这个模型，我们假设 OZ 拥有解决方案所需的一切。剩下的只是寻找隐藏的资源和重建 OZ 并与之一起重建整个系统。

现在让我们记住那个足智多谋的幼儿园女孩。让我们记住她的创造性的解决方案，以便从她的胜利中学习到未来的启发性经验。

根据阿奇舒勒在他的《寻找一个想法》[1]一书中的描述，这里再次讲述了这个故事，我们将从问题发生到评估解决方案质量的四个步骤中考虑该示例。

例 9.10　根里奇·阿奇舒勒的实验 -1（见问题 P1）

第一个实验

发明的过程

在游戏室的天花板上悬挂着两根绳子（图 9.19）。你必须用双手抓住它们。但是绳子之间的距离太远了——如果你抓住其中一根，你就无法抓住另一根！

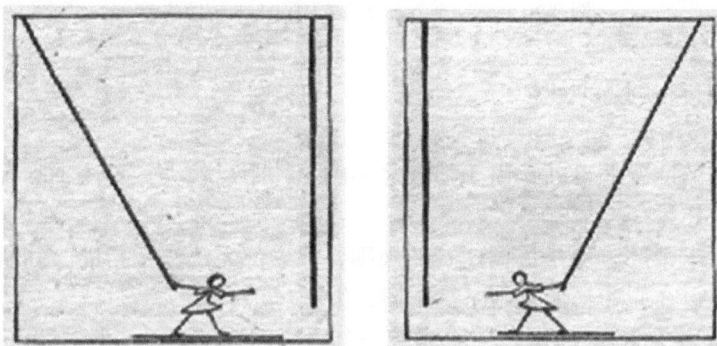

图 9.19　有两根绳子的原始问题情况

然后有个女孩解决了这个问题。起初，她表现得太过平常（头脑风暴！）：她抓了一根绳子，但没能抓到另一根，把绳子扔了，又抓住了另一根……这时她变得若有所思，停了下来，开始思考！

"我拉绳子，"她说，"你把绳子给我。"

女教育者说，她和那位绅士（根里奇·阿奇舒勒）不能干扰比赛。女孩继续思考。

她在游戏室里找东西。

然后她走到窗台，在玩具里翻找，掏出一个破烂的洋娃娃。这是必要的第二个"人"，可以把绳子给她！女孩以娃娃的形式找到了这个人！

把绳子绑在娃娃身上（图 9.20），然后摆出一个"钟摆"，跑到第二根绳子边，抓住它，回来抓住了摇摆的娃娃……

所以，一个非常大的糖果"格列佛"是因创造一个真正的奇迹而赢得的。

---

[1]阿特舒勒，《寻找一个想法：解决创造性问题的理论导论》- 新西伯利亚：科学出版社，1986（俄文版）。

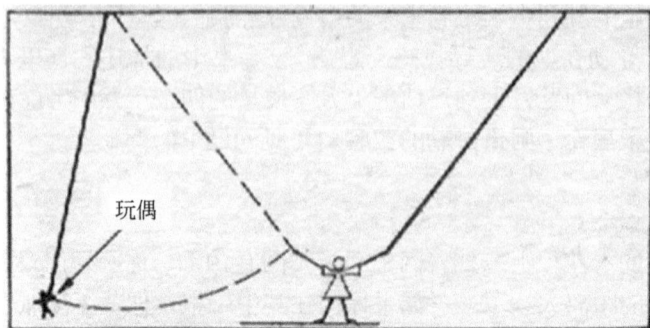

图 9.20　第一个女孩关于问题 P1 的解决方案

对发明过程的近似建模

阶段 1：趋势

对最初的问题的诊断：由于绳索之间的悬挂距离较大，无法独立握住其中一根绳索并抓住另一根绳索。

女孩寻求帮助，但是根据比赛的规则，他人都无法给予帮助。和所有的前辈一样，失败迫在眉睫！但是她坚持不懈，继续思考。

一般矛盾（GC）：我们必须提供一个解决问题的方法，但是我们确实不知道如何去做（这个措词是典型的 GC）。该怎么办？

阶段 2：简化

操作区域（OZ）：对象在事情发生的位置，并（在大多数情况下）解决问题——两根细长的绳子和一个孩子。

操作时间（OT）：握住绳子所需的时间。

标准矛盾（SC）：需要有人把绳子推给女孩，但这事没有人能做。我们以图形方式显示了这个标准矛盾（图 9.21）。

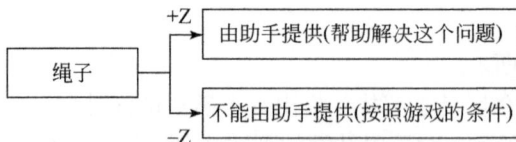

图 9.21　标准矛盾

标准矛盾作为一种问题的模型，以一种各种属性对象的矛盾的形式呈现。

文本变体：绳子必须是可移动的，但是没有物理力量去做这件事。

用公式的形式来固定这个标准矛盾：

绳子 ► 可移动 VS 外力。

根本矛盾（RC）：绳子可以由助手来提供，如实验者，但是实验者在游戏/

实验的条件下不能这么做。

我们以图形方式显示这个根本矛盾（图 9.22）。

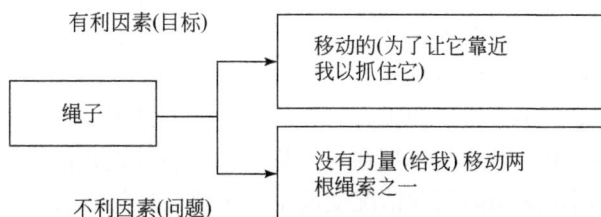

图 9.22　根本矛盾

根本矛盾作为一个问题的模型，以一种同一方面的矛盾要求的形式呈现。

以公式的格式修改文本根本矛盾：

绳子 ► 必须（由助理）提供 VS 不能给他（因为他不能做）。

该模型的一个特殊之处在于，它反映了使用外部资源首次尝试解决问题的心理基础。

思考!

最终理想解：绳子将自己移动到合适的距离。事实上，有了这样一个最终理想解，我们准备接受 Maxi- 功能理想模型作为功能理想模型 -1 的引导模型：OZ 本身可以确保获得上面指出的 IFR。

您还可以添加格式为 Macro- 功能理想模型的功能理想模型 -2：让我们在 OZ 中引入一些未知的 X- 资源来提供最终理想解。

阶段 3：发明

我们记得第一次尝试是使用"帮助/中介物"的真实想法：请别人帮忙，然后给第二根绳子。但这并不符合游戏/实验的规则，这个想法没有被采纳。失败！

假设女孩继续寻找一个可以帮助她的人？也许，为了寻找一个帮手，她想起了娃娃：也许娃娃能帮上忙？

不要对这个"字面的假设"太苛刻。这只是一个有关情况可能发展的连贯故事的版本。事实上，正如下面所看到的，在那个时候，发明者主观地"思考"并不那么重要。重要的是，如何能够以客观的模型在已知的解决方案中客观地再现变化。

只有这样才能继续，而不是描述的"文学心理"方面。所以，让我们等到这个故事的结尾和其他例子。与此同时，我们继续保持着同样的风格，这很像一个笑话。

这里有一个新的想法，即复制的想法。用"娃娃中介物"作为实验中介物的副本！但娃娃不是人，它不能移动绳子，因此，它不能消除矛盾！再次失败吗？！

另一种可能的想法——反作用力。如果娃娃不能帮我让绳子动起来，我就会帮助娃娃，让娃娃可以移动，然后娃娃会让绳子动起来！要做到这一点，只需把娃娃绑在绳子上，然后把绳子和娃娃一起晃起来。胜利！

这是动力化的想法，也就是摆动其中一根绳子！

无论这个模型是多么接近假设，它包含了主要的结果：所提到的模型可以用来产生解决方案的想法。这些模型在一个特定的创造性过程的实际步骤中是完全可行的，并且它们从最初的问题情况变成了一个建设性的解决方案。

的确，X- 资源是玩偶中介物，玩偶复制，让以前固定的绳子移动的玩偶！这是事实。

阶段 4：缩放

解决方案的验证：实现了目标，消除了矛盾。

验证不良影响：无！我们的目标是在没有对项目、发明者和环境造成不可接受的后果的情况下实现的。

对积极影响的验证：是的，但在一个环境中（在"超级系统"中）。例如，作为对其他孩子创造性和意志行为的一个积极的例子。

我们可以将探索的解决方案和模型总结到其他情况吗？是的，我们可以！例如，至少在此最小版本中，可以表示第一个也是必要的模型动态化：使对象可移动，该对象在其他情况下是固定的。

它需要很长时间吗？相对复杂和不寻常？乍一看，是的。

但在经过解决并且仅对很少几个问题进行分析之后，对这种模拟方案（当然没有文学猜测和奉承）的遵循，就成为一个习惯，因此很简单。这可以将获得的技能应用于解决新挑战。

9.3.2 阿奇舒勒的实验 -2：男孩聪明的解决方案！

例 9.11　根里奇·阿奇舒勒实验 -2（第二次解决问题 P1）

第二个实验

游戏的实验很复杂：所有的东西都被拿走了，实验者自己也离开了房间。

发明的过程

在许多困惑和哭泣的孩子被大糖果"格列佛"安慰后，真正的发明家出现在房间里。像其他人一样，这个男孩第一次抓绳，结果不尽如人意之后，他停下来，但没有求助或只是哭泣。他显然开始思考一些事情。然后他脱下一只凉鞋，将其绑在一根绳子上，甩开绳子，跑上去，抓住第二根绳子，迅速返回，并抓住了仍然像钟摆一样摆动的第一根绳子。

他赢了！

对发明过程进行近似建模和分析。

阶段 1：趋势

第一种本能的头脑风暴——基于类比（模仿、复制）：摆动绳子！但是它又薄又轻，所以很快就停止了摆动。没有足够的时间跑去抓第二根绳子，然后抓住第一根摆动的绳子，因为它没有根据需要摆动。

一般矛盾：我们如何用一个大的偏差和一个足够长的摆动时间来实现绳子的摆动？

阶段 2：简化

操作区域：两根细长的绳子和一个孩子。

操作时间（OT）：握住绳子所需的时间。

房间里额外的资源：只有孩子的衣服和鞋子。在 OZ 或环境中（房间）没有别的东西。

标准矛盾（SC）：我们必须至少让一根长绳摆动足够长的时间，但绳子是薄的和轻的，因此它们的摆动幅度很小并且会迅速停止（图 9.23）。

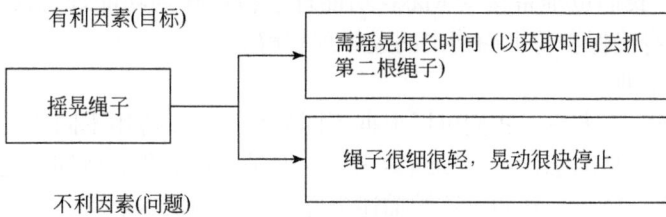

图 9.23　标准矛盾

以公式的形式固定这个文本 SC：

a）绳子►长时间的摆动 VS 细轻。

b）绳子►长期摇摆 VS 内部有害因素。

这些变量是为了让你注意到 TRIZ 的模型仍然不是算术这一事实。有可能制定出不同的标准矛盾版本，这反映了对初始问题情况在功能方面的不同理解。也就是说，对过程和现象的物理描述的不同深度。这也反映了不同的经验和不同的人解决问题的知识不同。

然而，这种描述在 OZ 内部的矛盾时间间隔（OT）中"运行"，通常与在初始问题情境中涉及矛盾交互的资源和组件有关。

这就意味着这些模型充分地代表了问题情境中的矛盾系统因素。

继续使用这样的 SC 是很重要的，以便选择合适的转换模型，以改变在类似的正负因素建模的情况下已经遇到的系统。

根本矛盾（RC）：绳子应该摆动（可以摆动其中的一根绳子，然后抓住它，同时抓住第二根绳子），它又不应该摆动，因为它太轻，不能摆动很长时间。我们以图形方式显示这个根本矛盾（图9.24）。

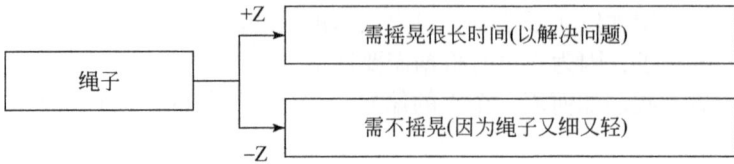

图 9.24　根本矛盾

以公式的形式固定文本根本矛盾：

绳子 ► 必须摆动（以解决问题）VS 不能摆动（因为它太轻）。

最终理想解：绳子应该像钟摆一样摆动，偏离原来的位置，并且保持足够长的时间。

在这里，我们也准备接受 Maxi- 功能理想模型作为功能理想模型 -1 的引导模型：OZ 本身确保获得上面指出的最终理想解。

阶段 3：发明

标准矛盾解决方案：我们可以根据不同的转换模型应用不同的方法。

第一个想法是动态化：摆动绳索之一。但是，正如我们所知，这个想法是不能实现的，因为绳子是轻的。这被描述为标准矛盾和根本矛盾。

第二个想法是复制：使绳索摆动（复制）为一个真正的摆锤，使用操作区域（OZ）中的资源。

第三个想法是消除标准矛盾和根本矛盾中的缺陷：通过凉鞋的形式（复制：在这种情况下，简化了钟摆铅锤的复制）增加载荷（再次施加中介物），使绳索变重（增加重量，即物理或化学参数改变）。

问题解决了！

阶段 4：缩放

解决方案验证：目标实现了，因为两个矛盾被消除了。

我们可以将探索的解决方案和模型推广到其他情况吗？是的，我们可以运用模型的形式，以适合于对象、复制和中介物的参数改变。

让我们试着弄清楚这些模型建议我们做什么。一个可能的解决方案的合成草图是下面这样的。

01 物理或化学参数改变：b）浓度、柔韧性、温度等的变化。这样，让我们假设必须增加绳索的重量。

10 复制：a）使用一个简单而廉价的复制品，而不是一个无法获得的、复杂的、昂贵的、不适当的或脆弱的物体。再一次：某人或某事必须帮助我摆动绳索！

18 中介物：a）使用另一个对象来传递或发送一个动作；或者 b）暂时连接一个对象和另一个（易于分离的）对象。就这样，它越来越好了！我们必须把一些比较重的物体连接到绳子上！但是房间是空的！

这就是发明思维的切入点：你可以脱掉你的鞋，如凉鞋，把它绑在一根绳子上 [图 9.25（a）] 以及摆动 [图 9.25（b）] 绳子就像钟摆一样！然后，你应该抓取第二根绳 [图 9.25（c）]，回到中心位置，并抓住第一根绳 [图 9.25（d）]。就是这样！"连环漫画"完成了！中介物发挥作用了！

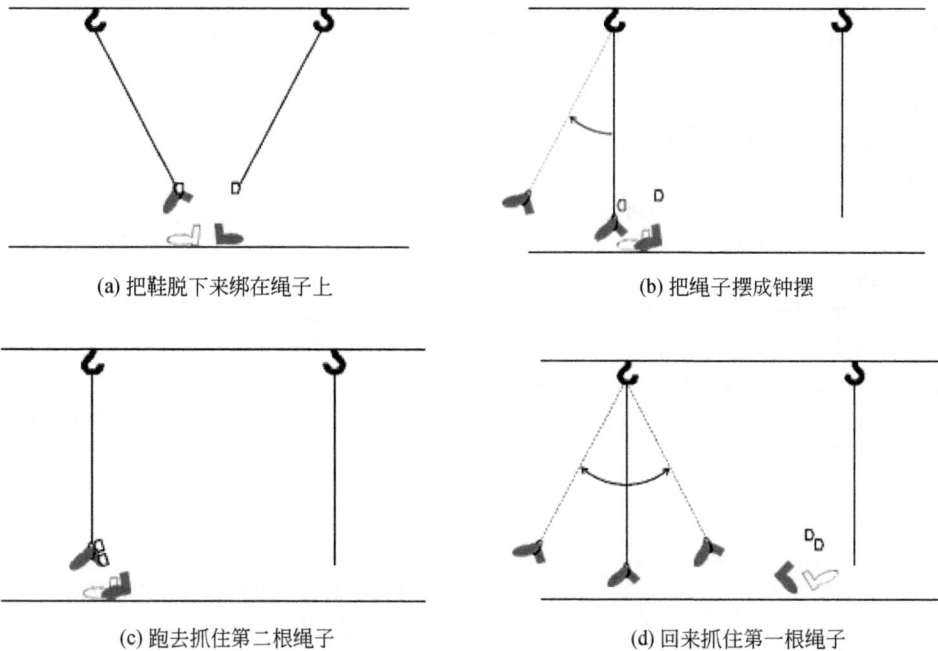

(a) 把鞋脱下来绑在绳子上

(b) 把绳子摆成钟摆

(c) 跑去抓住第二根绳子

(d) 回来抓住第一根绳子

图 9.25　第一个男孩关于"绳索问题"的解决方案

根本矛盾的解决方案：使轻绳变重（使用材料和能源）一段时间（使用时间资源）。

例 9.12　根里奇·阿奇舒勒实验的特殊解决方案（问题 P1 的第二个解决方案）

一个男孩发现有人在他的风筝课上遗留了一个线轴，便装在他的口袋里。

男孩把线轴绑在一根绳子上，把第二根绳子放在手里，尽可能地靠近第一根绳子。然后他用另一只空手把绳子拉起来。有趣的是，他把绳子咬在牙齿上，这样就可以用自由的手，拉长另一只手臂的长度。他一直这样做，直到用他的"拉"手抓住第一根绳子。就这样，"二合一"：一个解决方案的发明和"生存之道"产生了！

超级效应：事实上，这样一个创造性的课程很可能被视为在没有资源的情况下生存的训练，但是如果你仔细想想，就会找到资源，找到解决办法（图9.26）！

重新发明：小孩和两根绳子的问题

趋势

幼儿园在孩子们玩耍的房间里悬挂了两根绳子。为孩子们设定了目标：需要同时用手抓住两根绳子。然而，绳子之间的距离太远，不能握住第一根绳子，再拿到第二根绳子！

你可以试着摆动至少一根绳子，然后跑回另一根绳子，抓住它，快速移动到第一根摆动绳子处并抓住它，然后抓住两根绳子。但是绳子太轻，很快就会停下来。怎么办？

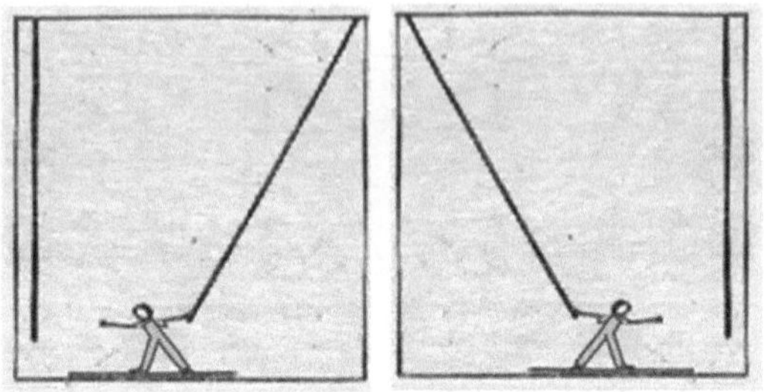

(a)

简化

功能理想模型 -1：OZ 本身可以确保获得最终理想解（一根绳子本身接近我）。

标准矛盾（这里重新发明需在没有抽取阿奇舒勒矛盾矩阵的情形下形成）：

绳 ▶细长 VS 损失能量 ▶模型 1，10，18

对于这个示例，正负因子的几个合适的变体不包括显性模型（S）。这意味着用新模型完成阿奇舒勒矛盾矩阵的各个单元是可能的。

根本矛盾：绳子 ▶ 必须摆动足够长的时间来抓住另一根绳子，然后抓住一根摆动绳 VS 它不能长时间摆动，因为它很轻，很快就停止了。

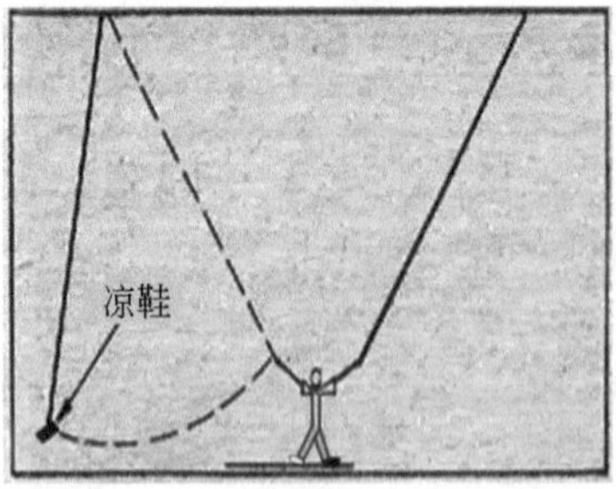

(b)

发明

解决标准矛盾和根本矛盾：为了给绳索提供更多的重量（模型 01），应用两个关键模型。

模型 18 中介物 [使用另一个对象来传送或发送动作；暂时连接对象与另一个（易于分离的）对象] 和模型 10 复制（使用简化和廉价的复制品）：将玩具或者鞋子绑到绳索上！

然后，在模型 11 的逆作用下，绳子本身会"飞"到手上，不必毫无希望地尝试达到目标！

缩放

消除矛盾。

图 9.26　男孩关于问题 P1 第二版本的解决方案

9.3.3 克里姆林宫之星：把伤害变成好事！

令人惊讶的是，只有极少数俄罗斯人知晓这个解决方案，甚至莫斯科人都不知道，当然，游客也不知道。

在莫斯科参观红场，看到塔楼上的星星，通过仔细观察，一些人注意到这些星星的一个惊人特征，这个特征使观察者感到惊奇。

在这种情况下，我们认为解决方案是直接分析和发明，即，直接通过MAI T-R-I-Z 在提出想法之前提出问题。

在 1937 年，克里姆林宫的五个最高的塔楼安装了新的星星，由红宝石色的三层结构的特殊玻璃制成。设计者在星星内部安装了强光的灯，使星星从远处可见。

安装星星时，必须解决保护它们免受强风影响的问题。此外，星星应该升高到 70 米的高度（图 9.27）。

图 9.27 克里姆林宫斯帕斯卡亚大厦
作者拍摄于 2015.4.19。

最初的问题可以简单地表达如下：星星的结构应该足够坚固以抵御飓风。显然，这是一个普遍的矛盾，一般的框架通常是"什么可以做……"的问题。这意味着不知道如何做。

事实上，在建筑概念初现的时候，克里姆林宫星星的设计者还没有准备好回答这个问题。

在方法学下，我们将考虑使用 SMART 版本中 MAI T-R-I-Z 的三个选项，通过标准矛盾和根本矛盾解决。

在第一个变体中，解决标准矛盾问题的途径是最长的，应该通过 SMART 中的双重路径来实现。

然后，我们证明了一个单一的 SMART 路径通过标准矛盾路线的解决方案的可能性。

然后我们将展示通过根本矛盾路径的单一通道的变体。

同时，我们的任务是表明，实践可能有不同的变量来实现最有效的解决方案。但是根据 TRIZ，这些变量仍然很小，这说明 TRIZ 的应用是有利的。

然而，在所有这些情况下，我们将依赖同一个功能理想模型，即 Maxi- 功能理想模型！也就是说，解决方案将通过对 OZ 的最小重组和周围物体的微小变化来实现。

例 9.13　解决方案 1：莫斯科克里姆林宫之星的第一个 SC- 路线（问题 P3 的解决方案）

第一周期

趋势

大风给星星带来了很大的压力。我们如何保护星星不坠落？

简化

让我们构造一个标准矛盾。

从文本选项开始，以以下形式写下非正式的标准矛盾：

星星有很大的表面积，从远处可以看到

VS 大表面积导致大风量（风帆面积）和大压力。

公式变形：星 ► 大面积 ► 大压力。

为了清晰起见，我们以图形的形式表示标准矛盾（图 9.28）。

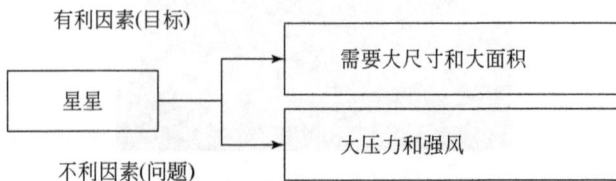

图 9.28　方案 1 中的标准矛盾

可以自信地把 OZ 纳入整个星星结构中，使震源和震中（在这个简化的描述中）重合。OZ 包含以下元素：实际的星星和支持的形式 [塔尖（尖顶）]。

简单地说，OZ 的问题是，当强大的锋面风出现时，星星的压力很大，星星、支撑物或支撑物与星星连接的点会断裂。

让我们制定最终理想解和功能理想模型。

Maxi- 功能理想模型或"操作区域本身的功能理想模型"：

OZ 本身确保获得最终理想解——

星星抵抗强风。

发明

为了解决这个问题，在阿奇舒勒矛盾矩阵中使用了标准矛盾的两个因素：第一个因素对应于解决问题的正目的，即星星应该具有大面积，这对应于具有阿奇舒勒矛盾矩阵的正输入 18。第二个因子对应于负输入 31，张力即压力，因为风的压力产生了问题。

在阿奇舒勒矛盾矩阵中的第 18 行和第 31 列的交叉处，有一个单元格，在其中我们看到转换模型 02、07、26 和 27，数据统计实践中经常遇到由 18 和 31 表示的矛盾解决方案。

因此，解决方案可以被写成公式：

星星 ▶ 18 VS 31 ▶ 02，07，26，27

要创建一个想法，有必要看看目录中的这些模型的描述，并试图解释它们与这个问题的关联。在这种情况下，最大的创造性潜力是 07 动态化：c）使一个物体移动，否则这个对象是固定的。

这个想法可能是将星星侧向风旋转！

假设一个小马达安装在星星内，这个马达，通过一个传感器来检测风的方向和力，旋转星星，使得它的宽前侧总是平行于风的方向。

显然，在这种情况下，星星上的风压将是最小的！

缩放

根据 Maxi- 功能理想模型，我们可以说星星自身在强风中防御时解决了这个问题。消除初始标准矛盾！

然而，如果我们认为马达安装会增加重量，这个解决方案可能无法满足我们。也可以认为，电机应由传感器管理，这将使整个系统复杂化。

这意味着我们可以首先尝试改进得到的解决方案，以避免复杂的结构。我们将通过第二周期做到这一点。

这些解决方案在重新发明的图表中展示（图 9.29、图 9.30）。

第一周期

趋势

克里姆林宫之星很大——大约 5 米高。 每颗星重达 1 吨以上。所有星体建筑都具有较大的表面积，因而也具有较大的风阻。 所以，遇到大风天气，它们有可能被从塔上吹飞抛出。

一般矛盾：我们如何设计这些星体建筑，使它们能可靠地抵抗强风?

简化

Maxi- 功能理想模型，或者"操作区域本身的功能理想模型"：

OZ 本身确保获得最终理想解：星体建筑在强风中稳定且可靠。

标准矛盾

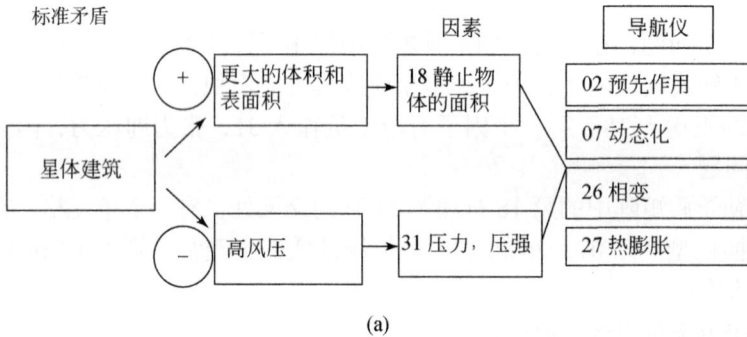

(a)

发明

基本模型：07 动态化 -c）使物体可移动，而非固定的。

主要思想：让星星能够移动并旋转。

缩放

矛盾已经消除了吗？是的。

超级效应：没有。

负面影响：可能有更复杂的设计。

简述

为了确保星星在强风中的可靠性和持续性，克里姆林宫之星按照 07 动态化原理设计。

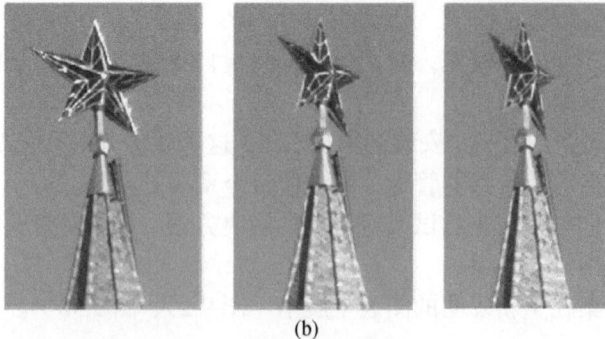

(b)

图 9.29　重新发明解决方案 1 的第一周期

第二周期

趋势

克里姆林宫之星必须转动，以便在适应风向的同时将自己定位在"侧向"位置，也就是说，它们的箭头朝向风。星星的"横截面"面积比它的表面积要小得多。而较小的面积意味着较低的风阻，进而风力对星星施加的压力较小。然而，由于其巨大的重量，这颗星星非常笨重迟缓，需要一个强大的电机来加速它的旋转。当星星旋转变快时，就会出现与其设计相关的"脆弱性"或"刚性"的问题。星星的部分元素，尤其是"红宝石"饰面，可能会脱落、分解或抛飞。换句话说，如果星星需要强制转向，有内在缺陷的设计就可能会产生问题。那么，我们可以做什么？

简化

OZ 本身确保获得最终理想解：星体建筑本身去适应风的方向和强度。

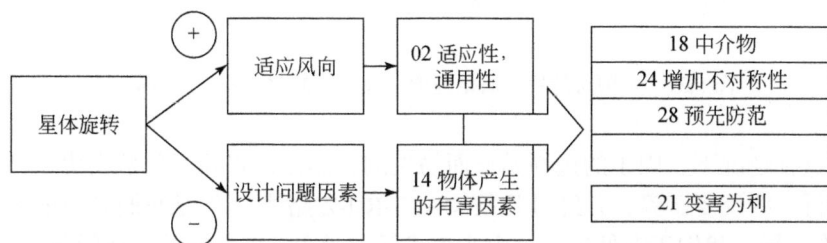

(a)

发明

基本模型：24 增加不对称性 -a）从物体的对称形状向非对称形状转变。

基本思想：将星星的旋转轴线设计为非对称轴线，使得星星变为"风向标"。这个想法同样使用模型 21 变害为利：风力越强，星星同风向一致的边缘却越安全！

缩放

矛盾已经消除了吗？是的。

超级效应：旋转星星无须花费能源，也无须安装复杂的电机或驱动器。

负面影响：没有。

简述

为了利用风力使克里姆林宫之星旋转，设计师根据模型 24 将它们的旋转轴线设计为非对称性。在此过程中，对模型 21 变害为利的解读非常优秀。

(b)

图 9.30　重新发明解决方案 1 的第二周期

例 9.14 解决方案 2：莫斯科克里姆林宫之星的第二条标准矛盾路线

如图 9.31 所示，如果用阿奇舒勒矛盾矩阵中的形式替换非正式因素，就有可能应用于图 9.31 所示的极右块中四个模型的原始问题之一（有时不止一个）。

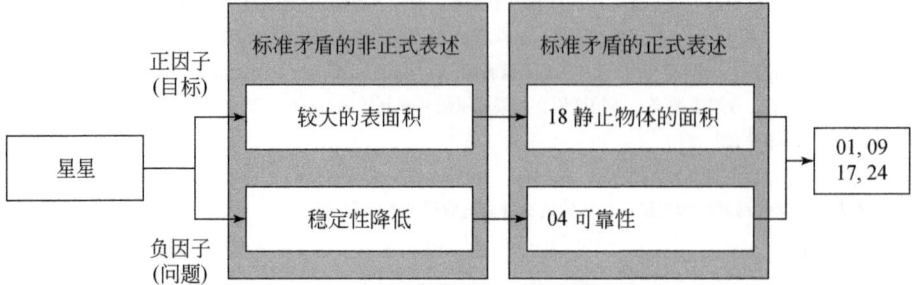

图 9.31 从阿奇舒勒矛盾矩阵中选择正式的改善和恶化因素

在这种情况下，因子的选择是显而易见的；然而，它并不总是成功。有时你必须进行一些反复试验，并经过几条 MAI T-R-I-Z 路线。但是我们必须记住，在 OZ 工作区域，我们正在处理一个由非正式标准矛盾准确代表的具体问题。

> 在使用阿奇舒勒矛盾矩阵的情况下，首先必须以系统管理和纠正方法为基础；其次，无论如何，我们都会不成比例地减少潜在的尝试次数（试验），如这种尝试特别适合于集思广益。

为了避免重复，我们只关注已经知道的在之前的案例中出现的最有趣的选择——模型 24 增加不对称性，这是对应基于抽取 -C1 的全面调查的结果（参见例 9.13 中的两个周期）以及"检查解决方案"（图 9.32）。

最后，关注与标准矛盾工具集和标准矛盾公式有关的另外两个重要问题也是很有必要的：

1）通常，难题都具有几个相互冲突的要素，这意味着在初始情况下可能存在一些标准矛盾。在这种情况下，通常只有一个标准矛盾使用特定的基准（见下面的解释），或者通过标准矛盾的几个选项（如例 9.11 中的简要讨论），或者可以应用一些解决多个标准矛盾组成的特殊方法。

2）即使相互冲突的因素都清晰可见，并且标准矛盾的构建比较简单，但这并不意味着这个问题很容易解决；可能是由于缺乏具体的专业知识、资源和创造性的知识与技能来构建新的解决方案。

趋势 克里姆林宫的主星很大——大约5米高。每颗星重达1吨以上。所有星星都具有较大的表面积，因此具有较大的风阻。因此，在大风中，它们有可能被从塔上抛出。

一般矛盾：我们怎样去设计星体建筑，使它们能可靠地抵抗强风？

简化

OZ本身确保获得最终理想解：

星星在强风中稳定且可靠。

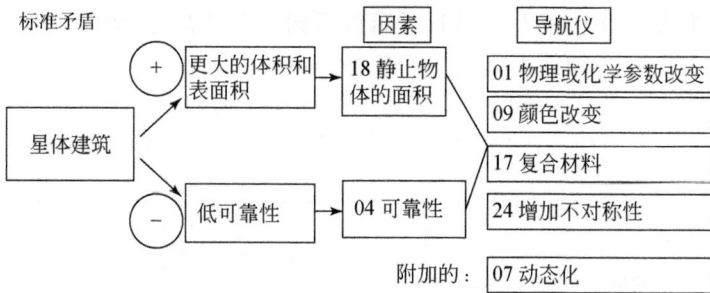

(a)

发明

基本模型：24 增加不对称性 - a）从物体的对称形状向非对称形状转变。"非对称星"是什么样的呢？风向标！所以把这个星星变成一个风向标！这是模型07 动态化应用的一个显著例子。

缩放

这些矛盾被消除了吗？——是的。

超级效应：风将这颗星星与自己的方向对齐。该解决方案客观地实现了模型21 变害为利的应用，这是因为风力越强，它保持星的最小横截面"切穿"空气流动的位置越好，而其最大横截面是流线型随着风流动。同时，这样简化了设计，且节约了能量。

负面影响：无。

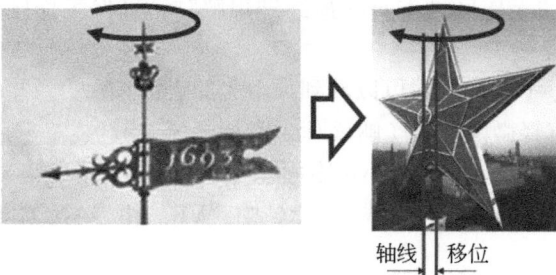

(b)

简述

为了简化设计和减少能源消耗，莫斯科克里姆林宫之星的设计使其旋转轴线由对称轴线变为非对称（按照模型24 增加不对称性）；模型07 在这里也实现了动态化和变害为利的应用。

图 9.32 重新发明解决方案 2

例 9.15　解决方案 3：克里姆林宫的 RC 航线

根本矛盾（RC）的解决方案基于资源的概念，即在各种描述（如空间、时间、结构和功能描述）中，对象在不同"空间"中的真实表示，如能源（如在物体里或在物体上作用的场和力）和材料（如物体构造的物质）等。

在这本书中，使用阿奇舒勒物理矛盾 - 目录（S26 节）的缩写形式，涉及根据基本转换的名称使用 4 种资源。

我们继续分析 P3 的问题。莫斯科克里姆林宫的星体建筑。

在文本变体中，首先要记住根本矛盾任务：

星体建筑　　必须很大（从远处可以看到一个很大表面积），

VS　　　　必须很小（有一个轻微的风帆区域并且对强风有抵抗力）。

公式转化：星星 ▶ 大的表面区域 VS 小的表面区域。

为了实现可视化，让我们以图形的形式表示这个根本矛盾（图 9.33）。

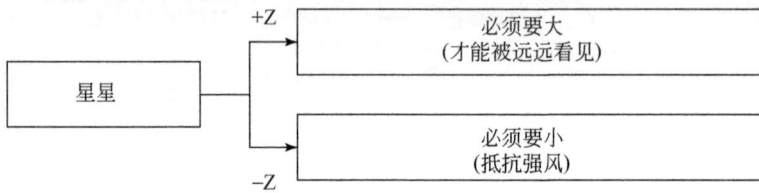

图 9.33　解决方案 3 的根本矛盾

最终理想解和功能理想模型

在解决任何问题时，我们必须首先尝试最大化最终理想解。这是可以理解的，因为使用操作区域资源的解决方案应该会导致系统的最小变化。尽管这些是正确的，这些变化只在操作区域内部实施。

让我们为这个问题制定最终理想解和功能理想模型。

最大化最终理想解　或者 "工作区域本身的最终理想解"：确保工作区域本身能获得最终理想解

星体建筑必须最大限度地大（从远处看可以看到一个大的表面积），

AND 必须最小限度地小 [有轻微的风吹（帆面积）和抗强风]。

公式转化：星体 ▶ 最大化表面积 AND 最小化表面积（零！）。

初看，在开始考虑新出现的问题将如何实践时，RC 中 "VS" 和 "AND" 的变化是不可能的！

但这是 TRIZ 有效性的矛盾模型

　　　　　　　　不可能成为可能

　　　　　　　　不相容变得相容

而不溶性是可溶的！

问题 1：星星在相对风的哪个位置能够最大限度地形成"帆"？

答案 1：星星的前面积是最大的，所以风力影响也是最大的。

问题 2：最小风阻在星星的哪个位置？

答案 2：垂直于正视图的星形垂直横截面的表面积很小，因此风阻也很小。此外，星形的横向形状，包括尖锐的边缘和中间相对较小的凸起部分，确保了良好的流线型气流！

解决方案的一般想法是：我们必须确保当强风出现时，星星与风向是平行的！

这里：星星应该移动！

让我们用阿奇舒勒物理矛盾 - 目录来表示一个可能的解决方案，并对作为根本矛盾的问题情况的研究的基本转换进行解释。

01 空间中相互冲突的属性的分离

作为一个空间图形的星星在强风中保持稳定性方面具有不同的特性。事实上，如果星星的方向是正面的，也就是说，它的所有表面都朝向风，那么对星星的压力就会达到最大。如果星星在风的作用下保持横向运动，则会产生极小的气压。当然，从远处可以清楚地看到这颗星星的正面投影，但是当它转向风的侧面投影时，能更好地抵挡风。横断面的最大面积远小于前面的面积。

02 将冲突属性与时间分离

很明显，在强风中（操作时间），星体应该向风方向倾斜。

03 结构中相互冲突的属性的分离

因此，我们的想法是，在星星的构造中应该引入额外的元素来监测风的方向和强度，并使星星在最可靠的位置上旋转。很容易看出，这可能导致一个复杂的结构（如新的标准矛盾）。

是否有可能简化设计，也就是说不要走传统的头脑风暴的方向？

04 在材料（能量）中分离相互冲突的属性

现在是时候让我们来运用这两个 TRIZ 原理。

其中一个对应于高性能的解决方案，在专门的模型 21 变害为利中使用：一个有害的因素不仅不伤害，也起到了有用的作用！

第二个规则与"理想解决方案"的概念相关联，当函数（结果）完成时，不需要任何材料成本。

尽管这条规则有明显的"主张"，但它只会带来意想不到的、非常有效的想法。

> 最大化最终理想解指出了做出此类决定的途径（趋势）：让星体在强风下处于最佳位置！
>
> 在这里，我们几乎拥有了所需要的一切！实际上，风是"有害的因素"，有很大的有害能量，但是星星本身会被安装（旋转！），它的星线与风相结合。
>
> 现在，把这些因素联系在一起：让风把星星的星线固定在一起！

如何去做？答案是类似于风向标！

轴承轴相对于星星对称轴的微小移动会将星星变成"风向标"！

简短缩放：

1）在系统级别上一切都很好！没有成本！只有轴承的位置稍微移动了一点。

2）是的，子系统级别发生了根本变化，为结果付出了实际代价，即安装了特殊的轴承支架。

3）在超级系统的层面上，有一种巨大的胜利和超级效应——克里姆林宫的星星可能周期性地从不同的方向完全可见！

该发明的结果，实际上是对历史解决方案的重新发明，在图 9.34 中以简明的标准形式表示。演示的过程在 MTRIZ 中收到了方法名称 RICO（集群中的激进）。

然而，证据需要大风天。星星将被风旋转！相反，如果没有风，就不会有星星坠落的危险！

这表明在建造克里姆林宫星体时，为确保它们的安全性、可靠性和对强风的抵抗力，实现了技术思想的结果和作用。

移动和旋转不仅是一种技术解决方案（它实际上很少被专家所知！），它也是一种功能性的表现。但是，任何来自红场的仔细观察者在看了"快乐岩石"和尼科尔岩石塔的星星是如何工作的之后，都能知道这个解决方案是怎样工作的。甚至在克里姆林宫周围的三座最高的塔楼上也能看到类似的现象。

但是，只有很少人注意到它！

现在让我们谈谈技术和创造性的解决方案。

克里姆林宫的星星是按照风向标的原则建造的！它们被安装在旋转轴上，相对于星星对称轴有偏移量（图 9.34）。因此，风对有大面积的星星产生更大的压力。星星旋转着将"小部件"的星线固定在风中！所以，根据行动原则，这颗星是风向标！

抽取 -1S 专门的转换

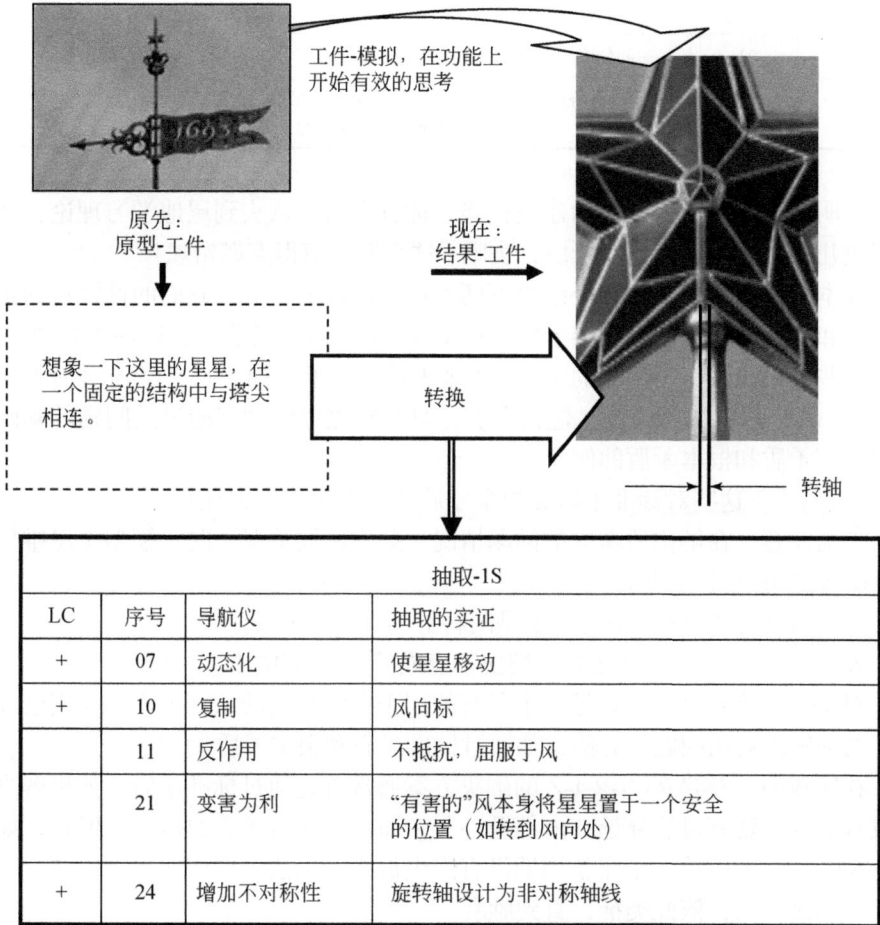

工件-模拟，在功能上
开始有效的思考

原先：
原型-工件

现在：
结果-工件

想象一下这里的星星，在
一个固定的结构中与塔尖
相连。

转换

转轴

抽取-1S			
LC	序号	导航仪	抽取的实证
+	07	动态化	使星星移动
+	10	复制	风向标
	11	反作用	不抵抗，屈服于风
	21	变害为利	"有害的"风本身将星星置于一个安全的位置（如转到风向处）
+	24	增加不对称性	旋转轴设计为非对称轴线

图 9.34　克里姆林宫星星中抽取 -1S 的简要结果

抽取 -1F 基本的转换

抽取基本的转换需要比抽取专门的导航仪更多的技巧。

这个例子的建模是在假设所抽取的模式的解释更明显的情况下以表格的形式
呈现的（表 9.9）。

表 9.9 克林姆林宫抽取 -1F 简要结果

抽取 -1F			
LC	序号	导航仪	抽取的证实
+	02	时间分离	在没有风的情况下，系统是静止的，在大风中是可移动的
+	03	整体与部分分离	系统的每个部分（单独的星星和支撑轴）是对称的，但是整个系统（在轴承轴上的一颗星星）是不对称的

很明显，为了获得可靠的建模技能，你首先需要从头到尾地学习理论，然后再解决几十个类似的问题。所以，去吧！这个游戏值得点燃蜡烛！

在本节结束时，我们将介绍以下两个特别设计的页面。它们的设计目的是确保学生和教授者能够制作标准矛盾与根本矛盾的副本 / 备忘录，以便永久使用。

这些页面包含一个简短的定义，用来表示标准矛盾（图 9.35）和根本矛盾（图 9.36），每个都有一个扩展，包括左右，以及在克里姆林宫的星星问题的基础上制定标准矛盾和根本矛盾的例子。

这些对标准矛盾和根本矛盾的定义应该牢记在心！

还请注意，在解决所考虑的问题情况（此类不同情况）时，模型（思维导航仪）07 动态化占主导地位。

这种概括是 TRIZ 的精髓，也是阿特舒勒真正的发现。

9.3.3 节 "克里姆林宫之星：把伤害变成好事！" 的总结

对于这种重新设计，就像几乎所有的用于训练目的的示例一样，我们已经提出了两种解决初始问题的方法，如通过标准矛盾和根本矛盾。

在实践中，SMART T-R-I-Z 的解决方案通常首先通过标准矛盾，如果解决方案没有实现，就有可能穿越 "内部循环"，即穿过根本矛盾的路线。但是，如果 SMART T-R-I-Z 的第一个完整周期没有产生最终的想法，那么就有必要执行第二个 "外部循环"，依此类推，直到胜利。

注：我们可以修正解决问题的过程，改进矛盾，澄清因素，考虑更合适的模型转换，等等。

但这是真正的 "设计思想"，是解决方案的综合！

这是一个新的设计概念的目标和控制的合成，一个新的组织过程！

这就是 TRIZ!

这并不是 TRIZ 所拥有的！它只是 TRIZ 的起源和最基本的模型。

所以，在不久的将来，你的自我完善过程前景光明！

祝你好运！

标准矛盾
基本定义

标准矛盾（1）	标准的矛盾（在经典的 TRIZ 中指技术矛盾）是一个二元（双因素）模型，它反映了构造（或不同结构）的两个不同功能属性的不兼容需求

标准矛盾表示的基本例子

文字版本：

星星 必须有一个很大的表面积才能在远处被看到，

但是（VS）这就导致了大风力影响（帆面积）和强风的低可靠性。

公式版本： 星星 ▶ 大的表面面积 VS 低可靠性

第一(增加)因素 第二(减少)因素

图形版本：

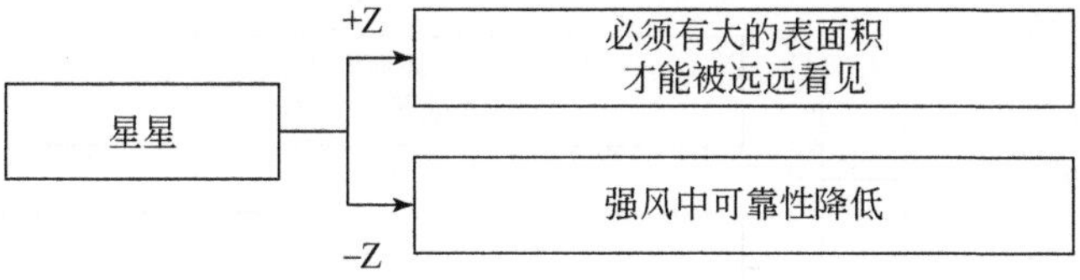

对标准矛盾图形定义的广义添加：

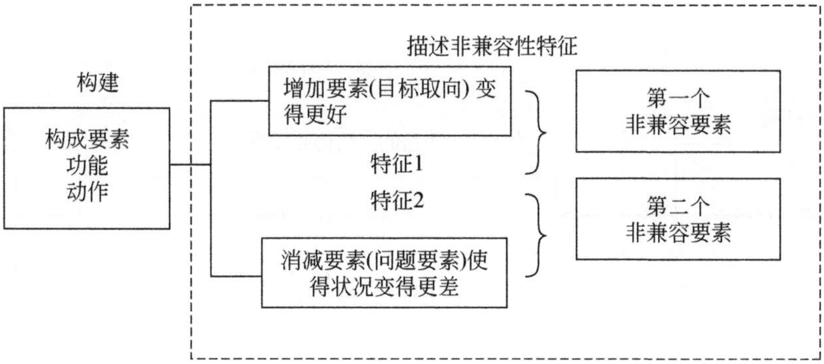

图 9.35 标准矛盾定义

根本矛盾
基本定义

| 根本矛盾（1） | 根本矛盾（在经典的 TRIZ 中指物理矛盾）是相同系统属性的两个相反的、相互排斥的需求的组合 |

根本矛盾表示的基本例子

文字版本：

星星必须是大的（要有一个可以从远处看到的很大的表面积），

但是（VS）必须够小 [有轻微的风（帆面积）和对强风的抵抗力]。

公式版本：

星星 ► 大的表面积（+Z）   VS   小的表面积（−Z）

└──── 同一个因素（Z）────┘

图形版本：

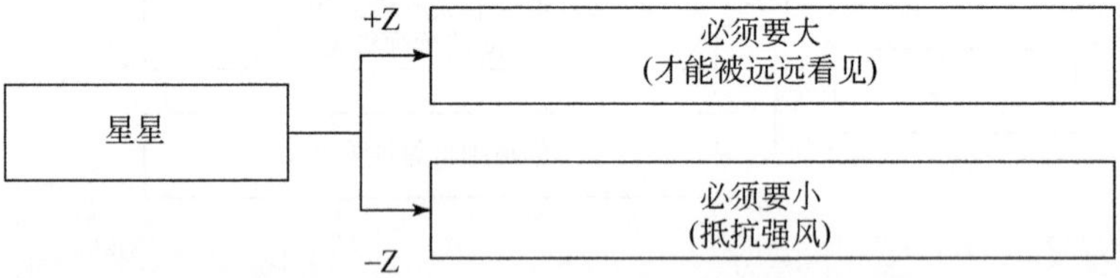

对根本矛盾图形定义的广义添加：

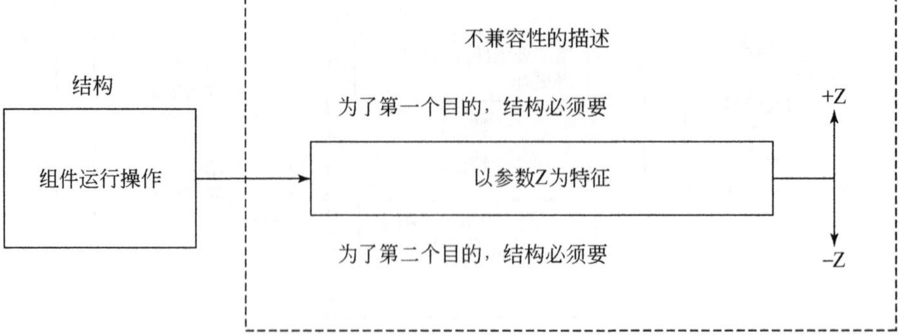

图 9.36 定义根本矛盾

9.3.4 对未来的记忆：这是达·芬奇！！

现代 TRIZ 积累了过去的经验，并扮演了一个"时间机器"的角色，让你可以在过去的经历中穿梭，并运用从过去中获得的经验。试想一下，事实上，过去发明的每一件事都曾是发明者的"未来"，不是吗？[①]

现代 TRIZ 可以让我们记住未来是如何被创造出来的，以继续将现代文明的进步带入"明天"。

用一个德国发明家俱乐部的负责人杜撰的比喻，重新发明可以被比喻为"时间机器"。让我们用这台机器回到过去，窥视伟大的达·芬奇[②]的工作。

例 9.16 列奥纳多·达·芬奇的桥

这座桥是由达·芬奇发明的，与其他几种桥的设计一起呈现在草图中，包括漂浮、旋转（图 9.37）和可移动的桥，可以快速地重新组装。这些桥梁最初是为军事用途而开发的：它们的任务是为友军（必要时）提供通道，并阻拒敌军（通过将各部分分开）。

现在，我们必须关注这些发明的创造性，而不是它们的技术性。我们希望确定模型，也就是达·芬奇的工作工具——并将它们与 TRIZ 目录进行比较。抽取和重新发明成果见图 9.38。

仔细看一下重新发明，如图 9.38 所示。

这里的所有结果都以软件 EASyTRIZ Junior 的标准格式呈现。

然而，这个例子与我们之前回顾的不同。

在抽取 1 的表格中，该程序提供了两个选项来完成实践：

1）它可以描述与某个转换模型相对应的结果工件的变化（如图 9.33 所示，以及其他类似的模型）。

2）它可以是对那些转换模型片段的描述，这些片段将支持我们探索第二阶段（即重新定义阶段）的建模工作。在这种情况下，你可以选择标题函数。

---

①这个说法再现了电影"未来的记忆"（德语"Erinnerungen a die Zukunft"；在英国电影发行版中称"众神之车"），德国的大众科学纪录片，以瑞士记者和美国著名作家埃里希·冯·德尼肯的"众神之车"和"重返明星"为基础，由奥地利导演哈拉尔德·莱姆勒于 1970 年制作。制片人给出他们自己的版本的回答，是谁建造了埃及金字塔，是谁描绘复活节岛雕像，是谁画了在南美纳斯卡高原的巨人，暗示可能与外星人访问地球有关；de.wikipedia.org/wiki/Erinnerungen_an_die_Zukunft。

②列奥纳多·达·芬奇，出生于 1452 年 4 月 15 日，意大利艺术家（画家，雕塑家，建筑师）和科学家（解剖学家，博物学家），发明家，作家，是 Cinquecento 艺术最著名的代表之一；en.wikipedia.org/wiki/Leonardo_da_Vinci。

列奥纳多·迪·皮耶罗·达·芬奇
1452.4.15~1519.5.2

列奥纳多的机器：
达·芬奇的发明
冯·多梅尼科·劳伦扎揭晓
(2006)

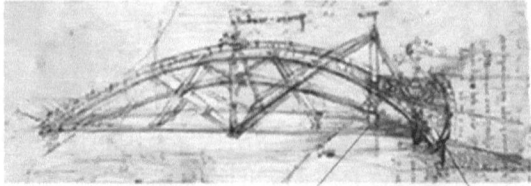

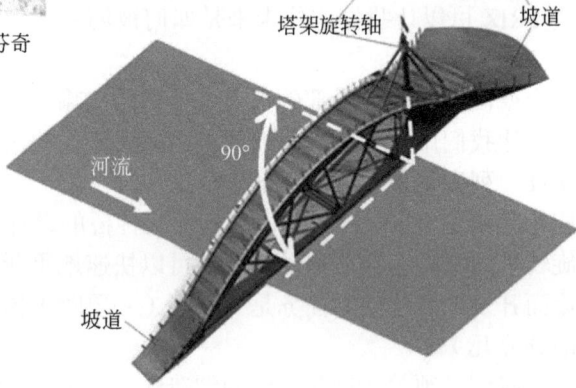

图 9.37　达·芬奇的旋转桥

　　创建两个描述的可能性是有用的，因为在培训过程中，抽取通常是唯一的目标——然后我们需要实体化的形式。

　　相反，如果我们进行彻底的改造，最好在抽取阶段指定哪个转换模型中的功能类似物将在抽取部分进行解释；相应地，用户指定抽取表行的这一部分的目的。

　　接下来，从 9.2.3 节中考虑的三个选项中选择功能理想模型。进行理想目标建模。

　　最终理想解的制定是标准理想解结构的关键组成部分。

　　一般的建议是：它应该是一个简短的描述，确定设计新解决方案必须满足的目标。对于这个问题，它应该是一个简明的答案：你最终想要什么？

　　重新发明的标准理想解应该反映出操作区域的最真实的变化，也就是变体：①在操作区域本身的层面上；②扩展操作区域，使用不在操作区域的资源；③在操作区域的微观层面上，也就是物质和 / 或能量的变化。

　　为了扩展你对这些事情的理解，请看下一个例子。

| 作品 | 达·芬奇桥 |

描述 达·芬奇发明了一个用于军事用途的旋转桥。自己的部队可以用这座桥连接河的两岸，以便安全地穿过它。必要时，这座桥可以被"收回"（转开），以防止敌军快速穿越。此外，这座桥可以在和平时期用于跨越河流，并使河流的船只得以通行。

这座桥是用拉索绕着轴架旋转的。它也得到了拉索的支持，可以使用船只或空桶作为额外的支撑。

插图：原型神器——俄罗斯浮桥（http://les.novosibdom.ru/node/468）；合成产物——达·芬奇机器（www.labirint.ru/books/121061）。

| 抽取 |

(a)　　　　　　　　　　　　　　(b)

问题原型　问题　趋势 > 简化 > 发明 > 缩放　想法　作品结果

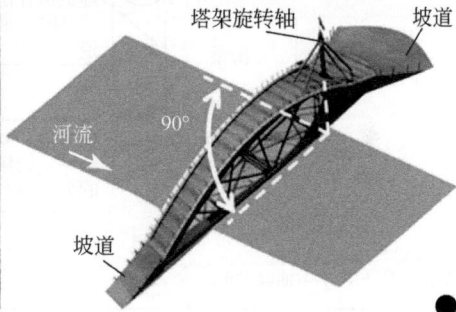

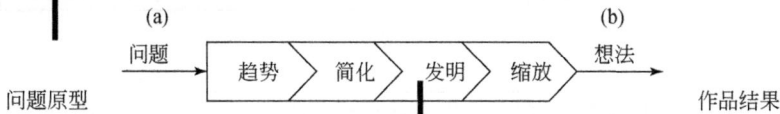

LC	序号	导航	功能
+	07	动态化	c) 一个物体是静止的，使其移动
	12	局部质量	c) 让物体的不同部分具有不同的功能
+	19	空间维数变化	a) 将物体变为二维运动，以克服一维直线运动或定位的困难，或过渡到三维空间运动以消除物体在二维平面运动或定位的困难
	32	重量补偿	a) 将某一物体与另一物体组合，以补偿其重量

| 重新发明 |

趋势 已知的桥梁（浮桥和预制桥梁）不能在需要迅速提供过境点的情况下使用，然后迅速"收回"桥梁，以允许船只通行。在一条相对宽阔的河流上建造一座桥梁，带来了许多技术上的挑战。在这种情况下，桥梁通常是用多个跨度建造的，因此每一个跨度都可以变成一个小的吊桥。然而，这样的桥梁是静止的，不能轻易拆除。

当然，如果河的宽度不太大（如在 100 米以下），则需要在任意地点建设另一种类型的桥梁。你有什么建议？

简化

最大功能理想模型：X- 资源不会使系统过于复杂，也不会造成不可接受的负面影响，它可以确保与其他可用资源一起使用。

最终理想解：一个可以快速提供并快速移除的通道。

标准矛盾（SC）– 抽取 -2S

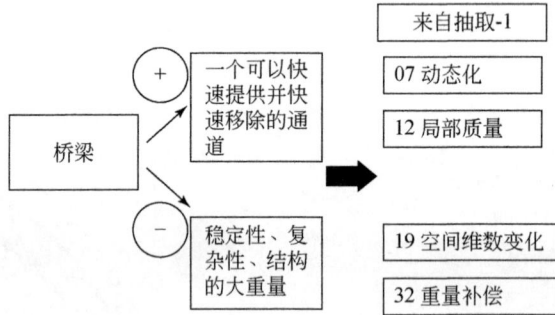

(c)

根本矛盾（RC）– 抽取 -2R

(d)

发明

为了达到目标1（加速提供和移除交叉出现），这座桥是可移动的（能够进行水平旋转）——原理 07 动态化和原理 19 空间维数变化。

为了达到目标2（在河上和河岸之间确定桥梁的位置），桥架通过拉索绕着轴向塔架旋转——12 局部质量。

为了达到目标3（桥的重量平衡），在较短的那边，在可移动的坡道下固定一个配重——原理 32 重量补偿。

基本模型：时间——桥在不同的时间间隔内执行它的两个主要功能；结构——引入某些元素以使桥能够旋转。

科学效应：	用途：旋转滑轮（如与风车进行类比）；绳索上拉举起；平衡天平；内部加强筋骨（梁）使结构更坚固
矛盾消除：	是的
超级效应：	可以用于军事目的（拒绝敌军）
负面影响：	相对复杂的建设
发展趋势：	交叉施工 / 拆除作业自动化
环境系统的变化：	塔架和坡道必须与河岸保持一致
解决方案之美：	最高等级的证据： ①这种结构以前不为人所知，没有直接对应的结构；②功能变化非常快

图 9.38　抽取和重新发明达·芬奇的桥

例 9.17 芬兰 Vihtakanta 的旋转桥

达·芬奇桥有一个主要的缺点：需要在岸边用一个沉重的平衡物来平衡重量，也就是说，在塔架一侧的坡道是由桥的旋转产生的"寄生"负荷。

然而，如果河床中间有一个小岛，就有可能建造一个自平衡的桥（图 9.39）。如果这个岛不存在，也可以安装一个人工支撑物，就像在芬兰的 Vihtakanta 大桥上看到的那样。旋转部分标记在图 9.39 中，图 9.39（a）带一个支架，旋转轴由垂直虚线表示。旋转支柱如图 9.39（b）所示。

图 9.39　在 Vihtakanta 的旋转桥（照片和视频由作者拍摄 ——2014 年 4 月 8 日）

这个 90 度旋转的桥见图 9.39（c）。一艘巨大的货船在转弯的桥边自由运行 [图 9.39（d）]，然后桥被旋转回原来的位置 [图 9.39（e）]。

这座桥的优势在于，过往船只的高度是没有限制的。

在这里，我们将为达·芬奇的桥建造矛盾，并记录下图 9.39 所示的 Vihtakanta

解决方案的最终理想解和标准理想解，并将所有这些都放入 MAI T-R-I-Z 模型（图 9.40）中进行抽取和重新发明。

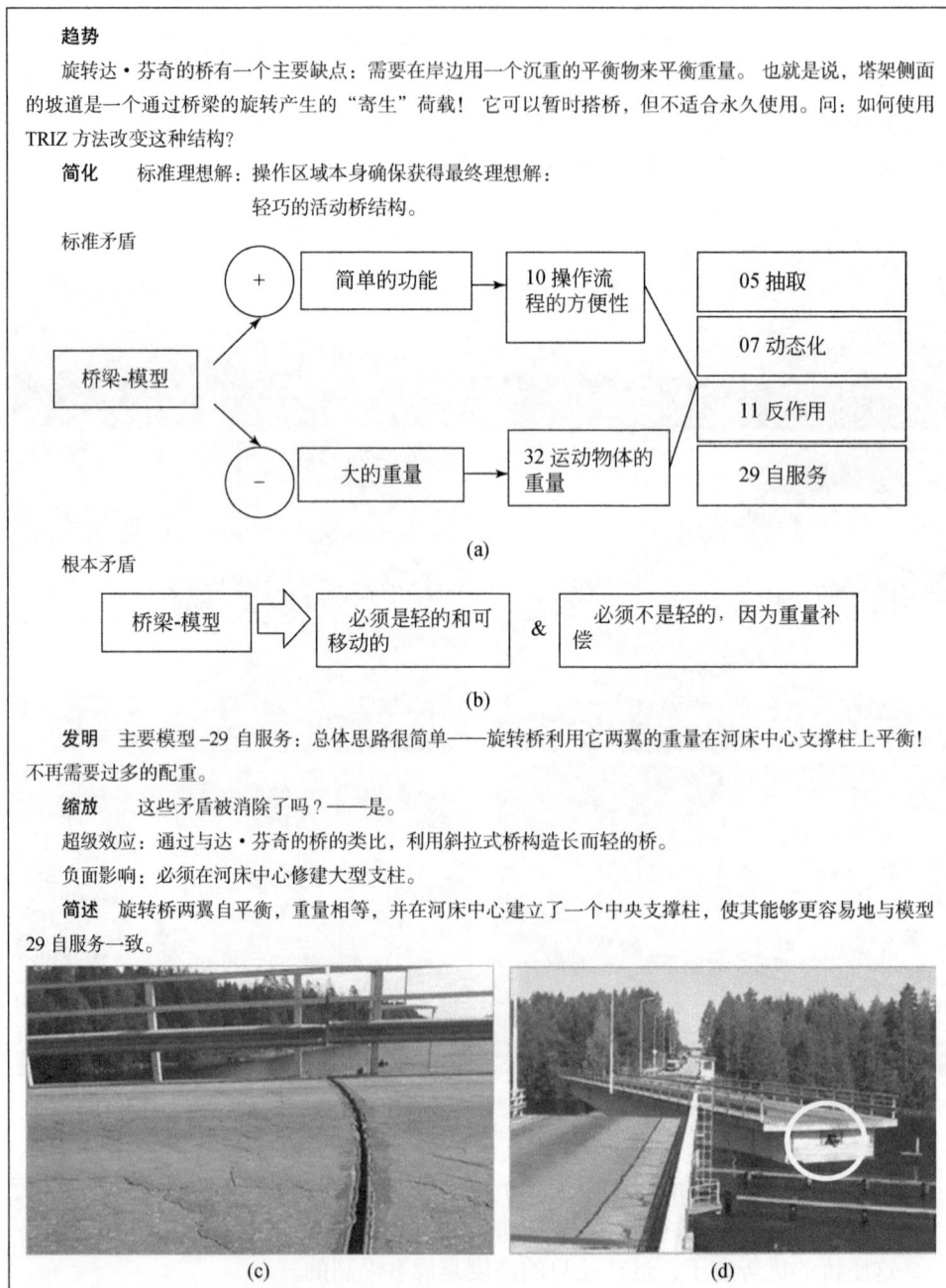

趋势

    旋转达·芬奇的桥有一个主要缺点：需要在岸边用一个沉重的平衡物来平衡重量。 也就是说，塔架侧面的坡道是一个通过桥梁的旋转产生的"寄生"荷载！ 它可以暂时搭桥，但不适合永久使用。问：如何使用 TRIZ 方法改变这种结构？

    简化   标准理想解：操作区域本身确保获得最终理想解：

                  轻巧的活动桥结构。

标准矛盾

```
                    +  ───▶  简单的功能  ───▶  10 操作流        05 抽取
                                              程的方便性
                                                              07 动态化
    桥梁-模型
                                                              11 反作用
                    −  ───▶  大的重量   ───▶  32 运动物体的
                                              重量              29 自服务
```

(a)

根本矛盾

```
    桥梁-模型  ══▶  必须是轻的和可    &    必须不是轻的，因为重量补
                   移动的                偿
```

(b)

    发明   主要模型 –29 自服务：总体思路很简单——旋转桥利用它两翼的重量在河床中心支撑柱上平衡！不再需要过多的配重。

    缩放   这些矛盾被消除了吗？——是。

    超级效应：通过与达·芬奇的桥的类比，利用斜拉式桥构造长而轻的桥。

    负面影响：必须在河床中心修建大型支柱。

    简述   旋转桥两翼自平衡，重量相等，并在河床中心建立了一个中央支撑柱，使其能够更容易地与模型 29 自服务一致。

(c)

(d)

图 9.40 抽取并重新发明 Vihtakanta 的桥梁

例 9.18　列奥纳多·达·芬奇的船闸

首先，我们回想船闸的原理（图 9.41）。

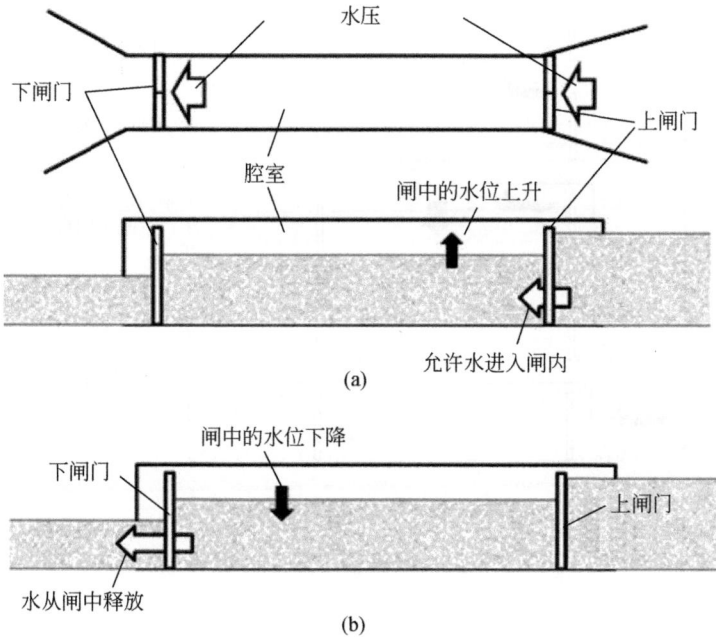

(a)

(b)

图 9.41　船闸的一般原理

如果一艘船向下游移动，则船闸的腔室 [图 9.41（a）] 就会被填满。当室内的水位和水的高水位相等时，上闸门打开，船只进入室内。然后上闸门关闭。

水通过下闸门从室内排出 [图 9.41（b）]。当室内的水位和水的低水位相等时，下闸门打开，船只离开腔室并向下游移动。这个过程在图 9.42 中有详细的展示。

如果一艘船向上游移动（图 9.43），进入腔室，并关闭下闸门。然后，腔室里充满了从上闸门进来的水。当室内的水位和水的高水位相等时，上闸门打开，船只离开腔室，然后向上游走。

必要时重复这个过程。向下游移动的船只预期通过闸门时，上闸门可能关闭或保持开启状态。

老船闸门有很多问题：

- 漏水是因为关闭时翼部不紧。

- 很难稍微打开翼部以使水从上游部分进入腔室，或者让水离开腔室进入下游部分。

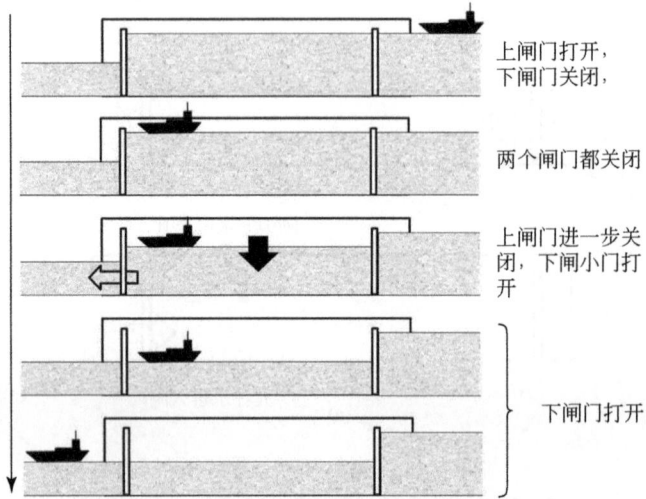

图 9.42　船从高水位向下

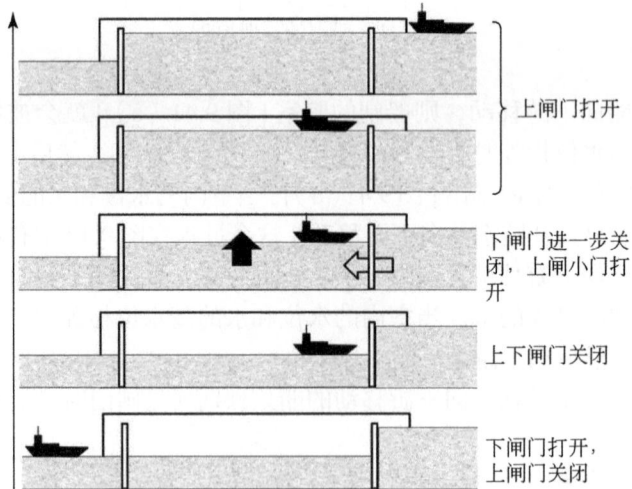

图 9.43　船从低水位向上

列奥纳多·达·芬奇项目的特殊性在于，他建议在两个闸门的底部都制作一扇小门（同时在高水位和低水位时在末端加上锁）：一种是让水从高处流入，另一种是让水从低处流出。杠杆机制被设计用来打开和关闭门（图9.44）。

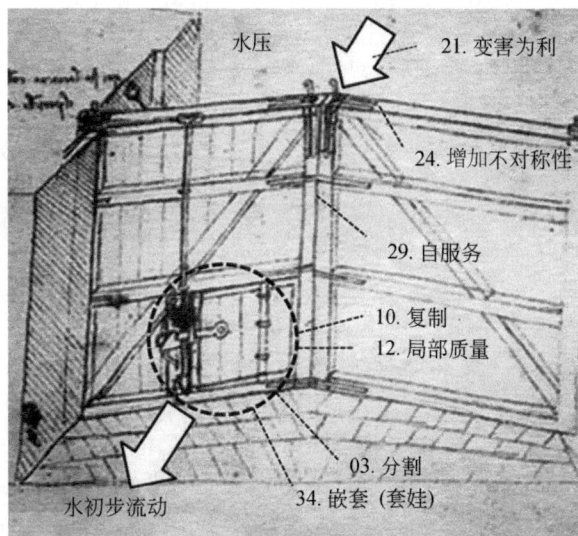

水压
21. 变害为利
24. 增加不对称性
29. 自服务
10. 复制
12. 局部质量
03. 分割
34. 嵌套（套娃）
水初步流动

图9.44 达·芬奇设计的大门

列奥纳多·达·芬奇的带有锁的大门，在底部有释放水的内置门。www.labirint.ru/books/121061。

抽取和重新发明成果见图9.45。

达·芬奇在他的另一项发明中使用了同样的原理——扑翼机（图9.46）：它的机翼有"阀门"。当机翼向上移动时，阀门打开，机翼变成格子，降低了空气阻力；当机翼向下移动时，阀门关闭，从而形成牢固的支撑表面（当滑动轴承时）。

伟大大师的思想永存！

类似的"门中门"如图9.47和图9.48所示。

为猫发明的门中门归功于艾萨克·牛顿爵士[1]，据说他想让猫带着它的小猫穿过门，这样他就不必亲自打开和关闭它，从而使专注于暗室灯光实验的伟大物理学家分心了。

---

①艾萨克·牛顿爵士（1643年1月4日—1727年3月31日）——伟大的英国物理学家、数学家和天文学家，是古典物理学的奠基人之一。

| 工件 | | 列奥纳多·达·芬奇的船闸 |

简介 列奥纳多·达·芬奇建议在上门和在较低的门内制造特殊的初始开口，以小门的形式，在打开主门之前，可以用从岸上操作的杠杆机制打开闸门。大门微微向"高水位"伸出来。

插图：原型工件——旧锁

（www.tourism.ru/docs/report/cycle/54/111/614/img/norway-08_006.jpg；resultant artifact – www.newepoch.ru/journals/18/zubov.html）

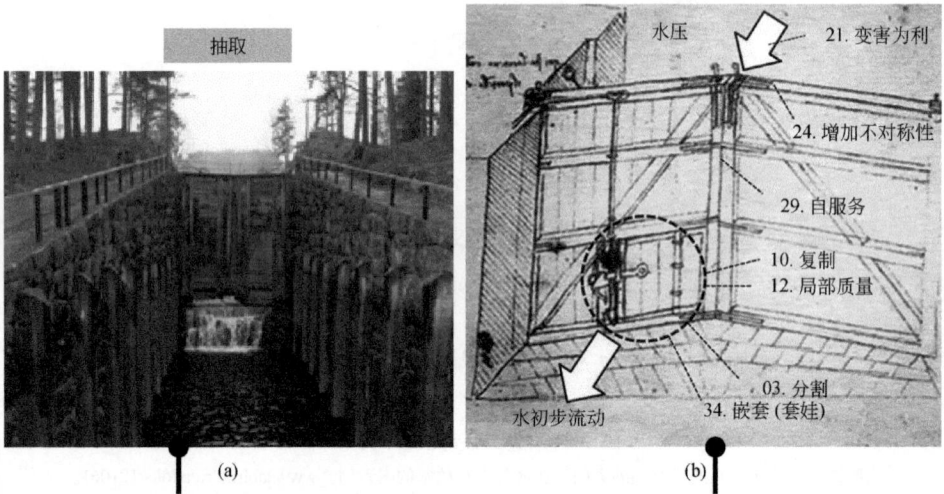

抽取

(a)

水压 21. 变害为利
24. 增加不对称性
29. 自服务
10. 复制
12. 局部质量
03. 分割
34. 嵌套（套娃）
水初步流动

(b)

过去：原型

问题 → 趋势 〉简化 〉发明 〉缩放 → 想法

现在：结果

LC	序号	导航	功能
++	03	分割	把一个物体分割成相互独立的部分，提高物体的可分性
++	21	变害为利	a) 利用有害因素，特别是环境中的有害效应，得到有益的结果
+	24	增加不对称性	b) 增加不对称物体的不对称程度
++	34	嵌套	把一个物体嵌入另一个物体，然后将这两个物体嵌入第三个物体，依此类推

| 重新发明 |

趋势 旧船闸有很多问题：

- 漏水是因为翼部在封闭的时候没有封紧；

- 很难打开翼部，让腔室里的水从上游部分进入，或者把它从腔室里放出来，进入下游部分。

如何消除这些缺陷？

简化 最大功能理想模型：操作区域本身已确定。

最终理想解：简单、快速的进水和出口。

标准矛盾（SC）– 抽取 -2S

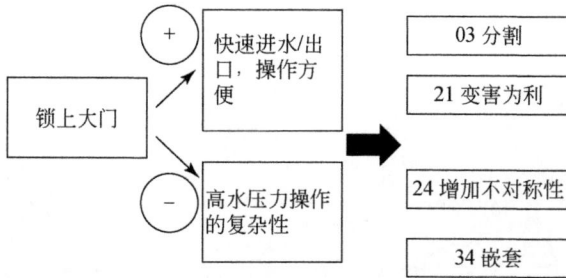

(c)

根本矛盾（RC）– 抽取 -2R

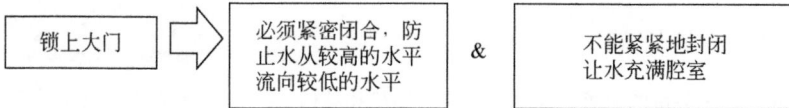

(d)

　　发明　达到目标 1（提高操作的便利性和更快地进出水流），在每个闸门的下部加装一个可以从岸边打开和关闭的额外的门，采用特殊的杠杆机构——03 分割、05 抽取和 34 嵌套。

　　达到目标 2（门的收紧），大门向"高水位"微微伸出，这样水压就会把它们挤得更近。

　　——根据原理 21 变害为利，原理 24 增加不对称性和原理 29 的自服务。

　　基本模型：大型门的一部分可以打开，而其余部分是实心的；门的结构分为几个部分。

科学效应：	液压效果，杠杆机制
矛盾消除：	是
超级效应：	在水闸和堤坝上，更可靠和可预测的水流管理使其在原则上能够简化环境系统
负面影响：	达·芬奇在他的另一项发明中使用了同样的原理——扑翼机：它的机翼有"阀门"——当机翼向上移动时，阀门打开，机翼变成格子，从而降低了空气阻力；当机翼向下移动时，阀门关闭，形成稳固的支撑表面（当滑动轴承时）
发展趋势：	最高等级证实： 1）这种结构以前不为人所知，没有直接对应的结构 2）功能实现得非常快
环境系统的变化：	在干旱和洪水期间，水坝可能应用于调节水流（在达·芬奇的工程追求中，非常重视找到解决这个问题的方法）
扩展使用：	相对复杂的建设
解决方案之美：	附加门的自动操作

图 9.45　抽取并重新发明达·芬奇的船闸

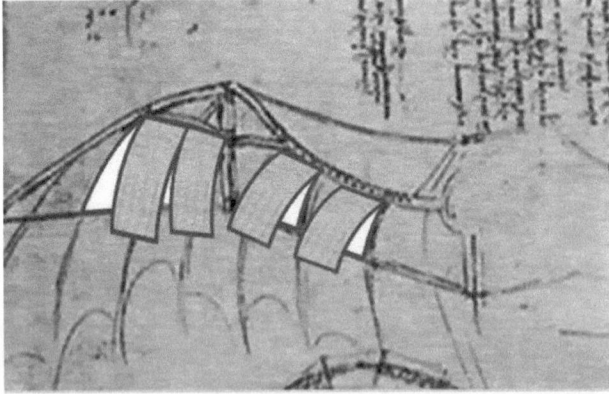

图 9.46　达·芬奇的机翼已经有了这样的形状和结构
由作者研发。

图 9.47　为猫建立的小门
www.mindhobby.com。

图 9.48　"俄罗斯"的门
www.prohandmade.ru。

9.3.5 诺曼·福斯特爵士也喜欢达·芬奇吗？

例 9.19 国会大厦的圆顶

你现在可以想象自己扮演了首席建筑师诺曼·福斯特爵士[①]的角色，他的构想是重建柏林的国会大厦（议会大厦）。无论在建筑上、技术上还是在象征意义上，首要的想法都是将玻璃穹顶（图 9.49 和图 9.50）视为主室自然照明系统中的一个元素，从而使这个景观可以在柏林被看到，就像巴黎的埃菲尔铁塔和伦敦的大本钟及威斯敏斯特教堂。

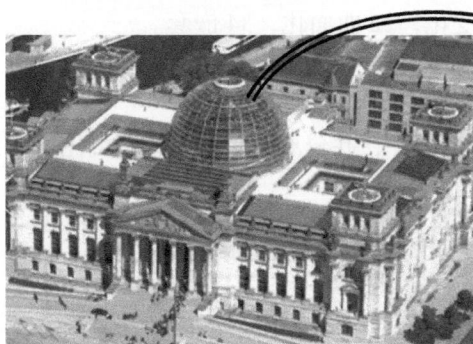

图 9.49 从一只鸟的角度看的基本图片的片段

http://www.morgenpost.de/berlin/
article104723496/Berlin-aus-der-Luft.html.

图 9.50 国会大厦的圆顶

作者于 2004 年 5 月 8 日拍摄。

让我们研究一下圆顶的第一个任务。在穹顶的内侧有一个斜坡，允许游客到达上面的平台。怎样才能建造斜坡，使来自上方和下方的游客不会相遇？ 如果坡道像图 9.51 那样建造，游客们就会互相妨碍。在这样的一个项目中，总是存在着很强的技术矛盾：斜坡有一个特定的形状，在上升和下降时，会导致来访者相互碰撞。这导致浪费时间和增加困难。坡道需要一个更理想的形状。

现在我们总结了一些方向性的例子，在示例中，通常在趋势阶段执行技术矛盾的初始模型。问题的定向求解首先要在简化阶段使模型精确而具体。在发明阶段，矛盾会继续解决而在缩放阶段结束。试着自己找一个解决方案，并将你的想法与下面的答案进行比较。

你现在准备好重建建筑师诺曼·福斯特爵士的思维过程了吗？如果是这样，我们来试一试。如果没有，从头再读一遍这本书！

在这里，我们将基于技术和物理矛盾的解决方案结合起来，特别是因为我们

---

①诺曼·罗伯特·福斯特（1935 年 6 月 1 日出生），男爵（Baron Foster of Thames Bank），是世界闻名的英国建筑师，他的公司福斯特建筑事务所拥有国际化的高科技建筑设计能力。

想要在这个例子之后，转向基于物理矛盾的转换研究。

理想的结果：访客流不会彼此相遇！

标准矛盾：斜坡 ▶ 21 形状 VS 25 时间损失 ▶ 02、15、19、22

根本矛盾：访客流必须沿相反方向移动，因为他们往返于上层平台，并且不能有访客朝相反的方向移动，以免彼此干扰。

主要资源：空间。

矩阵推荐导航仪 02 预先作用，15 抛弃或再生，19 空间维数变化，以及 22 曲面化。

阿奇舒勒分离原理 - 目录（简化，S25 部分）推荐这些导航仪，看起来非常有希望：05 抽取，10 复制，19 空间维数变化，22 曲面化，34 嵌套。

当然，我们在抽取之后有了所有的建议和解释，这使得我们的建模变得清晰和容易。

05 抽取：移除破坏性的部分（如访客离开），并分离所需的部分（类比）。

10 复制：（安装第二个斜坡！）

19 空间维数变化：用几层楼来塑造一个建筑（以某种方式在另一个楼层上放置一个斜坡）。

22 曲面化：使用螺旋（它们已经在这里使用了！）

34 嵌套：把对象放在一起；让一个物体穿过另一个物体的空腔（斜坡必须在彼此之间安装！）

图 9.52 显示了一个简单而有效的解决方案：第二个斜坡在安装过程中被 180 度旋转，它的曲线盘旋在第一个斜坡的曲线之间。斜坡是一样的，也就是，它们是彼此的副本。

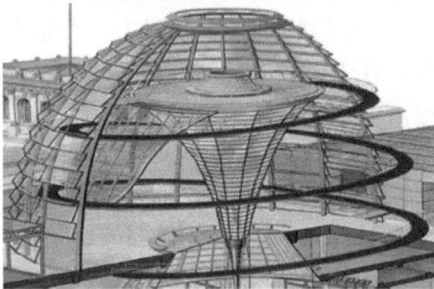

图 9.51　假设切断一个斜坡　　　　图 9.52　真正的双螺旋斜坡——独立的上升和下降

图 9.53 显示了双螺旋斜坡结构的分离入口和出口，以及两个斜坡上的运动方向。

一个伟大的想法在新的设计中延续了它的生命。诺曼·福斯特爵士将这一理念应用于哈萨克斯坦阿斯塔纳的顶级杰出建筑和文化建筑——和平与和解宫的坡道建设（图 9.54 ）。

图 9.53　白色箭头——沿着上升的斜坡移动；黑色箭头——用于下降

图片的基本片段来自 https：//c1.staticflickr.com/9/8003/6987727706_fae0c9fb56_b.jpg。

作者拍摄的阿斯塔纳
2014年9月13日

图 9.54　双螺旋形的独立斜坡——一个用于上升（白色箭头），一个用于下降（黑色箭头）——
在和平与和解宫，哈萨克斯坦阿斯塔纳建筑

　　现在，我们可以揭开在国会大厦里建造穹顶和坡道的秘密。在我们文明的发展历史上，第一次有人提出了将攀登的人流和从塔楼上下来的人流分开的想法，这个想法是由达·芬奇提出的 [图 9.55（a）]。在达·芬奇的许多手绘草图中，还有一个项目，在建筑的中心部分周围有四个旋转楼梯 [图 9.55（b）]。

　　香波城堡的楼梯 [图 9.55（c）] 是双螺旋结构最杰出的代表之一，该结构是在 1519~1547 年城堡建造期间根据达·芬奇去世后的素描再次制成的！

　　毫无疑问，伟大的达·芬奇的杰作与诺曼·福斯特爵士的杰作一样熟悉和相似，诺曼·福斯特爵士在自己的建筑杰作中再现了一个双螺旋结构的绝妙想法！

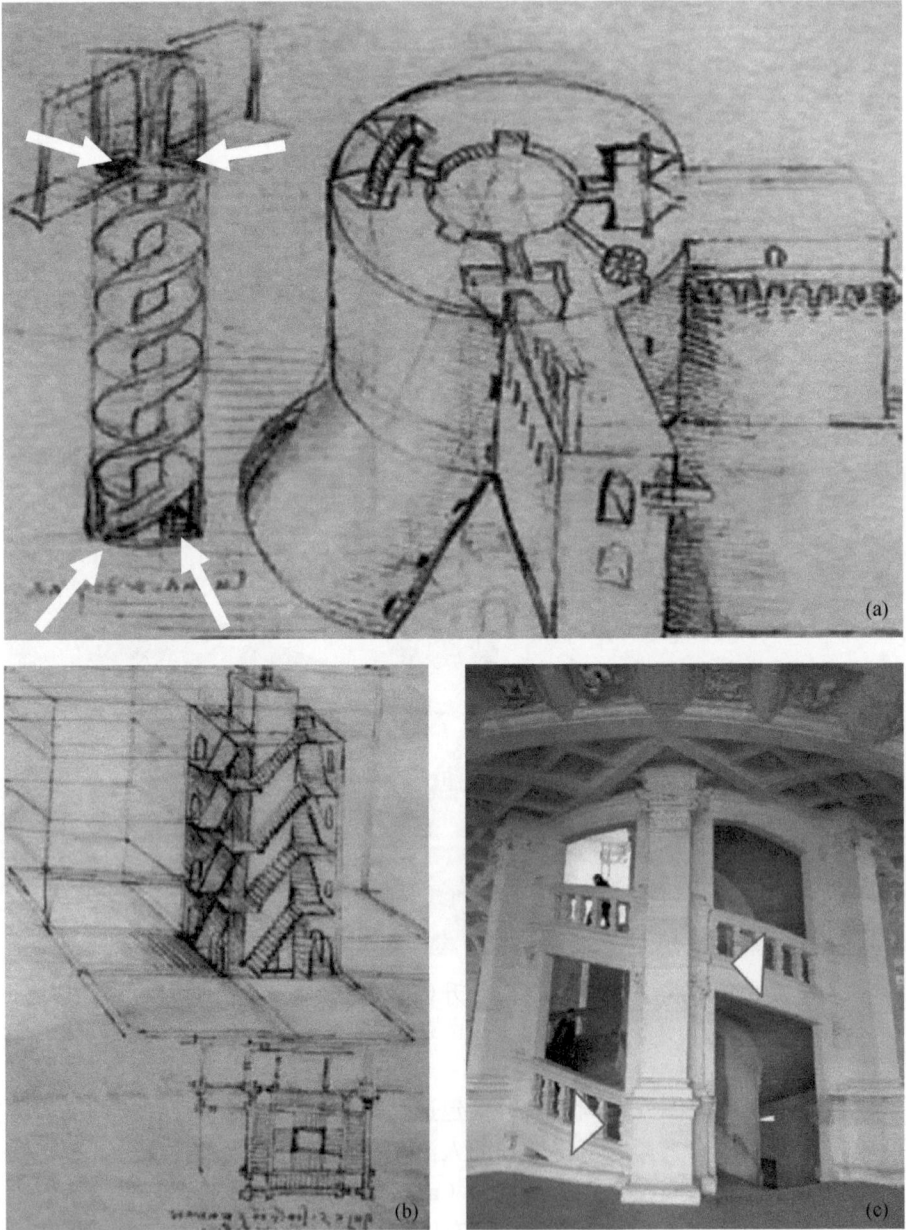

图 9.55　达·芬奇的草图

（a）堡垒式双螺旋楼梯（1488 年）；（b）四倍楼梯（始于 1490 年）；（c）基于达·芬奇理念建造的，位于法国罗依尔–切尔德的香波城堡双螺旋楼梯。基本图片来自杂志《科学与生活》。

例 9.20 国会大厅的自然光

向观景台的中央看去,一个大的圆锥体上有 360 面镜子(另请参见图 9.51 ~ 图 9.53),可将日光直接反射到国会大厅的会议室中,圆锥体悬挂在国会大厦圆顶的中央点下方(图 9.56)。

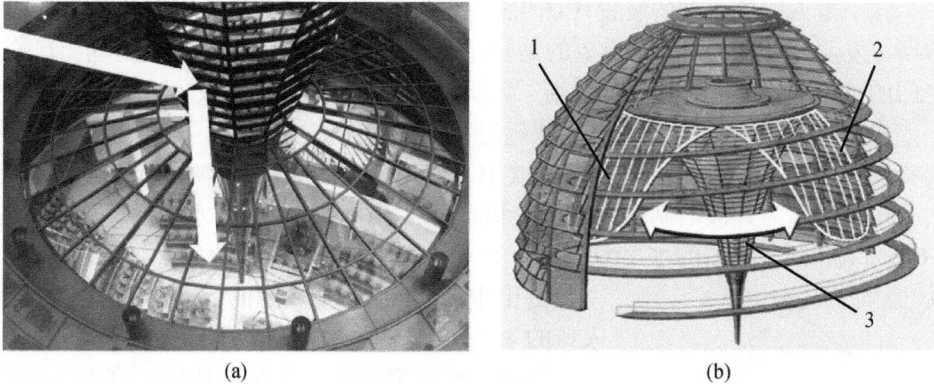

(a)   (b)

图 9.56 根据"向日葵的原则"旋转"太阳伞"

(a)自然光进入国会大厅的路径(2009 年 8 月 12 日的图片);(b)保护遮阳板的运动。

诺曼·福斯特爵士不得不解决许多矛盾。

其中一个是根本矛盾: 因为镜子是固定的,所以日光经常出现 VS 在会议室里,当耀眼的阳光使人们眩目时,光线不应该出现。

空间、时间和结构资源显然占主导地位。我们可以在 S25 和 S26 部分中找到一系列合适的 Af- 程序,我们必须检查描述的控制解决方案。

将多余的阳光从镜子中重定向(05 抽取:分离光线的破坏性部分。12 局部质量:每个部分必须在最佳条件下发挥作用——镜子),我们需要一个以前安装的遮阳板(18 中介物:暂时包含另一个对象。28 预先防范和 39 预先反作用:灾难的措施和逆效应必须提前计划),类似上部穹顶的形状(22 曲面化:从平面移动到球),安装在锥镜(3),和跟随太阳的运动的起始位置 1 的最终位置 2(07 动态化:物体的特性在每一步都应该是最佳的;物体应该是可移动的。22 曲面化:改变为旋转运动。19 空间维数变化:过渡到空间运动)。

该过程的描述被有意地集成到解决方案中,以便您可以详细了解上下文中的过程功能。您应该仔细阅读描述,并尽可能多地考虑这些片段,直到把整个描述作为一个整体来理解为止。而且,和往常一样,你被邀请去执行抽取和重新发明!

太阳能量参与了遮阳板的运动和最大功能理想模型方法的实现:OZ 本身解决了它的问题!

9.3.6　空气中的水：操作区域的魔法粒子

例 9.21　低成本的太阳能净水器®

这一令人印象深刻的装置①（图 9.57）是由来自德国慕尼黑的工程师斯蒂芬·奥古斯汀发明和开发的。同样重要的是要注意到他的活动主要与"捐赠运动"有关。也门的试点项目是在慕尼黑的汉斯 - 萨斯 - 斯蒂芬基金会的财政支持下实现的。

对我们星球的观察表明，全球超过 70% 的表面被水覆盖。地球上 97.2% 的水资源都是海水，因此不适合人类饮用和使用。剩下 2.7% 的淡水同样是人类无法获得的，因为其被限制在极地冰盖和高山冰川中。只有地下水（地球总水量的 0.625%）和河流湖泊的水（0.017%）对人类来说是容易获得的。

由于生态、经济、地理和 / 或政治原因，世界人口的 40%（25 亿人）无法获得干净的水！

目前，在贫穷和阳光充足的地区，许多人必须每天使用脏水。海水不是一个可行的来源，因为大多数海水淡化装置都很麻烦，需要持续的技术维护和支持，而且最重要的是，它非常昂贵。

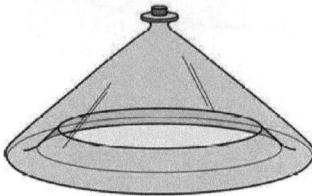

图 9.57　水锥的锥形部®

人工 - 发明

"低成本太阳能净水器"是一种产品，它能使任何人都能以最简单的方式独立操作廉价且可移动的太阳能设备，这种设备可以利用太阳能蒸馏器的冷凝作用，从海水或咸水中产生饮用水。从技术上讲，这是一个太阳能蒸馏器。

这项发明是由一个锥形的、自给自足的、可堆叠的装置来表示的，它由透明的、可热成型的聚碳酸酯（和饮水机一样）制成，顶部有一个螺旋盖喷嘴，底部有一个内圆的收集槽。

将咸 / 微咸水倒入平底盘（图 9.58）。然后将水锥浮在上面。黑色的平底盘吸收阳光并加热水以支持蒸发。锥面可以直接放置在地面上。

蒸发的水以小滴的形式冷凝在锥体的内壁上。水凝结成圆锥内壁的水滴。这些水滴从内壁滴入锥面底部的圆形槽中 [图 9.59（a）]。通过拧开圆锥顶端的盖子，并把锥面颠倒过来，你就可以将收集在水槽中的饮用水直接倒入饮用装置中 [图 9.59（b）]。水锥（直径为 60 ~ 80 厘米）每天产生 1.0 ~ 1.7 升冷凝水。

在这个例子中，最重要的是使用 Maxi– 功能理想模型（图 9.60 和图 9.61），因为从空气中获得最终理想解是从 OZ 中以水滴的形式获得的。

---

① 基于以下网络资源的引用：www.augustin.net；www.watercone.com 和 http：//www.kabeleins.de/tv/abenteuer-leben/videos/we-are-made-in-germany- 2-clip。

图 9.58　将设备安装在平底盘（a）上，放在泥（b）和沼泽（c）中

图 9.59　在锥壁（a）上冷凝水，然后将饮用水倒入瓶中（b）

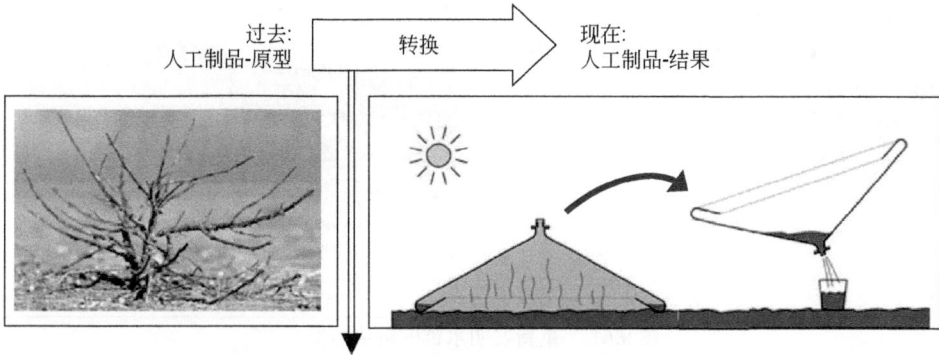

抽取-1C			
LC	序号	导航	说明
++	01	物理或化学参数改变	使用冷凝水的液滴
++	12	局部质量	在当地使用空气、温度变化；把水收集到圆锥底部的水槽里
++	19	空间维数变化	使用圆锥的内侧来收集（浓缩）水滴

图 9.60　水锥抽取 -1C 的简单结果

重新发明：ZEL TEC – 水锥

趋势 地球上的广大地区缺乏水。

在炎热的季节里，还有更多的干旱地区缺水。气候变暖不断加剧了水资源缺乏。传统方法的海水淡化在工业规模上需要大量的能量，这也导致了水资源的缺乏。

此外，由于干旱地区人口密度低，水供应很复杂，水必须输送到大片地区的一小部分人，用水的成本太大。我们能做什么呢？

(a)

简化 让我们制定一个奇妙的要求：

微功能理想模型，或深化于 OZ 的功能理想模型：

物质或能量粒子形式的 X- 资源位于 OZ 内，并确保与其他可用资源一起获得最终理想解：

每天都有足够的水到我家来

标准矛盾：1）水 ► 材料的数量 VS 温度 ► 26 VS 34 ► 12，19，23

2）水 ► 生产率 VS 温度 ► 01 VS 34 ► 01，02，04，33

根本矛盾：水 ► 一定（要喝）VS 一定不要（取决于温度）。

发明 为了当温度变化时，如昼和夜，通过凝结来抽取空气中的水分，应用以下模型：01 物理或化学参数改变，02 预先作用，12 局部质量，19 空间维数变化。

提议在透明锥的内壁上凝结和收集水，如在夜晚，在冷却的空气中放在一个保护（和其他目标）圆盘上，凝析液沿着锥底的圆周向下流入水槽，然后从倒锥的上口倾泻而出。

(b)

缩放 矛盾消除。

图 9.61　重新发明水锥的解决方案

现在我想回到图 9.7 所示的 OZ。

本书这一部分简要描述在 OZ 中解决问题和产生想法的过程中的行动，如下所示。

根据图 9.7 所做的操作区域变换过程如下：

1）在 OZ 内选择感应器和接收器。

2）矛盾的定义，以防止接收器获得所需的性质或反映 OZ 中存在的其他问题。

3）确定在 OZ 中已经存在的资源和额外需要的资源。

4）为 OZ 制定最终理想解和功能理想模型。

5）根据以下内容选择转换模型：

- 转换通常应用于感应器，它自己的资源和其他资源，或者引进到 OZ；

- 实现转换的目标是用理想的最终结果或完全消除矛盾来代替矛盾。

选择转换的方法是由矛盾的类型、资源的类型或最终理想解的性质决定的，这也导致了选择最积极地"参与"转换的主导资源。我们已经在之前的部分中看到了这样选择的先例。

在这一时刻，我们提醒读者注意正确选择 OZ 的角色和资源、定义最终理想解，以及自然地选择转换模型以最大限度地来解决问题。

例 9.22　空气水力发电站，安德烈·卡桑捷夫

空气水力发电站是俄罗斯工程师安德烈·卡桑捷夫的发明（专利号 WO2013157991A1）。

空气水力发电站（图 9.62；下面的文字来自 http：//airhes.com）包括下游（水的流出）1，上游（水的流入）2，沟渠（管道，水门）3，涡轮发电机 4，网格、织物或薄膜表面 5，飞艇（空气气球）6，紧固绳索（提绳，线）7，从云收集水 8。

飞艇（6）在当前的大气条件（通常 2～3 千米）的高度接近或高于露点（云

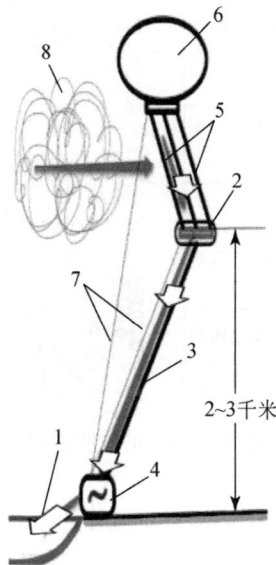

图 9.62　空气水力发电站

http：//airhes.com。

层凝结水平）的高度（5）。在完工后大气水分开始从云凝结在表面（5）。表面（5）上的排水系统将水收集在一个小水库似的上游（2），在整个水头压力下（2～3千米），流经下游或管道（3）（1），因此涡轮发电（4）。通过使用相同的飞艇（6），可以很容易地将空气安装在任何方便的地方，供电力和水的使用者使用。

如果此时风势稳定，或者如果它是一种便携式装置（如游客或军事需求皆可使用该种便携式装置），则可以不用飞艇（6），而是在空中将表面（5）像滑翔伞的翼部用作独立设备组件（就像在放风筝时一样）。

另外，表面（5）可以通过完全或部分金属化来维持（如通过编织金属丝）。这将增加结构强度并减少太阳热，以便通过填充电场增加水蒸气的凝结（正如电晕放电所做的实验的原理），以及减少由电流供应而产生的冰量（图 9.63）。

抽取 -1 C	
导航	说明
01. 物理或化学参数改变	使用冷凝水滴
12. 局部质量	使用云中的水在一定海拔上的露点；用织物收集水并将其运输到发电站中
19. 空间维数变化	在高海拔处使用定位来收集云中的水
20. 多用性	生产水和电力
29. 自服务	水循环是人类无穷无尽的能量来源
32. 重量补偿	用飞艇或风筝增加织物或金属膜的重量

图 9.63　安德烈·卡桑捷夫为空气的发明抽取解决方案的方法

空气水力发电站的主要区别在于空气中水分的凝结，初看，这似乎是一种奇怪而不切实际的好奇心。然而，事实上并没有什么特别之处。世界上有几个所谓的"雾收集器"这样的工作系统。例如，智利在 1987 年测试了一种收集饮用水的装置。

有趣的是，在得到这个解决方案之后，我开始在互联网上搜索这些想法的关键词。我在 1915 年的一篇文章中意外发现,天才尼古拉·特斯拉[①]离实现这个想法只剩半步:他对所需的资源的原则估计是正确的,但还没有找到一个计划来实现它,即使必要的技术在几百年前就可用。真遗憾。如果他追求这个想法,那么我们就会生活在一个不同的世界——干净、生态、丰富、没有石油战争等。不幸的是,由于这种疏忽,人类已经浪费了一百年!

众所周知,到达地球的太阳能大约是人类需求的一万倍。大约四分之一的水分蒸发了,而且几乎总是或多或少地在世界各地的大气中均匀地聚集。由于每年降水量约为 100 万立方千米,平均高度为 5 千米,这可能产生约 810 太瓦的潜在能量,比人类目前的所有需求(13 ~ 16 太瓦)高出 60 倍以上。

标准的水电只能使用这种能量的一小部分,因为所有的降水在到达地面的过程中失去了大部分的潜在能量,主要是在克服空气阻力和落到地面上的过程中被消耗了。为了更好地利用这种潜在的能源,有必要在水凝结的高度收集水,并使用所有可能的垂直水压头。这就是这个发明的精髓所在。

9.4　第9章研讨会

建议不间断地训练你的抽取和重新发明技能,这是非常明智的。这必须成为一种习惯和专业要求。

这是例行公事,如国际象棋棋手,当他们独自一人时,经常下棋或分析著名的棋局,以找出新颖的想法。音乐家和运动员当然也要进行类似的训练。

所有这些都是在自我完善的漫长而曲折的道路上的一步。

现代 TRIZ 为自我完善创造了新的机会,提供了一种交换有效例子的技术。利用发明元算法 T-R-I-Z 的格式,为展示信息过程的标准化提供了支持。

你可以在这里开始你的自我训练!

练习 1　OZ 通常是 TS 的局部区域(面积、空间)吗?

练习 2　它的整体是否可以被认为是 OZ?

练习 3　OZ 是问题的中心吗?

练习 4　重新发明学习了"过去是"和"是"之间系统状态的转换吗?

练习 5　发明是"是"和"应该是"之间系统状态的转换吗?

练习 6　在 OZ 的"游泳运动员"问题中,什么是主要的感应器——水池还是水?

练习 7　在 OZ 的"跳水运动员"问题中,什么是主要的感应器——水池还是水?

[①]尼古拉·特斯拉(出生于 1856 年 7 月 10 日)是一位塞尔维亚裔美国人,伟大的发明家、电气和机械工程师、物理学家和未来学家,以他对现代交流电(AC)电力供应系统设计的贡献而闻名。

练习 8 你能在脑海中重复并向听众解释一下 TRIZ 功能的方案吗(图 9.19)?

练习 9 是否有可能改变例 9.5 的 GC，例如，以如下的根本矛盾为例：

游泳池必须有（在水中保持）又必须没有（这样游泳者就不能碰池壁）。

练习 10 是否有可能改变例 9.5 的 GC，例如，以如下的根本矛盾为例：

游泳者必须到达游泳池（因为他在游泳），又不能到达游泳池边缘（这样他就不能碰它）。

练习 11 我们能否制定出例 9.5 的以下 Maxi- 功能理想模型：

操作区域本身确保获得最终理想解：

游泳池本身不允许游泳者接近它。

练习 12 我们能否制定出例 9.5 的以下 Maxi- 功能理想模型：

操作区域本身确保获得最终理想解：

水不允许游泳者接近池壁。

练习 13 指定为达到练习 3 中形成的 FIM 所需的感应器"游泳池"的可能物理动作：a）将游泳运动员推开；b）离开游泳运动员；c）约束游泳运动员。

练习 14 指定为达到练习 3 中形成的 FIM 所需的感应器"水"的可能物理动作：a）把游泳运动员推开；b）把游泳运动员带走；c）约束游泳运动员。

任务 1 安德烈·波切利于 2009 年 5 月 23 日在柏林德意志歌剧院举行的音乐会[①] 当走上舞台时，这位杰出的男高音由一位助手陪伴，唉，因为歌手是盲人。安德烈出生时视力不佳，在 12 岁的时候发生了一场足球事故，他失去了改善视力的希望。球击中了这个男孩的脸部，他不得不接受了超过 24 次眼科手术。

安德烈在演绎了几首咏叹调之后，和他的助手一起离开了舞台。突然，他独自一人回到台上，没有他的助手！安德烈毫不费力地沿着舞台的边缘走到了指挥台上，我看到他这样做时感受到了震撼，让我暂时分心，无法专注于他的表演。在演出结束时，我看到他在雷鸣般的掌声中走着，沿着舞台边缘和乐池之间的路线返回，然后消失在后台。

创造性的技术问题：是什么让歌手可以这样移动？

使用下面的小提示：歌手自己控制他的动作。

任务 2 在晴朗的天气里，在干净的天空中做云彩广告 该事件发生在 2002 年 7 月的纽约长岛，晴天。花园城市上方的天空中突然出现了巨大的字母。它们像 PowerPoint 动画一样，从左到右快速逐个元素地"绘制自己"。

这是如此地出乎意料和势不可挡，以至于人们只能欣赏这个结果，甚至不去试图弄清楚一个著名的啤酒厂品牌的形象究竟是如何凭空出现的。不过，人们可以看到，字母的垂直元素沿着整个高度从左到右填充。

[①]柏林德意志歌剧院位于比斯麦大街 34-37 号。

在短暂的休息之后，同样的品牌先后出现了第二次和第三次。天空中装饰着著名的荷兰啤酒制造商——喜力。

在这种兴奋中，作者记得他有一个小型的数码相机（他随身携带只是为了这种场合），在风吹散字母之前，他有足够的时间拍几张照片（图9.64）。

图 9.64　晴空的"多云"广告

问题1：使用充分的可用信息和 TRIZ 对情况与操作区域进行分析，设计制作这样的字母的方法。

提供一个一般性答案，包括关键的空间和结构原理，主要的感应器（技术对象！），以及对实现过程的描述。物理和化学细节可以省略。

小提示：这个方法可以用来在天空中创造出由"矩形"字母组成的单词，也可以用来制作任何"曲线美"的图像。

问题2：从这个奇妙的技术和美观的解决方案中抽取 TRIZ 模型。

并记住"奇迹的消失"现象，根据该现象，发明思想是：①在被发现之前是不明显的；②在它出现的时候被认为是一种不寻常的、杰出的现象，即"奇迹"；③在被解释之后，被认为是一种常见的、简单的现象。

不要忘记平凡的奇迹！

它很可能是创造力的精髓。

任务3　不倒牙刷　对能够在光滑平整的表面上支撑自己的牙刷进行抽取（图9.65）。为了使它成为可能，牙刷的底座是用一个弹性吸盘（用白色椭圆标记）的形式制成的。牙刷被压在光滑的表面上，将空气从弹性底部挤出来，牙刷粘在表面。这种牙刷不仅能抓住水槽或浴室的桌子，还能抓住釉面砖和壁挂式镜子。

任务4　可视化停车过程中驾驶员的动作　尼桑开发了一套系统，帮助司机在停车的时候可视化驾驶动作。该系统由四个微型摄像机组成，提供了汽车周围的全景。车载计算机处理从摄像机接收到的信息，绘制出汽车及其邻近区域的俯视图（图9.66，www.mikeslist.com）。

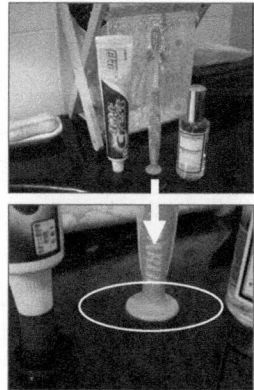

图 9.65　不倒牙刷

图 9.66　停车时在驾驶员监视器上看到的汽车

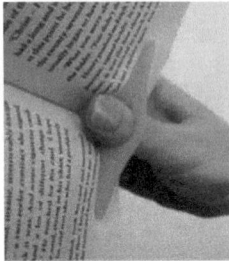

图 9.67　书签（书架）

图 9.68　韩国的高尔夫球场

生成的图片类似于一台高出汽车约 15 米的摄像机拍摄的视图。显然，有了这样的视觉支持，驾驶员的操作将更加准确和安全。

提示：原型工件是一辆没有这种管理系统的汽车。当停车的时候，司机会用侧视镜和后视镜从前面和侧面的窗户往外看，并且经常回头看后面的窗户。有时，司机必须下车，以便更近距离地观察汽车周围的物体，这样他 / 她就可以避免在停车过程中损坏这些物品和汽车。

任务 5　书签 / 书架　为了更方便地固定一本打开的书，读者可以使用一个装在拇指上的塑料板形式的特殊设备。当这本书被合上时，这个板子就会变成书签（图 9.67，来自 www.thumbthing.com）。

提示：原型工件是一本我们必须用两只手握住的书，这并不总是方便的。

任务 6　高尔夫俱乐部练习场地　经常光顾高尔夫俱乐部的高尔夫选手使用被高高的金属丝网围栏围绕的人工运动场进行练习（图 9.68）。球场与击球位置间有强烈的倾斜。这样做是为了让球滚回高尔夫球员在的地方，以便可以重复练习。这也使得收集球变得更加容易。

提示：原型工件是一个高尔夫球场，球员或高尔夫俱乐部的雇员必须手动地去收集球，这需要花费大量的时间和精力。也使得几十名球员几乎不可能在同一时间练习。

练习 15　为图 9.46 ～图 9.48、图 9.54 ～图 9.56 所示的工件进行抽取和重新发明。

任务 7　Vihtakanta 与道路两端交叉口的正确设计

这个简单的例子有点恶作剧！假设桥的边缘呈直角形状（图 9.69）。旋转开始时，它不能脱离与道路的接触，返回时，它不能直接停靠在道路上——见图 9.69。

这里有个问题：我们如何在旋转结束的时候把桥停靠在两边的道路上？我希望你发现这是一个"无法解决"的普遍矛盾！

请试着制定你自己的矛盾和最终理想解，然后选择功能理想模型并提出一个可能的解决方案。在获得构想之后，执行抽取和重新发明，也许一个模型或多个模型可能出现在阿奇舒勒矛盾矩阵中。

你可以在图 9.40 中找到一个明确的解决方案。

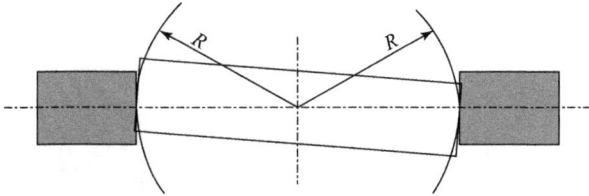

图 9.69　Vihtakanta 与道路两端交叉口设计

由于桥的端部和道路的两个对接件成直角形状，桥梁和道路的连接与断开"不可能"。

任务 8　如何可靠地连接 Vihtakanta 桥梁和道路的末端

在旋转结束时，如何牢固地将 Vihtakanta 中的一座桥梁 [图 9.39 (e)] 与该桥两侧的道路连接起来？在对接之前（图 9.70，在白圈内），如果你在停靠之前注意 OZ 角色（即桥梁和道路边缘）的水平（图 9.70，白色圆圈），就会发现问题。很难把桥和路的末端都精确地对准在一个水平！但是，桥梁和道路必须在完全相同的高度上，以方便运输！

提示 1：在桥的建造中一定要使用 Maxi- 功能理想模型！

提示 2：请看图 9.70！在白色圆圈内的一些对接装置。在你看来它有什么用？试着独立地制定矛盾和最终理想解，然后选择功能理想模型并发明一个可能的解决方案。在解决方案之后，执行抽取和重新发明是非常有用的，并且也许应该有一些模型（s）不会从 A- 矩阵中获取。

图 9.70　桥梁和道路设计的理想模型

对接桥梁和 Vihtakanta 的道路的视频（作者，2014 年 4 月 8 日）在这里只是用来夸大这个例子的推测情况。

任务 9　不可思议的事情——用鱼来"拖钓"

去年夏天（2014 年），我们在芬兰的朋友加利纳和尤里·纳里什金家度过了一个小小的假期。

我和尤里成为朋友已经有 50 年了。我们的友谊始于明斯克的拳击区。他是重量级的，我是中量级的，尽管我们经常被安排在一对混合组合中：速度对抗重冲击（反之亦然）。

不是渔民不能住在湖边的房子里！这是我第一次"真的"钓鱼！

我们在支架上放置了 10 根钓鱼竿 [图 9.71（a）]，并在上面装上了刨床 [在图 9.71（b）的背后]，然后沿着海岸慢慢移动，观察刨床和声呐屏幕上的底部轮廓。

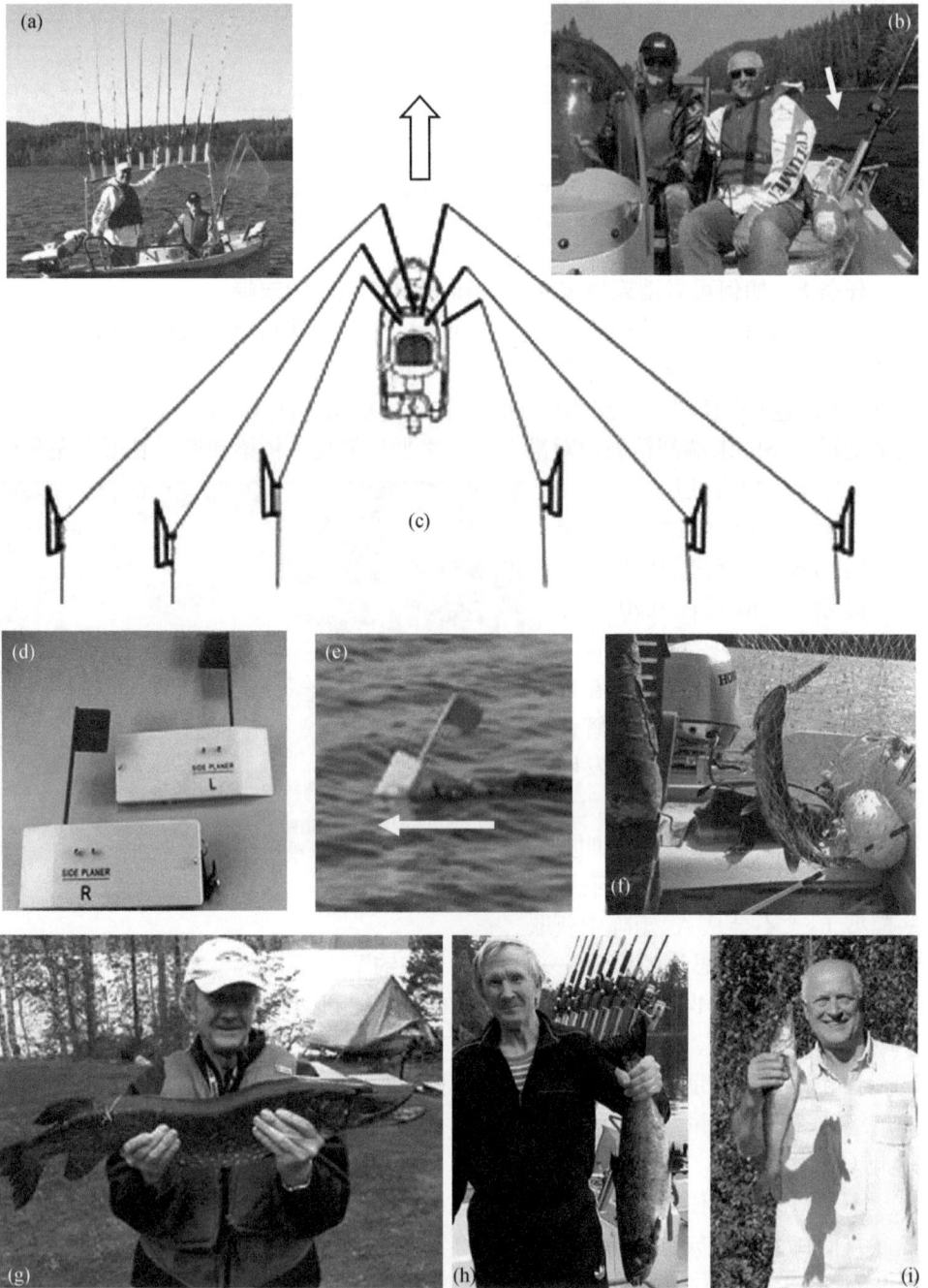

图 9.71　在芬兰捕鱼（作者于 2014 年 8 月 5 日拍摄）

拖钓计划[图9.71(c)]的设计如下：每条钓鱼线都配有单独的刨床[图9.71(d)]，船的左侧应该是左侧刨床（用L标记），右侧应该是右侧刨床（用R标记）。刨床有斜面，通过斜面将它们拉开，以露出船运动时的钓鱼线（类似于空中的风筝）。刨床确保鱼线不交叉，以免鱼线缠结。一项巧妙的发明！

每个刨床都有一个小的信号旗[图9.71(e)]，当鱼抓住诱饵并上钩后，该信号旗就会掉下来。然后我们轻轻拉正确的钓竿，及时升起渔网抓到鱼（在渔网中是我的梭子鱼）。好的钓鱼方法给主人带来更大的鱼（图片中的梭子鱼8千克、鲑鱼4千克）。我作为一个新手，很高兴在第二天钓到小梭鲈。

现在的学习任务是：实现两个重新发明。第一个是单刨床，第二个是通过释放不同长度的鱼线来正确安置刨床。主要提示：只使用Maxi-功能理想模型！

关于重新发明的具体建议：解释刨床的物理原理。

哦，还有去芬兰的独特的湖泊钓鱼，寻找蘑菇，收集越橘。有一次，我们甚至还遇见了芬兰总统，也在热情地采摘着小红莓！

要继续学习TRIZ，仔细研究这个案例真的是值得的！

第 10 章 定向开发系统

纵观整个人类历史，源源不断出现的新发明方法推动着技术的发展。简而言之，新发明方法是一种将毫无头绪的思想和天赋转变为能够有意识、系统地解决新技术挑战的途径。[①]

——根里奇·阿奇舒勒

10.1 系统发展和演变

10.1.1 TRIZ 法则

在本节中，我们将提供有关 TRIZ 的一些系统开发和进化的想法。需要明白的是：首先，TRIZ 知识发展模式对于新想法的产生和解决方案的构建很有必要；其次，在 TRIZ "法则"基础上我们能够制定出解决问题的策略和措施。

每一件成果都是整合各种知识和创造力的结晶。整个现代科学，特别是 TRIZ 的一个重要目标，就是学习从人工制品、技术系统和整个文明的发展史中提取知识；另一个目标是学会如何应用以往的宝贵经验有效管理人类文明的后续演变。

在技术特征中，总是有一个主导系统并且对系统影响最大的特征。有时候这种特征被假定为效率的等价物，但这并不总是正确的。

每个特征的增加都受到系统的物理属性或系统中嵌入的思想实现范围的限制。因此，可以用对数曲线的形式来表示参数化的进化过程（图 10.1）。

通常，在既定类型的系统开发资源枯竭后，会出现一种新的系统类型代替旧的系统。新系统和旧系统的使用目标相同，但它具有更好的技术特性和更高的效

[①]根里奇·阿奇舒勒. 如何学习发明. 坦波夫：坦波夫书籍出版社，1961（俄文版）。

理论情况的上限值(水平线)

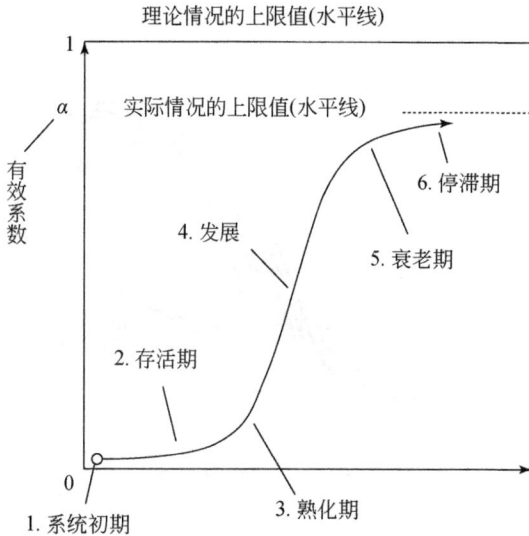

图 10.1　一个系统类型中主要参数的逻辑曲线（S 曲线）演变过程

率（图 10.2）。通常，这种过渡是进化的。

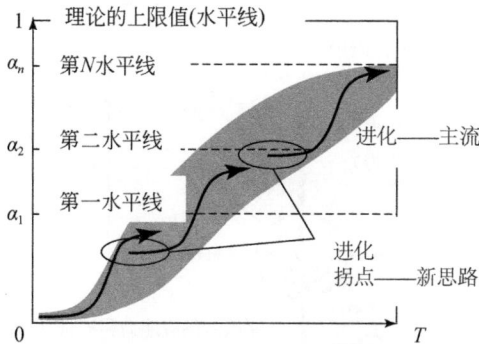

图 10.2　进化曲线系：作为分支的进化划分类型图

例如，当螺旋桨飞机因提高飞行速度而增加能量损耗时，它们被喷气式飞机所取代。但是，就效率而言，这两种类型的飞机仍然各具优势：螺旋桨飞机适合短途飞行，而喷气式飞机主要用于长途飞行。

几乎任何人造物品的商业化演变都受到不同用户需求的影响和驱动。这就是为什么飞机、手机、电视机、电脑等有如此众多类型的原因。这种转换不会改变系统类型。因此，本书着重表示"典型性内部演化"（图 10.3）。例如，在2005 年的某一个时期，三星公司制造的手机类型超过 164 款！

理论的上限值(水平线)

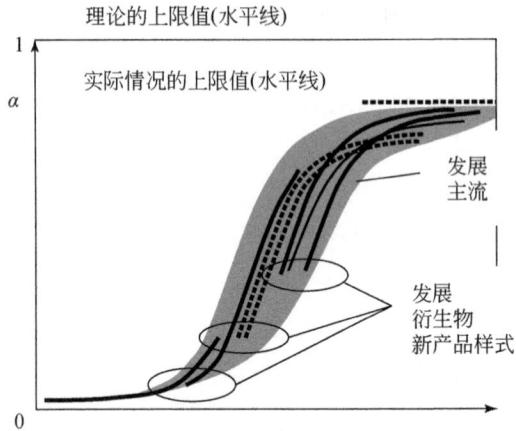

图 10.3　S 曲线的发展系：发展作为分支——类型内的划分

　　分支（分叉）的每个"点"都是两种主要驱动力之间的冲突：不断增长的需求（需求，"拉"力）和不断提高的生产力（供给，"推"力）。如果生产力不能满足日益增长的需求，矛盾就会出现（图 10.4）。

理论上限（水平线）

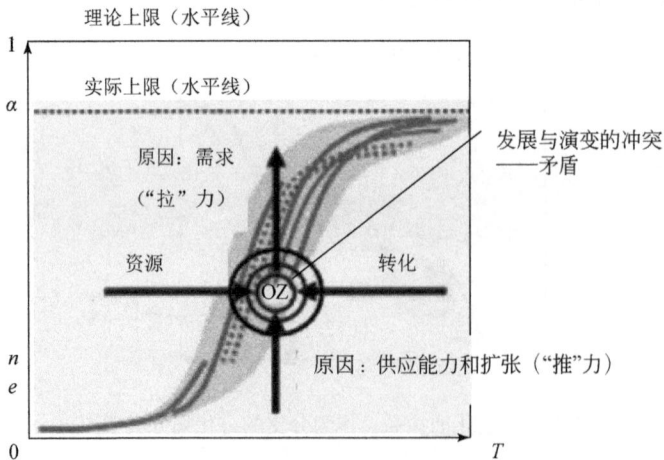

图 10.4　S 曲线上的 OZ 表示

　　而当 OZ 资源处于不足或枯竭状态，并且转化潜力有限时，这些矛盾就会加剧，这种情况下，使用 TRIZ 往往能够有效解决问题。

　　图 10.5 表示不断蔓延的 S 曲线，显示了我们文明的"力量"，即被吸收的物质、力量和信息资源的总和。而不断扩大的信息量将驱动未来文明的发展，主要趋势是开发高效的演化方法和管理模式。TRIZ 在这些方法中占据主导地位。

力量

全球社会、地区或公司

系统发展管理——当下和未来

发明和预测未来

知识——尤其是
过去80年来

加速增长

能源——过去150年来

资本——过去200年来

土地——过去几百年来

自然资源——数千年来

21世纪

2000年

时间

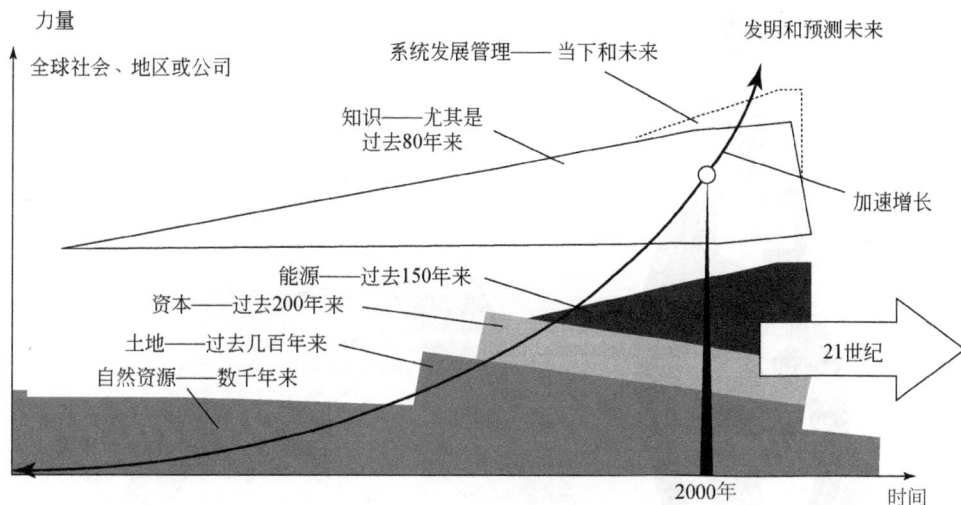

图 10.5　主宰人类文明发展的战略平台

总体而言，人类文明的发展由基本需求的质变驱动[①]。但是，也迫切需要精简现有的和新兴能力的使用。现代世界之所以在自我毁灭的边缘，主要是因为原始自然环境的容量已经达到极限。

社会不能保证每个人都会进化成一个正派的人。现代世界存在不负责任的人和不道德的恶习。还有一些以损害数百万人利益赚钱的人，如毒品、药物滥用等，而这些都是破坏人类健康以及犯罪的主要来源。

值得一提的是，遵守道德准则能够避免许多犯罪行为。例如，鲁莽驾驶就是一种道德犯罪，因为当这种行为发展到一定阶段，几乎不可避免地会走向身体伤害甚至死亡的"真正"犯罪道路。并且当出现这种情况时，犯罪者本身的生活质量也急剧恶化。

根据马斯洛的需求理论，一个人对自身需求的追求使得他能够忽视或抵制消极影响，能够专注于自我发展并最大限度地实现自身能力，以及实现对更高水平智力或精神的要求。

显然，大型复杂的系统（图 10.6）由一些子系统组成，而子系统则由一些元素组成，所有这些系统又被纳入更高级别的超级系统。

---

①特别参见，人文主义心理学的奠基人亚伯拉罕·马斯洛（1908～1970 年）的著作；另见 http：//en.wikipedia.org/wiki/Abraham_Maslow。

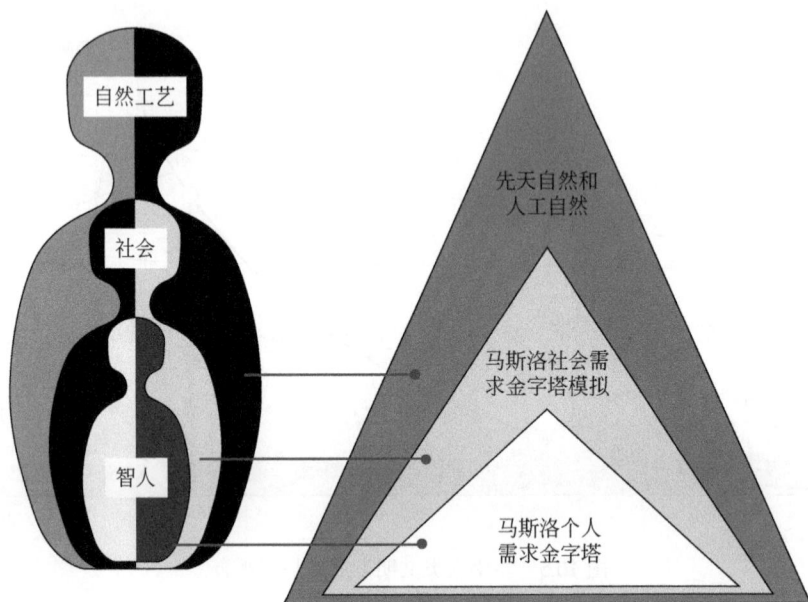

图 10.6   "Matryoshka" 文明系统

系统演变过程可以通过一个九屏幕形式的模型表示出来（图 10.7）[1]。

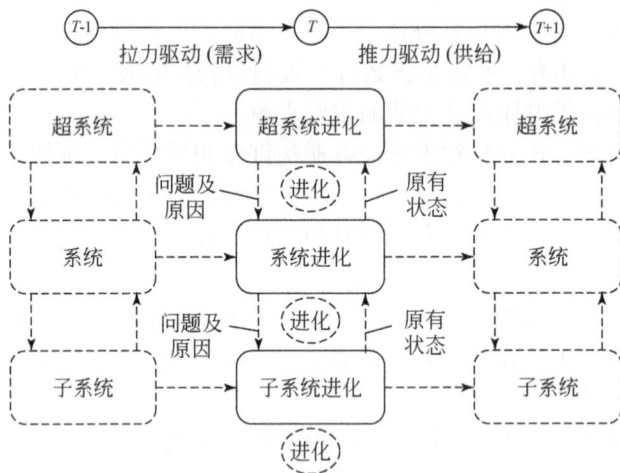

图 10.7   系统演变的九屏幕模型

当高级别系统对低级别系统提出要求（需求）时，反过来，"劣等"系统的

---

① G.S.Altshuller. 寻找想法：创造性问题解决理论导论. 新西伯利亚：科学出版社，1986。

进化为满足更一般的"优势"系统的需求创造了新的能力（供给）。根里奇·阿奇舒勒高度评价这一模型[1]："TRIZ 的目的：依靠技术发展的客观规律研究系统，并在多屏幕模型中制定思维组织规则。"

这些"思维组织规则"包含了某些概念，如"理想化"（图 10.8）和 TRIZ 系统演化规律。

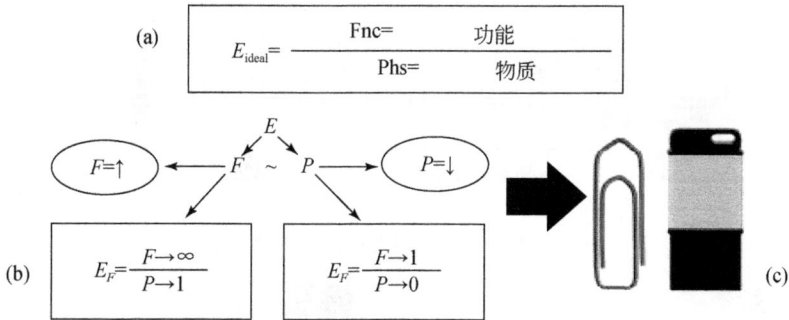

图 10.8　系统和方向的"理想化公式"在理想化过程中出现的元 - 趋势

TRIZ 的理想化 [图 10.8（a）] 意味着在整个生命周期中，所有的系统都在寻求提高其功能能力 F 与成本 P 的比值。有两种可能的实现路径 [图 10.8（b）]，每一种路径又有多种组合：根据"功能扩展定律"，能够通过增加功能能力 F，使得 $F \rightarrow \infty$，以及限制投入 P，使得 $P \rightarrow 1$（任何参数几乎总可以被重新分配为 1）实现理想化；或者根据"物理压缩定律"，降低成本 P，使得 $P \rightarrow 0$，以及限制功能能力 F，使得 $F \rightarrow 1$，亦能够实现理想化。

图 10.8（c）是这些元 - 趋势组合的一个例子，即随着内存模块容量的不断增加，存储器的物理尺寸却在不断减小：2009 年，一个 8GB 的固态存储模块的大小与一个回形针的大小相同。而在 20 世纪 70 年代，磁碟的体积比现在大几千倍，容量是几千分之一。

系统进化管理目标法则中，"资源协调法"、"资源动态法"和"管理增长法"至关重要（图 10.9）。除此之外，还存在其他 TRIZ 系统演化法则，然而，所有的分类本质上都存在相似之处，如任何发达的系统都有良好的资源协调能力、能够被管理的能力，以及能够随时做出改变的能力（即"动态化"）。

例 10.1　移动电话的演化过程

图 10.10 显示了[2]一系列移动电话，从 1984 年生产的第一批 1.5 千克重的摩托罗拉手机开始，一直到一个小型的现代小配件。

---

[1] G. S. Altshuller. 寻找想法：创造性问题解决理论导论 . 新西伯利亚：科学出版社，1986。
[2] "移动进化"由英国艺术家 Kyle Bean 以"俄罗斯套娃"的风格呈现——纸板手机可以放在另一个里面。资料来源：www.membrana.ru。图片来源：www.kylebean.co.uk/portfolio。

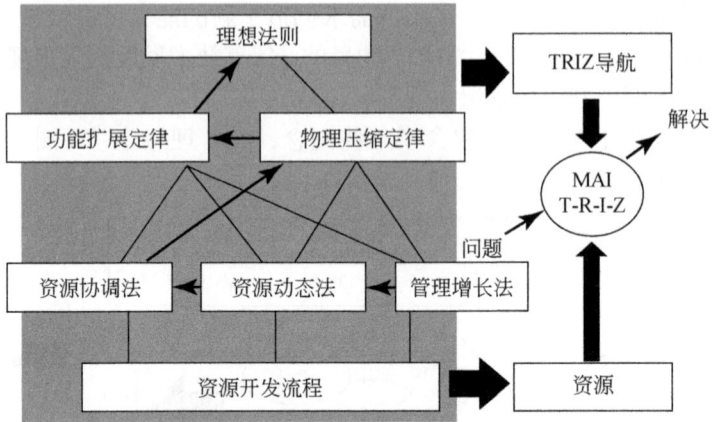

图 10.9　TRIZ 法则为特色的综合方案

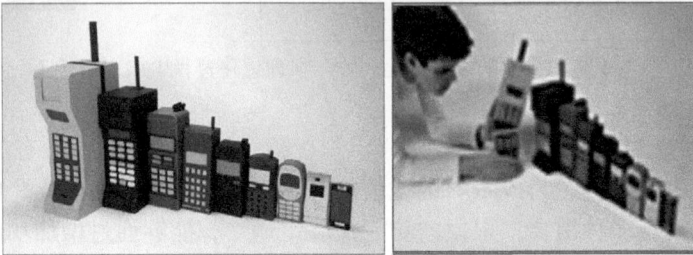

图 10.10　"智能神器"的演化进程

"移动进化"博览会展示了"智能神器"的演化进程。这些模型是空的，每个都被组装成像俄罗斯套娃的模样。

现代"智能"手机的功能包括拍照和录像、"键盘"文本输入（图 10.11）、照片和视频文件的屏幕投影（图 10.12）、触摸屏、GPS 导航、互联网数据转换等。

图 10.11　理想键盘（TRIZ 术语）：虽然没有实物，但是具有正常功能

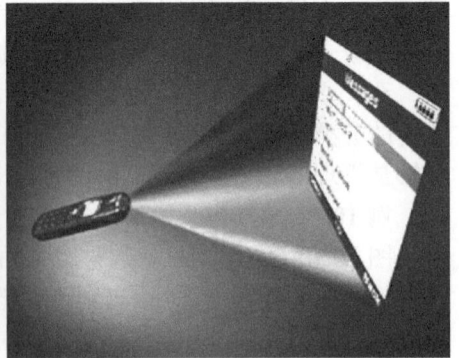

图 10.12　移动电话的投影图像

然而，在 20 世纪末到 21 世纪初，人类文明在其进化过程中遇到了需要整个人类马上采取补救措施的问题。这些问题包括：

1）全球空气和水污染严重，甚至那些不属于"贫穷"行列的国家也正经受着水资源匮乏的影响；

2）自然资源枯竭，主要是燃料资源的枯竭问题；

3）许多国家的运输系统，特别是城市地区的运输系统无法应对日益增长的客流量和货物流动量；

4）许多城市人口过剩，城市化进程不断加快；

5）犯罪和药物滥用的发生率增加；

6）恐怖主义、军备和军事威胁也在增长。

不幸的是，即使是提出了有助于解决这些问题的可行想法，但由于现有体系下政治和经济上的冲突，以及发达国家之间的不和谐，解决这些问题的方案也并不总是得到必要支持。

其中一个想法就是发明一个非凡的运输系统。在 S 曲线上移动时，系统会经过几个发展阶段[1]，每个阶段都可能与发明的某个层次相对应。

选择转换的方法取决于矛盾的类型、资源的类型或最终理想解的性质，这也决定了在转换过程中最积极"参与"的资源为支配资源。我们在前面几节中看到了这种选择的例子，下面将介绍转换模型的其他选择和应用方法。

在这个时候，我们希望引起读者的注意，由 OZ 角色和资源的选择所发挥的非常重要的作用，主要是针对最终理想解的定义，以及自然状态下转换模型的选择（图 10.13）。TRIZ 中有五个层次的创造性解决方案，这些复杂的多方面选择也可以生成不同级别的解决方案[2]。

很显然，Ⅲ＋级解决方案可以从根本上改变目标[3]。这意味着在战略选择上，人们更倾向于"最大化解决方案"，这包括改变工作原理，以及改变整个结构。

然而，许多客户对现有廉价产品的改进技术感兴趣，因此更喜欢"微型解决方案"策略，该策略只需对系统进行最低程度的更改，就能产生所需的结果。

应该指出的是，在许多情况下，人们对 "根本性"程度的认识取决于对解决方案的系统分析和新的执行办法的确定。

因此，在解决"游泳运动员"问题时，我们设法克服了一个严重的极端矛盾：是否需要一条具有无尽水源的水道。这引起了泳池设计的变化，即实施Ⅲ＋级"最

---

① 迈克尔·奥洛夫. 现代 TRIZ：EASyTRIZ 技术的实践课程. 纽约：斯普林格，2012。
② G.S.Altshuller, I.M.Vertkin. 如何成为天才：一个创造性人物的人生策略. 白俄罗斯明斯克，1994。
③ 迈克尔·奥洛夫. 通过 TRIZ 发明思考：实用指南. 3.2 发明水平和 14.1 系统的发展。

发明等级的新颖性				
I	II	III	IV	V
新方法只用于解决特定问题；平常的方法用于解决平常的任务	选择最常见的解决方案之一完成任务，而任务也是最常见任务中的一个	初始任务发生改变或调整时，习惯解决方案发生改变	发现新问题和新解决方案	针对绝对新问题发现的新方法不仅能有效解决该问题，还能解决其他问题

最终理想解 → 操作区域 → 策略：最小和最大解

能量	材料	时间	空间	结构	功能	信息	系统
物理板块				系统板块			
操作区域的内容							

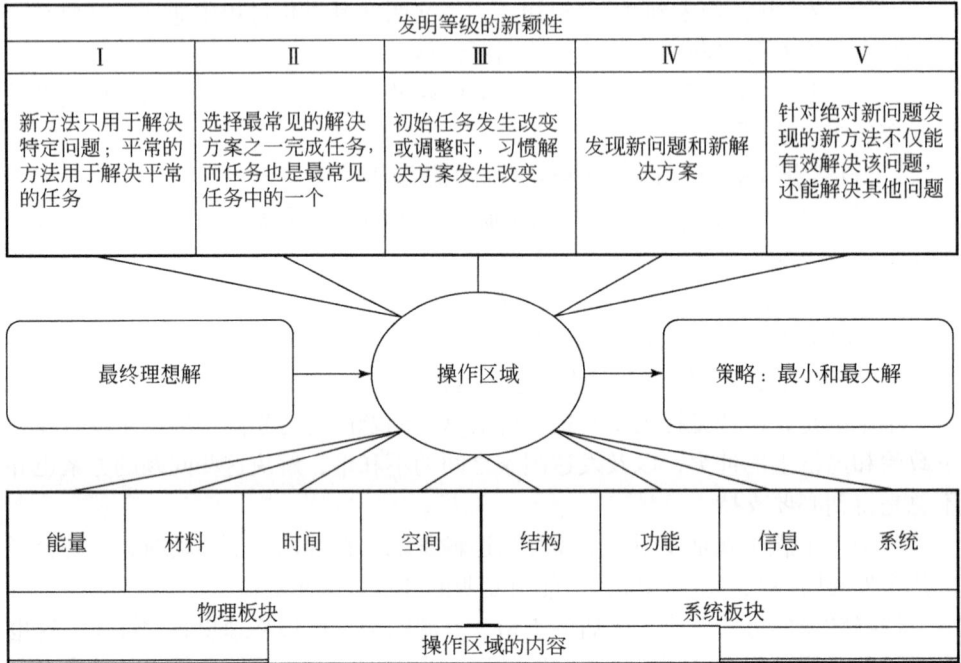

图 10.13　OZ 转型的关键系统方面之间的联系

大化解决方案"！

　　但是，在实际设计的过程中，确定只要在普通泳池中产生一股强大的水流，就可以将该解决方案的水平降级为 II 级，从而消除建立一个特殊泳池的方案，这显然符合"微型解决方案"的策略。

　　解决"跳水运动员"问题的方法——尽管在现有的水池中实施此方案会显得"异常"，但可观察到通过搅动水会产生令人激动的情绪；虽然这种方案有高能耗成本，而且需要较高的技术成熟度，但按照新颖性和复杂性可以将其分类为 II 级"微型解决方案"。

10.1.2　"天上的铁路" [1]

　　问：为什么你认为火车不会以 500 千米 / 小时的速度来回跑？答：因为在火车的重压下，铁轨下降得厉害，以至于所有抵抗滚动的优势都不见了，只有在巨

---

　　[1]更多信息：http://rsw-systems.com/。

大的功率损失下，加速才成为可能。

有人可能会说，沿着下垂的轨道移动的车轮必须始终滚动！

基本矛盾：随着重量的增加，车轮总是想要摆脱重压，结果电力成本飙升，实际速度下降！

评论：任何知识渊博的专家都会说，我们很快就会发现磁悬浮，并开始在无轮磁力列车上大有作为。回应：不对，因为电力成本仍然居高不下，再加上修建这样的铁路（在几个方面）肯定会非常昂贵。

评论：在这一点上，许多读者可能会说，"好的，我们会用自己的车"！回应：汽车不可能具备所有功能而成为永远被羡慕的对象。

让我们看看事实。

1）在 21 世纪，全球环境和安全问题将变得更加严峻，运输车辆的大量使用使其成为所有人类发明中最危险的部分之一。

每年汽车夺取 1 500 000 人的生命

造成大约 5 000 万人受伤和残疾，这是人类文明和可持续发展不能接受的沉重代价。

2）跨越地球的交通设施总长度现在约为 3420 万千米，其中机动车高速公路、铁路和隧道分别为 3200 万千米、120 万千米和 100 万千米。这些交通设施建立在大约 6000 万公顷的土地上，这相当于德国和英国国土的总面积。

这片土地没有呼吸，也没有产生氧气，因为它没有植物通过百万年的自然过程用其腐殖质去除顶层土壤，以达到净化土地的目的。而主要运输路线附近的地区有大型和小型野生动物迁徙的痕迹，每年有数十亿的动物死于交通事故。在这个区域内，

这比规定的面积大一个数量级

土地以及所有能够生长食用物的土壤几乎都受到致癌物和超过 100 种其他有害物质的污染，这些物质主要是燃烧燃料的残渣、轮胎和路面残留物、除冰盐混合物等。

这个全球性问题的解决方案由发明人兼工程师 Anatoly Yunitskiy 提出并极力倡导。

问题的要点是：

19 世纪和 20 世纪的基础交通设施直接建立在地面上。

解决方案的趋势：

推动第二级交通设施的创建，即增加铁路道路！

解决问题的方法：

创建一条完美的直线铁路道路！

这怎么可能？

这条铁路由无比精致的铁轨构成！

我们得到了什么？

前所未有的安全性！

速度可达 1000 千米 / 小时！

道路建设成本相差无几！

可忽略小土地的使用！

每年节省数万亿欧元的燃油！

就 TRIZ 而言，这是基于技术、经济、环境、社会、道德及美学的所有感官上的转变。

这很漂亮！

例 10.2 运输系统

许多现代工件的演化趋势基本都基于网络模式。这种趋势并不新鲜，但却以新的方式呈现出来。历史事例包括人行道路的发展、马车和机动车辆道路的发展、铁路的发展、电网的发展、电话和无线电网络的发展；近年来主要是计算机网络（Internet）和混合网络的发展。

这一趋势是 Yunitskiy 运输系统的最终理想解之一，放弃昂贵的传统铁路，转而支持能够连接大量人类住区，并将特大城市和大城市的文化传播给生活在其他地方人们的轻型高速网络。

人们过去常说国家围绕道路发展，即一个国家的发展速度线性依赖于其道路网络的增长率。现在我说道路可能会向人们希望居住的任何地方发展，并使其能够以绝对合理的成本迅速前往其他定居点，其时速在 200 ~ 500 千米（甚至最高 1000 千米）。

系统往往沿着历史的道路螺旋式进化。事实上，远古时代的人们就定居在那些能够提供最佳生存机会的地方，然后通过一些小径、小道以及公路进行彼此交流、沟通。在过去的 200 年里，各地围绕铁路发展。小车站变成了居民区和城市。Yunitskiy 道路的应用开辟了新景观的天地，也为现有的交通系统提供了替代方案（未来的交通是以美丽和健康为理念重新构建的道路）。在 Yunitskiy 理论的内涵中，新建交通能够将人们新定居点纳入现有的 Yunitskiy 交通网络，并使其与现有的"传统"交通要道相连接。毕竟，现在就把它们一笔勾销还为时尚早。

对于小于 2000 千米的距离，普通飞机这种交通工具耗费时间长、对环境有害，且严重依赖于高维护的机场网络，如果不能完全使用，机场线路可能会中断 90%。

在这种距离下，使用汽车根本没有效率，更不用说它们自带危险特性。尽管如此，它们仍然具有令人津津乐道的优点。

显然，在我们的固有思维中，机动车是一种既有害又难以想象其危险后果的物品，它能够一直存在的原因是其得到了以石油产品谋利益的各类制造商以及各种社会媒体的支持。与此同时，电动车虽然需要产生和存储电力才能运作，但是相比于汽车、机车、船舶和火力发电站等，在合理使用石油方面，电动汽车仍然是一个重要的改进。

石油和天然气行业越来越多的领导者开始从全球生态与整体经济效率出发，注重新思想的引入，如石油产品不仅能通过铁路和管道进行运输，而且还可以通过 Yunitskiy 线路实现运输等。

因此，让我们考虑一下如何通过 Yunitskiy 思想将世界上的公路打造成低成本的高速公路网络，以消除大城市的交通拥堵现象，拯救成千上万人的生命……显然，最后一个说法胜过一切！

让我们通过一些实例和对比分析来了解 Yunitskiy 思想。

首先，我们来了解一下 Yunitskiy 网络的根本原则。

还有什么比铁路上的钢轨更让人熟悉甚至无聊的呢？好吧，也许还有汽车轮子在水泥路上滚动，或者是一条尘土飞扬的乡间小路。

现在让我们来看一下人类文明历史上的五次轮子革命：

第一次革命（6000 年前，在美索不达米亚的苏美尔）：车轮发明——车轮第一次由木头制成。

第二次革命（5000 年前的埃及、4000 年前的欧洲）：发明"人造车轮道路"（由木头、石头等筑成的道路）。

第三次革命（500 年前的英国、爱尔兰、俄罗斯）：发明"铁铸成的道路"。

第四次革命（160 年前的 Robert Thomson[1]）：发明"气胎式道路"（土路、石路、混凝土路等）。

第五次革命（20 世纪 70 年代末的 Anatoly Yunitskiy[2]）：发明了一对"钢轮钢轨"。

更确切地说，Anatoly Yunitskiy
发明了全新的道路类型！

使用铸铁轨道的新型人造道路在自然界中并没有原型。但 Anatoly Yunitskiy 的铁路轨道在技术和自然界中都能找到原型。例如，电缆或蜘蛛网线模型。但 Anatoly Yunitskiy 的铁路轨道与它们都不一样，因为其结构和性能非常好，是铁轨领域中真正具有革命性的产物。

---

[1] Robert Thomson（1822～1873 年），苏格兰发明家，充气轮胎的想法的发明者，他于 1846～1847 年获得专利。

[2] Anatoly Eduardovich Yunitskiy（生于 1949 年），地面和外星线路运输系统的发明者；参见 www.yunitskiy.com 和 http://rsw-systems.com。

有些人可能会说："好吧，这不就像发明自行车或轮子一样么，有什么特别的呢？"

例 10.3　混合交通新文明

让我们考虑一下"车轮－道路"中固有的主要矛盾（图 10.14）。

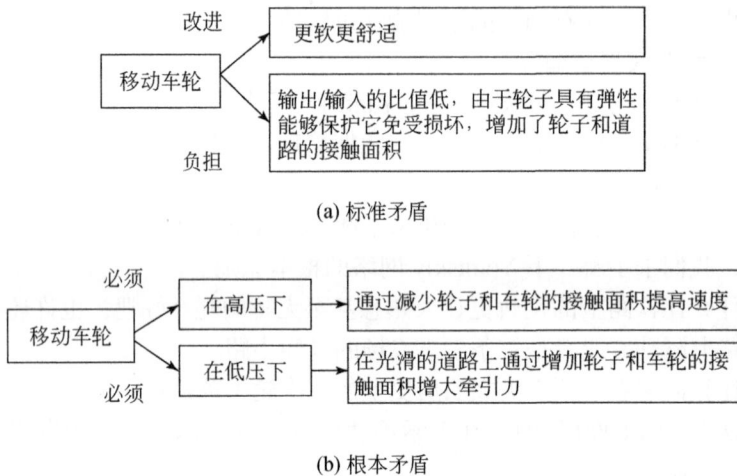

(a) 标准矛盾

(b) 根本矛盾

图 10.14　汽车车轮固有的主要矛盾

由于道路路况差异性和"车轮－道路"本身的低效率，即使在 150～200 千米/小时的速度下，也不能保证所有路段全都能安全行驶。如果你穿行过从柏林到慕尼黑的高速公路，在交通状况良好时（如没有交通堵塞、建筑工程、弯路等），就能以平均 120 千米/小时的速度行驶。这是一大进步！但是从柏林到慕尼黑需要 7 个小时，而这也是一项艰巨的任务，因为其完全取决于交通堵塞、道路维修和建筑工程的影响。

此外，机动车是最严重的环境污染源之一，也是最可怕的"合法"杀人凶手之一，几乎每年造成全世界约 150 万人死亡，约 500 万人受伤。

结论：

1）机动车辆不得用于大规模的人员运输，车辆行驶里程不得超过几百千米！

2）未来的城市交通规则，以及城市停车的条件和规模必须彻底改变！

现在，让我们来考虑一下铁路对"钢轮－钢轨"的影响问题（图 10.15）。

一个无论多么微小的凹陷，都意味着车轮在沿着一条不是"理想的"笔直道路滚动，它不断试图摆脱大坑的束缚，即从下凹的铁轨中获得速度。每列火车上有几十或几百个轮子，很明显，要想克服巨大的阻力就必须消耗巨大的能量，换句话说，"钢轮－钢轨"的输出/输入比值非常低。

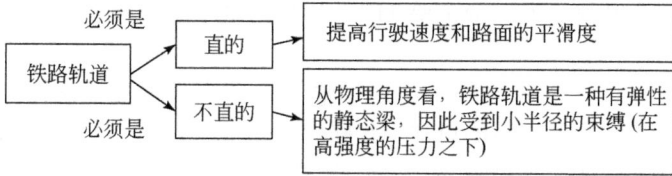

图 10.15 "钢轨"固有的根本矛盾

因此，在不产生潜在致命危险的情况下，列车可以达到的最大速度必须限制在 200 ~ 300 千米 / 小时，而高昂的铁路建设成本使铁路的使用效率进一步下降。

现在我要告诉你一个惊人的简单发明，它的效率令人难以置信，其必将是未来的运输新星！

本发明是由 Anatoly Yunitskiy 设计的一种全新的钢轨结构（图 10.16）。

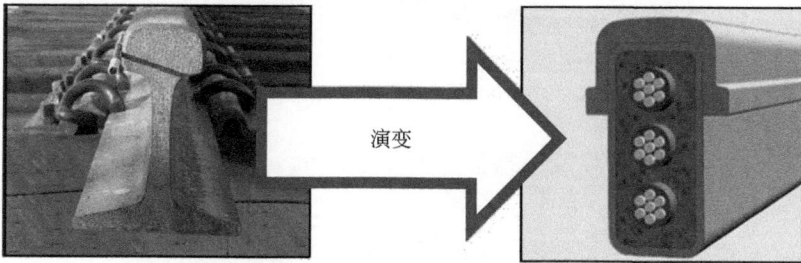

图 10.16 铁轨

根据 TRIZ 模型，我们称之为"matryoshka"（以俄罗斯著名的嵌套娃娃命名）的新铁轨由几十根钢缆组成，每根钢缆都紧如弦，并且许多钢缆又一起构成了一根更有力的完全笔直的弦。

在图 10.17 中，可以看到高速公路表面相对"下凹"的半径（Ram= 1，作为基本单元），高速铁路轨道半径（Rrr = 3）和 Yunitskiy 列车轨道半径（Rsr = 10）。

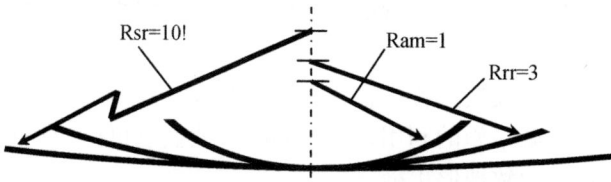

图 10.17 Yunitskiy 铁路

Yunitskiy 铁路的刚性和平直度是高速公路路面的 10 倍，是高速铁路轨道的 3 倍。

实际上这里出现了另一个主要 TRIZ 模型，即概念意义上由一个维度过渡到了另一个维度。

从技术上讲，这意味着整个交通运输结构都高出地面（图 10.18）一定的高度，以减少轨道上下倾斜的可能，并确保轨道能够完全直行几十或几百千米，使得每一位乘客乘坐公共交通时，能一边观赏大自然的美景，一边享受旅途的快乐！

(a) "天上的铁路"车站

(b) 任何 "景观" 中，高速交通工具都能有序运行

图 10.18　由 Anatoly Yunitskiy 设计的工程项目

事实上，地面运输，特别是城市中的地面运输的困难是能够用于修建交通道路的土地变得越来越少。

这意味着在历史的发展进程中，只有通过开发"高空"领域修建交通轨道，才能提升地面交通基础设施的利用效率。同时，我们也可以纠正它的缺陷，即所谓的"地形不平衡"导致地形粗糙。

然而，这项发明的秘密完全在于它的物理技术特性，这些性质完全不同于光束的性质。因为在其他条件相同的情况下，轨道横梁的松弛程度要高很多。

因此，Yunitskiy 运输轨道（yunibus 或 unibus）所能达到的最大速度是 200 ～ 500 千米 / 小时。

注意	这是一个"智能"系统，能够自我修复，并且在以直线运行的过程中能够排除外界干扰，不受制于环境的变化。 　　这就是 Yunitskiy 的发明是"轮子 – 轨道"发展进程中最后一场革命的原因：它已不能被超越或改进，因为除了在其效率方面做文章外，在它的工作原理上已无可改进的地方。

此外，与其他任何强大的发明一样，基于"天上的铁路"也会创建非凡的超级效果：

直接优势	➤能源（燃料）消耗是机动车的 1/20！ ➤与铁路运输相比，能源消耗是 1/4！ ➤与同等长度的高速公路相比，"天上的铁路"的建设成本是 1/30 ～ 1/20！ ➤与同等长度的铁路相比，"天上的铁路"的建设成本是 1/15 ～ 1/10！ ➤乘客和货物运输费用少于 1/10！

最后还有并非很重要的一点是，线性运输系统具有一些非常有前景的系统特性。

有一句名言：国家围绕道路发展。

我们将通过对比分析和回顾的形式，重新呈现 Yunitskiy 的设想。

首先，让我们来总结一下 Yunitskiy 的弦线轨道与传统铁路相比的优势（图 10.19 ～ 图 10.21）。

例 10.4　另类应用

我们来讲述一下应用 Yunitsky 的另一项发明（图 10.22），这其中的许多环节是他在 TRIZ 基础上或在创新性系统思考的基础上作出的应用，他一再告诉我这一应用非常接近 TRIZ。

如今，绝大多数的俄罗斯公路都具有一个显著的特征——"黑色幽默"（图 10.23）。

诚然，即使是在最优质的道路上，如行驶在德国没有限速的高速公路上，并以右边海报显示的速度行驶，但是如果遇到雾、雨、雪、雨夹雪等天气，或者你是在晚上行驶的话，产生的结果也和左边海报的显示相同。但是如果使用 Yunitskiy 线路的话，时速 200 ～ 500 千米都不成问题。

Yunitskiy 的运输模块见图 10.24。

| 作品 | Yunitskiy 先生的"线型运输" |

传统系统：造价高昂，资源需求量大，耗能高，占地较多，生态破坏严重，路线固化（不易更改）。

新系统：造价较为便宜，材料节省且节能；不会过多地占领土地，环境友好；路线灵活，易于变更。

"丝绸之路"的"弦线系统"

传统运载工具：庞大臃肿，高度集中负载，运行速度相对低，且低效。

新运载工具：机车轻盈，且将负载重量有效分配；一般速度高达200千米/小时，高速则为200～400千米/小时，超级高速则为400～800千米/小时，运行相对高效。

传统铁轨：铁轨冗重；机车在其运行中会产生剧烈的"上下颠簸"的晃动；另外，需要夯实的路基。

新铁轨：轻盈，呈线型；部件可组装；极大地降低晃动感；根本不需要路基。

传统铁路的路基：大体量路基；占地多，横穿河流，阻断陆路交通；还会对动物的通行轨迹造成影响。

现在

新铁路的路基：该类型路基立足于质量轻盈的撑杆，因而不会占据土地，不会阻断（影响）原有小溪、河流以及陆路交通；也不会对动物的通行轨迹造成影响。

未来

在 Yunitskiy 先生设想的自动化高速铁路模型中，铁路网络是"悬浮于"陆地之上、质量轻盈的线型网络。

线型交通系统的城市塑形任务将是在 100 ~ 200 千米外的美丽自然和景观中移除居民中心，避免过度使用汽车（甚至是电动汽车）。

从根本上重新分配数百万大都市的地面–航空货运和客运量，消除交通堵塞和污染，开发新的综合架构。

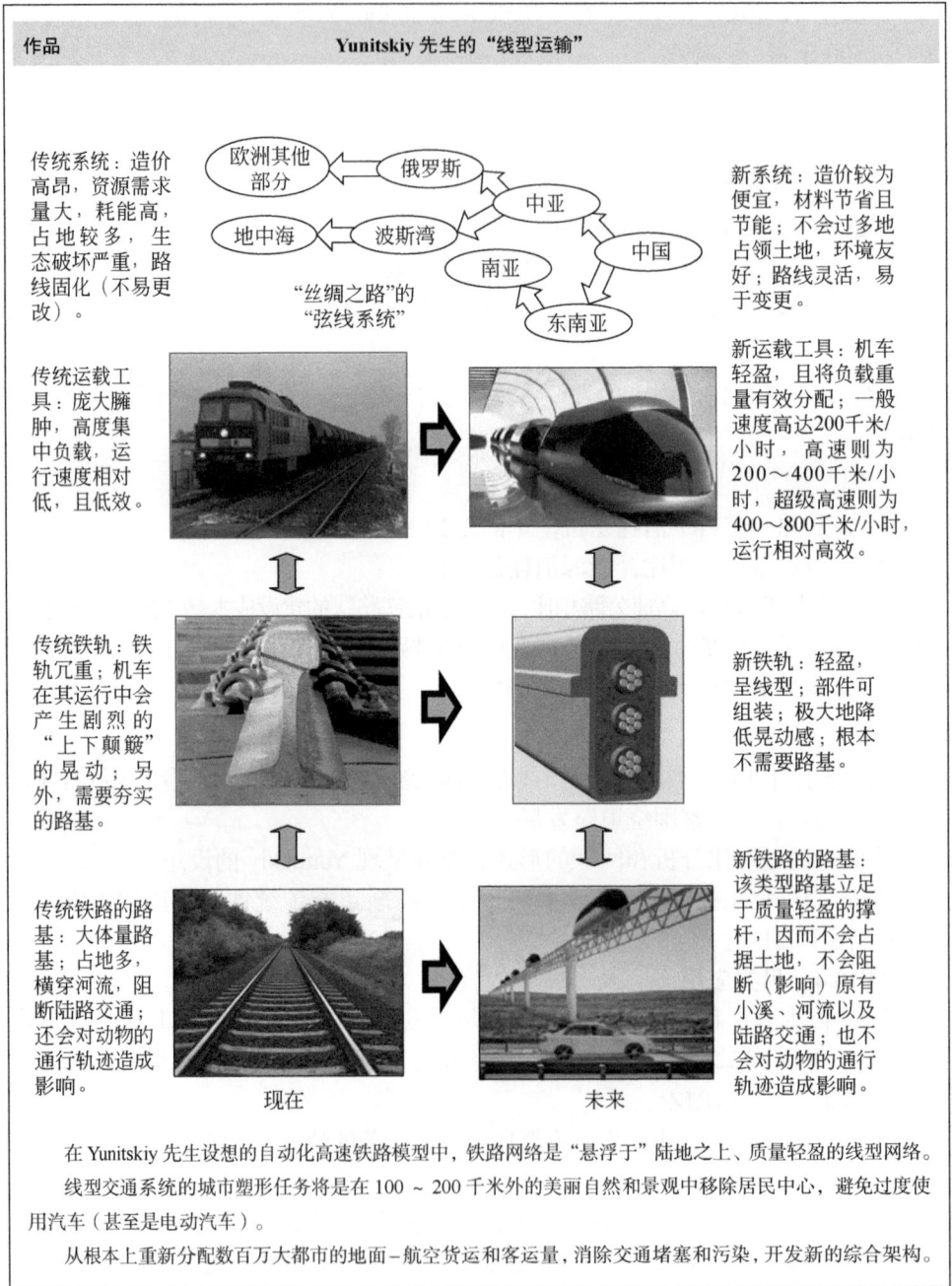

图 10.19　旧铁路和新铁路的比较

重新发明 1：尝试转向"悬空"建筑

　　趋势　道路，特别是铁路（或者"道路 – 铁路"的过程），事实上，无可避免地显露出其中的主要的不足之处。这些"道路"需要夯实的路基支撑。这毫无疑问地会导致土地面积减少。另外，我们发现一些大型城市现在已经没有空闲之地用于新的道路建设了。基于此我们应该做些什么？

　　简化

　　Macro-FIM：X- 资源，以及可用或修改的资源，不会使对象更复杂或引入任何负面属性，进而保证获取最优理想解（不需要占据土地的道路）。

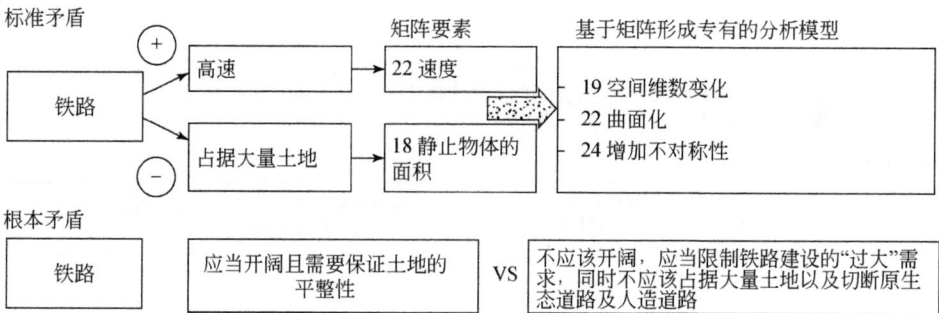

标准矛盾　　　　　　　　　　　矩阵要素　　　　　　基于矩阵形成专有的分析模型

铁路 —（+）→ 高速 → 22 速度 ⟶ 19 空间维数变化 / 22 曲面化 / 24 增加不对称性

铁路 —（−）→ 占据大量土地 → 18 静止物体的面积

根本矛盾

铁路 | 应当开阔且需要保证土地的平整性 | VS | 不应该开阔，应当限制铁路建设的"过大"需求，同时不应该占据大量土地以及切断原生态道路及人造道路

　　发明　为了有效地解决铁路、高速路建设所产生的土地丧失问题，我们尝试设想将道路建设于地面之上，形成"天空 – 陆地"的发展模型，其实该观点运用模型 19 空间维数变化：a）将道路从地面移动至空中可能是一种优化；b）有效地使用多层次的维度。

　　我们认为如果将道路放置于一定的维度，不需要土地"让步"，不会破坏原有的交通联系，同样不会改变原有的生态模式（溪流、小河的流向，动物的活动轨迹）。

　　缩放

　　矛盾是否解决：是的。

　　超级效应：基于道路的笔直性（没有斜坡以及坑注等问题），那么建设高速铁路无疑具有一定的可能性。

　　发展趋势：有效减少大城市的交通流量。一定程度上将货运与客运相分离。

　　增加使用性：在城市使用可能会有效地减缓交通堵塞。

　　方案完美程度：　最高的成绩。原因有二：该结构在之前没有提及，没有直接相对应的比较内容；该观点具有潜在的系统优化、社会受益、推动功能建设等诸多经济效益。

图 10.20　Yunitsky 重新创造"第三维"的概念铁路系统

重新发明 2：转向线条型的铁轨

趋势 事实上大型铸件并非长期没有改变。该（铁轨）铸件具有下述特点：大且重，需要与大量的水泥枕木等支持要素一道，才发挥其作用。因而，铁轨需要力量稳健的、持续平滑的路基。事实上，该铁轨并不符合"天空 – 陆地"的道路设想。那么我们可对其进行优化与提升。

简化 Maxi-FIM：系统中存在的矛盾有助于获取最优理想解——轻盈的、笔直的、平滑的铁轨。

标准矛盾(SC)　　　　　　　　　　矩阵要素　　　　　　基于矩阵的专用分析模型

铁轨 ⊕→ 铁轨应该是笔直的 → 22 速度 → 04 机械系统替代
　　　　　　　　　　　　　　　　　　　　　06 机械振动
铁轨 ⊖→ 会出现周期性的高能耗 → 18 静止物体的面积 → 09 颜色改变
　　　　　　　　　　　　　　　　　　　　　11 反作用

根本矛盾(RC)

铁轨 | 铁轨务必轻盈且光滑，以保证铁轨表面高速运行的轮子的稳健性 | VS | 同时铁轨也需要一定的重量，保证高负载向的环境下的平稳性

发明 标准矛盾的解决措施：为了有效地减少铁轨的重量，以及保证道路的笔直性与平稳性，铁轨是组合而成的，同时具有一个特殊的结构，即紧密相连的"线状"（高强度的网线），其核心原则是 11 反作用：a）将原有的（基于任务安排）动作予以更改，基于已有的（条件）完成了反向的动作（保证不会增加铁轨的重量，反而相比更轻了）。04 机械系统替代：c）将原有的无结构化的领域转向基于特有结构的领域 [铁轨是基于已预设的参数（尤其是平稳性）所形成的结构，www.yunitskiy.com]。

根本矛盾的解决措施：01 空间上，铁轨整个结构具有平常的材料韧度；铁轨作为一个整体系统，基于线状的张力机理（源于未来道路中桅杆的作用力），会变得更加的平稳且高速；03 结构上，新研发的铁轨具有明确的结构特征；04 材料上，便宜线缆替代昂贵的铸造铁轨。

缩放 矛盾解决了吗？是的。

超级效应：基于一对"车轮 - 铁轨"，机车可能会达到极速状态（如 1000 千米 / 小时）。

发展趋势：有可能在森林、河流、沼泽、冻土等上搭建道路。同时亦存在构建高速物流通道的可能性（譬如原油、矿石、作物、水果和蔬菜、饮用水等。我们会注意到我们的时速将达到 500 千米，这方面是无比重要的）。我们的目标是重造路上交通。

提升适用性：具有一定的可能性，建设一个高效且平稳、双向的航空港、高速路、建筑物以及海洋深处的港口等。

方案完美度：该观点无疑是惊艳的且有效的，将 TRIZ 的系统原理融入其中——特定的物理技术影响（基于动、静态道路的线状表现）、分离、构建及控制的创造性应用。

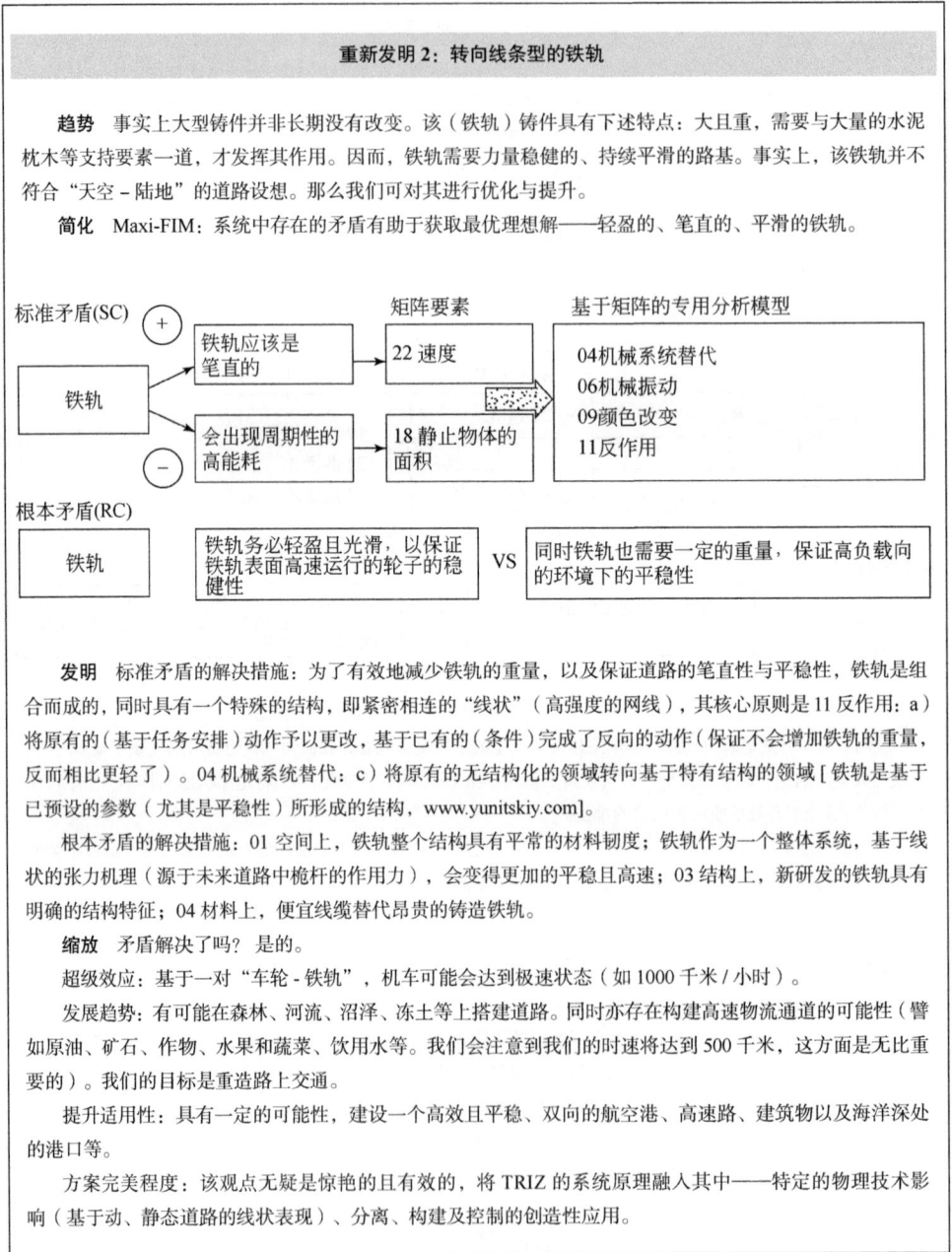

图 10.21　Yunitskiy 重新创建串列铁路的想法

重新发明 3：Yunitskiy 先生安装高强度的结构

趋势　混凝土的破裂有着横向与纵向的指向，在机场跑道的运行期间，会进一步加重。事实上，跑道需要定期的维护。破裂会导致怎样的结果，我们可以参照雪融初期，小型的、离散的浮冰（甚至为大块状的浮冰）形成结冰湖面的例子。固态冰可以承载较大的负载以及少量的浮冰。基于此，我们尝试将其称为"地理网"，即需要夯实沥青与混凝土、水泥与混凝土之间的空隙。这种做法可以延长跑道的使用周期——是原有周期的 3 倍以上。然而，上述做法并非足够，特别是在温度差异较大的地区。

问题：如何提升跑道的持久度以及降低裂缝出现的可能性。

地理网

简化　Maxi-FIM：自身存在的矛盾保证其获取最终理想解（一定程度上认为飞机场"足够光滑"且跑道没有破裂）。

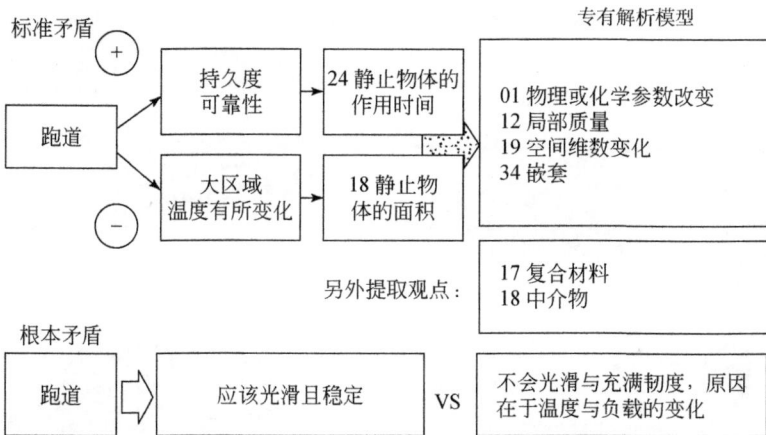

标准矛盾　　　　　　　　　　　　　　　　　专有解析模型

(＋) → 持久度可靠性 → 24 静止物体的作用时间 →
跑道
(－) → 大区域温度有所变化 → 18 静止物体的面积 →

01 物理或化学参数改变
12 局部质量
19 空间维数变化
34 嵌套

另外提取观点：

17 复合材料
18 中介物

根本矛盾

跑道 ⇒ 应该光滑且稳定　VS　不会光滑与充满韧度，原因在于温度与负载的变化

发明　在该问题解决过程中，基于 4 个核心模型，构建了后续的解决方案：01，17，18 和 34。基于 Yunitskiy 先生的发明，水泥混凝土覆盖于跑道上，该跑道基于线型高度张力获取了加强。

缩放　矛盾解决了吗？是的。

超级效应：跑道与机场异常光滑以及耐久，同时我们将其运用于高层建筑、桥梁、道路、广场等。

你无法看到"诀窍"

简述

为了保证跑道获取较高的持久度以及平稳度，我们构建厚实的混凝路板（强化高强力的线型张力）（发明者 Yunitskiy 先生）。主要的模型：01 物理或化学参数改变，17 复合材料，18 中介物以及 34 嵌套。

图 10.22　Yunitskiy 用弦线技术重新创建跑道和机场

家60千米/小时　　VS　　太平间 160千米/小时

2011年前9个月，俄罗斯有1.9万人死于交通事故，且每年以25%速度增长

图 10.23　到达目的地的速度

图 10.24　Yunitskiy 运输模块：高速公路、速度和货物选择

（a）~（e）客运和货物运输模块；（a）、（b）、（d）、（e）、（f）、（g）高速公路模块；
（f）、（g）车站（也可以建在高层建筑的侧面或屋顶上）。

www.yunitskiy.com。

两个历史模型和一个现代挑战者

例 10.5　George Bennie："铁路飞机"——"铁路"和"航空"的结合

George Bennie（1891 ~ 1957 年）提出，在 20 世纪 30 年代在距苏格兰格拉斯哥不远处建造一个 120 米的单轨道路与模块驱动的螺旋桨。不幸的是，这条铁路受制于其垂直和水平的架构以及轨道负载后的严重凹陷程度，几乎不可能达到提速的目的，其他的不足还包括空气发动机和螺旋桨发出的可怕噪声等（图 10.25）。

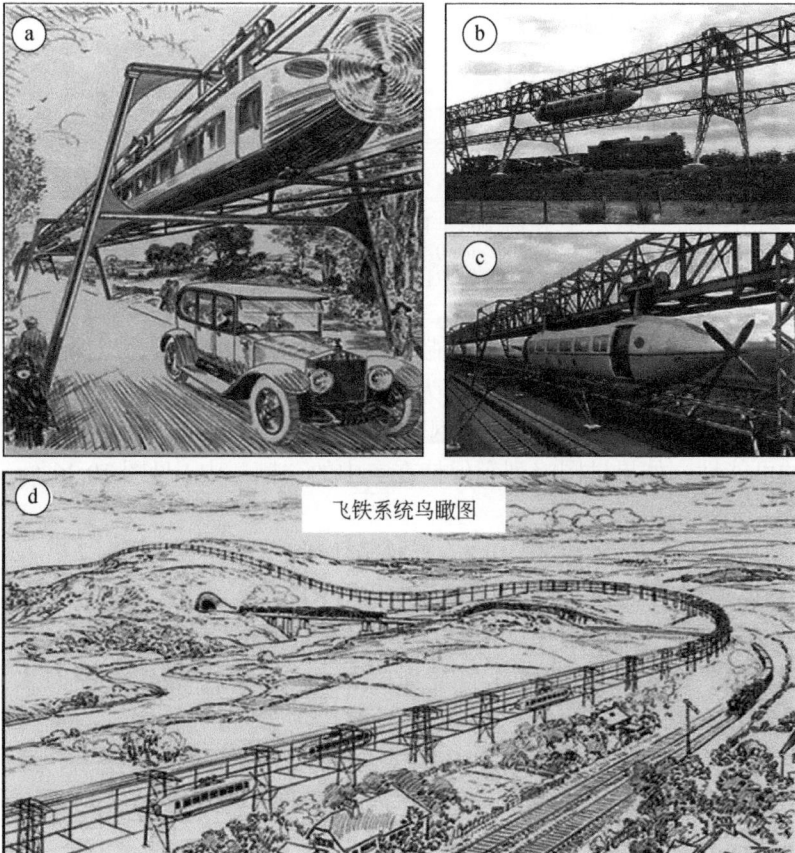

图 10.25　George Bennie 建造的高速公路，英国专利号 191760
（a）、（b）、（c）道路可以铺设在（现有的）高速公路和铁路旁边；
（d）道路可以上坡下坡，因为螺旋桨的力量足以适应任何山丘。
www.nas.gov.uk/downloads/DD17-117-2-1.pdf。

例 10.6　Konstantin Tsiolkovsky：行驶在深渊和河流上的气垫列车

Tsiolkovsky 提出了一个极其大胆的想法[1]——建造在气垫上行驶的高速列车（图 10.26）。他相信这样的火车速度能够达到 1000 千米 / 小时，甚至能飞越河流和悬崖，而这将克服在难以到达的地区建造桥梁的困难。

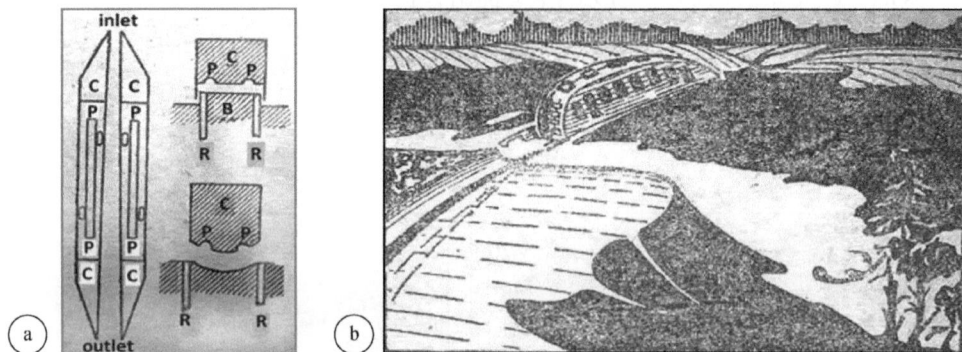

图 10.26　气垫列车由 Tsiolkovsky 设计，1927 年

（a）C = 汽车，P = 管道（车内），把空气抽到汽车下面的空间里，B = 路床，R = 轨道走向。一条通风管穿过汽车的中心，它被用来吸住前面的空气（入口，inlet），并在后面（出口，outlet）作为一种"喷气机"制造推力。（b）火车飞过（！？）一条河！

　　但这里有一个问题：铁路如何才能做到平坦和笔直的要求，以保证高速行驶列车的安全性？对于普通的钢轨，因为没有足够的"凸面"[见图 10.26（a），中右上角的线条]，使得列车持续与钢轨接触。而且因为我们必须排除汽车出轨或翻车的可能性，如果试图将列车保持在空中的"槽"中[见图 10.26（a），右下角]也存在问题。

例 10.7　管状导轨列车
中途……BARS 和 TRIZ！
理想化：结果 - 火车，没有道路！

　　分割、抽取和反作用的模型：车轮保持不动，但车子在前进，并且火车使用轮子加速！

　　这个想法本身就很神奇（图 10.27）：你把轮子从火车上拿下来，然后把它们放在框架内旋转。由于摩擦力的作用，火车加速到 200 千米 / 小时，而火车也总是停留在几个（至少两个）车架上。

　　超级效应 1：没有沉重的铁路！

---

[1] N.A.Rynin，K.E.Tsiolkovsky. 他的生活和工作（列宁格莱德，《知识杂志》，1936 年）。

图 10.27　带框架的管状列车（2006）

www.tubularrail.com；http：//www.membrana.ru/particle/3027。

超级效应 2：列车不需要发动机或动力系统，因此重量更轻！

但又出现同样的问题：你必须使虚拟的"道路"绝对平坦，并且在架构中安置大量的轮子和引擎。

还有一个问题：在整个行驶期间，框架内的引擎会达到数百台！

最后一个很重要的问题是：沿着这条"道路"行驶的话转弯也是一个大问题。

10.1.2 节 "天上的铁路"的附件[①]

水资源

人类每年消耗约 20 亿吨石油产品，而消耗的淡水是石油的 5 倍之多。地球上三分之一的人口没有足够清洁健康的水源，尤为严重的是在沙特阿拉伯和中亚等国家和地区，由于缺少足够的淡水，居民只得喝脏水或经过净化的人工矿化水。俄罗斯的淡水资源约占世界总淡水资源的 80%，这些资源是可再生的，并且可

[①] 节选自尤尼茨基档案：经济学家和系统分析师 S.A.Sibiryakov 谈到尤尼茨基环系统。

以提供给全球市场。但是，没有任何运输工具能够以合理的成本迅速地将这种不寻常的产品运送到市场上。

串联铁路路线可以一次性解决上述问题。俄罗斯的水源能够将乘客和一般货物一起运输。将贝加尔湖水销售到日本、纽约、利雅得的想法在今天听起来似乎很荒谬，因为它不可能被交付给消费者。但是，在 100 年前，人们也想象不出自己能通过飞机从巴黎飞往华盛顿；若干年前，学生也不可能通过手机实现全球范围内的通信。

但现在这些都实现了，技术进步使这一切都成为可能。尤尼茨基的铁路将会打开无限的市场，仅仅靠水我们就可以挣到上亿的财富。

冰

将俄罗斯的永久冻土区域用来做"全球冰箱"是可行的。俄罗斯水的普遍状态是什么？冰，即冷冻水！由此产生了一个商机：以冰块形式供应水。这些冰块做什么呢？为世界其他地区提供冷服务。

或许很多人不知道，美国在制冷上花费的能源和资源是俄罗斯制热花费的三倍，甚至亚洲人在冰块方面的花销也是巨大的。

2012 年，全球市场上一吨淡水冰的价格为 7000 美元，而一吨最优质的汽油成本仅为 1000 美元。

一个多世纪以前，没有人会相信阿拉伯国家将以向西方供应石油的方式变得非常富有，因为那时内燃机还没被发明出来。所以，像石油一样，水将成为一种有利可图的出口产品。

货物

今天地球上最棘手的问题是什么？交通和通信！欧洲和亚洲市场陷入运输困境。美国货物必须通过海上航线运到欧洲，每次航程持续 200～300 小时，从欧洲运到亚洲或从亚洲运到欧洲则要花费更长时间。毫无疑问远洋船是最便宜的交通工具，但它的低速意味着大量的资源长期处于运输状态中，业务也随之放缓。飞机由于昂贵的成本不能代替船只而成为货物主要的运输方式，而铁路运输还不够完善。例如，俄罗斯的铁路不是为了追求高速，其维修状况和服务质量明显较差。从伦敦到东京的跨欧亚铁路经过广阔俄罗斯的想法流传了很久。但是，由于永久冻土、雪堆和"漂浮"土壤的缘故，在贝加尔北部建造铁路几乎是不可能的。而建造北海航线也将是一件十分困难和缓慢的事情。也不可能花费高额资金建造横跨白令海峡的高速公路。

尽管已经有了信息革命，商业仍受到货运缓慢的束缚。毕竟，20 世纪 30 年代以来，船舶和铁路的平均速度只有轻微地增加。相比之下，环道通过打开此前不可逾越的北方地区，沿着"串联方式"连接南部、西部和东部，从而连通整个国家。换句话说，可以用廉价的方式将伦敦、东京、纽约、中欧到东南亚、印度连接起来。通过这种道路运输货物将花费很少的时间，这比用传统的海运或者陆运快得多。而每吨货物的运输成本会低至 100 美元！通常的障碍，即积雪、永久冻土、河流和山脉将会不再重要。环道结霜也不是问题，因为冰不可能随着运输模块在钢制轮子上奔驰。最重要的是，这样的道路可以铺设在任何地方。

世界整合

中亚地区淡水和冰块严重短缺？没钱可以买这些东西？将北方河流转向亚洲的计划已经被掩埋和遗忘？俄罗斯可以向中亚提供清洁健康的水，并通过创建基于环道的交易路线来丰富它。优质的水果、蔬菜、坚果和棉花供应商被锁定在中亚地区。俄罗斯可以为其自己和欧洲市场提供这些产品。新型交通工具将为中国、印度、伊朗和巴基斯坦带来同样的好处。

欧洲、美洲和亚洲都可以成为这个星球的大型运输桥。我想生活在一个原始的环境中，从而获得健康，充满活力，准备好沿着线路穿越大陆（图 10.28）。

图 10.28　未来解决方案的原型

人们将能够自由而快速地穿越整个美洲、非洲和欧亚大陆，营造现代文明的心理统一感。我们没有提到这样一个很好的机会，作为交通"堵塞"的例外，可以在洪水中保护任何的交通联系，包括欧洲文明，这非常重要！

尤尼茨基环线路安全理念：快速、安全、全天候运输输送机！

10.2　经验转移

10.2.1　我们通过例子来学习

本节的目的是向您展示，本书的所有读者都可以掌握现代 TRIZ，利用日常生活中的手工工艺品，或是其他物件，都可以形成许多有趣且有用的示例。自然地，本节的目的是帮助读者研究 TRIZ 基础知识，以快速掌握使用基本 TRIZ 概念和模型所需的实用技能。在这里你可以看到从不同的手工制品抽取和重新发明的完整或简化的例子。演示格式也有所不同，以帮助您在知识的吸收提取和重构的过程中享有更多自由。毕竟，你的最终目标不是总是想出一个"长"的描述，而是获得清晰和紧凑的发明过程模型。

我们的软件包 EASyTRIZ™ Junior™ 给予您相同的自由。因此，本书中的示例还向您展示了如何使用该软件满足本书读者的需求。除了解释 MTRIZ 建模所提供的学习机会外，我们例子中的另一个"超级任务"是提请您注意并激发您对以下两个方面探索的兴趣。

首先，几乎每件艺术品都能产生令人兴奋的、有时非同寻常的美学效果，从"曾经"到"现在"都有着出乎意料、自相矛盾的转变。我们发现那些令人惊讶的简易性，或者说，那些重要思想的精巧性是解决多年来无法解决的问题的基石；或者解决方案中令人惊艳的（至少是增益的）功能效率与经济效率，最终促使他们的想法得以实现与实施。

其次，许多想法直接地反映着，并概括了实践者的命运和个性，他们是道德坚韧、勇气和意志的典范，他们要达到最终目的，实现自己的梦想。要实现他们的理想，不仅要克服"组织"上的困难（如需要剪掉繁文缛节），还要勇敢地面对极端戏剧性的情况，有时还要克服命运。

在您阅读 10.2 节和 10.3 节之前，我为您提供些许的"锦囊妙计"：

在尝试独自努力地寻求真相的同时，也尽量找到志同道合的人；

努力地将那些被某些惊艳的想法所吸引的，且拥有诚实无私、忠诚勇敢等为世人所敬仰的品质的个人，汇聚至一起，与您一道开启现代 TRIZ 的新旅程。

祝您早日掌握现代 TRIZ 技术！

例 10.8 让"不可见"无处遁形(图 10.29)

趋势 一个产生人造"风"的空气动力学装置被用于研究汽车的气流特性。在其中,有许多仪器可以测量各种车辆部件所承受的空气压力。问题:您如何使车辆周围的气流变得可以观察?

简化 FIM:X-资源在不使系统过于复杂且不会造成不可接受的负面影响的情况下,确保与其他可用资源一起实现最优理想解:气流可视化。

标准矛盾

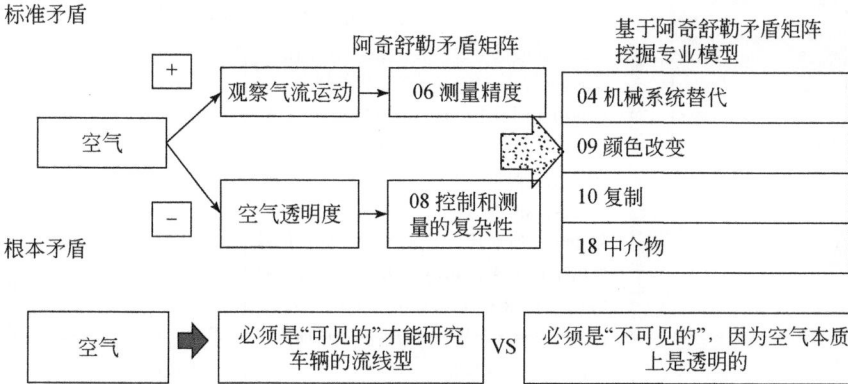

(a)

发明 当解决问题时,所有思路毫无例外地汇聚起来,为未来的解决方案创建一个"模型",然后纳入该解决方案中。09 颜色改变:c)使用颜色补充来观察难以看见的物体或过程。04 机械系统替代:a)用嗅觉方案代替机械方案。10 复制:b)用光学副本或其图像替换物体或物体系统。18 中介物:b)暂时将物体与另一个(容易分离的)物体连接。

解决方案:运用烟雾。 根据模型 04——即使是微小的变动也十分有必要! 但主要是空气的颜色、透明度的变化,将无色的空气创造出颜色! 通常他们使用"干冰"(预先冷冻的二氧化碳),在室温下将"白烟"从固体跳过液体形式直接转化为气体。为了产生大量的"烟雾",可以使用专门的发电机来加速"干冰"的蒸发速率。颜色也被添加到"烟雾"中。

缩放

矛盾已经消除了吗? ——是的。

超级效应:可能用于电影中创造特殊效果。

负面影响:没有。

简述

通过蒸发"干冰"获得的"烟雾"被用于显示车辆周围的空气流动。

优势模型:04 机械系统替代,09 颜色改变,10 复制和 18 中介物。

(b)该插图源于www.youtube.com 关于大众风洞实验的部分视频

图 10.29 德国大众风洞

例 10.9 利用经验片段并合成新的（图 10.30）

产品	苹果：在新 *iPod* 和 *iPhone* 的路上

抽取

简介

"用 iPod，听音乐就再也不一样了！"
——2001 年 10 月，史蒂夫·乔布斯在一款新产品的发布会上说，这款新产品很快成为全球音乐 MP3 播放器销售的领头羊。它的功能创新之一是点击控制盘，可以打开它来选择菜单项并浏览存储在小工具内存中的记录列表。

尽管如此，几年后它被新一代的 iPod 和 iPhone 所取代。它们的主要创新包括弹出菜单列表和传感器滚动（美国专利 2007 / 0150830A1，23.12.2005）。通过在屏幕上移动手指，可以选择菜单项目，并且列表可以滚动。

插图：合成神器，"苹果推出 iPod"，2001 年 10 月 23 日，http:// www.apple.com/pr/library/2001/10/23Apple-Presents-iPod.html。生成的工件：www.google.com/patents。

[专利] 申请号:US 11/322,547
专利公开号：US 2007/0150830A1
申请日期：2005年12月23日

过去：原型工件 → 问题 → 趋势 → 简化 → 发明 → 缩放 → 想法 → 现在：结果工件

抽取-1

D①	对应发明原理	导航	功能和实例
+	04	机械系统替代	机械键被丢弃，以便与屏幕直接接触，或者更精确地说，与屏幕下面的传感器接触（或其他类型的传感器）
	05	抽取	关键控件放置在屏幕上
+	10	复制	按键被屏幕上的光学副本取代
	20	多用性	屏幕执行多种功能，包括运动传感器功能

重新发明

趋势 机械部件寿命短？我们可以做什么？

简化 最大功能理想模型：操作区域本身确保获得以下结果。

最终理想解：选择菜单项目和列表滚动。

---

① 编辑注：疑同 LC，下同。

标准矛盾："触控式按键转盘"，01 生产率 VS 23 运动物体的作用时间 = 01，02，05，06。

根本矛盾：需要"触控式按键转盘"►（在记录列表中选择其他菜单项或选择位置）VS 不需要（如果点击轮快速故障）。

发明

标准矛盾解析模型►基于上述抽取的观点。

根本矛盾解析模型►03 结构和 04 材料：屏幕的新元素和材料；
用于编程控制的新算法和新数据结构。

缩放

矛盾消除。选择菜单项和滚动列表所需时间变短。

超级效应：屏幕现在可以做得更大（不需要浪费按键的空间和"点击轮"上的空间）。

图 10.30　用滑动弹出菜单重新设计 iPod 和 iPhone 屏幕

例 10.10　让不结实变得结实（图 10.31）

产品	阿图尔·克劳斯·费舍尔的销钉

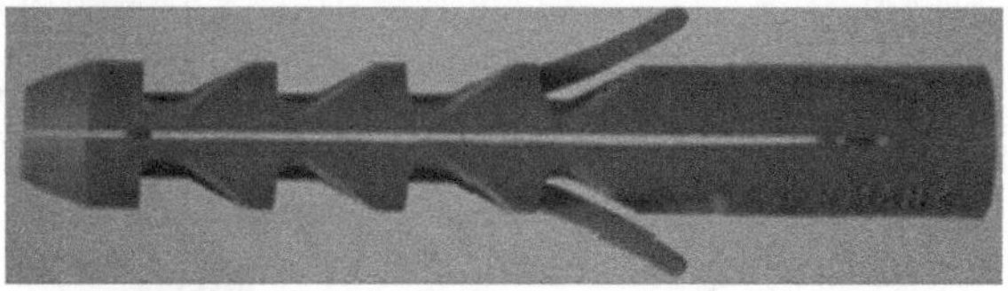

简介　Fischer 集团创始人 Artur Fischer 教授于 1958 年发明的销钉已成为真正热销全球的产品。该产品的大规模生产由克劳斯·费舍尔教授（A.Fischer 的儿子）组织，他也是一位知名且相当高产的发明人，现任德国费舍尔集团负责人。

由在当时非常新的尼龙材料制成的销钉，很快风靡全世界，成为不可或缺的建筑元素。

该图及其下面的图片分别是：Artur Fischer 的最终作品以及关键发明的展台（2009 年作者在德国波恩博物馆举办的年度研讨会期间拍摄的照片）。

抽取

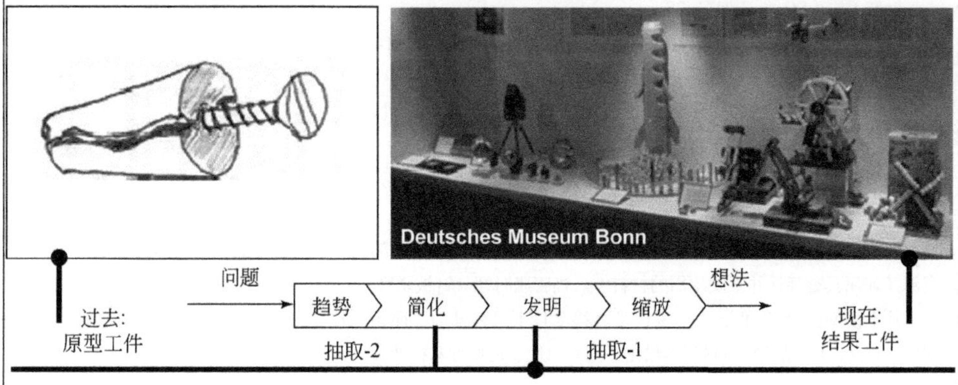

D	对应发明原理	导航	功能 / 实例
+	01	物理或化学参数改变	a）使用固体物体的弹性特性：销钉的主体由弹性塑料制成
+	03	分割	a）将物体拆卸成单个部件：固定和移动部件，"螺旋"将销钉固定在孔内，同时拧入销钉
+	04	机械系统替代	c）用动态场替换静态场，从固定场景到运行时间改变场景
+	07	动态化	a）物体的特征……被改变以优化每个工序——移动体！
+	F	01 在空间中	销钉的一部分是可移动的（有弹性的）
+	F	03 在结构中	切割，顶部，翼侧；弹性部件——以确保销钉运动
+	F	04 在材料中	我们需要具有弹性和相当耐用的材料

矛盾	描述
标准矛盾	木制销钉很简单，但很容易被破坏，不能"保持形状"
	钢筋混凝土销钉
根本矛盾	销钉："硬"（稳固螺丝）VS "软"（填补孔隙）

重新发明

趋势 过去，如果我们想将螺丝钉拧入砖墙或混凝土墙，我们会事先制作一些小木塞，并将它们敲入预先钻好的孔中。然而，有时木塞会碎掉。一般来说，不可能取出螺丝钉然后再放回去。显然，尽管其表面简单，但可能会断开即失去螺丝钉原有的形状。我们可以做什么？

简化 Macro- 功能理想模型：X-资源，与可用或修改的资源，以及不会使对象更复杂或带来任何负面影响，保证达到以下最终理想解：整体紧紧抓住螺丝。

标准矛盾（SC）— 抽取 -2S

　　销钉▶07 系统的复杂性 VS 21 形状 = 04，07，11，14

根本矛盾（RC）— 抽取 -2R

　　销钉▶"硬"（结实地填充孔）VS "软"（让销钉进入）

发明 用于解决标准矛盾的主要模型：04 机械系统替代，07 动态化，另外，01 物理或化学参数改变。销钉的发明完全符合这些导航的要求：销钉的主体由弹性塑料制成（模型 01），当螺丝钉穿过销钉时，销钉会膨胀（模型 04 和 07）。

　　用于解决根本矛盾的主要资源：结构资源（切割、翼侧、顶部等），空间资源（新的 3D 形状），材料资源（使用具有弹性并坚硬耐用的材料）。当膨胀时螺丝钉被紧紧地"楔"在孔中。

　　基本模型：01 空间分离，零件是可移动且不可移动的，而系统整体有弹性；03 结构，切割、顶部、翼侧；04 材料，新的塑料材料（尼龙）拥有弹性、复原性和拉伸性。

科学影响:	应用新材料；弹性；由于抓持表面的变化形式而增加了摩擦（整体内部）。
缩放	
矛盾消除:	是的。
超级效应:	高精度和可靠性，最小浪费。
负面影响:	当需要改变孔的直径时，销钉则难以取出。
发展趋势:	各种各样的销钉和墙结。
环境系统的变化:	紧固件安装方法（螺钉、螺栓等）的根本变化。
扩展用途:	可以与承重结构的各种材料（墙壁、天花板等）一起使用。
方案完美度:	最高等级：材料和动态化——一种非常强大的转化模式组合！

图 10.31 销钉的全新设计

例 10.11 将固体液态化，反之亦然（图 10.32）

产品	**制作太阳能电池板的硅晶片**

简介 多年来，太阳能电池板的硅晶片是由高纯度硅熔体获得的切片固体锭制成的。这种方法有一个主要的缺点：高达 50% 的硅晶片在这个过程中被浪费了！

从 20 世纪 70 年代到 90 年代末，德国意识到该问题，许多研究机构和大学（包括西门子公司、拜耳公司、布兰德尔有限公司、德国太阳能公司、弗劳恩霍夫太阳能系统研究所、康斯坦茨大学等）尝试予以研究，提出了直接从熔体中形成硅晶圆片的技术。在 90 年代，丹麦和美国的科学家们取得了一系列重大成就。但是，长期以来，新技术仍然无法保证大规模生产所需的质量水平。

2010 年，麻省理工学院（MIT）和 1366 Technologies 公司在首席技术官 Emanuel Sachs 博士和地中海航运首席执行官 Frank van Mierlo 的指导下，设计了一种工业方法基板生长（RGS）及相关设备。

插图：合成的工件——http://www.ecn.nl/docs/library/report/2002/rx02038.pdf（拜耳 AG 技术）和 2006_09_27_talk_g_hahn_pdf；由于麻省理工学院的技术被归类为"专有技术"，我们回顾了不间断地重新从熔体中提取硅片的原始方法。

抽取			
D	对应的发明原理	导航	功能 / 实例
+	01	物理或化学参数改变	a）包括转变成"伪状态"（"伪液体"）和过渡态，如使用固体物体的弹性性质以及简单的转变，如从固态到液态
	02	预先作用	a）提前把必要的（部分或完整的）对象更改
+	11	反作用	a）不是按照任务条件规定的动作，而是完成相反的动作（加热物体而不是冷却物体）
+	18	中介物	a）使用另一个对象来传送或传输操作

重新发明

趋势 通过切割硅锭形成太阳能电池板硅晶片会产生大量废料。你能做些什么来消除这个缺陷?

简化 最大功能理想模型：OZ 本身确保获得最终理想解：

恰好满足所需尺寸，且原料硅晶片无浪费。

标准矛盾（SC）—抽取 -2S

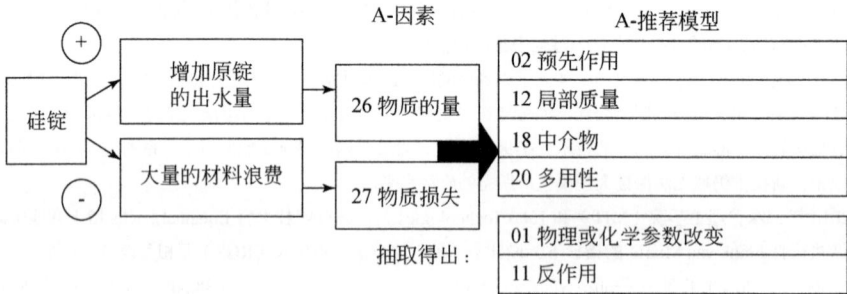

根本矛盾（RC）—抽取 -2R

硅锭▶必须使用晶圆 VS 不能避免浪费

发明 为了达到目标 1（减少浪费），提出了一种零浪费技术，其中晶圆直接由硅熔体形成——主要模型 01 物理或化学参数改变，02 预先作用和 11 反作用（而不是切割固体硅锭或某些半成品材料时，硅被加热到熔化温度，然后当熔融温度降低时，将具有所需厚度的薄膜条从熔体中抽出以转化为挥发物）。

为了实现目标 2（从硅熔体中抽取薄膜），给装置配备一个移动的基板；熔化形式的下部熔化的硅通过黏合剂黏在其上，然后穿过特殊的狭缝以薄膜的形式抽出，以便在基板上继续移动的同时冷却下来——符合 18 中介物。

根本矛盾的解决。使用导航 01 空间分离：形式中的某些硅是固体（熔体粉末），有些是液体（在基片上方的形式的底部）。01 空间分离：由于硅和制造基片的材料具有不同的热膨胀系数，所以当硅冷却时，它极易从基片分离出来。

科学影响：物质形态的变化；黏附力；物体温度变化时显示的热膨胀系数变化等。

缩放 矛盾消除：达成。

超级效应：高精度，连续性和生产力（除了没有浪费）。

扩展用途：可以制作任意尺寸的晶圆；可能同时制作多个薄膜（波）。

方案完美度：最高等级。实质性：基于反作用原理的想法通常会产生类似的意想不到的解决方案。这里：不要切片；取而代之的是，当硅仍然处于液态阶段时，在铸锭制造之前形成晶圆（导航 02 预先作用）。

图 10.32 关于熔体制造硅晶圆的重新发明

在柏林技术大学全球生产工程科学硕士项目中，我班级的学生 Jesper Frausig（丹麦）参与了这个倡议，并参与了这个项目。

例 10.12 这是 Floyd Rose！你或许真的不知道！（图 10.33）

产品	Floyd Rose 电动吉他

简介 该技术基于弯曲视角，将用户所创建音符（之间）产生的颤音予以平滑过渡。传统的音符产生的机理是基于弦线在手指向琴颈部按压的位置上下横向的移动。然而，由于弦线的过度摩擦，琴弦会迅速地磨损，甚至最终撕裂。

在 1977 年，从事珠宝加工设备设计的业余吉他手 Floyd Rose 提出了一个解决上述困境的想法，即琴弦可以沿着琴颈而不是琴弦延伸。他将这个想法申请了专利（US4，171661，1979-10-23）。由此，电吉他音效范围得以扩大。

插图：产品 - http：//ru.wikipedia.org/wiki/Floyd_Rose，www.floydrose.com。

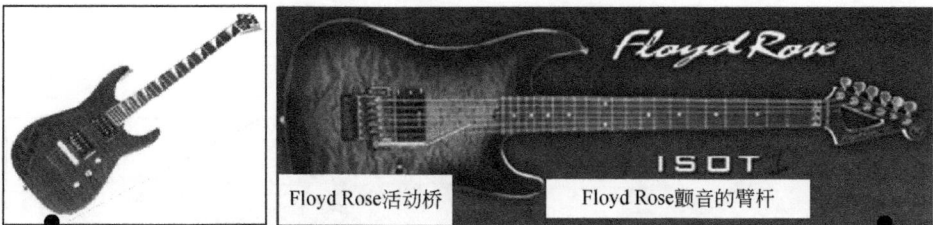

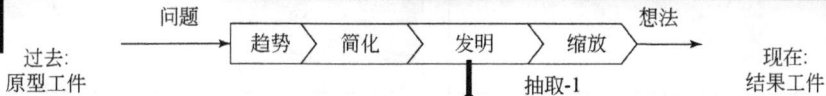

D	对应发明原理	导航	功能/实例
+	07	动态化	琴桥可以在琴弦固定在音板上的一侧移动，以便琴弦可以纵向拉伸
+	11	反作用	使用者不需要将弦线横向移动，而是经过一个特殊的机关，实现纵向移动；使用右手拨弄 Floyd Rose 琴桥代替左手弯曲的动作
	18	中介物	调节器通过特殊的螺丝和卡箍将琴弦末端固定到移动的 Floyd Rose 平台上
+	19	空间维数变化	琴弦纵向拉伸，而不是横向拉伸
+	32	重量补偿	弹簧均衡弦的张力，这样 Floyd Rose 琴桥可以用于上下拨出声音

再造

趋势 当用"老吉他"弹奏颤音时，手指沿琴弦迅速移动，会出现琴弦磨损且卡顿的现象！我们如何避免上述现象？

简化 Macro- 功能理想模型：引入系统的 *X-* 资源与可用资源一起保证了最终理想解的实现：既要出现颤音，又不会破坏弦线。

标准矛盾：弦的伸展▶原理 10 操作流程的方便性 VS 原理 15 运动物体的长度 = 03，11，19，37

根本矛盾：弦的伸展▶必须（做一个颤音）VS 不能（防止琴弦损坏音品）

发明 关于标准矛盾解析模型▶如上述图表所示。

关于根本矛盾解析模型▶01 空间分离：弦线移动固定在听音板上的位置，并且在被按压到琴颈处时不移动（这在本示例中未考虑一些细节）。

缩放 矛盾被消除。

图 10.33　Floyd Rose 设计机理

源于马里乌波尔 Priazovskiy 技术大学的弗拉迪米尔·莱森科的作品。

例 10.13　在 –200℃或者 + 20℃的环境中正常工作！（图 10.34）

产品	**用于低温设备的水龙头**

简介 低温设备中使用的龙头与温度低于 –120℃的液氧、氮气等其他物质一起工作时会面临一个常见问题，阀杆（一端带手轮，另一端带有阻止液体流动的阀瓣）会变成冷冻状态。解决此问题的一个简单方法是使用延长杆，其长度经过计算，以便阀杆上部和手轮在室温下运行。

插图：新的产品 - http://www.asia.ru/ru/ProductInfo/1362693.html。

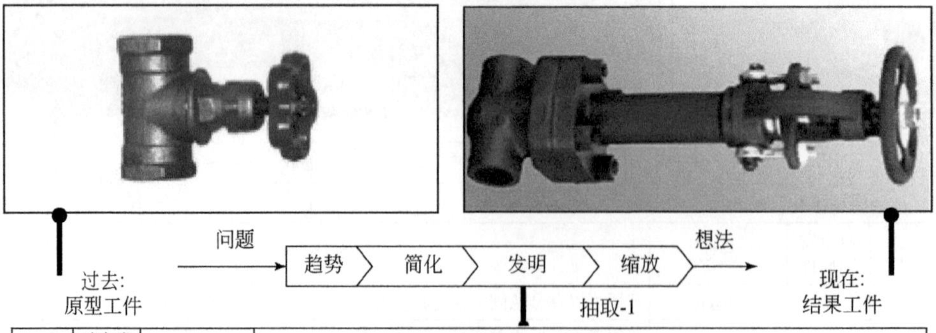

D	对应发明原理	导航	功能 / 实例
+	05	抽取	将"不兼容的部分"（"不兼容的属性"）与物体分开或（完全转动）将唯一真正必需的部分（必要的属性）包括在物体中：必须将手轮部分放置在"温暖环境"，而阀门部件则放置于低温区
+	16	未达到或超过的作用	当难以完全达到预期的效果时，我们可以放宽一点达到目标效果的标准，这可以使任务变得更容易：进行 200% 或 300% 的延伸（必要时保持手轮不受冷）。
	18	中介物	a）使用另一个物品来传输一个动作：用类似"过渡、中间、补充"的东西来补充该物体（然后尽可能把它们合成一个）
	19	空间维数变化	可以改善从表面到三维空间的过渡：阀杆可以提升（三维）至低温区以上（阀瓣接触阀座的表面）

重新发明
趋势
一个普通的水龙头不适用于低温设备——会呈冻结状态。我们如何采用一些方式来避免上述现象?
简化 最大功能理想模型:操作区域本身可确保获得以下最终理解:不会冷冻的水龙头。
标准矛盾:水龙头 ▶ 原理 02 适应性,通用性 VS 34 温度 = 01, 05
根本矛盾:水龙头 ▶ 必须是"冷的"(因为它在寒冷的环境中运行)VS 外部必须"温暖"(不被冻结)
发明
标准矛盾的解决方案 ▶ 05 抽取:尝试使杆边延长,以保持手轮温度!
根本矛盾的解决方案 ▶ 01 空间分离:水龙头在水龙头内部很冷,但龙头的外部温度较高。
缩放 矛盾被消除。

图 10.34 重新发明低温阀
源于俄罗斯莫斯科国立技术大学的 Ekaterina Dontsova 的作品。

下面的几个例子源于现代 TRIZ 学院开展的欧洲项目 TEMPUS PROMENG MTRIZ-2 参与者的工作。

例 10.14 不是每一个朋友都会分享茶!(图 10.35)

产品	拥有两种不同茶叶的茶壶

简介 波兰克拉科夫的设计师 Ewa Sendecka 创造了满足两种需求的"奇迹茶"。玻璃茶壶由两个独立的容器组成;同时,该茶壶拥有两个壶嘴。现在每个人都可以在你的茶壶里倒出他喜欢喝的茶。茶壶的作者将他的创作命名为"阴阳",即同一个整体的不同甚至相反的部分,在此例中是同一个茶壶中的不同茶。

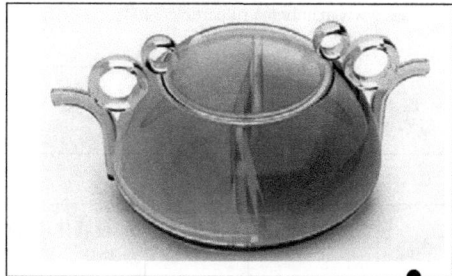

D	对应发明原理	导航	功能 / 实例
+	03	分割	将茶壶分成两部分
+	34	嵌套	两个容器位于一个茶壶内

重新发明

趋势 如果家庭成员喜欢不同的茶，而且只有一个茶壶，往往会出现难题，茶壶会煮哪一种茶，茶杯会出现哪一种茶呢？所以，在同一个时间里供应多种茶是不可能的，因为不可能轮流沏茶。如何解决这个问题呢？

简化 最大功能理想模型：操作区域本身可确保获得以下最终理想解：同时烹制两种口味的茶叶。

标准矛盾：茶壶 ▶ 01 生产率（制作两杯茶）VS 10 操作流程的方便性 = 03，04，08，34

根本矛盾：茶壶 ▶ 制作两种茶和一种茶（因为只有一个茶壶）

发明

标准矛盾解决方案 ▶ 外观抽取。

根本矛盾解决方案 ▶ 01 空间分离：将茶壶分为两个分区；制作两个喷口。

缩放

矛盾被消除。这是一个既美观（幽默）又有技术性的解决方案！

图 10.35　源于欧洲项目 TEMPUS PROMENG MTRIZ-2（2013 年 3 月）
扎波罗热技术大学杰出优胜者 Olga Gladkova 的发明例子。

例 10.15　"恶魔型号"的演习并不比 UFO 糟糕！（图 10.36）

产品	**无需投掷控制项目 机翼不需要凸出的控制装置**

简介 英国 BAE Systems 公司在 2010 年推出了无人驾驶涡轮喷气飞机 DEMON 模型。其机理放弃了传统涡轮喷气飞机操作副翼、襟翼和方向舵的需求。该想法的实施基于以下事实：空气喷射发生在机翼中的一组狭缝中，通过柯恩达效应在表面上产生期望的压力变化并导致旋转、下降或上升。这种机翼变换可以简化飞机，减轻重量，以及提高设备的稳健性。

插图：www.membrana.ru/particle/3404。

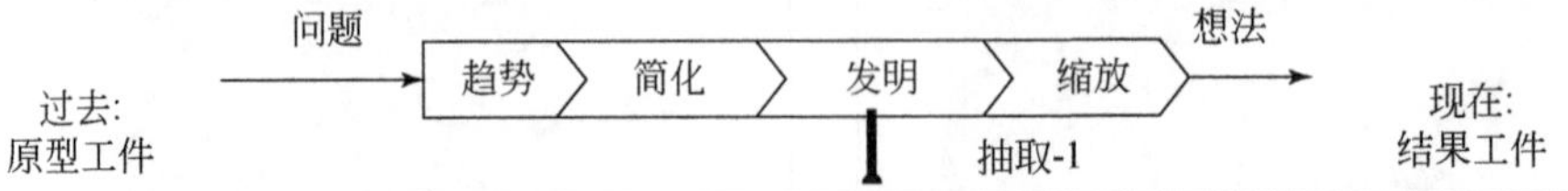

D	对应发明原理	导航	功能 / 实例
+	11	反作用	b）使物体或环境的可移动部分固定或固定部分可移动：放弃移动整架飞机
+	35	合并	a）合并相似物体或相邻物体：空气通过喷嘴并通过控制狭缝逸出

重新发明

趋势 与传统的机翼机械化的飞机相比有以下缺点：①增加了设计的复杂性；②增加重量；③运行的复杂性；④破坏的几率增加。是否有可能进一步改进机翼？

简化 最大功能理想模型：操作区域本身确保获得以下最终理想解：
不会移动飞机。

标准矛盾：机翼 ►02 适应性，通用性 VS 04 可靠性 = 01，11，18，32

根本矛盾：机翼 ►需要操纵 VS 无法操纵（无须移动其原件）

发明 标准矛盾解决方案：根据模型 11 反作用，机翼具有开启和关闭狭缝而不是突出元件的系统！

根本矛盾解决方案：立足基础模型 01 空间分离和 03 整体与部分分离，主要是柯恩达效应。

缩放

一个完美的解决方案：没有突出的元素，更好的稳定性和可操作性！

图 10.36　来自欧洲项目 TEMPUS PROMENG MTRIZ-2（2013 年 4 月）的 "silvermedalist"
俄罗斯国立马卡洛夫海洋大学 Artem Muntjanu 的发明案例。

以下（与其他作品进一步交叉）是一些大学队伍在欧洲项目 TEMPUS PROMENG MTRIZ-2（2013 年 4 月）中的杰出优胜者的作品，作者为来自波士顿国立技术大学 "VOENMEH" 团队的成员 Mark Ionin，俄罗斯的 Anastasiya Grigorjeva 和 Aljona Protsjuk 等。

例 10.16　装甲很坚固！（图 10.37）

产品	多层盔甲

简介 随着材料厚度的增加，增加传统装甲的强度得以实现。但这会导致装甲车重量和金属消耗量的不合理增长。通常，更厚的装甲也无法抵御累积的子弹。因而，我们尝试发展多层盔甲，进而增强盔甲的可靠性，一定程度上减少其厚度。插图：http://www.sciteclibrary.ru/rus/catalog/pages/7984.html。

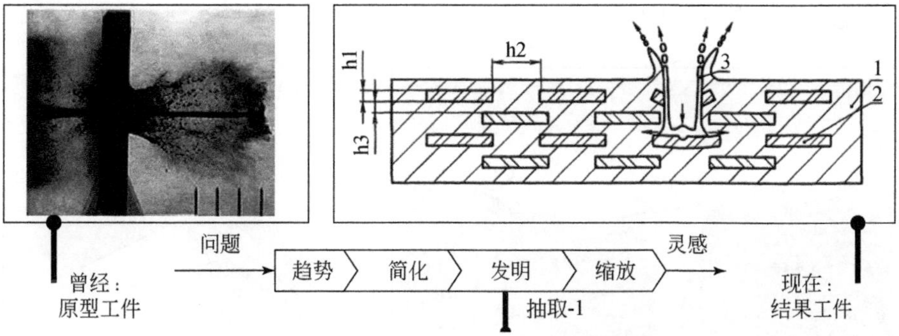

D	对应发明原理	导航	功能 / 实例
+	02	预先作用	b）事先准备好物品，使它们能够从最佳位置开始工作：最好安排吸收能量的平台
+	03	分割	a）将一个物体拆卸成单个零件：黏性材料和固体材料板
+	12	局部质量	c）每个物体都应存在于与其功能最佳对应的条件下：含有固体的黏性材料

重新发明

趋势 通常，即使更厚的装甲也不能防止累积的子弹射流。另外，需要其他技术来对付不同类型的炮弹。如何解决呢？

简化 最大功能理想模型：操作区域本身确保获得以下最终理想解：

防止累积子弹和其他导弹的攻击的耐用轻型装甲。

标准矛盾：装甲 ▶ 04 可靠性 VS 29 稳定性 = 03，05，12，18

根本矛盾：装甲 ▶ 应该很厚（以承受累积射流）VS 不能太厚（它会变得太笨重）

发明 标准矛盾解决方案：决定放弃同质装甲。装甲不均匀性：黏性物质＋坚硬板的基质（12 局部质量）。由于这种分裂成板和基础材料（03 分割），显著减少了护甲的厚度，并因此减少了质量。另外，交错排列的方式能更好地减弱爆炸能量（02 预先作用）。根本矛盾解决方案：刚性板不放置在同一条直线上，交错排列以更有效对抗累积喷射（空间分离）。由于不同材料具有不同性质（材料和结构的分离），装甲是不均匀的。

缩放 消除矛盾的非常有效的解决方案！

图 10.37　Mark Ionin 认证工作的第一个例子

例 10.17　在危险的情况下，飞机成为滑翔机！（图 10.38）

产品　　　　**如果飞机带有可伸展的机翼，是否在危急时刻起作用？**

简介 这个想法是为飞机配备可伸缩和可伸展的机翼，以便于紧急时刻使用。其设计是以"扇尾"为原理实现的：它们被固定在飞机机翼的两侧，并在水平面上展开，进而保证飞机在发动机故障或其他紧急情况下，按制定计划安全着陆。那么，此时的飞机无疑是一个滑翔机。

插图：http://www.sciteclibrary.ru。

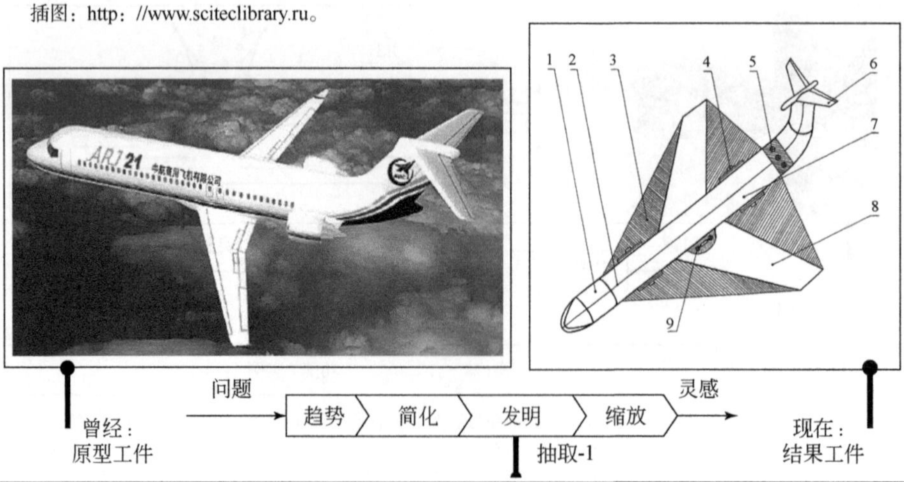

D	对应发明原理	导航	功能 / 实例
+	07	动态化	b）将一个物体拆卸成可移动的部件：可扩展的控制台
+	16	未达到或超过的作用	放松标准：创造一个非常宽的范围
+	28	预先防范	提前采用安全措施提高对象的安全性

重新发明

趋势　当飞机发动机故障时，飞机不得不断地下降，但这是不可能的，因为巨型飞机几乎不可能计划好，很难管理。如何下降并有效地控制飞机？

简化　最大功能理想模型：操作区域本身可确保获得以下最终理想解：

　　能够进行应急计划且实现安全着陆的飞机。

标准矛盾：平面 ▶ 02 适应性，通用性（控制）VS 10 操作流程的方便性（机翼的承载能力不足）= 03，07、15、16

根本矛盾：飞机 ▶ 应该计划（顺利着陆）VS 不应该计划（因为机翼很窄而且不允许计划）

发明

标准矛盾解决方案：滑动附加机翼预先放置于飞机上方，以防紧急着陆（28 预先防范）。在紧急情况下，通过控制台命令"扩展"（07 动态化），使机翼面积增加近 100%，从而可以控制计划（16 未达到或超过的作用）。

根本矛盾解决方案：空间和结构分离。

缩放　发展：紧急情况下的表面可以像织物一样灵活。

图 10.38　Mark Ionin 认证工作的第二个例子

例 10.18　一枚无法击落的导弹！（图 10.39）

产品	旋转导弹

简介　为了提高导弹机动性，旋转导弹被设计了出来。该新型导弹具有战斗舱和喷气机构。导弹外壳拥有尾部稳定器，其与外壳的水平面形成纵向夹角。新颖之处在于，摇摆速度稳定的元件形成"去稳定器"，该装置的安装需与壳体的纵向轴线形成小角度 δ。

插图：http://www.sciteclibrary.ru/rus/catalog/pages/7395.html。

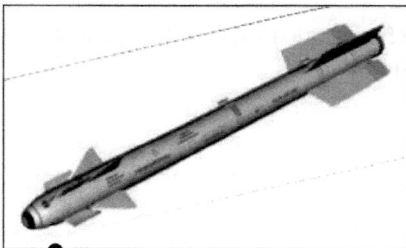

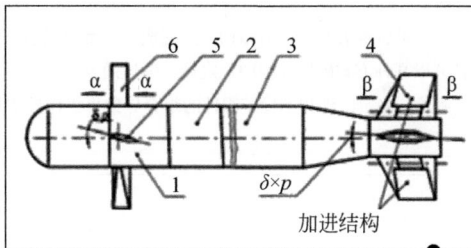

D	对应发明原理	导航	功能 / 实例
+	07	动态化	a）改变对象的特征以优化每个工作流程：确保与去稳定器的良好可操作性
+	16	未达到或超过的作用	实现少一点或多一点：增强动态性能和可操作性
+	22	曲面化	c）改变转向运动：由于旋转改善了动态特性

重新发明

趋势　导弹的动态性能和机动性非常差，因此容易被击落。事实上，反导弹防御（AMD）则很容易地，且快速地发现传统的导弹飞行轨迹，并将其击落。基于此，有必要通过提升导弹的敏捷性以此克服 AMD 的拦截。

简化　最大功能理想模型：操作区域本身确保获得以下最终理想解：

　　　　导弹，不能被击落。

标准矛盾：导弹▶02 适应性，通用性（导弹应该是可操纵的）

　　　　　　VS10 操作流程的方便性（过度稳定会降低机动性）= 03，07，15，16

根本矛盾：导弹▶必须克服反导弹防御 AMD

　　　　　　VS 无法克服反导弹防御 AMD（因为机动性不足）

发明

标准矛盾解决方案：去稳定器导弹产生导弹的旋转（22 曲面化），因此其操纵性显著增加 （16 未达到或超过的作用）。

根本矛盾解决方案：由结构分离完成。一部分具有一个属性，而整个对象具有其他属性。稳定器使导弹旋转并以某种方式破坏导弹的稳定性，但这通常会导致机动性的急剧增加。

缩放　稳定组件和不稳定组件的组合导致可操作性增加。

图 10.39　源于 Mark Ionin 认证工作的第三个例子

例 10.19 如何优化垃圾清除（图 10.40）

产品	自动垃圾桶

市政公用事业在处理满溢的垃圾桶方面花了大把精力。保加利亚的一个名叫 TecnorSA 的公司已研发了名叫 BigBelly 的垃圾桶，可以有效处理桶内的垃圾，其原理在于压力机伴随着垃圾桶内的垃圾等级（事先预设的数据）及时转换（压缩）。其中的引擎，我们可以称之为"智能盒子"，该物件的运行动力来自特定电池（从太阳板中获取电量）的电力支撑。

垃圾桶		自动处理垃圾桶	

问题曾经：原型工件　问题

趋势 〉 简化 〉 发明 〉 缩放

抽取-2　　抽取-1

灵感现在：结果工件 成功案例

抽取：自动垃圾处理桶

等级	导航	相应解读(解释)
	18. 中介物	a) 使用另外一个物体用来转化或传递一个动作
	29. 自服务	a) 该物体具有自我修复与其他辅助功能
	34. 嵌套	a) 物体之间相互嵌套

这个例子由保加利亚舒门市外语高中 Nikola Vaptsarov 的教师 Paulina Desewa 在联合国教科文组织教育信息技术研究所（IITE）项目"为未来而学——现代 TRIZ"项目中开发

图 10.40　来自 Paulina Desewa 认证作品的例子（始）

	St.结构分离	▼	新组件
	Sp.空间分类	▼	理性地使用空间

矛盾	目标	描述	
标准矛盾	垃圾桶容量	很有必要提高垃圾桶承载量，但不能过于频繁地派人处理	vs 但我们要注意到，该思路会导致垃圾桶占据较大部分的街道空间，进而恶化其操作环境
根本矛盾	垃圾桶容量	很有必要提高垃圾桶承载量，但不能过于频繁地派人处理	vs 如果垃圾桶容量不增加，那么该垃圾桶不会占据大量的街道空间

重新发明：自动垃圾桶

趋势

当使用垃圾桶时，市政会产生以下问题：
垃圾承载量低，很快就被填满；
需要频繁地清理它们。
如何克服这些缺点呢？

简化

最大功能理想模型：操作区域确保以下解决方案

垃圾能自己压实空间！

标准矛盾

垃圾能够做到：

⊕   ⊖

很有必要提高垃圾桶承载量，但不能过于频繁地派人处理	会导致垃圾桶占据较大部分的街道空间，进而恶化其操作环境

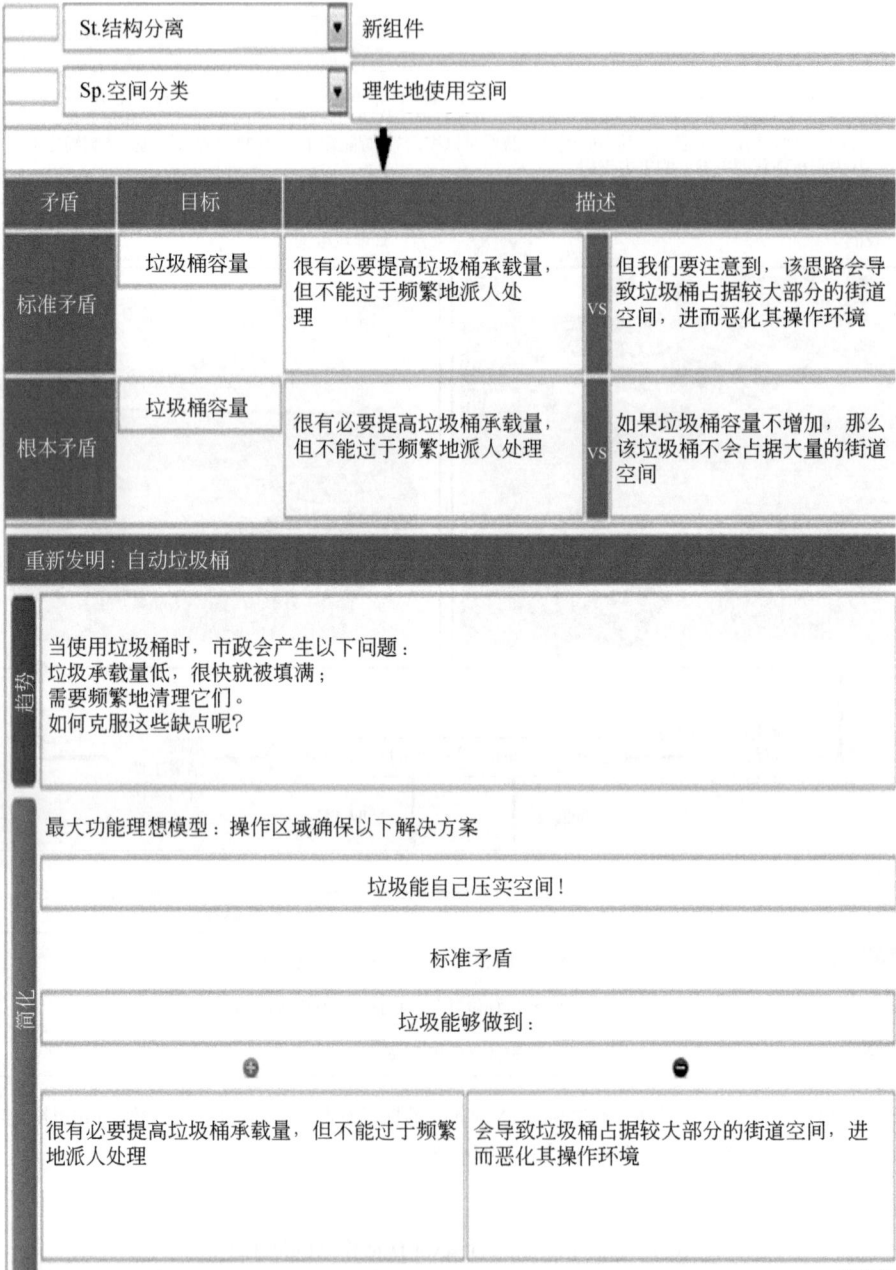

图 10.40　来自 Paulina Desewa 认证作品的例子（续）

20.静止物体的体积		10.操作流程的方便性
10 复制		
18 中介物		
19 空间维数变化		
34 嵌套		

根本矛盾（RC）

垃圾桶容量	&	如果垃圾桶容量不增加，那么该垃圾桶不会占据大量的街道空间

很有必要提高垃圾桶承载量，但不能过于频繁地派人处理

现在的模型是为了不频繁处理垃圾。
02 预先作用：设置传感器，获取能量。
18 中介物：特定电池（从太阳板中获取电量）的电力支撑。
29 自服务：垃圾可以自动地挤压干其间。
34 嵌套：上述的压力器内置于一个可以填压垃圾的容器。

矛盾解决了吗？ 是的

超级效应： 现今的垃圾桶容量为曾经的5倍之多
负面影响： 太贵了
发展趋势： 颜值较高，日注重卫生
环境变化： 新技术是社会中每个人不可或缺的一部分
方案完美度： 100 非常有效地运用

图 10.40 来自 Paulina Desewa 认证作品的例子（终）
源于 EASyTRIZ Junior 的软件截图。

例 10.20　如何寻找一种不伤害脖子的方式？（图 10.41）

产品	用于攀登者的棱镜

简介　攀岩安全员正在为一名攀登者安装好安全措施。事实上，攀登者需要通过绳索和其他设备往上攀登。安全员必须小心翼翼地观察他的伙伴——攀登者。

需要注意的是，攀登者越高，保护者就越容易将他的头部后仰，以致颈椎疼痛。 那么特殊的棱镜眼镜在此就可发挥极大的作用，基于光线的反射，使得保护者没有必要通过长时间地后仰头部，实现保护安全的工作。

来自 www.4sport.ua/articles?id=13541 的插图。

抽取

D	对应发明原理	导航	功能 / 实例
+	18	中介物	a）使用另一个对象来传送动作
+	19	空间维数变化	b）倾斜或转动其侧面的物体；c）使用邻近空间的光射线

重新发明

趋势　在工作时，安全员长期保持抬头看他的伙伴——攀登者的姿态。事实上，这姿态需将安全员的颈部弯曲，如果长期保持该姿态，无疑会让安全员感到不适，甚至疼痛，可能会导致颈椎病。如何消除这个缺点？

简化　最大功能理想模型：X- 资源在不使系统过度复杂且不会造成不可接受的负面影响的情况下，确保与其他可用资源一起获得最终理想解：在实现安全看护工作的时候，提高安全员的方便性。

标准矛盾：头部位置 ► 24 静止物体的作用时间（需要很长时间观察）VS 30 力（尝试将头部保持在不舒服位置）= 17，19，39

根本矛盾：头部 ► 必须抬起（注意攀登者）VS 必须处于正常位置（安全员的疲倦感以及脖子痛等现象不要出现）

发明

标准矛盾解决方案：制作了棱镜眼镜（18 中介物），这种眼镜折射光线，使得保护者看到并持续注视着他的攀登伙伴，就像他看到你并且他的头被转动一样（19 空间维数变化）。

根本矛盾解决方案：这是通过结构分离（该系统引入了一种新的元素——眼镜）和空间分离（改变光的方向——整个系统从上而下获得了一束光，而局部的光线则从脸部前方流向保护者的眼睛）来实现的。

图 10.41　来自 Aljona Protsjuk 认证工作的例子

例10.21　怎样改进灯泡发光？（图10.42）

产品：节能灯泡

简介　在磷光涂层灯的内表面上。灯泡中，充斥着惰性气体以及小部分水银蒸汽。电荷电流于电极之间相互碰撞，紫外线就会产生于灯泡中。磷光线收了紫外线后，进而发射出（人类）肉眼可以感受到的光。该类灯泡寿命由2000小时增至20 000小时。

钨丝灯泡

节能灯泡

问题
曾经：
原型工作
（最初模型）

趋势

简化

发明

缩放

抽取-2

抽取-1

灵感
现在：
结果工作
（成功案例）

联系

抽取：节能灯泡	
排序	导航
02 预先作用	灯泡内表面涂抹上磷
01 物理或化学参数改变	灯泡内置的灯丝不同，荧光灯中的气体会发出亮光
18中介物	电流基于惰气的作用，会产生紫外线辐射，在此期间，惰气充当着中介物质。而后磷会吸收上述的紫外线

该例子源于联合国教科文组织的"为未来而学——现代 TRIZ"项目的杰出获胜者 Nikita Panchenko，他来自哈萨克斯坦，是阿拉木图市 BEST 高中的高一学生

图片源于 Nikita Panchenko 的作品（始）

图10.42　源于 Nikita Panchenko 的作品（始）

Sp. 空间分离

选取合适的原理

气体将电荷隔开

矛盾	目标	简述		
标准子盾	具有灯丝的灯泡	降低灯泡的能量损耗	vs	亮度明显降低
根本子盾	具有灯丝的灯泡	该灯开启，亮度会很耀眼	vs	大量能量的损耗，亮度不会很高

重新发明：节能灯

钨丝灯具有以下不足之处：
1) 相比起能量损耗，认可度不高以及亮度不足令人满意。
2) 易碎且寿命较短，平均1000小时。

Micro-FIM 操作区域的X-资源可以作为材料或者能量微粒，进而与其他要素一起，产生新的解决举措

标准矛盾 (SC)

钨丝灯泡

基于1个单位能量的消耗，最大限度地提高亮度

⊕ 降低灯泡的能量损耗

● 亮度明显降低

诉求

结果

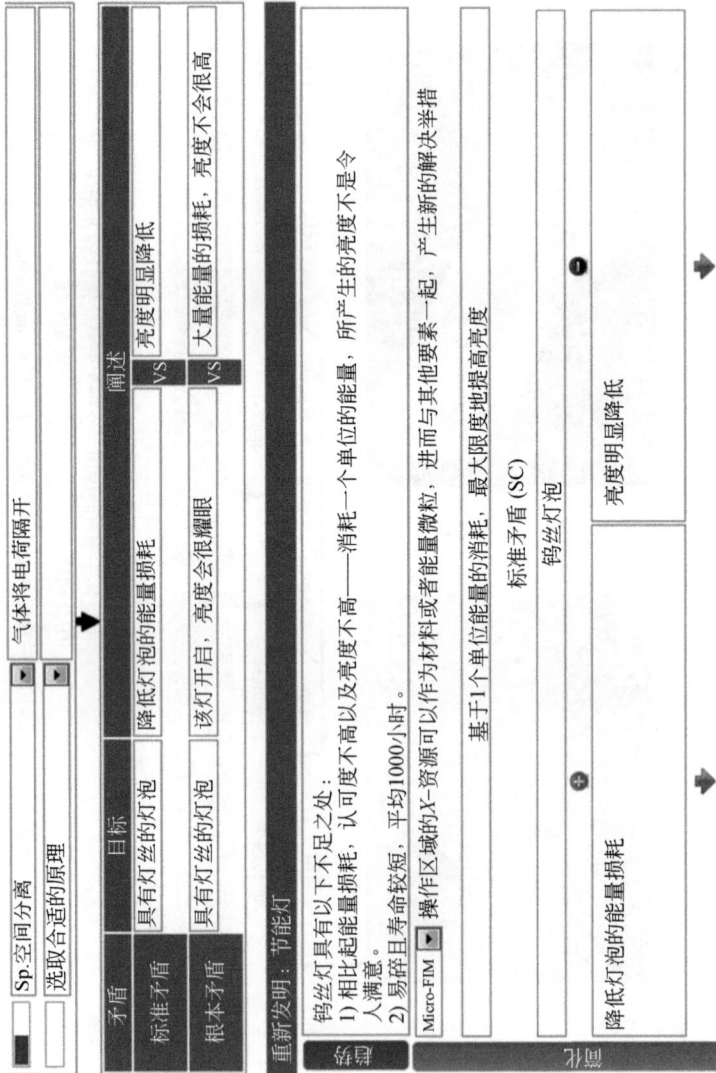

图 10.42 源于 Nikita Panchenko 的作品（续）

38. 静止物体的能量消耗		35. 照度
01 物理或化学参数改变		
05 抽取		
08 周期性作用		
09 颜色改变		

根本矛盾 (RC)

钨丝灯泡

当灯泡开启，亮度会很大 & 亮度不会很大，因为损耗很大

我们需要将磷涂贴于灯泡的内壁（01 物理或化学参数改变（02预先作用）。同时也需要将两个电荷放置于其中，两者中间应当充斥着水银蒸汽等惰性气体（01 物理或化学参数改变、空间分离）。接下来，紫外线穿过惰性气体，18中介物），紫外线则汇集于此处发亮（人眼看不到）会被磷所吸收，并通过磷为人眼可视。磷吸收紫外线后，将其转化成为人眼所可感知的、可视化的、发光的状态。

矛盾解决了吗？ 是的

超级效应：	更长的寿命
负面影响：	内置有少量水银蒸汽
发展趋势：	广受世界欢迎
环境变化：	在白天和黑夜打开灯光以供公共场所使用
方案完美度：	100

图 10.42 源于 Nikita Panchenko 的作品（终）

例 10.22 即使在寒冷的环境下也可以输入短信息（图 10.43）

产品	发热纤维

简介 一种新型纤维像电线一样能够传导热量、电流。该发明的基础是碳纳米管，其具有常规金属导体的特性。这项新技术的理念是由荷兰 Teijiin Aramid 公司与以色列 Technion 研究院和莱斯大学的研究人员提出的。新型纤维与常规纤维相似，但与金属导体相比，它们更加灵活且非常耐用。您只需在手套的一个手指上缝上一条小线就可以与显示器的表面接触，并且您可以在不移开手套的情况下，轻而易举地在屏幕上寻找您所需要的信息。

来自 http：//jmitut.ru/thread 的插图。

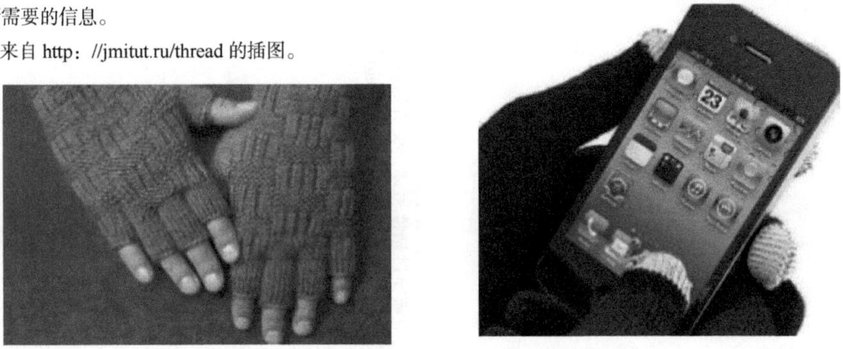

（a）　　　　　　　　　　　　　　　（b）

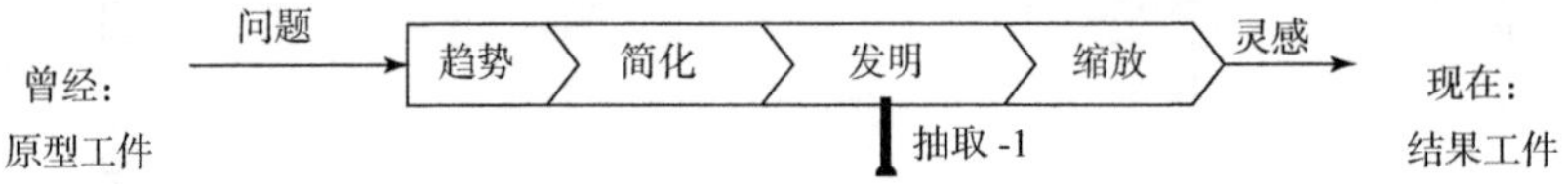

D	对应发明原理	导航	功能 / 实例
+	12	局部质量	只需使用几个指垫即可操作您的手机
+	18	中介物	有必要使用与螺纹结构相似的导电纤维
+	38	均质性	在手套和屏幕之间使用碳纳米管导体——介体

重新发明

趋势 现代手机的触摸屏由指尖操作。操作原理可能不同：体现电容、热等方面。事实上，在寒冷地区使用这种手机很困难：必须取下手套或使用无手指部分的手套。

结果是：在使用手机时，双手挨冻。

简化 最大功能理想模型：操作区域本身可确保获得以下最终理想解：在寒冷中使用手机时手指不会受冻。

标准矛盾：手套的手指 ▶ 10 操作流程的方便性（需要切除手套的手指上的"孔"）VS 13 作用于物体的有害因素（手指冻僵）= 04，05，23，29

根本矛盾：手套的手指 ▶ 无缝（不会在寒冷中冻结）VS 带有"洞"（使用您的手机）

发明 关于标准矛盾的解决方案：手指手套包含一个线程（18 中介物）传导电流。这种类型的线程在局部使用（12 局部质量），只在手套与小工具屏幕直接接触的地方：在指尖上。手套不会引起不适这很重要：触觉，它们必须是均质的（38 均质性）。根本矛盾的解决方案：材料和结构的分离。

缩放 通过使用新材料——导电碳纳米管实现美观紧凑的解决方案。

图 10.43 来自 Anastasiya Grigorjeva 认证工作的例子

例 10.23 从达·芬奇降落伞到现代型降落伞（图 10.44）

产品：达·芬奇降落伞 VS 现代型降落伞

列奥纳多·达·芬奇痴迷于飞人的想法，他的降落伞是一种能使人在空中飘落的工具。达·芬奇在他的笔记中写道：这个设置可以让人"从任何高度落下而不受任何损伤"。它的三角锥结构用布覆盖，构成角锥体的每一根木杆长度是7米。

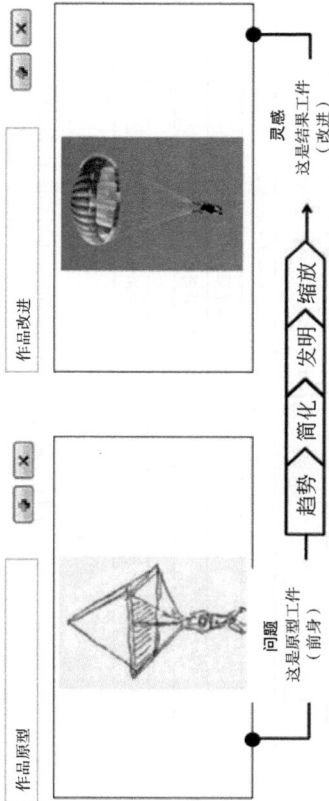

抽取：达·芬奇降落伞 VS 现代型降落伞

排序	导航仪	联系
	03 分割	降落伞的系列组成部分
	34 丢弃（重生）	降落伞和捆绑系统都在背包里
	01 物理或化学参数改变	顶罩从硬质到软质的转变
	系统-技术资源：整体与部分分离	灵活的可折叠系统

图 10.44 来自 Asel Alkhanova 的认证作品（始）

此例由哈萨克斯坦阿拉木图市 BEST 高中的 Asel Alkhanova（十年级）开发，他是联合国教科文组织"为未来而学——现代 TRIZ"项目的实力冠军

Su.物质分化		柔软的轻质材料	

矛盾	目标		描述	
标准矛盾	达·芬奇降落伞	必须有许多针对跳伞员的安全扣件	vs	扣件可能会限制其活动
根本矛盾	达·芬奇降落伞	必须是外部的，不打开降落伞则无风险	vs	必须在物体内部以便于跳伞员活动

重新发明：达·芬奇降落伞 VS 现代型降落伞

锥形降落伞有其自身缺陷：
1) 重绞设计，当着陆时可能会受伤。
2) 降落伞身和头盔连在一起非常不方便。
3) 降落伞不可伸缩，占据很多空间。

Macro-功能理想模型	X-资源能在其他现有资源下，提供一种解决方案，给跳伞员提供完全安全的小型降落伞

标准矛盾（SC）	达·芬奇降落伞

必须有许多保障伞员安全的扣件 │ 扣件可能会限制其活动

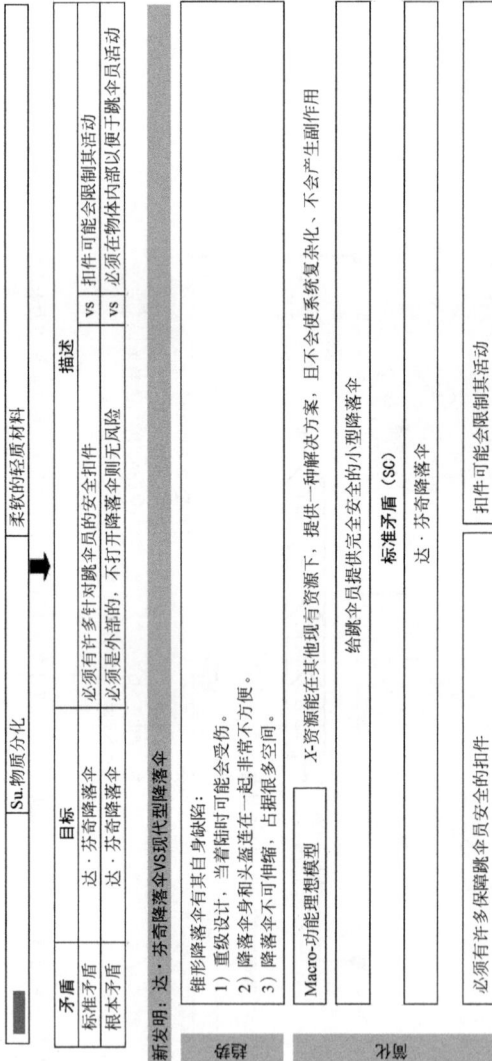

图 10.44　来自 Asel Alkhanova 的认证作品（续）

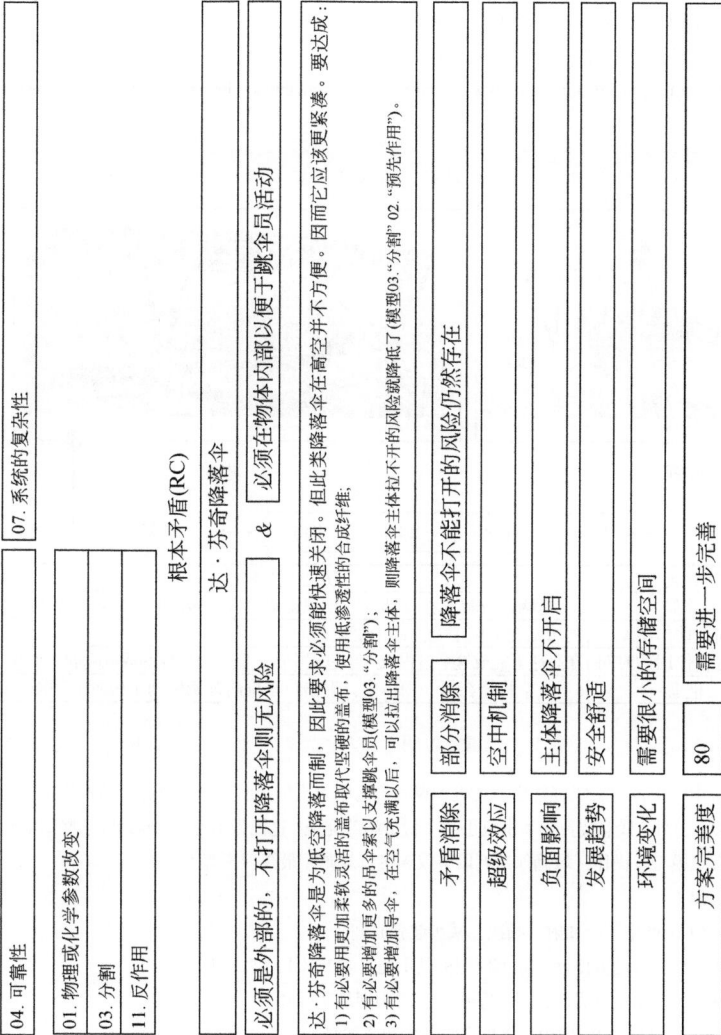

07. 系统的复杂性

04. 可靠性

01. 物理或化学参数改变

03. 分割

11. 反作用

根本矛盾(RC)

达·芬奇降落伞 & 必须在物体内部以便于跳伞员活动

必须是外部的，不打开降落伞则无风险

达·芬奇降落伞是为低空降落而研制，因此要求必须能快速关闭。但此类降落伞在高空并不方便。因而它应该更紧凑。要达成：
1) 有必要要用更柔软灵活的盖布取代坚硬的盖布，使用低渗透性的合成纤维；
2) 有必要要增加更多的吊伞索以支撑跳伞员(模型03."分割")；
3) 有必要要增加伞，在空气无满以后，可以拉出降落伞主体，则降落伞主体拉不开时的风险就降低了(模型03."分割" 02."预先作用")。

降落伞不能打开的风险仍然存在

矛盾消除	部分消除
超级效应	空中机制
负面影响	主体降落伞不开启
发展趋势	安全舒适
环境变化	需要很小的存储空间
方案完美度	80

需要进一步完善

图 10.44 来自 Asel Alkhanova 的认证作品（续）

截图来自初级 EASyTRIZ 软件。

例 10.24 TRIZ"旧"例：如何通过旋转螺旋桨射击（图 10.45）

产品	通过螺旋桨同步射击

简介 在第一次世界大战期间，机枪被安装在螺旋桨之上的飞机上翼。火力不足且位置不便于控枪。Fokker 于 1915 年研发了同步射击枪。一个有着单一手柄的凸轮被安装在发动机的旋转部分，凸轮点击枪杆，枪杆连接枪栓，当螺旋桨置于机枪前的一瞬，枪就会射击。

插图：www.promzona.org/ru/trip/cam/4 和 www.sukhoi.ru/forum/showthread.php?t=67399&s=635162a9bbf69fc73ad4c0070135d6c1。

抽取

问题   灵感

原型工件 → 趋势 〉简化 〉发明 〉缩放 → 结果工件

D	编号	导航	功能 / 具体化
+	03	分割	a) 把物体分解为独立部分：把螺旋桨每次旋转的时间间隔分解为块
+	08	周期性作用	利用螺旋桨位于枪尚未复位的间隔
+	33	减少有害作用的时间	在高速下完成这个过程或这个过程中的一些（破坏性的或危险的）步骤
+	34	嵌套	a) 一个物体在另一物体中：射击位于枪前螺旋桨两个位置的间隔周期

重新发明

趋势 在作品原型中，子弹是从螺旋桨之上飞机上翼的机枪中射出的，而瞄准是通过旋转枪体完成的。这无益于速度和精准度。另外，武器装弹必须由枪手或飞行员站着完成，这极为不便。如何消除这些缺陷呢？

简化 最大功能理想模型：操作区域确保达到以下仪表飞行规则（最终理想解）：

精准射击和快速装弹。

标准矛盾：机枪 ▶ 01 生产率（增加射击频次，减少装弹时间）

         VS 10 操作流程的方便性（原型使用极其不便）=03，04，08，34

根本矛盾：机枪 ▶ 在螺旋桨旋转范围之外（子弹不会打中螺旋桨叶片）

         VS 应在叶片转换的区域内（以提高瞄准率和装弹量）

发明 标准矛盾解决措施：机枪固定在"鼻子"上，以便射击可以通过螺旋桨旋转飞机完成，但要求期间机枪前无桨叶（导航 33"减少有害作用的时间"和 08"周期性作用"）。为达成此，引入与螺旋桨旋转"共振"运行的同步引擎（06"机械振动"）。根本矛盾解决措施：分割时间（03"分割"）和结构。

缩放 有效的、突发的决策。预料之外的决定。发展：将枪管同轴内置于螺旋桨轴（符合导航 34"嵌套"，由阿奇舒勒矛盾矩阵引进）。

图 10.45 取自 Aljona Protsjuk 的另一认证作品

产品：奥的斯升降机 VS 现代型电梯

例 10.25 伊莱沙・奥的斯升降机 VS 现代型电梯（图 10.46）

伊莱沙・格雷夫斯・奥的斯是电梯的首批发明人之一。机厢曾由缆绳牵动。升降机包括两个架子和架子上运行的齿轮。当缆绳被释放，这些齿轮不受机厢干扰自由转动。如果缆绳拉力减弱，强大的弹簧会推动制动器。齿轮停止转动，机厢会安全停止。平衡力促使升降机运动。久而久之，该系统被电力驱动所代替。

第一个升降机 | 现代电梯

问题
这是原型工件
（前身）

趋势 → 简化 → 发明 → 缩放

灵感
这是结果工件
（后作）

抽取：奥的斯升降机 VS 现代型电梯

排序	导航	联系
	04.机械系统替代	缆绳从水力驱动转为电力驱动
	10.复制	借鉴旧式升降机的思想以改良新型电梯
	34.嵌套（套娃）	自动门的改进
	St.结构分离	改变物体结构并改善其外形
	Su.材料分离	使用现代材料

此例由哈萨克斯坦阿拉木图市 BEST 高中的英语老师 Alexander Kostikov 开发，他是联合国教科文组织 "为未来而学——现代 TRIZ" 项目教师组的实力冠军

图 10.46 取自 Alexander Kostikov 的认证作品（始）

矛盾	目标	描述		
标准矛盾	升降机	增强升降机的载重能力和起重能力	vs	但需要改进在更高处的设计(长度)
根本矛盾	升降机	提高起重能力和安全性，以承载更多人	vs	也许升降动力没有改变，但不利于电梯的运转且降低了安全性

再发明：奥的斯升降机 VS 现代型电梯

分析

早期升降机在高空不运货。虽然必须改变其结构，但保留了用升降机取代梯子的思想。

Macro-FIM

X-资源能在其他现有资源下，提供一种解决方案，且不会使系统复杂化、且不会产生副作用：

有快速运送系统和强大载重能力的升降机

标准矛盾(SC)

升降机

➕ 提升载重能力和起重能力 ➡ ❶ 但需要改进在更高处的设计（长度）

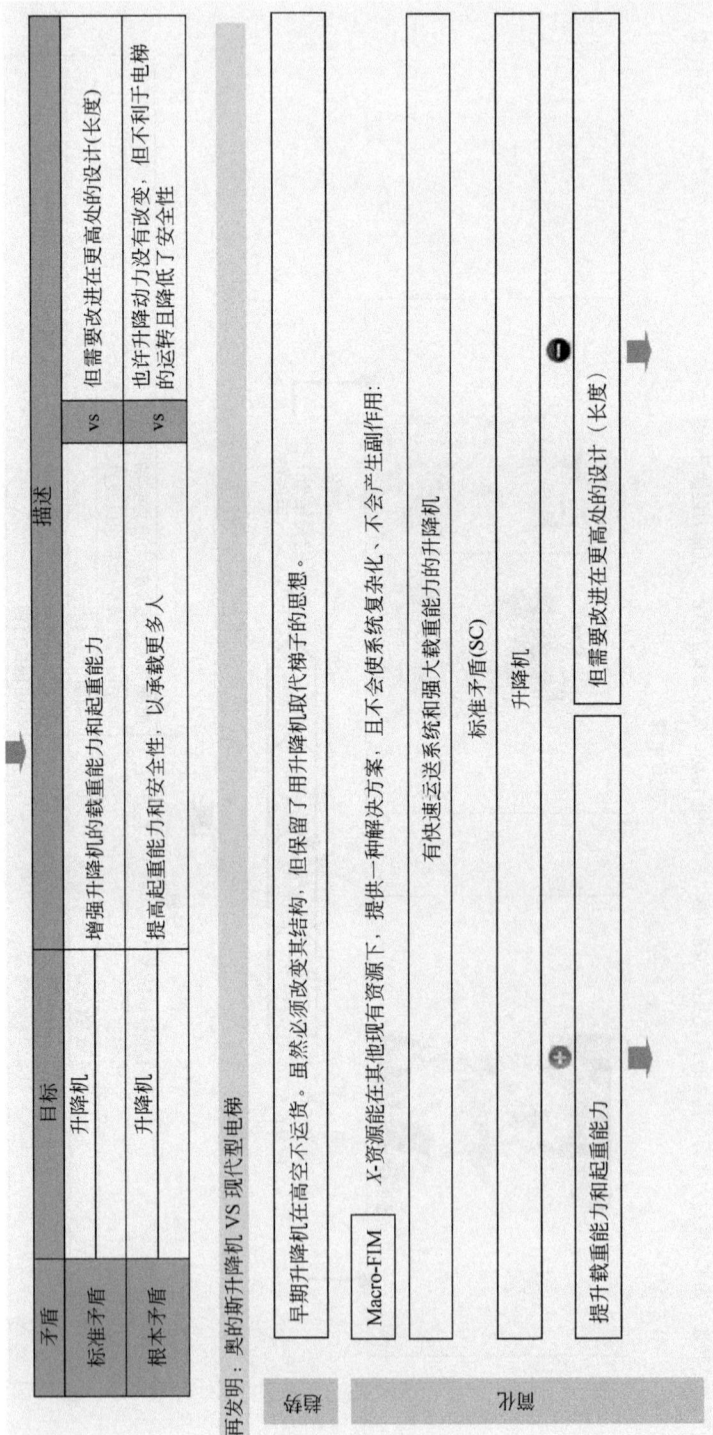

图 10.46 取自 Alexander Kostikov 的认证作品（续）

15.运动物体的长度

19.运动物体的体积

01.物理或化学参数改变

03.分割

04.机械系统替代

34.嵌套(套性)

根本矛盾(RC)

升降机

& 也许升降动力没有改变，但不利于电梯的运转目降低了安全性

提高起重能力和安全性，以承载更多人

04.机械更迭：缆绳从水力驱动转为电力驱动，以改善供应系统。

10.复制：升降机原有运送物体的平台，在这个导航下，我们将平台视为运送物体的基础。进行修正，并制作电梯并保证能运送到更高层。

34.嵌套：电梯放在电梯井里，当你打开电梯，门应当自动收进去以省空间并方便进出。

物理技术效果：通过活塞，缆绳以及带杆架子的齿轮在垂直面上移动重物。

矛盾消除 | 是 | 升降机制的提高

超级效应 | 在极级高度建造电梯的机会

负面影响 | 没有

发展趋势 | 系统换代：水力驱动转为电力驱动

环境变化 | 电梯井的结构

方案完美度 | 80 | 快速运送人和物的电梯

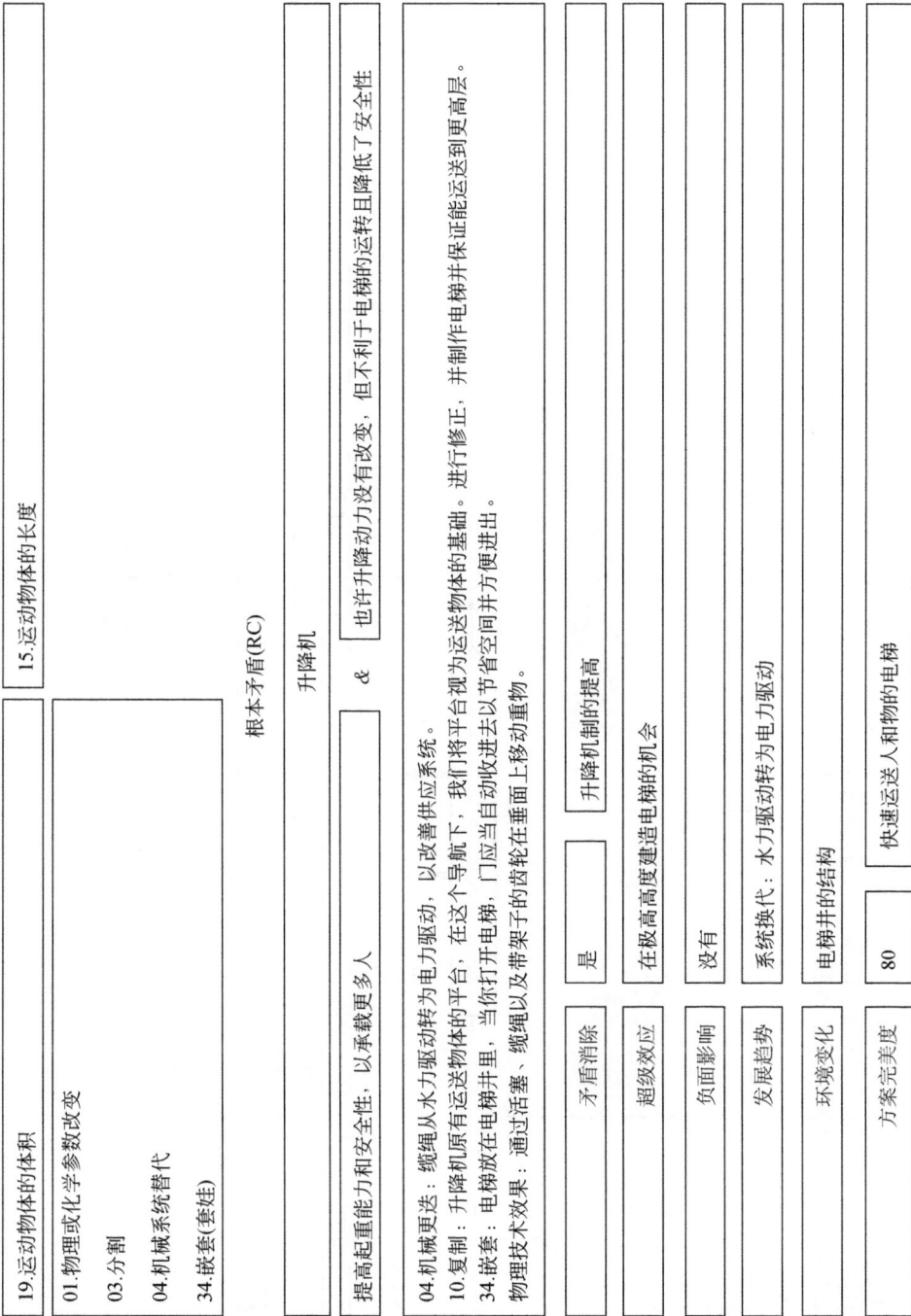

图10.46 取自 Alexander Kostikov 的认证作品（终）

截图来自初级 EASyTRIZ 软件。

| 265 |

例 10.26 小皂粒（图 10.47）

产品：小皂粒

小皂粒是一种易于存储和醒洗室日常使用的新形式。肥皂在标准大小时不易融化但在小粒时易融，这使得洗手时更为节约(如洗一只手用一小粒，并且不会遗留不美观的痕迹在肥皂盒上。单独使用一粒更卫生。

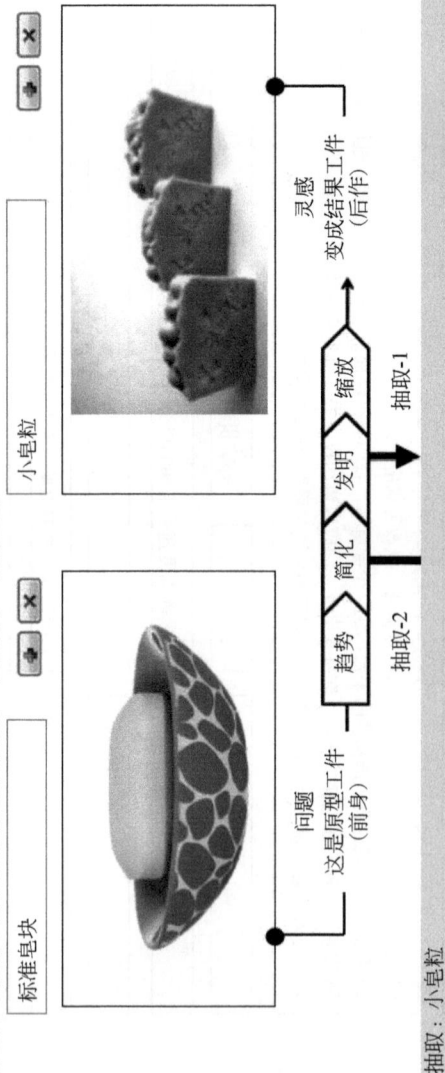

排序	导航	联系
▬	03.分割	a) 预裂皂块成小粒
▬	04.机械系统替代	新结构下使用肥皂
▬	35.合并	a) 一组小粒取代一个大块

图 10.47 抽取 -1 来自 Maria Utukina 的认证作品（一）

此例由俄罗斯莫斯科 2091 高中的数学老师 Maria Utukina 在 AIMTRIZ 和国家核研究大学莫斯科工程物理研究所（MEPhI）联合试点项目中开发

截图来自初级 EASyTRIZ 软件。

例 10.27 液体肥皂（图 10.48）

产品：液体肥皂

液体肥皂是液态洗涤剂，有着良好的清洁能力。液态肥皂微粒能更快形成丰富的泡沫而不会遗留污垢和病菌，且容易从皮肤上清走。液态洗涤剂在冷水中也很有效。液态肥皂通常是在生产时用分配器装入瓶中，这使得使用更方便和经济。

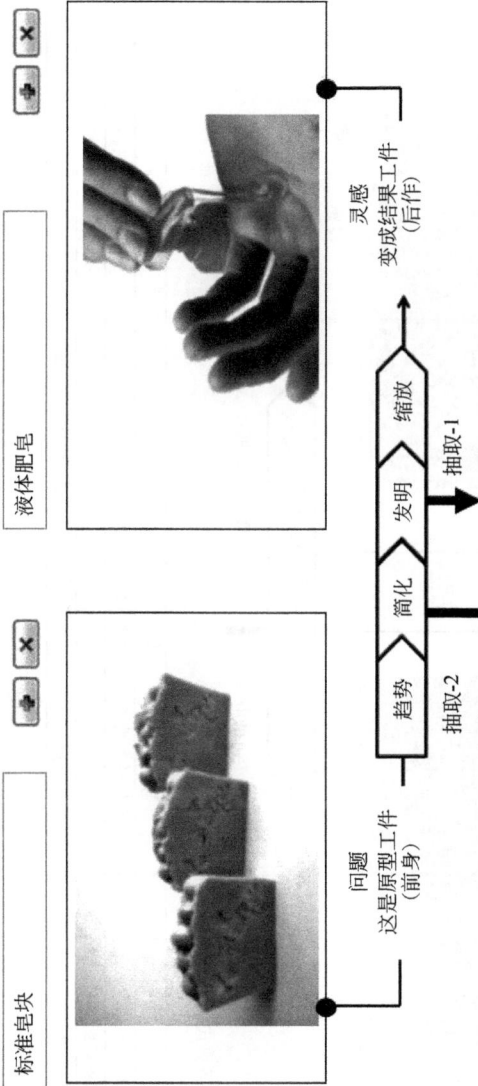

图 10.48 抽取 -1 来自 Maria Utukina 的认证作品（二）

截图来自初级 EASyTRIZ 软件。

抽取：液体肥皂

排序	导航	联系
▬	01.物理或化学参数改变	改变洗涤剂常态
▬	02.预先作用	固态肥皂粒必须先分解成粉末
▬	03.分割	肥皂粉必须进一步溶解成微粒

| 267 |

例 10.28 移动式融雪机（图 10.49）

产品：移动式融雪机。

下雪时大量的机器会用于铲雪。雪堆被高压侧机铲除。移动式融雪机专为冬季快速铲雪而设计。但这消耗了大量昂贵的燃料。

移动式融雪机

普通铲雪设备

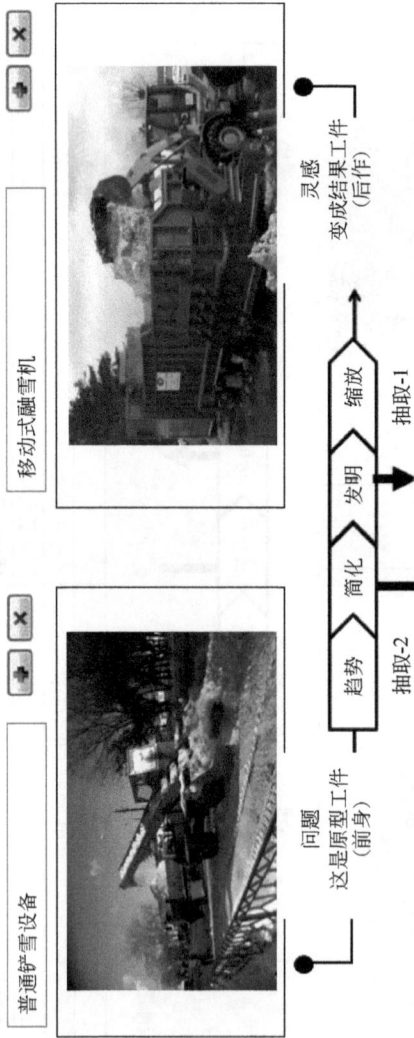

抽取：移动式融雪机

问题　这是原型工件（前身）

趋势　简化　发明　缩放

抽取-2　　　　抽取-1

灵感　变成结果工件（后作）

排序	导航	联系
	01.物理或化学参数改变	水的状态从固态到液态
	07.动态化	水的流动性
	40.有效作用的连续性	下雪天不再浪费宝贵时间去铲雪

图 10.49　摘自谢尔盖·霍林的认证作品
截图来自初级 EASyTRIZ 软件。

此例由来自俄罗斯莫斯科 1310 高中的物理和信息学教师谢尔盖·霍林（Sergey Holin）开发，在 AIMTRIZ 和国家核研究大学莫斯科工程物理研究所（MEPhI）的联合试点项目中开发

| 268 |

10.2.2　专业化分工

专业知识是创新与发明的基础。TRIZ 原理的深入应用需要一定经验和拓展训练，主要在抽取和重新发明模块。

让我们再看看发明者和搭档一起工作的另一个例子。

例 10.29　一切归结为一个插销针

一、插销针作为一个系统

自行车的链条驱动和行星齿轮驱动已经经历了很长时间的发展，而显然在可预见的未来，它的更新换代还未结束。在乐于研究它的作者看来，传动装置和转换机制提高的可能性还远未穷尽。顺便说一下，早在 1996 年作者就创造了一个完全不同的解决方案，但因某些不可控的因素，这个解决方案目前还无法公布。

曾经他的搭档(一个生产自行车配件公司的工程师)注意到一个这样的问题：链条是由柄上的把手带动的，在链条的帮助下转动，有时会错挡。这个问题和行星齿轮驱动有关。

在分析了这个问题之后，该搭档确定了错误是由在转动机制中插销针的定位出错引起的。添加 / 移除润滑剂或修改销针参数都不能产生预期的效果。随后搭档找到了发明者。

在解决这个问题时，发明者使用了 TRIZ 模型和一个众所周知的工具 MAI T-R-I-Z，根据 MAI T-R-I-Z，解决问题的方法由以下四个步骤组成。

步骤 1：趋势（诊断）——我们到底想要什么？！

有一种换挡装置，其简图如图 10.50 所示。当骑自行车的人在换挡时，绳子会把销针拉向下一个单元的新位置（见箭头）。

尽管所施加的力很小（正常情况下），但插销针有时会跳过一到两个单元，这是不可接受的。如果效果减弱，就很难将销针从当前的单元中移开。

所有试图改变销针或锁单元尺寸的尝试都未能产生显著的效果。

该销针的直径约为 3 毫米，针与杆（未显示）连接在一起，这个杆不仅沿着锁的机械装置移动，而且还会旋转，这使得销针可以离开一个单元进入另一个单元。这个杆是弹性的，以确保销针在任何时候都被压到锁的机械装置上。杆由绳子带动。

这样做的目的是促进这一运动，使它不需要持续发力，并改善转换使其不发生"跳单元"的情况。因此，

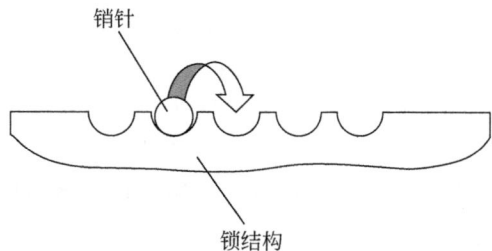

图 10.50　锁销装置

总趋势是改进转换过程的"可管理性"，并减少应用的工作量（能源成本）。

步骤 2：简化（改革）——这个问题的原因是什么？

为了更好地理解问题的原因，让我们通过几个不同层次和不同局部条件的模型来呈现最初的问题情形。

在第一个层次上，我们必须以矛盾的形式尽可能简单地呈现问题，它反映应用于研究对象一般属性上的需求冲突。这些简化的模型用于提供几乎所有问题的初始描述，并因此实际上构成了最初出现问题情形的标准。

因此，最初的标准矛盾如下。

一个小的（普通的）销针转移运动是便于骑行者的，但是有时它会导致销针跳过应在位置。

当转移的工作减少时，销针会出现一个瞬间，即"逆"标准矛盾 2（SC-2）：

换挡力不足会消除销针跳过所需位置的风险，但会增加销针退出当前单元的难度。很容易看到，该问题的正解可以以以下理想结果的形式呈现：一个小（正常）销针的转换运动是便于使用者的，因为它可以确保销针容易退出当前单元且平稳过渡到所需的（邻近）单元。

然而，要"治"这种"病"，我们必须确定其原因，即找到其根源。那么，标准矛盾 1 和标准矛盾 2 存在的原因是什么呢？

要退出锁定机构的单元，销针必须克服两个障碍：①当销针在单元的内壁滑动时产生的摩擦；②使销针停留在单元内的弹簧阻力。

销针跳过应在位置的原因是：当销针离开单元时，在锁机制的引导线上仍有相对较小的滑动摩擦力，而较大的杆推进力作用于销针，使其跳过下一个单元。原因模型可用几个根本矛盾（RC）的形式呈现。

例如，关于转换运动的 RC-1 可以表述如下：销针转换运动必须是小的以防止销针跳过下一单元，且必须足够大以确保销针在锁机械装置的单元之间移动。

关于单元内销针位置 RC-2 可以表述如下：销针必须在单元内以锁住齿轮，且不能在单元内以促进齿轮转换。

关于摩擦消极作用的 RC-3 可以表述如下：销针必须接触单元壁（以修正它的位置），且它必须不能接触单元壁（以排除摩擦）。

顺便说下，润滑剂可以解决 RC-3，但是它们的"中介"作用证明这还不够。

步骤 3：发明（转换）——我们必须改变什么才能达到"理想的结果"？

矛盾是指在需求或属性冲突中出现问题的区域，缺少或缺失某些资源的结果。在这种情况下，能源资源是贯穿始终的关键。所用力度必须是符合人体工程学要求的最佳选择。因此，一定数量的努力显然代表了 RC-1 的"解决方案"。力度不能改变。

为了解决 RC-2 的问题，将销针放在单元外将是"理想的"，因为在这种情况下，它的重新定位将需要最低限度的力度；然而，如何修正销针的位置还不清楚。这种思维趋势主要由功能资源（两个动作的实现：位置的改变和固定）和空间资源（位置）主导。而且所使用的动作也不能改变！至于销针的位置，它不是严格设定的，可以是多样的。

消除 RC-3 的解决方案可能侧重于减少滑动摩擦。主导资源是功能资源（操作原理的改变）、结构资源（组件组成的可能变化）和空间资源（形状）。

明显，销针必须从一个简单的部分转换成一个复杂的系统吗？从理论上说，是的！因为应改变的主要趋势是提高销针移位过程的可管理性。如果不对物体关键资源（组件）进行动态化，可管理性不可能实现。"静态"销针必须变成一个"动态"系统以变得易于管理！上述所有矛盾模型构成了未来解决方案的"复合草图"。

销针必须：

1）由多个组件组成。

2）动态化的。

3）不能位于锁机械装置单元的太深处。

4）容易沿着机械装置的导线移动。

5）减少滑动摩擦或使用滚动摩擦。

6）在单元间移动允许精确的离散固定。

设计未来解决方案的第一步如图 10.51 所示。销针是以轴的形式制作的，此轴带有一个自由滚动环。销针在该孔中接触环的内壁，滑动摩擦的影响减小了，因为孔的半径小于单元格的半径。环内的销针在单元格的上边缘滚动，滑动摩擦力被滚动摩擦代替。

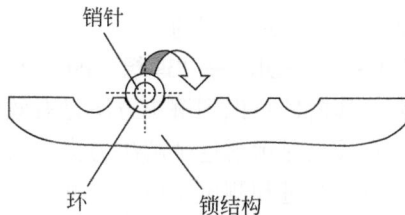

图 10.51　锁销的初次改变

销针的"几何中心"（虚线的交点）从单元格转移到锁机制的导线上方的位置，也减少了销针离开单元格所需的力。

这个解决方案满足了前五项要求，但不符合第六项要求！新的解决方案反而固定了销针，使情况变得更糟，因为现在它变得更容易跳过，或者更确切地说，从一个单元格旋转到另一个单元格更容易。然而，我们需要销针自动在每个单元格中停留；或者，如果我们从不同的角度来看，我们需要每个单元格尝试阻止销针！

顺便说一下，在齿轮变速管理的层面上，我们发现，过分"简单"地重新定位限度并不一定是件好事！当发明者开始他的工作时，并不熟悉这个条件。现在看来，骑自行车的人必须能够"感觉到"齿轮移动的那一刻。因此，新的解决方案其实"更糟"或更"原始"。

二、为了变得更好而变得更糟！

让我们跳过建模阶段给出最终的解决方案。为了做到这一点，我们可以使用环和单元的空间资源，即改变并对齐它们的形状（图 10.52，在不保持其实际比例的情况下，部件的尺寸是近似的）。环是方形的！

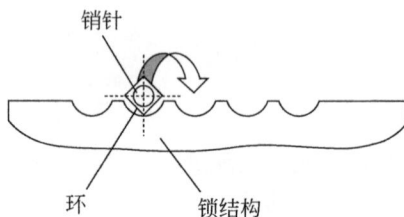

图 10.52　锁销的再次改变

现在，记住：一个在功能上是一个环的物体不一定要有圆的形状！

当移动时，"方形"的环很容易在分开单元的顶部转动。然后这个环一直移动越过顶部，这样它的下一个边首先会把自身降低到邻近的单元中，然后支撑着单元内壁（这个销针仍然被弹簧紧紧抓着！），最后停在环形与单元格形状完全匹配的位置上。当这种情况发生时，销针的移动——包括渐进的和旋转的（环）被止住了，这是握着线柄的手所能感觉到的。

步骤 4：缩放（验证）——一切都是"理想"的吗？

在锁紧装置的标准上，其搭档意识到解决方案是有效的。当然，这个方法只提供了一个简化的模式，并且只显示了这个解决方案的大致方向。随后，该搭档的专家简化了所有相关参数，改进和测试了设计，并进行了必要的调整。最后的技术解决方案是由合作伙伴申请专利的，他是世界上两位最著名的自行车换挡管理系统设计师之一。

10.2.3　自然创造

你认为鸟类或鱼类有智力吗？还是仅仅凭直觉？好的，如果答案只是直觉，那么你怎么解释下面的例子呢？

例 10.30 聪明的普通黑鸟的早餐——例 7.15（图 10.53）

趋势 在一个炎热的早晨，鸟儿从房子附近的地上飞到屋主的桌子旁，开始绕着桌子打转，好像在说些什么。房主知道这只鸟想说什么，想问什么。他满足了这只鸟的请求。这是什么童话故事？？

简化 功能理想模型：操作区域自身能获得最终理想解：

　　　　　　鸟为了早餐会自动走向房子附近。

标准矛盾 房子附近的地面 ▶ 在地里有鸟的食物

　　　　　VS 但食物是难以获取的 ▶

1）18 静止物体的面积 VS 10 操作流程的方便性 ▶ [16 和 24 并不适用]

2）26 物质的量 VS 10 操作流程的方便性 ▶ [01，02，14，9 难以适用]

▶ 抽取的结果（！）：02，10，12，18

根本矛盾 房子附近的地面上 ▶ 把食物给鸟

　　　　　VS 天气干燥以致地上没有食物

发明 第一个占主导地位的模型是从 Afs- 目录的时间和结构部分提取的。10 复制：a）使用一个简化而廉价的复制版本，而不是一个不可获得的物品。18 中介物：a）使用另一个物品进行转换或传送一个动作；b）暂时将一个物体与另一个（容易分离的）物体连接起来——一个人帮助鸟并复制"全能"天空的动作，给鸟食物和水！很明显，模型 02 预先作用和 12 局部质量都在这里：这只鸟必须向一个人寻求帮助，而水将会在这片土地上。

缩放 这些矛盾被消除了吗？——是的。

超级效应：我们现在可以问自己，这只鸟能理解什么？并注意到深层因果关系和情境关系存在于这只鸟的行为中。这样的理解能力并不是遗传的。

简述 这只鸟"使用"了导航 10 复制和 18 中介物通过房主获得自己的食物，收到鸟的请求"打开水灌溉房屋附近的土地"之后，鸟会把"雨虫"从土壤里弄出来当早餐！

(a)

(b)

图 10.53 聪明的普通黑鸟的早餐的抽取与重新发明

例 10.31　座头鲸发明了"空中捕鱼网"——例 7.16（图 10.54）

产品	座头鲸发明了"空中捕鱼网"

简介　一只座头鲸在鱼群下面和周围游来游去。它制造特别小的、长时间不溶于水的气泡，泡泡像白墙一样升起！鱼群发现自己在"空中捕鱼网"中。然后，第一个捕鱼者的同伴们张开嘴，鱼群飞到海洋表面！享受鱼盛宴！然后另一只鲸鱼作为一只追击者"工作"，它的同伴们享用盛宴。

插图：基本图片来自德国 N24 频道的热门科学纪录片。

抽取

座头鲸和它的同伴们不希望花费更长时间去捕获一群鱼！它们能做什么呢？！

问题　这是原型工件（前身）　趋势　简化　发明　缩放　灵感　这是结果工件（改进）

抽取-1

LC	编号	导航	功能
++	01	物理或化学参数改变	制造特别小的、长时间不溶于水的气泡
++	02	预先作用	鲸鱼必须提前安排好合作的顺序
++	09	颜色改变	泡泡像白墙一样升起
+	12	局部质量	在鱼群下面和周围游来游去
++	19	空间维数变化	鲸鱼建造了圆柱形的空气捕鱼网（3D 结构）！
++	34	嵌套	鱼群发现自己在"空中捕鱼网"里
++	35	合并	鲸鱼必须在一个狩猎团队中联合起来！

重新发明

趋势
一般来说，鲸是为了捕鱼，这意味着一头鲸鱼袭击了一群鱼。你也可以认为来自不同族群的鲸鱼会争夺

猎物。

如何安排捕猎鱼群，使几头鲸鱼不用争夺食物而能在狩猎中合作？

简化 最大功能理想模型：操作区域自身能获得

最终理想解：鲸鱼合作捕获鱼群。

标准矛盾-抽取-2S

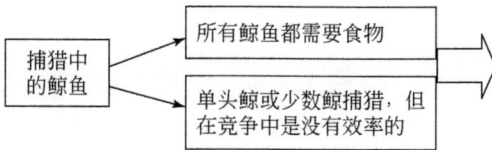

来自抽取-1
01 物理或化学参数改变
02 预先作用
09 颜色改变
12 局部质量
19 空间维数变化
34 嵌套
35 合并

根本矛盾-抽取-2R

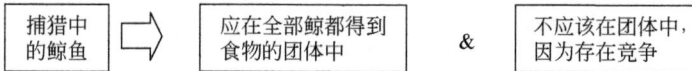

发明

为了达到目标 1 即预先安排合作的顺序，使用了以下导航：02 预先作用和 35 合并。

为了达到目标 2 即建造 3D "渔网"，使用了以下模型：02 预先作用、12 局部质量、19 空间维数变化和 34 嵌套。

为了达到目标 3 即实现"鱼网"的"空墙"，使用了以下模型：01 物理或化学参数改变和 09 颜色改变。

基本模型：时间——阶段交替，使之进入海湾并捕获鱼类；结构——安排集体捕猎；空间——定位和用 3D 空气网包围鱼群。

科学效应：	用特殊小尺寸的气泡改变水的密度。
缩放	
矛盾消除：	是。
超级效应：	未解的暗示：对人类而言，神奇的谜！
发展趋势：	在合作的过程中，众所周知有三只（！！！）鲸鱼参与该捕猎者结构！
方案完美度：	最高分。证据： 1）这种结构以前并不为人所知，没有直接的对应关系——只有在男性狩猎时，但是…… 2）构建三维空气网本身就是一个奇妙的想法，需要伟大的创造力和理解力！

图 10.54 座头鲸发明了"空中捕鱼网"的抽取与重新发明

例 10.32 座头鲸发明了"捕鱼对角线"

座头鲸发明了另一种难以置信的捕猎方式。一些鲸鱼在对角线上游泳 [图

10.55（a）]。为什么？事实证明，嘴巴张开的鲸鱼正在追赶一群鱼 [图 10.55
（b）] ！

(a)

(b)

图 10.55　座头鲸的对角捕杀
（a）起初，几只座头鲸排成一排；（b）然后它们张开嘴向前移动
（基本图片来自德国 N24 频道的热门科学纪录片）。

一开始它们排队等待狩猎，然后呈 "线" 状向前移动。鱼会感到害怕，然后
向下移动 [图 10.56（a）]。因此，每下一头鲸鱼，包括最后一头，都收到了直接
送进嘴里的食物 [图 10.56（b）] ！这是一种 2D 狩猎形式（图 10.57）！

(a)

(b)

图 10.56 座头鲸 "2D" 捕杀的对角计划
(a) 鲸鱼和鱼群的运动方向；
(b) 鱼群的中间部分（虚线）和结束位置。

产品	座头鲸发明了 "捕鱼对角线"

简介 如果鱼群不在至深处，座头鲸使用另一种难以置信的捕猎方式。它们排成一线，驱赶鱼群沿线游动。每头鲸鱼吃掉它那部分的鱼，鱼会害怕而游开，却进入下一头鲸鱼的口中，依此类推，直到最后一头。

抽取

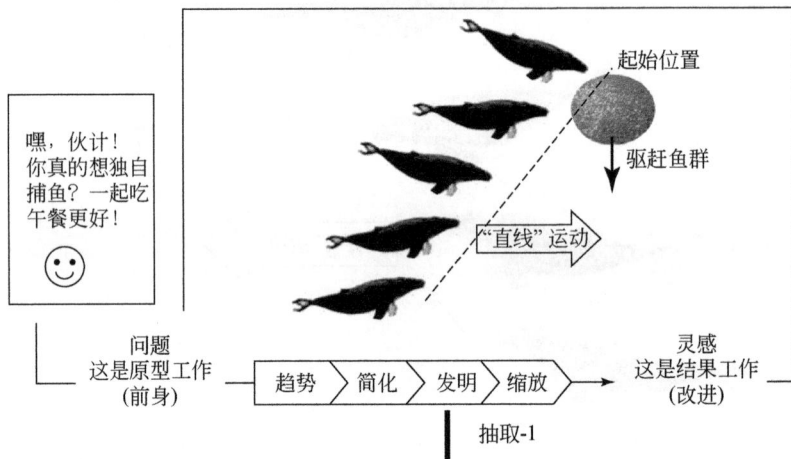

嘿，伙计！你真的想独自捕鱼？一起吃午餐更好！ ☺

起始位置
驱赶鱼群
"直线"运动

问题
这是原型工作
（前身）

趋势 ▷ 简化 ▷ 发明 ▷ 缩放

灵感
这是结果工作
（改进）

抽取-1

LC	编号	导航	作用
++	02	预先作用	鲸鱼必须提前安排好合作的顺序
++	07	动态化	对角线必须移动
++	10	复制	每头鲸都复制其他鲸的动作
+	12	局部质量	在鱼群下面和周围游来游去！
++	18	中介物	每头鲸都是下一头的中介
++	19	空间维数变化	鲸鱼按对角线排列（2D 结构）！
++	35	合并	鲸鱼必须在一个狩猎团队中联合起来！

重新发明

趋势 通常鲸捕鱼意味着一头鲸鱼袭击了一群鱼。你也可以认为来自不同族群的鲸鱼争夺猎物。如何安排捕猎使得几头鲸鱼不会争夺食物但能在狩猎中合作？

简化 最大功能理想模型：操作区域自身能获得

最终理想解：鲸鱼合作捕获不在至深处的鱼群。

标准矛盾-抽取-2S

来自抽取-1
02预先作用
07 动态化
10 复制
12局部质量
18 中介物
19 空间维数变化
35合并

捕猎中
的鲸鱼

（+）有时鱼群不在至深处

（−）单头鲸或少数鲸捕猎，但
在竞争中是无效的

根本矛盾-抽取-2R

捕猎中
的鲸鱼

全部鲸都得到食物

&

不应该在团体中，因为存在竞争，尤
其是当鱼群不在深处更加无效

发明

为了达到目标 1 即预先安排合作的顺序，使用了以下模型：02 预先作用和 35 合并。

为了达到目标 2 即建造 2D "捕鱼对角线"，使用了以下模型：12 局部质量和 19 空间维数变化。

为了达到目标 3 即实现 "捕鱼过程"，使用了以下模型：07 动态化、10 复制和 18 中介物。

基本模型：时间——阶段交替，安排对角线并捕获鱼类；结构——安排集体捕猎；空间——定位和用
2D "捕鱼对角线" 驱使鱼群。

科学效应：　对角的有效偏差角和直线运动的固有速度。

缩放

矛盾消除：　是的。

超级效应：　未解的暗示：对人类而言，神奇的谜！

发展趋势：　它们还会发明什么？谁知道呢！

方案完美度：　最高分。证据：

1) 这种结构以前并不为人所知，没有直接的对应关系——只有在男性狩猎时，
但是……

2) 构建 2D 移动捕鱼线本身就是一个奇妙的想法，需要伟大的创造力和理解力！

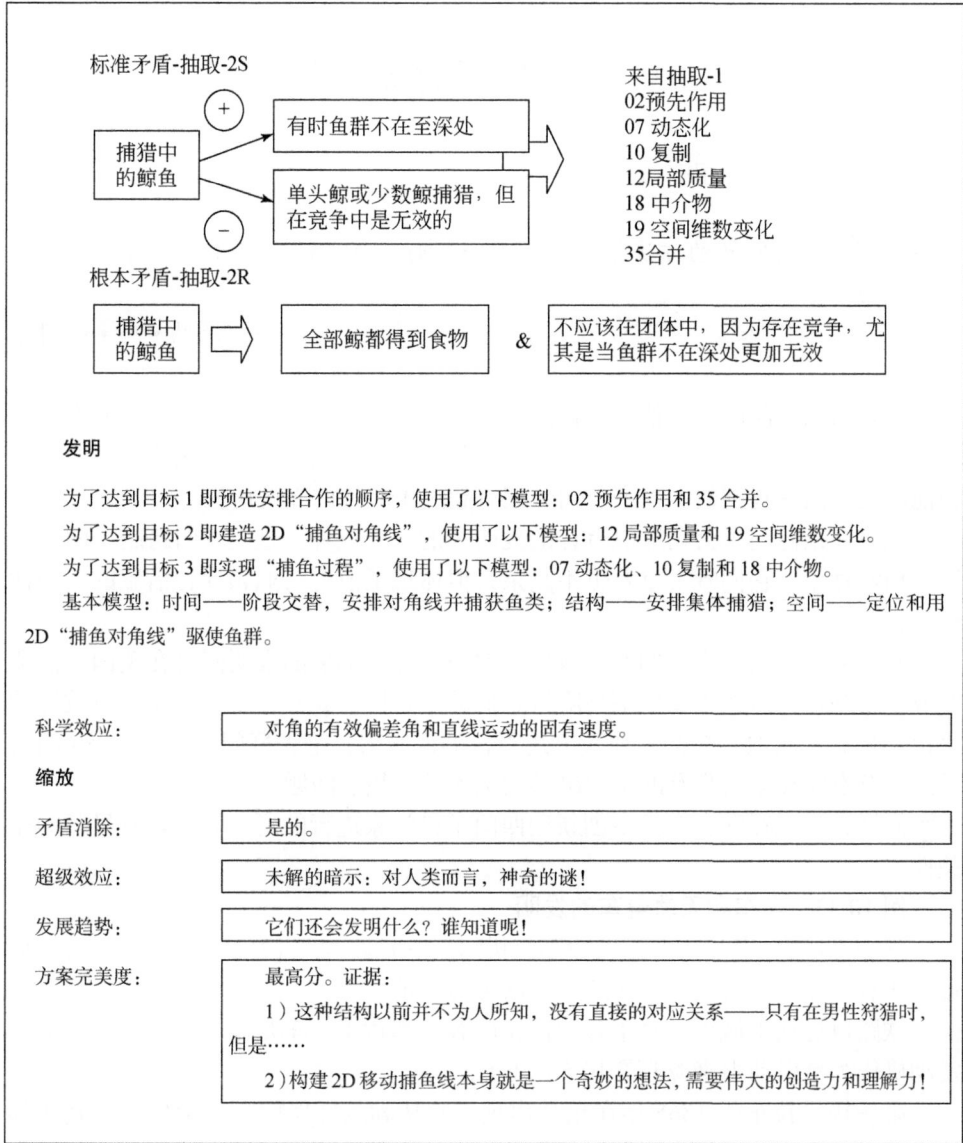

图 10.57　座头鲸发明了 "捕鱼对角线" 的抽取与重新发明

10.3　重新发明的优秀案例

10.3.1　来自西门子

只有与解决问题的方法紧密联系在一起时，创新的研究才会变得有用，并确保成功。[①]

——沃纳·冯·西门子

这句话来自西门子，他是一位杰出的发明家、坚定的管理家和伟大的人类。他的公司由自己的名字命名，西门子公司是世界最令人瞩目的公司之一。西门子和他的兄弟们一起创建了这家公司，拥有超过 150 年的光辉历程。

我将介绍西门子公司数以万计的发明中的其中三件。这些发明跨越了两个世纪，相隔百年。它们既不重要也不复杂，但体现了值得行业领导者借鉴的开拓性理念！

有许多人尝试证实它们的有效性。然而，即使类似的发明同时在美国、俄罗斯或英国制造，这些尝试也不会降低它们的重要性。此外，所有关于其有效性的争论（且非常激烈）只会增加我上述引言的说服力：毫无疑问，沃纳·冯·西门子的所有发明和创新都有助于解决影响全人类的热点问题。

同样，毫无疑问，今天由创新型西门子科学家进行的研究同样具有显著的相关性。

例 10.33　电车和无轨电车的发明

到 19 世纪后半叶，由强大的蒸汽机组成的铁路列车 [图 10.58（a）] 已经赢得了所有工业国家的旅行者和商人的认可与尊重。

铁路也进入了城市。对于有着铁轮的客车和货车，车是用马拉的而不是蒸汽发动机作为牵引动力来源 [图 10.58（b）]。

第一辆马拉车于 1865 年在柏林出现。它从勃兰登堡门（从柏林出发到西部的旅行者的出口）沿路去到夏洛滕堡郊区，这条路今天已被改造成一条宽阔的公路（如今是尤尼的 17 号街）。

---

①沃纳·冯·西门子（Ernst Werner von Siemens），1816 年 12 月 13 日至 1892 年 12 月 6 日，生于汉诺威（Hannover）附近的伦特（Lenthe）。夏洛滕堡，现在是柏林的一部分。西门子是杰出的德国工程师、发明家、研究员、实业家、西门子公司联合创始人、政治家（引自 www.wikipedia.com）。开篇引言来自 2007 年 10 月的《西门子 160 年》一文 (www.siemens.com/hist or y/pool/en/hist or y/1847-1865_beginnings_and_initial_expansion/160j_e.pdf)。

　　问题是，城市街道并不是蒸汽引擎可以待的地方，它的排烟和喷射的热蒸汽有节奏地冲出发动机汽缸。喜欢安静走路的人们对此产生了抱怨。

图 10.58　19 世纪后半叶的火车（a）和马拉车（b）

插图：http://prod-pub.e4.ratry.ru/blog/varlamov_i/802639-echo.phtml；en.wikipedia.org/wiki/Berlin_tram。

　　世界上第一个解决这个问题的方法（图 10.59）是由沃纳·冯·西门子和他在哈尔斯克的合作伙伴于 1879 年的柏林工业展览会上展示的。世界上第一辆电车在 1881 年 5 月 16 日首次行驶到达了利奇菲尔德郊区。

图 10.59　世界上第一辆电力"火车"（a）和电车（b）

插图：http://w3.siemens.ru/about_us/history/historic_photos/；
en.wikipedia.org/wiki/Gross-Lichterfelde_Tramway；de.wikipedia.org/wiki/Elektromote。

　　第一辆马拉电车和电车轨道都有一个危险的缺陷：它们都使用了接触轨和实时直流电。一个粗心大意的行人可能会触电。此外，一些鲁莽的年轻人会用一根电线使两条铁轨短路"制造火花"。

　　然后，人们决定用电线来输送电。1882 年，世界上第一辆无轨电车（图10.60）——或者它的创作者称之为"电力滚筒车"（Elektromote）——被放置在哈伦西郊区。

　　电从两极间的电线中输入电力引擎。一辆四轮车沿着每条线滚动。两辆车组成了一辆联结车。在德语中，这种联结车被称为"Kontaktwagen"，而它的英文名字——"trolleybus"——形成了我们现在对这种类型的车的称呼，"无轨电车"。

图 10.60　世界上第一辆无轨电车

插图：http://W3.Siemens.Ru/About_Us/History/Historic_Photos/；
en.wikipedia.org/wiki/Gross-Lichterfelde_Tramway；de.wikipedia.org/wiki/Elektromote）。

竞争的观点几乎立刻就在大西洋两岸出现了。

现在，让我们审视一下方案的重新发明（图 10.61 和图 10.62），这个方案最终使得有轨电车、无轨电车和后来的电力火车全球扩张。令人震惊的是，大约 10 年后，一辆沿着类似铁路轨道行驶的有轨电车加速到了 200 千米 / 小时的破纪录速度！不幸的是，电力运输的发展受阻了一个世纪，原因是那些代表石油公司和内燃机汽车制造商的游说者所设置的障碍。

现在你已经回顾了重新发明的过程，我想提醒你有一个众所周知的心理效应：所有解释性的解决方案都失去了它们的神秘性和不可预测性，从此以后看起来就很简单平常了。然而，一位 TRIZ 专家很清楚一个强有力的解决方案和一个问题的简单解决方案之间的区别，前者之美在于总是惊讶和赞美的来源——始终牢记两种解决方案都是有效的。

在上述两个例子中沃纳·冯·西门子提出的解决方案并不复杂。但它们都前所未有！它们都解决了以前根本不能解决的问题！它们都是为了确保工业和商业目的的实现，而这也只有沃纳·冯·西门子才能预见到，是他清楚地看到了它们的相关性和前景，而不是任何其他人！这一切让人惊叹的原因是：其目的、理念、建设性的实现、展示的方法和地点、生产组织和全球商业扩张！

发明 1：使用可移动的电流收集器（电动小车）向拉伸的电线系统过渡

趋势 在铁轨上铁路机车的电力传输与许多不利因素有关：①需要将铁轨与地面隔离；②需要采取措施防止铁轨之间短路；③当人们接触到高工作电压的铁轨时有触电风险。我们能做什么？

简化 最大功能理想模型：X-资源不会使系统过分复杂化，也不会引起不可接受的副作用，它与其他可用资源一起确保获取最理想解：给铁路机车安全供电。

标准矛盾-抽取-2S

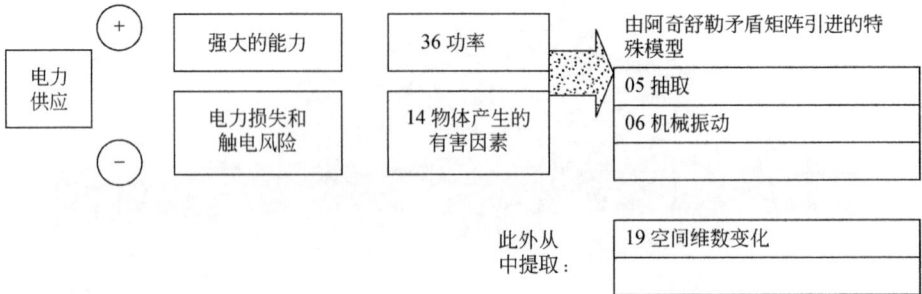

根本矛盾-抽取-2R

发明 为了从根本上减少触电的风险，供电系统被设计成紧绷的接触线，被提高到柱子顶部；滚动安装好的电线通过灵活的绝缘电线连接引擎，通过移动电流收集器(电车)实现向机车车辆的电力传输。主导原理对应 05 抽取：只选择所需的部分。19 空间维数变化：a）从一个表面到一个三维空间的转换；b）在几层楼进行施工。

缩放 矛盾消除：是。

超级效应	城市、区域和大陆间的客运与货运实现低成本运营的电气化之路。
负面影响	要求建造（用于铁路的）轨道结构，因为旧的车辆和设备的道路不可用。
发展趋势	组织道路网络的可能性，至少是"电车"网络！
环境变化	运输终点和起点的建设。
拓展使用	在矿山和建筑、山脉和露天煤矿、公园娱乐和在崎岖地形上行驶的车。
方案完美度	最高分，因为这个观点有强大的基础作用和有效的经济潜力。

图 10.61 重新发明在两端延伸的电线并用于在这些线上运动的"电车"的接触电流收集器

| 重新发明 | 过渡到弓型收集器 |

趋势 杰出的美国发明家弗兰克·朱利安·斯普拉格（1857～1934年）于1880年获得了专利，这是一种无轨电车弹簧触杆，在今天众所周知，它的滚动条被压在接触线上。问题：滚动条有时会从电线上跳出导致接触不良。

简化 Macro-功能理想模型：X-资源不会使系统过分复杂化，也不会引起不可接受的副作用，它与其他可用资源一起确保获取最终理想解：

排除电线接触不良。

标准矛盾（SC）- 抽取 -2S

无轨电车触杆▶压在线上 VS 失去接触

= 30 力 VS 04 可靠性 =01，11，12，33

根本矛盾（RC）- 抽取 -2R

接触要素：必须强力压在电线上以进行良好接触 vs 不能强力压在电线上，因为滚动跳线和失去接触的危险增加了

发明 解决标准矛盾的主要模型：为了从根本上解决滚动条从电线上跳出导致接触不良这一问题，应用了原则 11 反作用：a）不是完成任务条件所规定的动作，而是完成一个相反的动作：不是用有沟槽的卷筒，这个沟槽沿着电线圆周运动，而是用半拱的一根横梁，这个半拱以弹簧弓形式固定在一个框架里；在机车旋转和倾斜的情况下，金属线在此滑动并沿着横梁与之保持恒定接触。

(a) 斯普拉格转接器

(b) 滑动转接器（作为原型）

(c) 西门子弓型电流收集器

缩放

超级效应： | 速度增长，原型机缺少方向开关。

方案完美度： | 令人惊讶的简单有效的原则和关键的设计，今天在包括弓架在内的世界上大多数电流收集器中应用。

图 10.62 弓（箍）型电流收集器重新发明的灵感

例 10.34 老兵的经验——给年轻人

现在我要给你们讲一个故事，它把现代 TRIZ 塑造在一种不寻常的光下，把它作为一种积累有经验的资深工人的创造性知识的方法，并把它传递给年轻工人。

让我们回顾一下，每一次重新发明都是思维和途径的基本结构性知识，这种思维和途径用于创造有效点子与解决复杂问题。另外，每一个运用 T-R-I-Z 发明

元算法基础的重新发明都包含了其过程的标准描述，这些过程对每个希望学习重新发明的人而言是直接、清晰并易于理解的。这意味着重新发明成为了智囊团成员的一种共同模型语言和共同工具，智囊团也包括术业有专攻的人们。

这保证了团队内部相互理解的准确性和心理上的舒适性，问题的简化表述、系统管理解决方案和标准化的记录保存，保证了公司内部的专家和单位之间的有效交流。

这对于在不同国家拥有合作伙伴和子公司的跨国公司来说尤其重要。此外，标准化建模有助于克服语言和教育差异，为设计和建模创造了统一环境，从而加速解决方案的开发并提高它们的效率。

在任何教育机构中，强化现代 TRIZ 的标准化对于组织大规模的教学而言是必要的。显然，有可能在不同类型的学校之间，更重要的是在学校和行业之间进行例子交流。

在 1995 年的一个晚上，我从埃森（Essen）去柏林，埃森市是我和我的德国伙伴创办的德国－白俄罗斯设计公司的总部所在地。我打开一份柏林报纸，看到一篇关于西门子新型燃气轮机的短文章，它的性能特点是破纪录的。

由于采用了一种新的想法，性能得以提高：工程师们找到了一种特殊的气体燃烧器装置并增加了数量。当然，解决方案本身并没有被披露，但是有一张剥离了外壳的涡轮的照片。与此同时，这个秘密就隐藏在那个外壳的新构造中。这篇文章刚刚提到，燃烧器产生的热气体在涡轮叶片上施加了更大压力，这提高了涡轮机的生产效率和稳定性，达到了创纪录的水平！

我打开了一部机器工程百科全书，读了关于燃气轮机操作原理和设计的文章。我还了解了与涡轮机叶片耐用性有关的问题以及如何提高它们的可维护性和整体生产率。

我对这个问题感到非常兴奋，于是继续进行建模练习，并最终形成了与假设要求和限制（目前我还不知道）相关的矛盾。我还定义了最终理想解。在那之后，我很有逻辑地得出了一个明显合理的解决方案。

我画了几张简单的草图，次日就打电话给总部位于柏林的西门子分公司，它开发了新的涡轮机。我想告诉设计师，TRIZ 是如何在不与设计师交谈的情况下，对竞争方案进行建模——仅仅通过研究专利、文章和一般的可用材料——以及这些方案是如何改进的。

很快，我们与设计团队的成员举行了一次会议，我们在一个会议室里进行了第一次即兴研讨会。我将告诉你，在你回顾了这个严重删节后的重新发明之后发生了什么（图 10.63）。

随后的一次会议中，我与一位涡轮机设计师及其他参与者进行了交谈，我们的对话如下。

重新发明   **西门子新型燃气轮机**

趋势 燃气轮机叶片受到热和机械负荷的影响。随着温度的升高，涡轮机的效率提高了，但是叶片磨损得更快。多个燃烧器的故障需要维修，有时还需要停止涡轮机。几片残破的叶片也导致了涡轮机的停止，这是非常不尽如人意的。那能怎么做？

简化 最大功能理想模型：X- 资源不会使系统过分复杂化，也不会引起不可接受的副作用，它与其他可用资源一起确保获取最终理想解：

减少轮机叶片的负荷。

标准矛盾：燃机 ▶ 01 生产率 VS 04 可靠性 =01，02，03，30

根本矛盾：叶片 ▶ 应该在高温高压下实现产量增长 VS 不能在高温高压下持久使用

发明 标准矛盾解决：

为了解决这个问题，应用了原理 03 分割：a）划分为独立的部分。热气体（燃烧器）的集中源被分成几个组（室），这些新室均匀安装在涡轮机外壳的圆周上。

根本矛盾解决：原型的外壳中有"空"的空间，在那里你可以安装额外的燃烧器（使用空间资源）；这样，在下一次影响（使用时间资源）之前，叶片就没有时间冷却下来，因此不会有很大的温度下降（热力影响逐渐消失！）；对机械的影响也一样，因为较小而均匀的影响满足了理想的旋转速度！

原型涡轮机：
2室8燃机

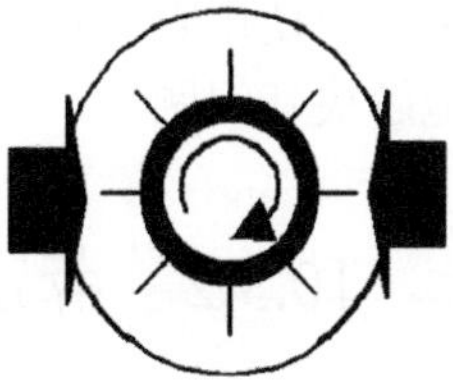

结果涡轮机：
8室3燃机

图 10.63   新型燃气轮机重新发明

——告诉我，教授，你是涡轮机方面的专家吗？

——哦，不！我专攻计算机科学、系统工程、光学、机械、电子学等，我也是一个 TRIZ 的支持者和关于这个理论基础的顾问。

——那你一定是在过去为涡轮机生产商提供建议。

——不，我从来没有那样做过。这到底是怎么回事？

——你看，这里没有人相信你不是涡轮专家。

——但我不是涡轮专家。我告诉过你！

——问题是，你演讲后，我们十分震惊，每个人都或多或少说着关于你的同一件事：就像它一直在我们的脑海呆了几个月，那几个月我们正在寻找解决方案，因为你描述了我们确定的所有关键矛盾以及支持新解决方案的关键论点，这个解决方案是我们经过冗长的讨论和无休止的研究后提出的。只是我们用一种不同的方式来构建它。

——谢谢你，现在我明白了。

——我们简直不能相信，一个并非本领域专家的人可以只经过一个晚上就对我们整个漫长的工作进行建模，然后不仅仅告诉我们结果而且最重要的是告知我们是如何得出这些结果的。这与我们在找到解决方案之前的几个月里所经历的非常接近。我想从这个故事中可以清楚地看到我所说的"老兵拯救"：现代 TRIZ 模型可以用来恢复和记录创造性经验，与其他公司的专家分享，让相关专业的学生可以使用它。把它转化成一个有效的经验知识仓库，用以培养年轻专家，很好地解决新问题！

10.3.2　薛定谔的猫！

我生活的主题是：我必须为人民做一些有用之事，让我的生活变得有意义，并帮助人类向前迈进，哪怕一点点。这就是为什么我要去做那些既无面包也无力量之事。但我希望我的作品——无论是在不久的将来还是在更遥远的未来——都会给社会带来堆积如山的面包和无尽的力量。①

——齐奥尔科斯基

给大家分享一些关于齐奥尔科斯基的想法和感受，这些想法和感受是由一个其行为与命运值得永远铭记和最深切尊重的人用深情的语言表达的。齐奥尔科斯基经常被人称为发明家——因为缺乏一个更好的词。然而，他并不是一般意义上的发明者。他的活动还没有带来切实的结果，如蒸汽机、电报或电灯，却成为我们日常生活的一部分。只有未来后代能够充分利用他的成果。他是勇敢思想的创造者，杰出的技术思想家。

齐奥尔科斯基沿着不败的道路走下去，总是把他的创造力运用到大的问题上。他被极高的技术思想所吸引，在空间和时间上打开了广阔的视野。他无畏地解决了在他之前没有人能解决的问题，这些问题有时被认为是无法解决的。

他的技术思想是系统思维、精细研究、大量实验和精确数学计算的结果。

在这方面，比起更为幸运的后来科学家爱迪生，齐奥尔科斯基可以为发明家提供一个更好的示范。这位美国发明家在研究他的发明时也表现出了前所未有的勤奋。他的每一个成功，用他自己的话来说，是 1% 的灵感加上 99% 的汗水。②

然而，爱迪生摸索着前进的道路，尝试以一种纯粹实验性的方式获得结果，而齐奥尔科斯基则利用测试结果来发展一种通用理论，使他能够预见未来的结果。

---

①K.E.Tsiolkovsky. 瓦楞铁制全金属飞机的第一个模型 .Kaluga，1913（来自莫斯科俄罗斯国家公共科学技术图书馆档案馆）。还引用了 1947 年 9 月 17 日炮兵科学院在苏军中央大厅举行的纪念齐奥尔科斯基诞辰 90 周年会议上发表的报告。

②托马斯·阿尔瓦·爱迪生（1847 ~ 1931 年）——美国杰出的发明家和企业家，在美国获得 1093 项专利，在其他国家获得约 3000 项专利。

自然，"最初的创作动力是由想象产生的"。[①]

在书中，佩雷尔曼引用齐奥尔科斯基的观点："首先，不可避免地，会有思想和幻想。其次是科学计算。只有到最后，这个想法才会被冠以实现的桂冠。"

佩雷尔曼继续说："齐奥尔科斯基的发明风格，每一步、每一个结论有一个坚实的理论和实验基础，我再次强调，可以作为所有发明者的榜样：这就是你必须工作和发明的方式！

如果科学家不知道如何将他们的注意力从可见的世界中移开去创造无形的心理意象，科学研究领域将会像撒哈拉沙漠一样贫瘠。科学不可能在没有想象的情况下进步；它不断地吸收由幻想产生的果实，但它是以科学为基础的想象，能够以最清晰的方式画出理想的图像。"[②]

齐奥尔科斯基对航空航天发展的重大贡献在佩雷尔曼的书中得到了总结，他是一个有天赋的科学追求的推动者，一个通识知识的推广者，特别是学校的知识，他为学生们（和老师们）创造了令人难以置信的、引人入胜的、有用的指南，在标题中总是包含"愉悦"这个词等，能够使一个人的注意力和想象力得到愉悦。

表 10.1 是他的贡献[③]。

表 10.1　齐奥尔科斯基出版物

齐奥尔科斯基在俄罗斯的出版物		国际上的出版物	
飞船			
1892 年	出版物《金属飞船航天气球》	1895 年	第一个飞艇项目（德国）
飞机			
1894 年	文章《飞机，或鸟式飞行器》	1896 年	模型飞机飞行，塞缪尔·兰利（美国）
		1903 年	第一次飞机飞行，莱特兄弟（美国）
火箭			
1896 年	反应装置理论的发展	1919 年	高空火箭，戈达德教授（美国）
1903 年	首次发表关于反应性运动理论和星际火箭的研究	1923 年	关于星际火箭的书，奥伯特教授（德国）

现代 TRIZ 还教会你"诉诸想象"，"把你的思想从可见的世界中移开"，这样你就可以"创造无形的心理意象"即工件中固有的创造性思维模型，这一模型在没有适当的 MTRIZ 训练的情况下是看不见的。在接下来的两部分中，我们将看一下齐奥尔科斯基的一些想法，并将其扩展到今天，与现代的技术思想和幻想融合在一起。

---

①由作者从以下书籍编译：J.I. 佩雷尔曼. 齐奥尔科斯基：生活和技术理念. 莫斯科，列宁格勒：ONTI，1937。

②佩雷尔曼. 星际旅行. 莫斯科，列宁格勒：ONTI，1935。

③由作者从以下书籍中编辑：J.I. 佩雷尔曼. 齐奥尔科斯基. 他的生活、发明和科学著作. 莫斯科，列宁格勒：ONTI，1932。J.I. 佩雷尔曼. 齐奥尔科斯基：生活和技术理念. 莫斯科，列宁格勒：ONTI，1937。

例 10.35　航空（飞船）

齐奥尔科斯基在他的自传中写道："当我 15 岁或 16 岁的时候，我对航空气球感兴趣。从那时起，制造飞行气球的想法已经浮现在我的脑子里了。"[①]当他到了 28 岁时，他重新审视了自己童年的梦想。在两年的时间里，他发明了一种金属飞船（图 10.64）。

产品	齐奥尔科斯基飞行器（飞船）

简介　早在 1890 年，齐奥尔科斯基就提出了一个全金属的航空飞行器（飞船）的想法，这种飞船有可变的大小和可移动的外壳，用柔软的充气壳代替了原型。不久，其他发明者也开始制造全金属的飞艇。

齐奥尔科斯基提出了一种具有弹性波纹（因此更耐用）的飞船，金属压制合成"边"或者"膨胀"到它们变成了纺锤状，他还建议将可旋转的气体加热以产生额外的升力。

抽取

问题
这是原型工件
（前身）

趋势 〉 简化 〉 发明 〉 缩放

灵感
这是结果工件
（改进）

抽取 -1

D	编号	导航	功能 / 实例
+	01	物理或化学参数改变	齐奥尔科斯基提出通过改变气体温度来改变气体压力（飞船内）
+	07	动态化	制作一个外形可以强制改变的飞艇壳，以改变其体积，并利用阿基米德定律根据需要管理"升力"
+	11	反作用	通过对飞行器机身形状和体积的可控修改，可以优化升力，根据飞行高度改变机身内部气体压力和温度。在原型中，柔性外壳由于飞行高度的变化而无法控制的压缩膨胀是通过将外部空气抽入（抽出）安装在驾驶舱内的特殊附加安全气囊（气球）（嵌套）来实现的
+	32	重量补偿	参见模型 01 和 11 的方法

---

①J.I. 佩雷尔曼 . 齐奥尔科斯基：他的生活、发明和科学著作 . 莫斯科，列宁格勒：ONTI，1932。

重新发明

趋势 已知的有软壳的飞艇有以下主要缺点：

1）在外壳不完整性的情况下，天然气有通风或者着火的风险（特别是使用氢）；

2）舱体在阳光下升温，外壳体积变化导致升力变化，或者当温度下降时升力变动；

3）强化内部结构而增加重量。

我们可以做些什么来消除这些关键的缺陷？

简化 最大功能理想模型：操作区域自身能获得

最终理想解：可控的飞船起重力和高度的稳定性。

标准矛盾—抽取 -2S

飞船主体：04 可靠性 VS 02 适应性，通用性 =01，11，18，32

抽取中的引导：07 动态化

根本矛盾—抽取 -2R

飞船主体：其尺寸和结构决定了必须要有恒定的体积 VS 必须有可变的体积，因为随着它在阳光下加热升温或者随着飞行高度变化降温，它的形状会变化

发明 解决标准矛盾的主要模型：

为了实现目标 1（飞船主体气压可操作修改），飞船主体是用全金属的可移动外壳制造的——主导性导航是 07 动态化和 11 反作用。为了达到目标 2（增加升力），壳内的气体被加热——主导性导航是 01 物理或化学参数改变 和 32 重量补偿。

解决根本矛盾的主要模型：

空间——体型和体积管理。结构——主体由保证其形状可操作化改变的元素组成。材料（能量）——① 主体是由薄的波纹金属板制成的——由 F. 米尔奇博士（德国柏林）发明——这种结构的优点在例 13.8《自组织：自然法则》中阐述过了，该例来自施普林格出版社出版的 M. 奥洛夫所著的书；② 有人认为舱内的气体可以被加热以产生额外升力。

科学效应：	设定式修正主体容积和形状以控制内部气压；气体温度改变以修正升空能量。
缩放	全金属结构（使用波纹金属板）有高耐久性和防火性能。
超级效应：	可能制造有巨大的负载能力的大型飞艇。
负面影响：	第二种选择中的结构相对复杂。
发展趋势：	令人兴奋的构想在很大程度上仍未实现——请看下面的例子。
方案完美度：	最高分。证据： 1）开拓性的解决方案，有趣的、意想不到的想法； 2）"全金属体"理念的发展导致了这类结构随后的实施应用。

插图：原型作品——吉法德飞船，1852，www.spiraxsarco.com/ru/steam-academy。

理想作品——K.E. 齐奥尔科斯基航空运输，1916；佩雷尔曼《齐奥尔科斯基》，莫斯科联合科学技术出版社，1937。

图 10.64 重新发明：齐奥尔科斯基的可变形状（和体积）全金属飞船

百年之后的今天，齐奥尔科斯基的想法被世界各地的数十家公司研究。下面列出其中一些点子（通常是关于其目的和某些参数的说明）。

现代材料、建筑、知识、建模和制造机会自然比齐奥尔科斯基时代的要先进得多。这使得他的努力和睿智更加令人惊叹、更加值得历史的认可和人类至深的尊重。现代设计者不必以此为他们的解决方案提供参考，这并不重要，因为他们已经走了自己的发现、胜利和失败的道路。对我们来说真正有趣和重要的是，齐奥尔科斯基的思想在其历史和个人层面上，在其规模上，融合在同一个人、一位学校教师、一位泰坦尼克号的劳动者和一位天才的梦想家之中。

现代项目例证

例 10.36　载客飞船（图 10.65 ~ 图 10.67）

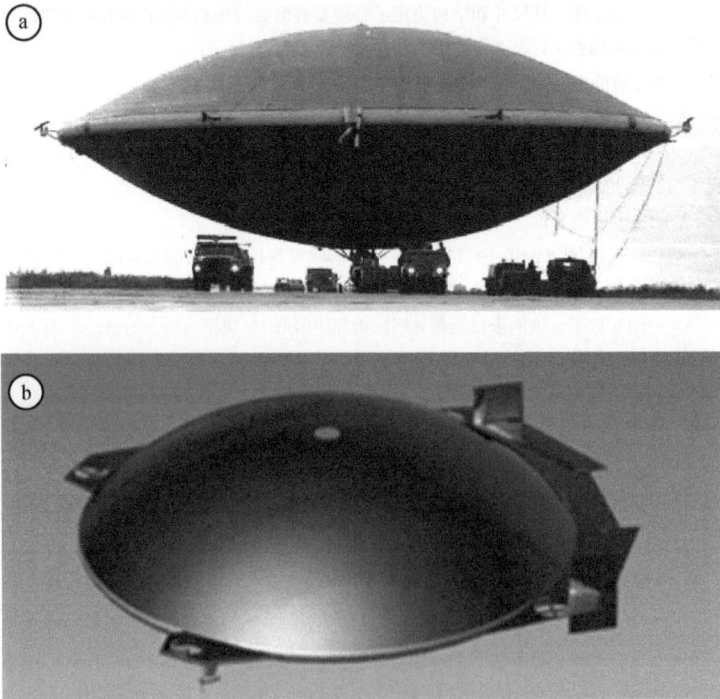

图 10.65　混合气和热（根据齐奥尔科斯基的想法）的飞船 "Thermoplan"

（a）由莫斯科航空学院、飞船设计局和乌里扬诺夫斯克航空工厂联合设计；20 世纪 80 年代后期；（b）今天这个想法由 LOCOMOSKY 公司推动；预计这艘船能运输多达 600 吨的货物！www.locomosky.ru。

（a） （b）

图 10.66 "飞碟"

（a）今天（模型）；（b）未来直径有 200 米的飞碟。

Dolgoprudnenskoye 自动化设计局（DKBA）；www.dkba.ru；http：//aerocrat.livejournal.com。

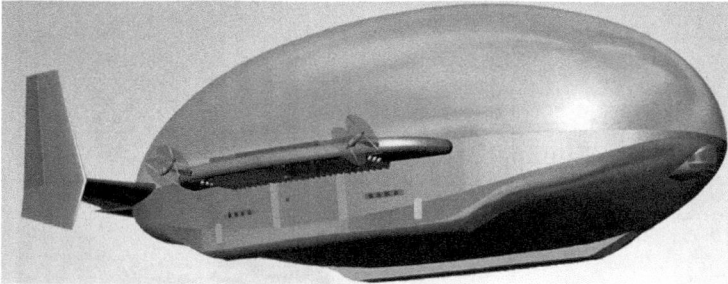

图 10.67 多用途飞船"亚特兰 100"

设计者，Augur（Авгуръ）RosAeroSystems；有效载荷达 60 吨；飞行距离 6000 千米。
http：//rosaerosystems.ru/files/newss/doks/ATLANT100.pdf。

例 10.37 平流层地球同步卫星飞船

目标：建立高海拔（20 ~ 22 千米）的固定无人平台，以支持电信和互联网通信以及气象和环境观测用途等（有一长串特殊用途，包括警察和军事应用，但这里没有披露）（图 10.68 ~ 图 10.71）。

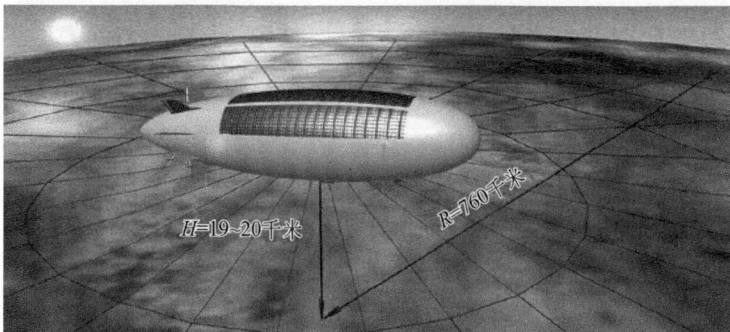

图 10.68 高空航空静态平台"BERKUT"（"金鹰"）示意

设计者，Augur（Авгуръ）RosAeroSystems；有效载荷达 1200 吨；在 100 万平方米区域内的快速联网（约为法国或英国领土）；http：//rosaerosystems.ru/projects/obj687。

图 10.69　高空航空静态多功能平台 "VAMP" 示意

设计者，DKBA；载荷 2500 吨；http://lj.rossia.org/users/aerocrat/115606.html。

图 10.70　同温层飞船 "卫星 1A" 示意

设计者，Sunware；http://en.wikipedia.org/wiki/Stratellite。

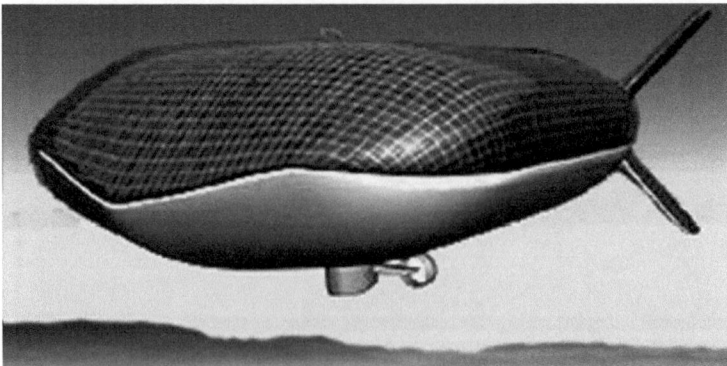

图 10.71　同温层飞船 "卫星 2A" 示意

设计者，Sunware；www.theregister.co.uk/2005/04/13/broadband_airship。

例 10.38 奇异家居——办公室（图 10.72 ～图 10.75）

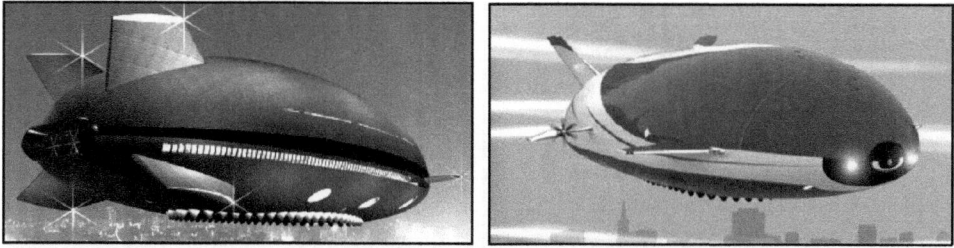

图 10.72 现实版最豪华运载项目之一 "Aeroscraft ML866"

设计者，美国 AEROS；奠基人（1994）Igor Pasternak（生于 1964 年）；www.aerosml.com。

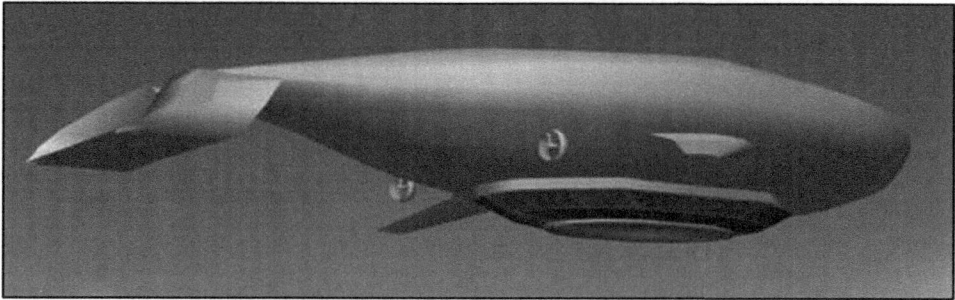

图 10.73 2005 年豪华酒店 "载人云" 的概念设计

当时 ONERA 预计到 2020 年将使用这一载人云向 40 名乘客提供 5000 千米的空中飞行服务。
来自法国设计师让 - 玛丽马绍德；www.dezeen.com。

图 10.74 豪华酒店的概念设计 "空中巡航"，2007 年

这个项目由英国穆赫鲍威尔公司构想，吸引了三星建筑贸易公司的注意；
酒店高度（减去停泊泊位）为 256 米；www.seymourpowell.com。

图 10.75　概念设计 "Strato 巡洋舰"（升到 400 千米 / 小时），2007 年

由 Tino Schaedler 和 Michael Brown 设计的豪华酒店办公室，灵感来自 Richard Branson 的理念，即天空和空间将被通用的航线所征服。www.dezeen.com。

例 10.39　自动系统集成

齐奥尔科斯基还设计了一架翼式水上飞机，能够飞越海洋和沙漠，通过最低的空气层[①]（图 10.76）。

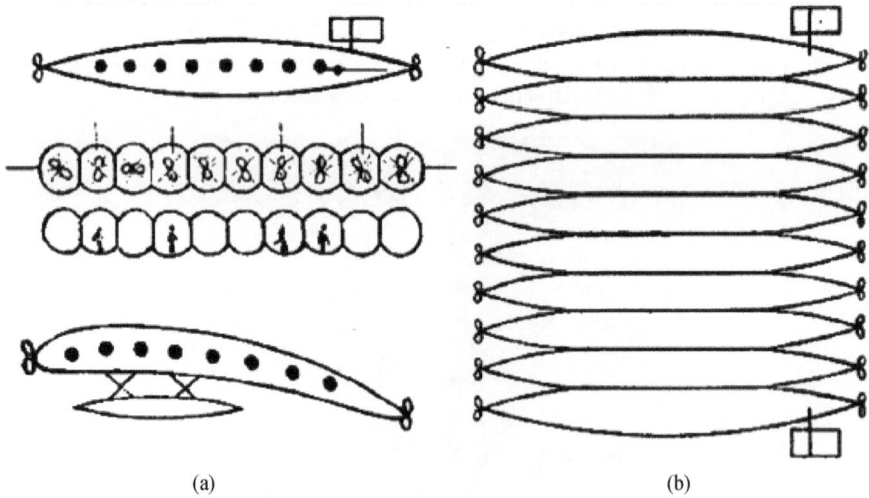

(a)　　　　　　　　　　　　　　　(b)

---

①同前文：J.I. 佩雷尔曼，1937 年。

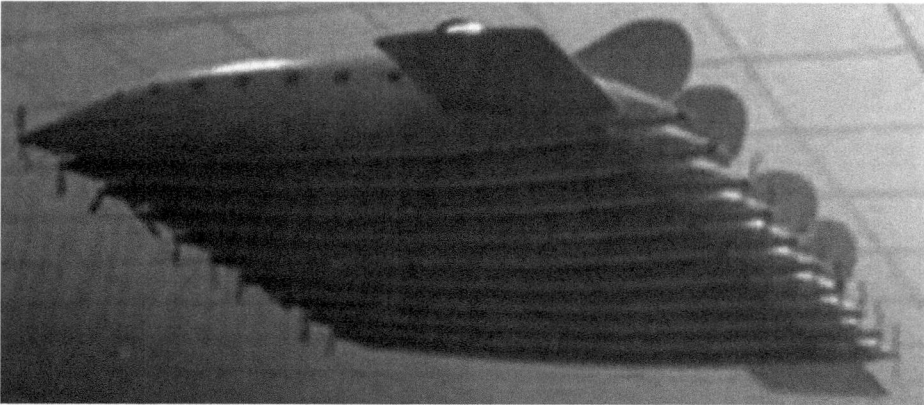

(c)

图 10.76 可驾驶飞机 "飞翼"

（a）正面和侧面视图；（b）平面视图（顶部/底部视图）；（c）照片来自卡卢加的齐奥尔科斯基博物馆。

齐奥尔科斯基给出了如下描述（图 10.77）：

"我提出的巨大翼式水上飞机是可以飞行和漂浮的，它能容纳机组人员、乘客、燃料等。机翼既没有通常容纳引擎的塔，也没有船……这使得它更加流线型。"机翼的整个机身被分成直和斜的厢，可以用作客舱、燃料储存单元等。巨大翼式水上飞机可以拥有巨大载荷，且能达到高速……从 324 千米/小时到 592 千米/小时。

它可以在 24 小时内穿越大西洋，从水面和雪地起飞，然后降落[①]。

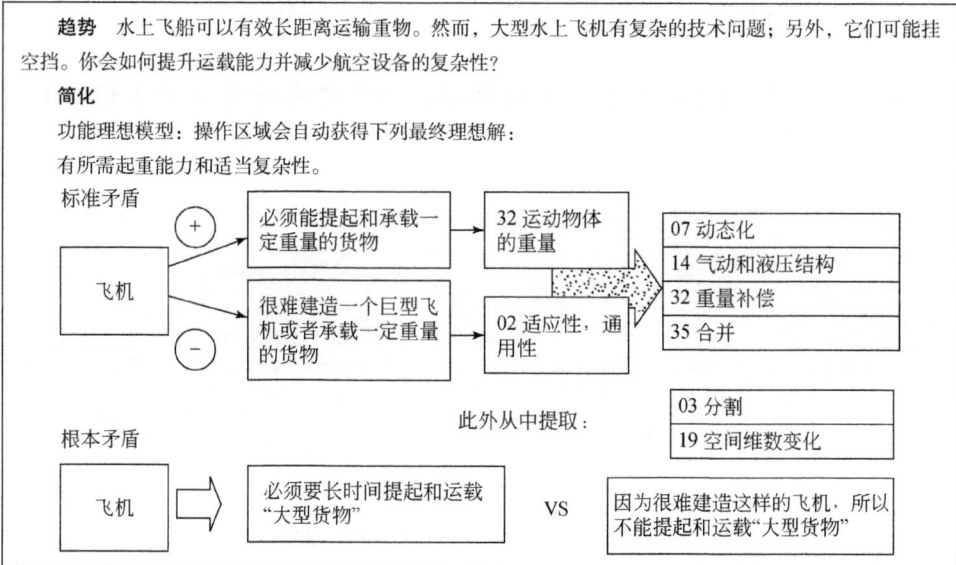

趋势 水上飞船可以有效长距离运输重物。然而，大型水上飞机有复杂的技术问题；另外，它们可能挂空挡。你会如何提升运载能力并减少航空设备的复杂性？

简化

功能理想模型：操作区域会自动获得下列最终理想解：

有所需起重能力和适当复杂性。

标准矛盾

飞机 → (+) → 必须能提起和承载一定重量的货物 → 32 运动物体的重量

飞机 → (−) → 很难建造一个巨型飞机或者承载一定重量的货物 → 02 适应性，通用性

→ 07 动态化
14 气动和液压结构
32 重量补偿
35 合并

此外从中提取：
03 分割
19 空间维数变化

根本矛盾

飞机 → 必须要长时间提起和运载"大型货物" VS 因为很难建造这样的飞机，所以不能提起和载运"大型货物"

---

①引用和示意图：齐奥尔科斯基，新式飞机。1929 年，卡卢加（来自莫斯科俄罗斯国家公共科学技术图书馆）。

发明

在解决这个问题的时候，四个主要导航组成了未来解决方案的雏形，随后成为该方案的一部分：03- 把"大飞机"分成各部分（如几个独立的飞船）；35- 合并这样的独立飞船成为一个大飞机以增加其升力；19- 执行这样的联合"横向体"以获得一个"飞翼"；32- 额外的（动态）提升力。

缩放 矛盾解决了吗？—是的。

超级效应：把许多同样的飞船放入"翼"中，使得使用动态提升力成为可能，而这种提升力从飞机移动时的"翼"中产生。

负面影响：当可变尺寸的飞机建造成功时，机体结构可能会更为复杂。

简述

为确保一定的提升力，飞船可以联合成为一定规格的"飞翼"（ 由 K.E. 齐奥尔科斯基所述最初想法的发展 ）。主要模型：03 分割、35 合并、19 空间维数变化和 32 重量补偿。

插图：K.E. 齐奥尔科斯基，新式飞机，卡卢加。

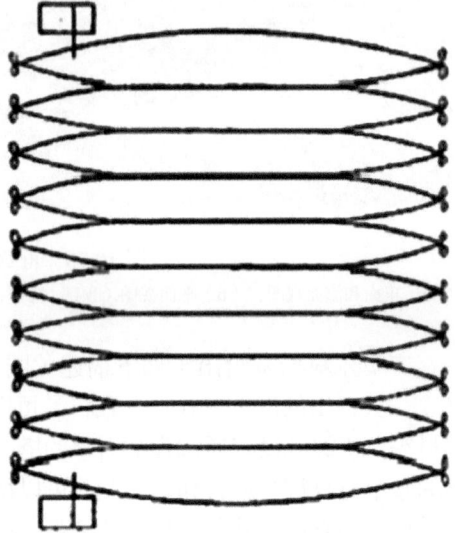

图 10.77　"飞翼"飞船式飞机的重新发明（稍作修正）

例 10.40　混合体：应运而生的将是，强大的高速汽车和出租车（ 图 10.78 ~ 图 10.81 ）

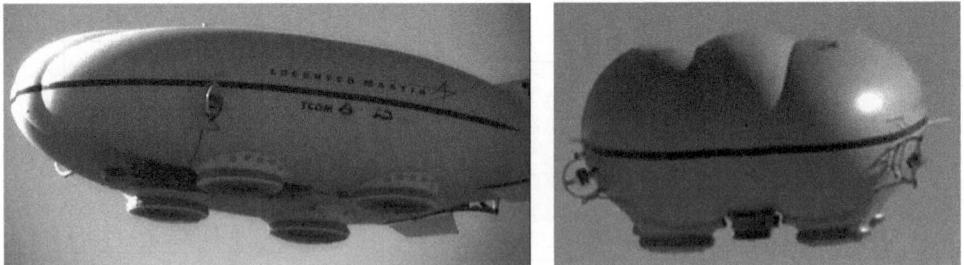

图 10.78　由洛克希德·马丁公司设计的 P791 混合动力飞行器

这架飞机是用"比空气重"的原理建造的：80% 的总重量是由氢气（静态）表示的，20% 是通过机翼（动态）的气流通道来表示的。

www.lockheedmartin.com/products/p-791/index.html；www.youtube.com。

图 10.79　概念飞机 ANVIUM

特殊功能：可伸缩的内轴承框架，以改变工艺的尺寸。

图 10.80　鄂木斯克超级混合体

西伯利亚公路学院（SibADI）的创新中心；http://lj.rossia.or。

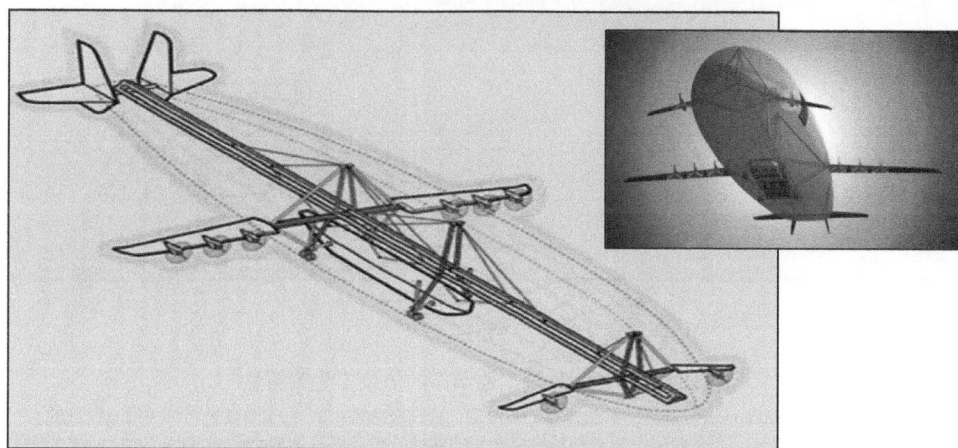

图 10.81　来自俄亥俄航空公司的混合工艺革命者号

21 世纪初的杰出发明——"悬桥"作为整个结构的骨架。浮力：50% 氦气，50% 机翼。大载荷和高速。www.dynalifter.com 。

例 10.41（a）　实验设想（图 10.82）

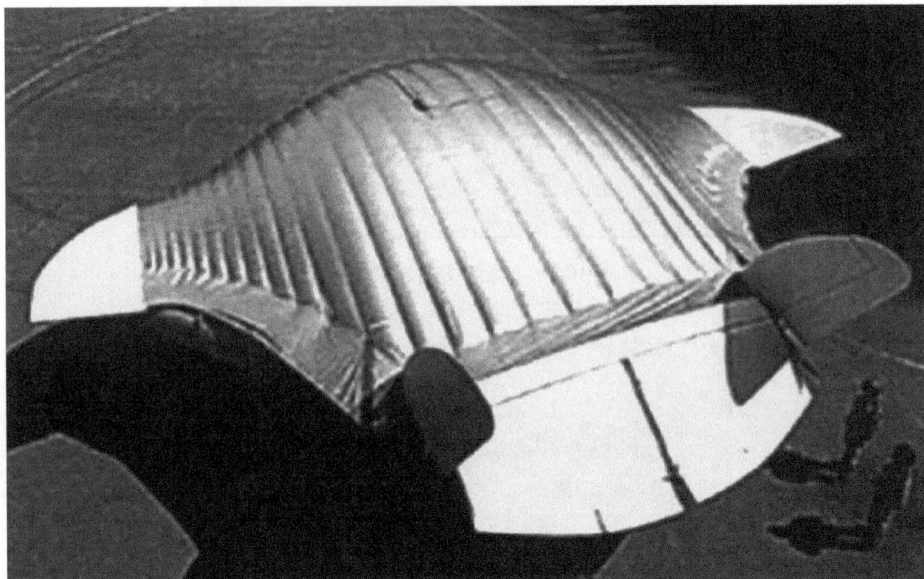

(a)

(b)

图 10.82　Festo 公司（德国）的仿生工艺黄貂鱼

（a）www.prospective-concepts.ch："黄貂鱼号"是由瑞士前瞻概念公司依照 FESTO 公司的关键点设计的。

（b）FESTO 公司设计："黄貂鱼号"通过拍打机翼在空中飘浮。精彩创意见 www.festo.com/cms/en_corp/9647. htm。上佳剪辑："Festo Air_ray"在 www.youtube.com。

例 10.41（b） 实验设想（图 10.83）

图 10.83 来自秋明航空公司的令人惊奇的 BARS（"豹"）项目——免费机场静力卸载飞机

发明家亚历山大·菲利莫诺夫。四合一系统：飞机、直升机、飞船和气垫船。该工艺是一种混合类型的"飞行翼"，它的核心元素是盘状中心翼。它基本上是一个用来提升气体（氦气）的容器，其中有一个中央管道，管道中有一个提升系统和一个货舱（部分），并且边缘固定了一个飞机/乘客舱、机翼控制台和尾部装配。其卓越的性能特点是：有效载荷——最高可达 500 ~ 600 吨（在未来），结合高速和优越的安全性能。浮力：80% 的氦气、20% 的发动机和推进系统。www.tumenecotrans.ru/download.html。

例 10.42 原子的和真空的飞机[1]（图 10.84，图 10.85）

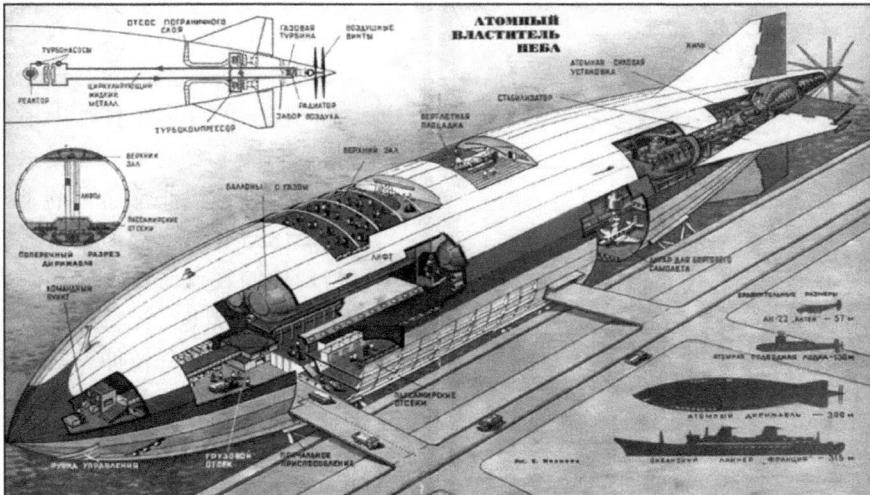

图 10.84 "天空的原子尺"——20 世纪 50 年代早期的项目（苏联项目）示意

---

[1] Frank Tinsley 的文章。http://longstreet.typepad.com/thesciencebookstore/2011/05/differentially-powered-dirigibles-with-built-inairports-atomic-solar-vacuum.html。*Why Don't We Build An Atoms-For-Peace Dirigible*，机械师插图，1956 年 3 月。

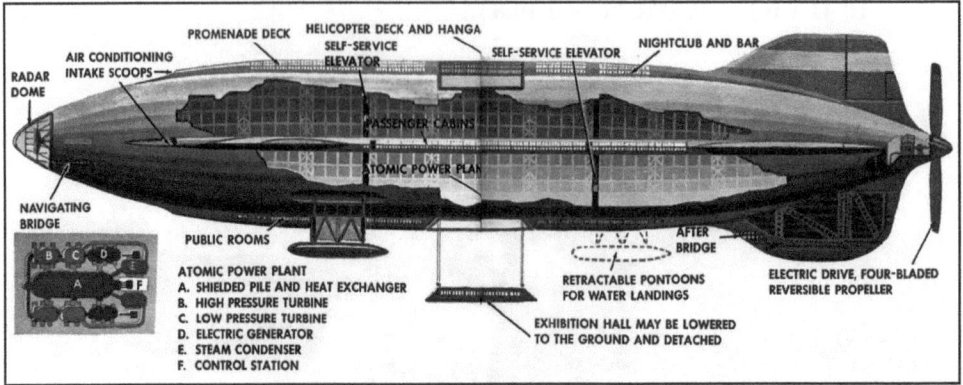

图 10.85 "和平原子"飞船——20 世纪 50 年代中期项目（美国）示意

一些关于真空飞艇的说法：通过丢弃氦或氢，在飞船内部制造一个深真空，可以将浮力提高 10% ~ 12%。你认为这个飞船的身体会发生什么变化？

例 10.43 三层外壳的同温层飞机

突破是对我们这个物种的定义。我们最好的表现来自与其他人合作构建一个特定的创意组合，这些人的热情是应用创新突破来制造和测试真正的产品。

——伯特·鲁坦

齐奥尔科斯基提议使用陀螺设备为飞机配备局部坐标系统。他描述并计算了喷气发动机的主要参数，以推动飞机通过高空气流，这是后来不同国家的许多工程师申请的专利。同样重要的是，齐奥尔科斯基制作了一幅非常逼真的飞机草图（1895 年），类似于一只鸟[1]。与现代的观点一致，这样的飞机实际上可以飞行，特别是考虑到机翼前缘的充分拉伸，以及像翱翔的鸟一样弯曲的机翼轮廓（图 10.86）。

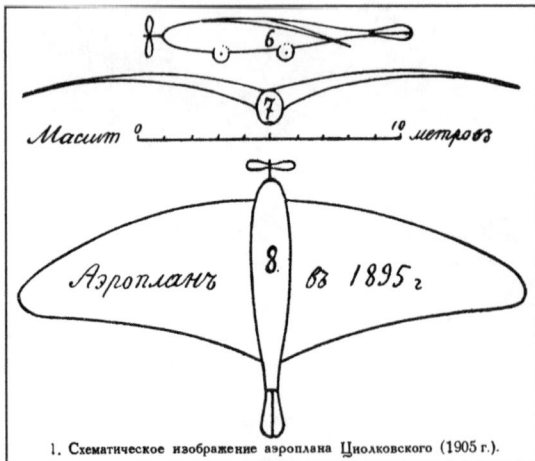

图 10.86 齐奥尔科斯基的飞机示意图

这就是齐奥尔科斯基对此类同温层飞机的总体构造的观点[2]：

---

①同前文：J.I. 佩雷尔曼，1932 年。
②同前文：J.I. 佩雷尔曼，1937 年。

　　"我的同温层飞机由三个流线型的船壳组成。它们有一个共同的机翼。该系统有方向舵、仰角舵和横向稳定舵。这两种外壳是不透水的,主要用于运载人员和燃料。中间的船体在两端都开着。它包含……"接下来是对发动机的描述,今天将被归类为涡轮喷气发动机。在他的其他作品中,齐奥尔科斯基提出了一种可以在非常稀薄的空气中飞行的作品设计,并描述了一种方案,这个理念是现代推进式喷气发动机的设计基础,这种发动机处于涡轮螺旋桨机和火箭机之间的一个连续体中。

　　在这一点上,为了便于说明,我们可以顺便提一下,两个美丽的作品[①]——白衣骑士飞船,宇宙飞船的推进器(图 10.87,图 10.88)。

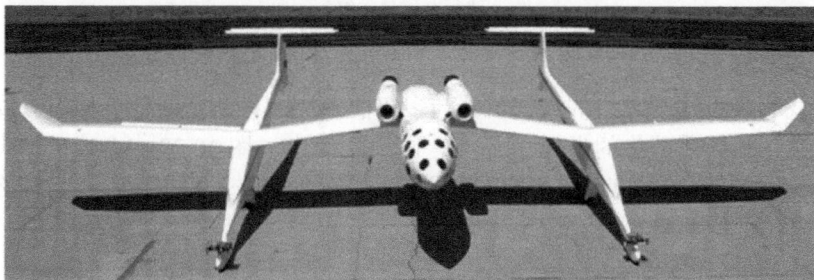

(a)

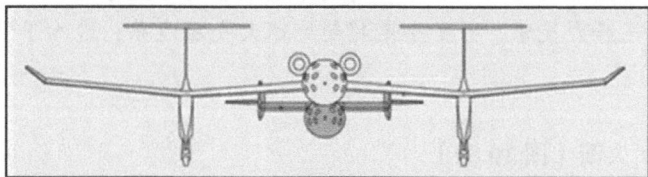

(b)

图 10.87 载体:白衣骑士
(a)载体;(b)飞船载体。
插图:www.scaled.com。

(a)

　　[①]艾尔伯特·林德(生于 1943 年)——美国航空航天设计师,几架杰出飞机的开发者,包括"76 号航行者"(1986 年世界纪录:9 天的环球飞行),"初次大西洋环球飞行"(2005 年世界纪录:3 天的环球飞行),等等。

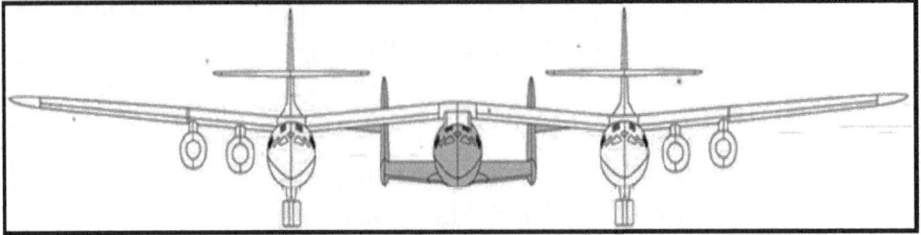

(b)

图 10.88　载体：白衣骑士二号和宇宙飞船二号

(a) 飞行中；（b）组合。

插图：www.scaled.com。

在我看来，这些奇妙的现代机器与多年前齐奥尔科斯基的梦想相当一致。

现在，重新追踪你的步骤，回顾一下在图 10.76、图 10.77 中合成的"飞翼"的重新发明。你认同按此做法可以发明出类似于白衣骑士的东西吗？为什么可以或为什么不能呢？

外太空

在齐奥尔科斯基的发明头脑中，有两个想法占据了主导地位：一个想法是可替代的金属空气静力气球，另一个是超越地球大气层边界，进入了外太空。[①]

——J.I. 佩雷尔曼

例 10.44　火箭（图 10.89）

"齐奥尔科斯基的创造性思维最奇妙、最大胆、最原始的产物是他的思想和致力于火箭技术的作品。他在这一领域没有前辈，而且远远领先于当时的全球科学。"

"1903 年，他出版了他的第一部作品，名为'利用喷气工具研究宇宙空间'，接着是一系列不间断的相关出版物。在这些作品中，齐奥尔科斯基指出，火箭发动机在高飞行速度下是可用的而且是有益的，而且只有这样的发动机才能在无空气或极其稀薄的环境中推动火箭主体。"

"为了确保足够的加速度，他提出了所谓的'太空火箭列车'，发射一系列相关的火箭，然后在燃料被燃烧的情况下，多余的部件被抛弃，而移动系统作为一个整体保持了必要的质量比并达到了所需的速度。"

"人类可以飞入太空的想法渗透在齐奥尔科斯基的作品中。他检查了与此有关的问题，尤其是，他想知道人类有机体在高海拔是如何表现的，在地球的大气层之上，在高加速度下，等等。齐奥尔科斯基相信最终人会打破地球引力的枷锁，

---

①同前文：J.I. 佩雷尔曼，1937 年。

他公认地被称为有史以来最伟大的、未来宇航员的先驱。"

"他对未来的星际旅行者在日常生活中必须处理的事务进行了详细的研究,他考虑了创造一个人造地球卫星的可能性,这个卫星用作中转行星际岛或空间站,在未来的太空路线上建造。"

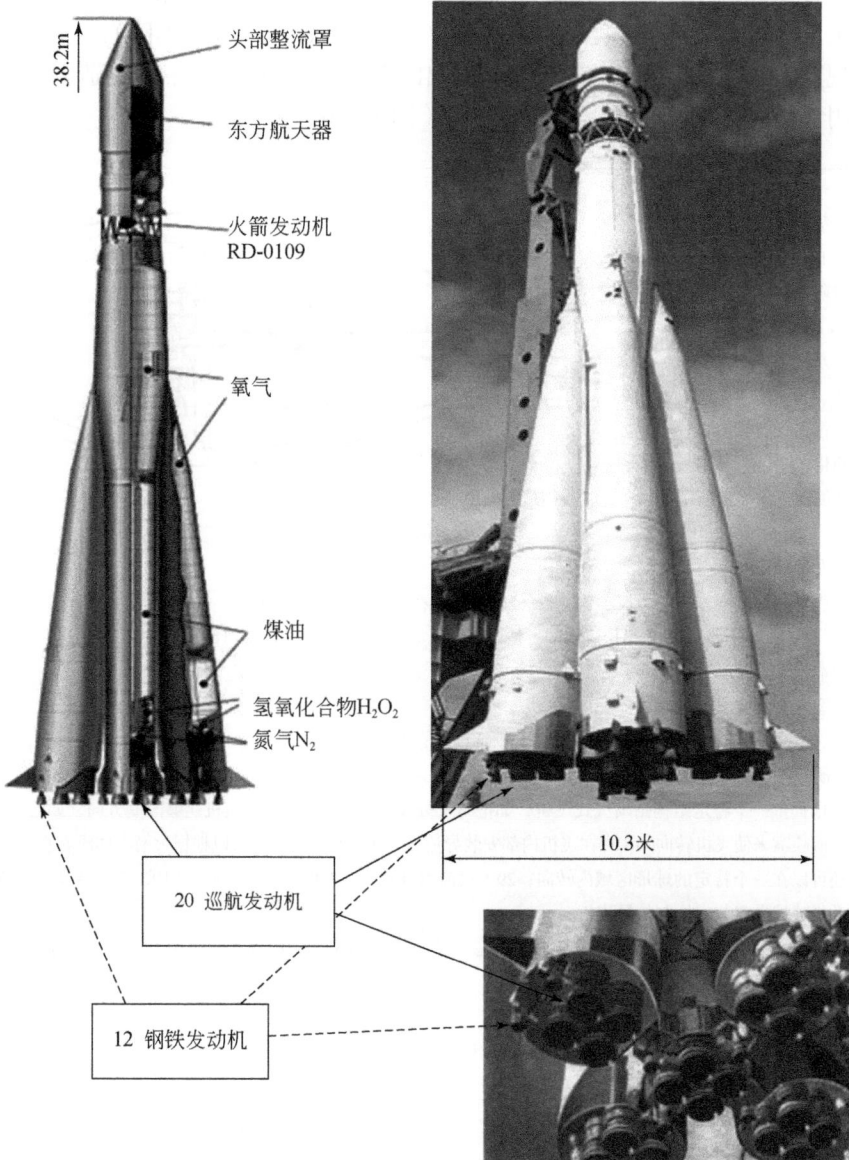

图 10.89　三阶段运载火箭东方 1 号(基于 RN-7),1958 年,携东方 1 号船

插图:http://galspace.spb.ru/start-4.htm,http://en.wikipedia.org/wiki/Vostok_(rocket_family)。

"这真是太棒了，简直让人兴奋，即使在今天我们的'奇迹时代'听起来也很伟大。此外我们必须承认这是一个科学的真理——而且是对一个不那么遥远的未来的科学合理的预测。"①

写下这些话的是谢尔盖·帕夫洛维奇·科罗廖夫，他与几十个杰出的火箭引擎建造者和火箭设计师一起合作发射了东方 1 号火箭，这个火箭运载了第一颗人造卫星（1957 年 10 月 4 日）和第一个宇航员（1961 年 4 月 12 日）。

现在，我们只考虑齐奥尔科斯基提出的众多观点中的两个：①制造多级火箭；②使用气体舵（喷气叶片）来改变方向（图 10.90）。

趋势 为了改变飞船或飞机的飞行方向，可以安装升降舵（水平的"板"，通常放置在飞机机身的尾部）和方向舵（垂直的"盘子"）。但是如何改变太空中火箭的飞行方向呢？

低温液氧蒸发

人、呼吸器等

液态氧

简化

功能理想模型：操作区域自身能获得最终理想解：

需要改变火箭运行轨迹。

标准矛盾

火箭 ► 必须改变方向（可控）VS 机翼似的方向舵在外太空中不起作用 ►

=10 操作流程的方便性 VS 30 力 =01，04，11，以及 18，19，29，34

根本矛盾

火箭 ► 必须改变方向（可控）

VS 不能改变方向，必须继续依靠惯性或引擎作用移动

发明 当解决标准矛盾时，几个主要导航组成了未来解决方案的"轮廓"，然后被纳入这个解决方案：04 c）从引擎中提供一个特定结构给喷气式飞机，如把飞机分成两部分；11 b）使飞机能够改变方向，如通过转动发动机的喷嘴来使飞机转向；18 a）在飞机内部安装导流板；19 a）使飞机不仅可以根据火箭主体沿着直线移动，而且还可以在一个特定的球形区域内转向；29）火箭本身必须改变航行方向，而不用求助于它的环境；34）在发动机喷嘴内安装有控制的导流板。

在解决根本矛盾的时候，关键的基本模型是 03 整体与部分分离：喷气式飞机被分成几个部分，每一个部分都可以在离开喷嘴时被分流。

缩放 这些矛盾被消除了吗？——是的。

负面影响：方向舵可能会被飞机强大的机械和热力冲击力所摧毁。

---

① 由作者从以下书籍中汇编：S.P. 科罗利诺夫，《齐奥尔科斯基的生活和活动》。1947 年 9 月 17 日在齐奥尔科斯基诞辰 90 周年纪念会上发表的报告。

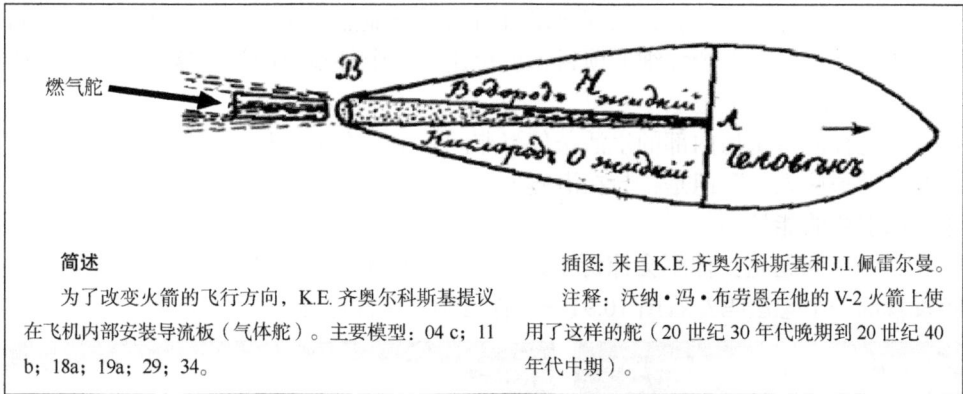

燃气舵

简述

为了改变火箭的飞行方向，K.E. 齐奥尔科斯基提议在飞机内部安装导流板（气体舵）。主要模型：04 c；11 b；18a；19a；29；34。

插图：来自 K.E. 齐奥尔科斯基和 J.I. 佩雷尔曼。

注释：沃纳·冯·布劳恩在他的 V-2 火箭上使用了这样的舵（20 世纪 30 年代晚期到 20 世纪 40 年代中期）。

图 10.90 齐奥尔科斯基"导弹喷气翼"的重新发明思路

关于第一个想法，好吧，我们已经做到了！再看一遍"飞翼"，重新发明：这里还有很多东西要学！尝试转换模型 19 空间维数变化来创建一个多级火箭设计。你可以很容易地得到一个"火箭包"的想法（"宽度"修改）或者一个多级火箭的想法（"高度"修改）。

这两个想法都被齐奥尔科斯基所检验！毫无例外地，许多年后许多国家建造了大型火箭，两者总体上都被开发和实施了（至少在结构上）。

我相信读者会欣赏这一观点并认为它是完美的，因为所有需要的资源特别是旋转火箭的能量，都是由设备"自身内部"抽取出来的。事实上，为了改变火箭运动的方向，我们必须在一定的坐标系中，以一定的角度对其质量中心施加压力。用"气体舵"来转移部分急流，会导致火箭相对于其重心的旋转。随后的急流运行改变了火箭的方向。我们都记得第一个宇航员是尤里·阿列克谢耶维奇·加加林。以下是他对齐奥尔科斯基的评价："我是一名技术学校的学生，当我被告知要写一篇关于 K.E.齐奥尔科斯基以及他关于火箭发动机和星际旅行理论的报告，我读了几篇由太空科学创始人写的作品。齐奥尔科斯基颠覆了我的认知。这远远超出了儒勒·凡尔纳、赫伯特·威尔斯和其他科幻小说作家的范围。我惊讶于这位科学家的思想以一种不屈的、领袖般的方式探索空间的活力……"[1]

例 10.45 卫星和空间站

如果我们意识到齐奥尔科斯基提出的一个想法，可能会大大促进星际航行，这一想法在技术思想的整个历史中都是无与伦比的。我们指的是制造人造地球卫星的想法，一个小小的新月。这并不像人们乍一看可能认为的那样牵强；"恒星

---

[1] Y. A. 加加林，《齐奥尔科斯基》，序言由 M. S. 拉扎罗夫撰写。莫斯科：年轻护卫出版社，杰出人物系列，1963 年。

航行理论"的外国支持者，在齐奥尔科斯基后且显然是完全独立于他，提出了同样的想法并开发了一个详细的项目，设想建立一个外星空间站，这个名字经常被应用到地球的人造卫星上……

"这样的行星岛内部的生活条件将非同寻常，在某种程度上，也会让人想起潜艇上的那些人。"但是，与在潜艇上不同的是，这里的潜艇将有足够的机会使用太阳射线的能量①。

另一个问题是：你不会惊讶于这篇文章提出了齐奥尔科斯基在 1896 ～ 1898 年发现的一个想法吗？看图 10.91——你看到太阳能电池了吗？

图 10.91　实验室—植物—太空旅馆！

来自美国拉斯维加斯的亿万富翁企业家罗伯特·毕格罗，自 1999 年以来就致力于一个项目，这个项目设想应用充气模块建造人造空间站，在微重力环境下制造纳米和生物技术产品，并为公众提供空间入口。
www.bigelowaerospace.com;
http://aerocrat.livejournal.com/130782.html。

这是一种完全不同的利用太阳能的方式：不是通过像佩雷尔曼的书中提到的中间热能，而是通过一种后来发展起来的技术直接将其转化为电能。然而，它仍然是太阳的能量！

①同前文：J.I. 佩雷尔曼，1937 年。

现在看看这个奇妙的空间站想法和替代想法的合并！这是在一个新环境中对替代系统的集成！

毕格罗可扩展的活动模块（BEAM）是由毕格罗航空航天公司开发的一个实验性的可扩展空间站模块，该模块于 2016 年 4 月 16 日在国际空间站（ISS）上停泊，并于 2016 年 5 月 28 日进行了扩展和加压。多么伟大的事件！

现在，让我们来看齐奥尔科斯基的思想：火箭即将送进外太空。

例 10.46 从地球表面发射

星际火箭将在山区飞离地球。一个笔直的平坦跑道必须以 10 ~ 12 度角准备好，齐奥尔科斯基建议另一枚火箭用于起飞运行。

他把这种辅助火箭称为"地球"火箭，以区分用于进行星际飞行的太空火箭。太空火箭必须暂时置于地球火箭内部，在不离开地球表面的情况下，后者将加速太空火箭至必要速度，并在某一时刻释放它，使其独立飞行进入外太空。地球火箭将沿着特殊的轨道滑行（图 10.92）。

"最好的减速方法是让特殊的制动飞机从地球火箭向它的身体方向延伸：高速中的风阻将是压倒性的，火箭将很快停止。"在完成了起飞运行后，火箭（太空火箭）将开始独立飞行，由易燃物质在其内部爆炸推动[①]。

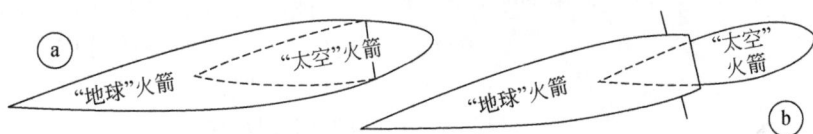

图 10.92 齐奥尔科斯基两阶段火箭启动重新发明思想
（a）加速中的双火箭"嵌套"；（b）"地球"火箭制动和"太空"火箭分离瞬间。

后来许多国家的顶尖设计师研究了这样的发射方法。其中一个项目是德国的 Eugen Säuger 教授在 1935 ~ 1941 年以及 1945 年之后开发的（参见作者的另一本书《现代 TRIZ》）。

例 10.47 从邻空发射

根据齐奥尔科斯基的说法，必须在距离地球表面 1000 ~ 2000 千米的大气层边界之外建立一个靠近地球的定居点，这样的外星空间站的存在将使未来的宇航员更容易踏上他们的星际旅行。空间站将由多枚火箭组成，依次发射到环绕地球的轨道上然后连接成一个单元。最困难的部分将是这个天体岛的诞生：由于人造月球的质量可以忽略不计，而且微小的能量将足以克服它的引力，离开它并进一步进入太空将相对容易[②]。

①J.I. 佩雷尔曼，《星际航行》，列宁格勒，ONTI，1915 年。见 3.4 节。
② 由作者根据 J.I. 佩雷尔曼 1937 年的书编纂而成。

这样的空间站尚未建成。这种发射的现代近似描述是指发射火箭的第四个阶段，在地球绕着人造卫星轨道运行几圈之后，火箭在前三个阶段被送入轨道，如飞往火星。这大大提高了发射精度，因为偏离所需速度为11.2km/s的万分之一（即1m/s），可能阻止火箭"锁定"既定飞行轨迹！

1961年2月12日，世上首个 Venus-1 站（火星1号站）从卫星轨道发射升空。

那是在尤里•阿列克谢耶维奇•加加林的飞行之前……一切都刚刚开始！尽管如此，第一艘宇宙飞船已经开始了他们前往月球、金星和火星的旅程！

例 10.48　从平流层发射

我们已经描述了一艘从白衣骑士母舰上发射的宇宙飞船，它首先将飞船"提升"到15 ~ 20千米的高度。不过，还有两个策略实现所谓的"高空发射"，是介于地表发射和空间站发射之间的做法。

1）发射飞机（移动）或（静止）飞船只需"下降"火箭或在它的侧杆上延长几米（"杆选项"）。

2）从一个由一组飞艇组成的航空静态平台上发射一枚重型火箭，这些飞艇加在一个严格的运载器/发射装置中（"平台选项"）。

策略 1 杆选项

俄罗斯高空发射计划组织正在设计一个空间航空统计中心，以执行基于飞船的微卫星和纳米卫星轨道发射（图 10.93）。

俄罗斯和其他国家的许多大学正在发明这类卫星。柏林工业大学成功地探索了该项发明。在过去的5年里，作者在这所大学中一直在学习全球可持续创新的课程，这些课程为全球生产工程项目的科学硕士开设。

发射平台是一艘可到达15 ~ 20千米高度的飞船。然后，飞船停下来，运载卫星的火箭被延伸到一根特殊的杆上，发射到几米远的一侧。

这样的发射可以在任何国家、任何领土进行——所以要做的就是把"飞船发射基地"带到太空中的要

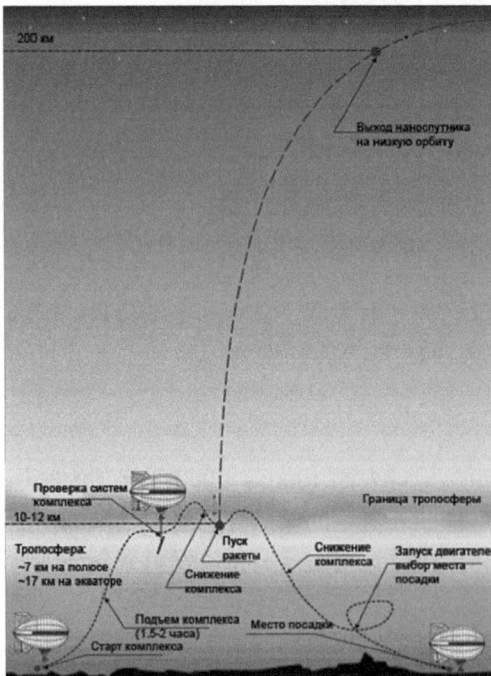

图 10.93　基于飞船的卫星发射（示意）
http://dlib.eastview.com/browse/doc/12195139。

求位置。

策略 2 平台选项

描绘此发射（图 10.94）的草图在 2001 年全俄罗斯太空竞赛中由米哈伊尔·辛涅特西——基洛夫航空技术学校的学生、奥列克西·莫卡科夫——森林工业技术学校的学生展示。这样一个"卫星发射基地"将自己拿起火箭，并将其运送到最佳发射地点，如赤道。

图 10.94　基于飞行平台的发射
http://www.pereplet.ru/pops/sojuz/sojuz1.html。

10.3.3　冲破黑暗看见星空：在轮子上……进入太空！①

经过一个多世纪的空间系统演化，出现了一个相当复杂的问题：火箭被证明是空气、土地和水的强大污染物。创造一个环绕地球的文明（首先考虑将某些生产过程转移到附近的空间）、发展新的通信系统、为地球积累太阳能、建立天气管理系统（这在可预见的未来可能发生）需要每年发射数千枚火箭，而这些未来的火箭将比今天承载更重的有效载荷。这个选择似乎走进了一个死胡同，因为它有可能破坏地球的臭氧层。

---

① A. E. Yunitsky，《在轮子上……进入太空……》，《青年杂志技术知识》，莫斯科，1982 年第 6 期，第 34 ~ 36 页和封底（图）。

例 10.49　线性空间环

早在 20 世纪 70 年代末，A . E. 尤尼茨基就提出了非火箭运输系统（图 10.95），这可能有助于创造一个环地球文明。新系统的推进装置是一个加速到轨道的"自升环"。

图 10.95　尤尼茨基的线性空间环示意图

Gomel，Infotribo. –1995. – 337 pp.

www.yunitskiy.com/author/press_monograph.htm。

在脱离升压系统时，旋转环的提升将通过离心力作用得以保证。这个环会在这个过程中拉伸。为了实现着陆，该环将被减速，释放储存的能量（恢复）并收缩直径，直到它降落到同一提升系统的平台上。

图 10.96 说明：手工制图——A.E. 尤尼茨基的公开出版专著《地球和太空传输系统》封面。

| 产品 | 尤尼茨基空间运输——尤尼茨基环 |

简介 在 20 世纪 70 年代末，尤尼茨基提出了一种线性空间飞行器的想法——"泛行星飞行器"。在尤尼茨基线性结构基础上，这个特殊的飞行器—平台环沿赤道围绕地球设置（还有其他选择）。环被加速几个星期，以轨道速度（第一宇宙速度）从保持场释放，并以离心力起飞到太空中。起飞时，圆环膨胀。环的着陆和操纵是可能的。这个环有可能向两个方向运送数百万吨的货物。

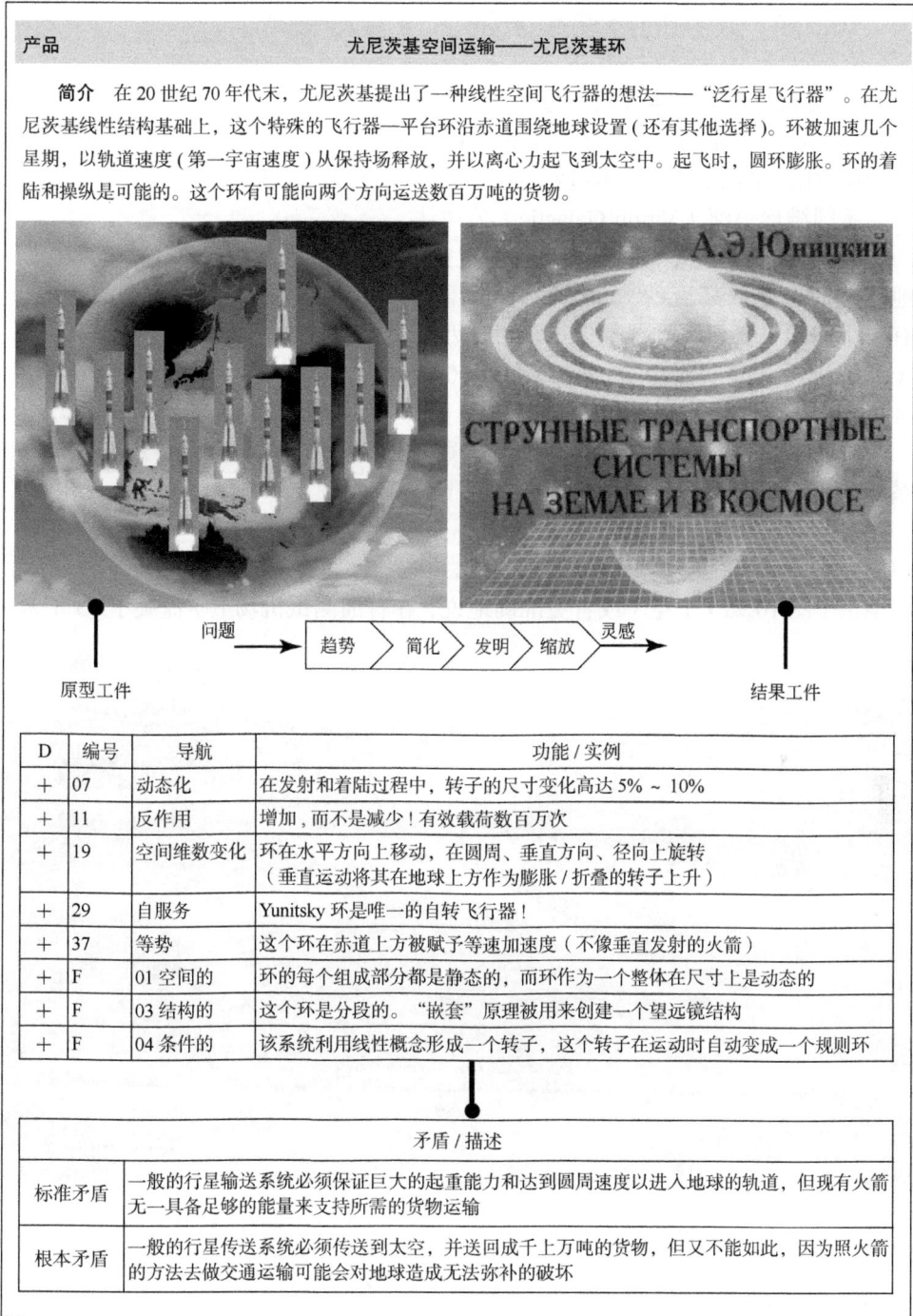

D	编号	导航	功能 / 实例
+	07	动态化	在发射和着陆过程中，转子的尺寸变化高达 5% ~ 10%
+	11	反作用	增加，而不是减少！有效载荷数百万次
+	19	空间维数变化	环在水平方向上移动，在圆周、垂直方向、径向上旋转（垂直运动将其在地球上方作为膨胀 / 折叠的转子上升）
+	29	自服务	Yunitsky 环是唯一的自转飞行器！
+	37	等势	这个环在赤道上方被赋予等速加速度（不像垂直发射的火箭）
+	F	01 空间的	环的每个组成部分都是静态的，而环作为一个整体在尺寸上是动态的
+	F	03 结构的	这个环是分段的。"嵌套"原理被用来创建一个望远镜结构
+	F	04 条件的	该系统利用线性概念形成一个转子，这个转子在运动时自动变成一个规则环

矛盾 / 描述	
标准矛盾	一般的行星输送系统必须保证巨大的起重能力和达到圆周速度以进入地球的轨道，但现有火箭无一具备足够的能量来支持所需的货物运输
根本矛盾	一般的行星传送系统必须传送到太空，并送回成千上万吨的货物，但又不能如此，因为照火箭的方法去做交通运输可能会对地球造成无法弥补的破坏

图 10.96 尤尼茨基"泛行星运输系统"总结

10.3.4　让我们行动起来吧

例 10.50　维珍宇宙飞船一号

你坐过摩天轮吗？也许连著名的 135 米高的伦敦眼（图 10.97）也坐过？

美国维珍银河（Virgin Galactic）公司认为，任何人都可以从 120 千米的高度观察[①]地球，即在地球高度的 1000 倍之处！不过有一个问题：要想买到票，你得多付 1 万倍（20 万美元）。我希望他们能在未来 10 年推出一个。我们要等下去吗？

现在，让我们仔细看看以前被用作测试系统的可重复使用的航天飞行器"宇宙飞船一号"[②]。

首先，飞船在白衣骑士一号母舰上，在

图 10.97　伦敦眼
（作者拍摄，2008 年）

太空港（图 10.98）上空（或者更准确地说，在普通测试机场上）盘旋了 15 千米。

图 10.98　这是世界上第一个太空港，在美国新墨西哥等你！

---

①插图：www.virgingalactic.com; www.spaceportamerica.com。
②参见 M. Orloff《现代 TRIZ》（2012）。

然后，火箭发动机开始运转，10 秒时间内将其带到 50 千米的高度。然后，飞行器借助火箭发动机燃烧产生的动力进一步滑翔到超过 100 千米的高度！该飞行器在太空中沿着一个抛物线轨迹飞行三分钟。

然后它开始惊人地下降：你看，船上没有燃料了！

它相对较小的重量允许动量驱动的跳跃达到 100 千米的高度！

好吧，在下降过程中使用它的身体减速，飞行器（提前）抬起它的机翼 [惯性飞行；图 10.99（b）]，然后"平飞"下去了！

只有在 10 ~ 15 千米的高度，机翼才恢复到正常位置，从而使飞行器能够滑翔下来，降落在同一个太空港。

(a)   (b)

图 10.99　宇宙飞船一号

（a）飞行位置的双翼；（b）双翼上升 - 下降！

例 10.51　维珍银河宇宙飞船二号

理查德·布兰森爵士（Sir Richard Branson）是维珍银河旗下公司的创始人和领导者，他认为，渴望无重力的游客将首次乘坐宇宙飞船二号（SpaceShipTwo）进行亚轨道飞行，该飞船将很快从美国太空港（Spaceport America）发射，该案例分析如图 10.100 所示。

趋势 为了在亚轨道飞行完成后降落，火箭飞机可以用它的机翼滑翔下来。然而，在下降的初始阶段，飞船最好不是先"俯冲"，而是"平飞"。利用更高的空气阻力可以更快地降低速度。另一方面，平稳着陆基于飞行的滑翔性质和机翼使用。问题：如果机翼迫使下降的飞行器俯冲，从而阻止下降，你能做些什么来使它水平下降呢？

简化 功能理想模型：X- 资源，连同可用的或修正过的资源，在不增加对象的复杂性或引入任何负面属性的情况下，保证实现以下最终理想解：火箭飞机在下降和着陆时呈水平方向。

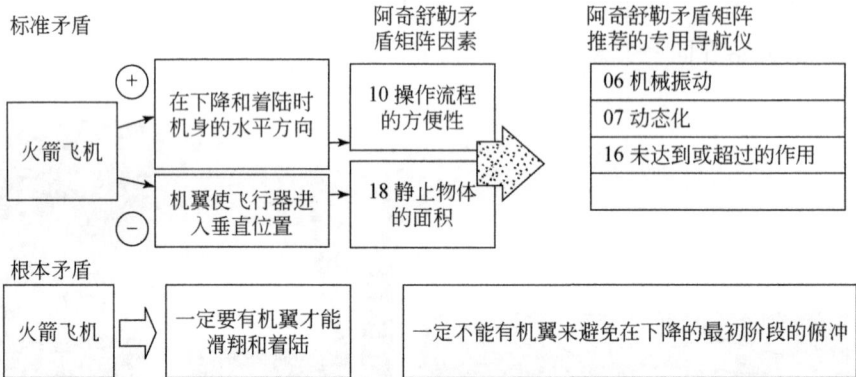

标准矛盾

阿奇舒勒矛盾矩阵因素

阿奇舒勒矛盾矩阵推荐的专用导航仪

火箭飞机	⊕ 在下降和着陆时机身的水平方向	10 操作流程的方便性	06 机械振动
	⊖ 机翼使飞行器进入垂直位置	18 静止物体的面积	07 动态化
			16 未达到或超过的作用

根本矛盾

| 火箭飞机 | ⟹ 一定要有机翼才能滑翔和着陆 | 一定不能有机翼来避免在下降的最初阶段的俯冲 |

发明 主导导航是 07 动态化：a）物体的特征或者环境改变以优化每个工作流程；b）拆卸一个对象组成互相可移动的部分；c）使物体可移动，否则固定——使机翼能够转动！

缩放 矛盾消除了吗？——是的。

超级效应：节省燃料，由于滑翔飞行和着陆，飞机重量减少。

负面影响：没有。

简述

为了保证亚轨道火箭飞机维珍银河宇宙飞船一号和宇宙飞船二号在下降的初始阶段与滑翔着陆期间的减速呈水平位置，飞行器的机翼特意设计成能够转动的（07 动态化）。

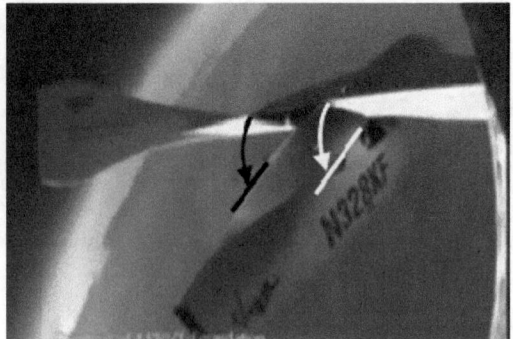

插图 :www.virgingalactic.com 和 Virgin Galactic SpaceShipTwo 动画，网址是 www.youtube.com。

图 10.100 美国维珍银河公司对宇宙飞船一号和宇宙飞船二号的重新设计

为了让不是训练有素的试飞员的普通旅客能够使用这款飞船，设计师们不得不对机舱进行一些特殊的改造（图 10.101，图 10.102）。

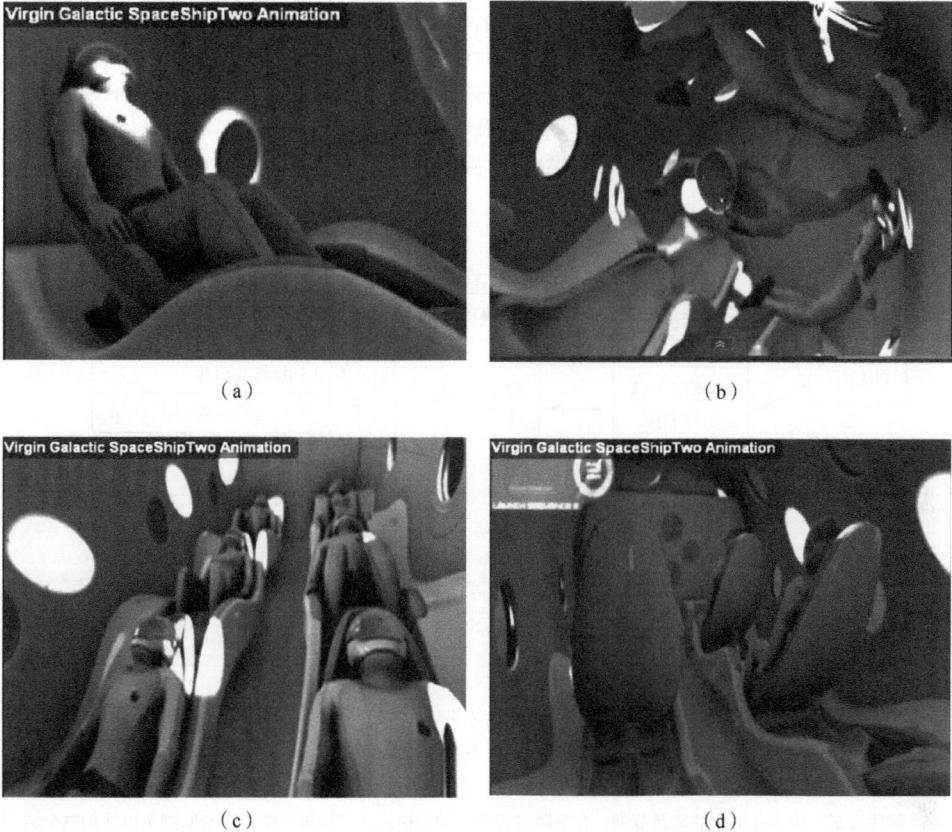

图 10.101　宇宙飞船二号飞船的座椅改造

　　因为在发射期间，宇航员（在美国，这个术语不仅仅是指那些进行绕地轨道飞行的人，还包括所有进入外层空间的人）暴露在巨大的重力下，所以有必要确保他们的身体处于安全的位置，这样重力才能被抵消（即"以直角"施加在骨干上）。宇航员必须"蜷着" [图 10.101（a）]，因为攻角可能范围是 $60°$ ~ $80°$。

　　另一方面，在火箭发动机被丢弃之后，舱内椅子会"消失"，腾出更多空间，这样太空游客就可以自由地享受失重状态 [图 10.101（b）]。因此，椅子被安装在特殊的空腔（盒子）中。

　　在坠落 / 下降期间（在机翼下降之前），宇航员被绑在"水下"椅子上 [图 10.101（c）]。

　　当飞行器开始滑翔飞行时，椅子将宇航员提升至该坐姿 [图 10.101（d）]。

趋势 在火箭升空后的垂直上升过程中，宇航员的身体必须处于"躺着"的位置和相对于飞船"地板"的"坐"位置之间的中间位置。在密集的大气层减速过程中，宇航员的身体必须处于"平躺"的姿势，因为在下降过程中飞船的主体是水平方向的，这两种姿势都能使重力"平向"作用，从"直角"到脊柱，而不是沿着它的长度。问题：你能做些什么来保持宇航员的身体处于安全的位置？

简化 功能理想模型：操作区域本身能获得以下最终理想解：宇航员椅子的朝向，在整个后表面分配重力。

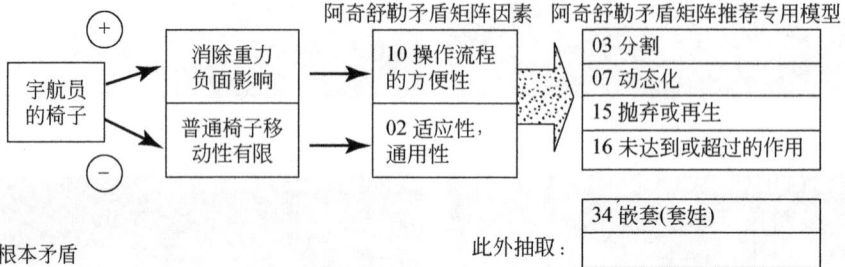

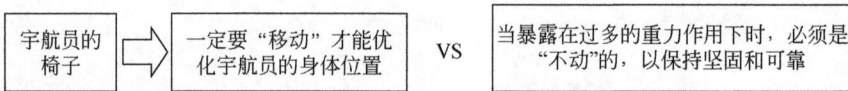

发明 在解决这个问题时，两个主要的导航建构了未来解决方案的"肖像"，然后被纳入这个解决方案中。07 动态化：a) 一个物体或一个环境的特征被改变以优化每一个工作过程；b) 将物体拆卸成可相互移动的部件。34 嵌套：a) 一个对象在另一对象里面，这个对象也在另一对象里面，等等。

解决方案：椅子有很大的旋转范围；在下降过程中，它们被嵌入"地板"中（嵌套原则）以增加整个结构的耐久性和安全性。

缩放 矛盾消除了吗？——是的。

超级效应：将椅子放在发射 / 降落的最佳位置成为可能，也可以通过舱窗看出去。在失重阶段，椅子也被嵌入"地板"以释放更多的空间，宇航员可以在其中"漂浮"。

简述

为了在上升和下降（大气中减速）过程中将宇航员的身体置于最佳位置以抵消过多重力的负面影响，椅子做成可以旋转、嵌入并固定在"地板"中的样式。模型：07 动态化和 34 嵌套。

插图：www.virgingalactic.com 和 Virgin Galactic SpaceShipTwo。

图 10.102 宇宙飞船二号椅子改造思路

第 11 章 | 创造性人格的起源

怎样成为一个天才，通向天才之路

为了保持这本书的紧凑性，我不得不对每个部分的篇幅进行限制，包括这一章，里面包含了关于优秀人物的文章，这些文章本可以有相当长的篇幅。我选择了那些我相信会同样影响到你的……于是，我问自己，创造的起点在哪里？你对创造感兴趣吗？你致力于创造吗？我希望这些介绍能给你一些答案。

我给你介绍两位来自 19 世纪德国的实践研究者和企业家，他们不仅创造了某些发明，更重要的是他们在事业最初的几分钟内，就奠定了未来工业的基础。

然后，我将告诉你来自苏联的两个人，他们有一个共同的特点，都有一个非常棒的想法，那就是人们可以飞向星星。尽管那些人并没有活到看着他们一生追求的想法实现，然而现在太空旅行已经成为现实。

我将向你介绍两位来自美国和英国的杰出企业家，他们改变了现代世界。顺便说一句，他们中的一个很可能会把许多想成为宇航员的人送上太空，通过提供外太空旅行的方式来实现这个想法。

我还将向您介绍一位来自白俄罗斯的现代设计师，兼发明家、企业家，他突破性的交通理念跨越了全球以及更广阔的外太空。

我将向你介绍一个男人，他的想法我已经欣赏了几十年了，我正在努力使他发现的观点更接近同时代的人。我相信 TRIZ 的想法会在每一个专家、学生身上得到，并且在可以预见的将来发生。

11.1 约瑟夫·冯·弗劳恩霍夫①

我想要通过几分钟的视角带你回到两个世纪以前。

---

①约瑟夫·冯·弗劳恩霍夫（1787 年 3 月 6 日，施特劳宾市 ~ 1826 年 6 月 7 日，慕尼黑市），德国著名物理学家，研究员和企业家。

图 11.1　约瑟夫·冯·弗劳恩霍夫
1825 年 38 岁的慕尼黑大学教授，巴伐利亚
科学院院士。

1）约瑟夫（图 11.1）是弗兰兹·沙维尔·弗劳恩霍夫家族的第 11 个也是最后一个孩子，他的 7 个兄弟姐妹在很小的时候就去世了。

2）他的父亲和祖父是玻璃冶炼与抛光工人，沿袭 17 世纪初制玻璃的传统几乎延续了 200 年。

3）1796 年，他的母亲于 54 岁去世，一年后他父亲于 56 岁去世。10 岁的约瑟夫成了特纳的学徒，但他不够强壮，转而训练他做家业。在他父亲去世后，监护人把他送去了一个名叫韦切斯柏格的人的慕尼黑玻璃抛光机工厂工作，签订了六年的合同。

4）三年后，在 1801 年，悲剧发生了：他工作的车间倒塌，韦切斯柏格的妻子死亡，而约瑟夫被埋在瓦砾之下，后来竟奇迹般地被解救出来[①]。在悲剧现场，这个被拯救的男孩被选帝侯梅西利安四世注意到。他和他的一位企业家与政治家同伴乌茨施奈德在弗劳恩霍夫的生活中都扮演了重要的角色。选帝侯给了这个男孩一些钱，使他足够买一个金属切割机和一个玻璃抛光机来工作。

5）韦切斯柏格不允许约瑟夫参加星期日的学校读书日，1804 年，这个 16 岁的男孩离开了他，试图自己通过绘画、印刷和雕刻名片来谋生。他买了所需的设备，其余的钱都是从选帝侯那里来的。乌茨施奈德通过借给他有关光学和物理学的书来帮助约瑟夫。不幸的是，他的工资加上他从姐姐那里得到的零用钱也不够维持生活，约瑟夫不得不再次回到韦切斯柏格旁边，成为他的徒弟。

6）1806 年 5 月，本笃会僧侣乌尔里·希格（Ulrich Schiegg）为他提供了参考资料，使他能够在由乌茨施奈德和他的合伙人乔治·冯·赖钦巴赫（Georg von Reichenbach）创办的光学研究所工作。该研究所成为了著名的钟表制造企业，于 1804 年成为在慕尼黑成立的利勃海尔合作伙伴机械研究所的一部分。在被录取前，约瑟夫通过了一次持续几天的严峻的入学考试。研究所和车间（制造）参与了大地测量仪器的生产，这些仪器被用来制造新的地图，特别是为陆军。赖钦巴赫曾在曼海姆军事学院学习，并访问了英国，在那里他探索了最新的技术创新，如詹姆斯·瓦特的蒸汽机、莱姆斯登和多隆的光学仪器。他发明了一种分割引擎，

---

①沃尔夫冈·贾恩博士．让我们更接近星星：献给约瑟夫·冯·弗劳恩霍夫的生命——摘自 "Fraunhofer in Benediktbeuern Glashütte und Werkstatt"，Fraunhofer-Gesellschaft, München, 2008；专门为弗劳恩霍夫创作的插图也摘自该作品。

可以切割出精确的圆；然而，为了改进角度测量，引擎需要更好的光学系统。约瑟夫·弗劳恩霍夫制作的镜片完成了这项工作。

7）弗劳恩霍夫还改进了抛光机，这使得控制镜片质量成为可能，使加工过程不再依赖于工人的技能。他还开发了新的抛光膏和胶水来制造复合透镜。这既提高了质量又提高了生产率，这对于光学仪器的增产是非常重要的。

8）1807 年底，乌茨施奈德把生产设施搬到了一个叫迪克波恩的寺院。玻璃生产被安置在修道院场地的一个特殊的防护建筑中（格拉什尤特，如图 11.2 所示）。弗劳恩霍夫在顶层生活并进行了著名的实验。车间被一楼占用了。随着欧

图 11.2　格拉什尤特

洲光学市场的激烈竞争，为了保护生产方法和配方，必须对车间地点保密。另外，有必要为出售的工具做广告。因此，快速增长的产品和价格表发表在众多行业论文中。有关新光学元件和仪器的卓越质量的传说迅速传遍欧洲[1]。

9）1805 年，瑞士大师皮埃尔主持了研讨会。他制造纯玻璃的秘密方法（没有异质性线、外加剂，或气泡）由约瑟夫改进。例如，他建议将一块用耐火黏土装饰的特殊移动杆浸入熔融玻璃块中，在冷却时搅拌。

10）弗劳恩霍夫提出了一种全新的透镜加工方法，即所谓的"径向抛光法"，并改进了用"试镜法"测量透镜表面曲率的方法。使用试镜法，弗劳恩霍夫获得了更高的透镜加工精度。他通过观察用棱镜形成彩色光谱的许多折射线来做到这一点。然后，这是一个真正的革命性发展[2]，也是他在第一次工作的基础上改进的商业秘密，他观察到的干涉线在数量和质量上都大大超过了以前的所有观察。

---

① 迈尔斯·W. 杰克森. 信仰光谱：约瑟夫·冯·弗劳恩霍夫和精密光学工艺（剑桥，马萨诸塞州和伦敦：麻省理工出版社，2000）. 284 页。

② Carl R Preyß, Gründungsmitglied der Fraunhofer-Gesellschaft *Fraunhofers Bedeutung*. -in "Fraunhofer in Benediktbeuern Glashütte und Werkstatt", Fraunhofer-Gesellschaft, München, 2008。

11）1809 年，22 岁的弗劳恩霍夫被任命为车间的总经理。皮埃尔师傅拒绝接受这一任命，并于 1813 年离开了研究所。1814 年，弗劳恩霍夫和乌茨施奈德一起成为光学研究所的共同拥有者。应该注意的是，在 19 世纪晚期，皮埃尔和他的后裔在欧洲和其他地方做生意时在玻璃器皿制造中也取得了几项重大成就。

12）通过观察太阳光，约瑟夫·弗劳恩霍夫发现并绘制了 574 种不同强度的暗干涉带（见他的手工作图）。1815 年，他向慕尼黑科学院提交了绘制图……从而使他的名字在科学史册上永垂不朽（后来这个现象被称为弗劳恩霍夫线）。

在他 1822 年发表的另一篇著作中，弗劳恩霍夫描述了一种可以用来确定基于衍射光栅的光波长度的方法。他学会了用可观察的光谱来测定玻璃成分（图 11.3）。他发现了各种行星和恒星的光谱差异。

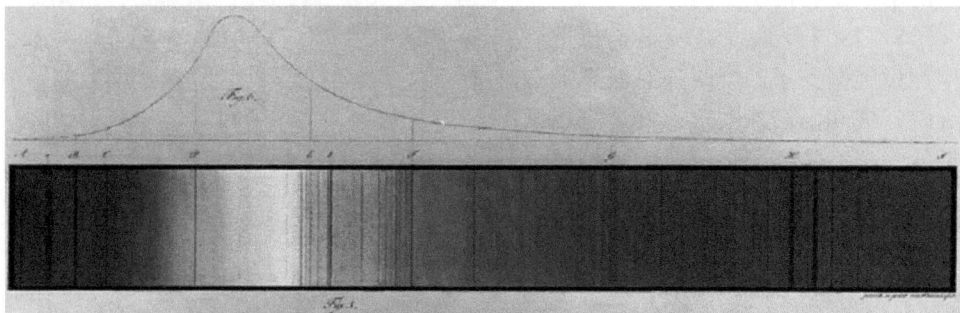

图 11.3　观察光谱

目前，光谱分析是科学研究和生产中应用最广泛的关键技术之一，它涵盖了从纳米世界到外层空间的更远范围的广泛应用。

13）1816 年，伟大的数学家和物理学家 Karl Friedrich Gauss（1777~1855 年），当时是天文台的负责人（从 1806 年直到他去世），以及哥廷根大学的教授，访问了迪克波恩，亲自考察了该研究所的成就。他写道，光学研究所是由一位才华横溢、精力充沛的人直接管理的。

14）不过，弗劳恩霍夫还是花了一段时间才被接纳为科学院的正式成员。从历史上看，工匠的技艺被认为是"灵感天才"的反面[1]。人们认为灵感不是"可耻"地遵守工匠所要求的规则和方法，而是唯一优秀的创造性的知识形式。关于"实践性知识"的价值和它是否属于科学的争论是极其激烈的，而这种困境完全适用于弗劳恩霍夫，因为弗劳恩霍夫从未上过学，更不用说大学了。换言之，他是一个完全"自学成才"的人，从直接意义上说，不由想到另一个自学成才的人，一

---

①见迈尔斯·W. 杰克森的书。

个伟大的物理学家，电磁场理论的奠基人弗朗索夫·迈克尔·法拉第（1791~1867 年）。他写道，掌握知识只能来自实践。或者，我们可以说，来自尝试和错误。弗劳恩霍夫认为，高深的技艺首先可以通过汲取深厚的大师文化和技能的知识来实现。他从实践中建立了理论。TRIZ 以同样的方式开始。我们在现代TRIZ 中也在做同样的事情。伟大的法拉第，基本上也做了同样的事情。

15）1819 年，当时世界上最大的，一个9 英寸（1 英寸 =0.0254 米）的望远镜（见图11.4，在德国慕尼黑德意志博物馆模拟），在俄罗斯 Dopapt 天文台投入运行。

在 3 年的时间里，一位杰出的俄罗斯人（又是自学成才！），原籍德国的天文学家弗里德里希·格奥尔·威廉·冯·斯特鲁夫（1793~1864 年），也是 27 岁的天文台主任，与他的同事瓦西里·雅格夫勒维奇一起，用望远镜创造出第一个双星目录。

图 11.4　当时世界最大望远镜

弗劳恩霍夫建造望远镜之后，被授予埃朗根大学院士（1821 年）和名誉博士学位（1822 年），并被邀请成为巴伐利亚科学院物理实验室的馆长和教授（1823年）。马希米连一世，巴伐利亚国王，让他成为贵族，并授予他公民功勋勋章（1824年）。

16）约瑟夫·冯·弗劳恩霍夫于 1826 年 6 月 7 日去世，享年 39 岁，死于结核病，当时是玻璃制造者的职业病。

17）今天，弗劳恩霍夫的名字仍是德国最大的应用研究协会的称号，该协会已经收购了一家全球性的公司 Fraunhofer-Gesellschaft，这是一个由 80 个研究小组组成的企业集团，由全球 18 000 多名科学家组成，每年的预算约为 16 亿欧元。

18）我相信，对他最好的敬意是刻在约瑟夫·冯·弗劳恩霍夫纪念碑上的表达最恰当的两个墓志铭，碑文是为了纪念巴伐利亚首都慕尼黑市的这位荣誉市民，在该市南部墓地[①]：

---

① Aproximavit sidera（拉丁语）→ Er brachte die Gestirne näher（德语）→他拉近了星星。我想与我的读者分享另一个惊人的事情，在 Wolfgang Jan 博士写的文章标题中解释了这个墓志铭：他把我们带到了更靠近星星的地方。

星星更近。他把星星带得更近了。

11.2 沃纳·冯·西门子

我不为了获得短期生活利益出售未来。[①]

——沃纳·冯·西门子

图 11.5 沃纳·冯·西门子

1）我（图 11.5）刚过五岁时[②]，有一次当我在父亲的房间玩的时候，妈妈和我 7 岁的姐姐玛蒂尔达一起进来了。玛蒂尔达哭得很伤心。她应该在牧师家里上编织课，但她抱怨说，一个危险的胆小鬼拒绝让她进入院子，并反复拧她。

尽管母亲再三保证，玛蒂尔达却拒绝去上她的课……然后父亲递给我比我还高的手杖，然后说："沃纳会带你去那儿。我希望他比你勇敢。"我立刻就知道这是很危险的，因为父亲在我走之前做了这个警告：如果那个胆小鬼接近你，勇敢地向他走去，打他，然后他就会逃跑。

我们刚经过大门，雄鹅就朝我们的方向跑来，伸着脖子，嘶哑地嘶叫着。我姐姐发出一声惊恐的喊声，然后转过身来，我高兴地跟在她后面，相信父亲告诉我的话，于是我朝着怪物走去——闭上眼睛——用棍子拼命地打我周围的地面。瞧啊！雄鹅吓了一跳，大声鸣叫，冲向一群逃窜的鹅。

第一次胜利在我脑海中留下了深刻而持久的印象……后来，当我发现自己身处无数的紧要关头时，那次胜利鼓励我不要屈服于眼前的危险，而是战胜它们勇敢前进。

2）沃纳与他的兄弟汉斯经常用他们自制的弓箭猎杀乌鸦和猛禽，最终他们的射箭技能变得相当好……一旦兄弟们发生争执，汉斯建议胜利者决斗，而不是依照武力法则（那时哥哥沃纳大约十岁，而汉斯比他小两岁）。哥哥沃纳显然更

---

①作者对西门子德语名言的翻译。

②本节的所有片段，包括插图，都来自沃纳的自传。该回忆录是由 72 岁的作者在 1889 年 6 月开始写作的，在 1892 年的深秋完成，在他去世之前不久。本书作者对德语进行了翻译（有删节）。

强壮。沃纳同意这是公平的，兄弟们继续进行决斗，按照他们父亲的学生故事中的规则行事。

他们每人数了 10 步，一听到信号，就松开箭头，箭头上的针尖用缝纫线固定在箭头上。汉斯的箭击中了沃纳的右鼻尖，刺穿了皮肤，深深地扎进了他的身体。孩子们的喊声喊来了父亲，他拔出了箭，然后拔出了他的手杖，以进行必要的惩罚。然而，这与沃纳的公平思想背道而驰，所以他坚决地站在父亲和汉斯之间，说："爸爸，汉斯和这件事毫无关系，这是决斗。"父亲看起来很困惑——他在荣誉危在旦夕时也做过同样的事情。从来没有受到应有的打击。他把手杖放回鞘里说："我不想再听到这么愚蠢的事了。"

3）1829 年的复活节，父亲雇了一名私人教师，我的生活发生了翻天覆地的变化。他的选择被证明是非常幸运的。斯波霍兹还是个年轻人。

他只花了几个星期的时间就对我们这些半野生的年轻人取得了无限的控制权，即使是今天，我也不知道他是怎么做到的。他从来没有惩罚过我们，从来没有一句责骂，几乎总是参加我们的游戏，不知何故，以顽皮的方式，设法培养我们的长处，同时改正我们的缺点。他知道如何设定可达到的目标，并用成就的喜悦来滋养我们的精力和雄心。他真诚地分享这种喜悦。

因此，在几个星期内，他成功地把那些拼命奔跑、逃避工作的年轻人变成了刻苦勤奋的学生，他们不必被迫劳动，而必须克制自己不去做太多的劳动。尤其是在我身上，他唤起了一种对有意义的工作的不可抑制的满足感，以及一种雄心勃勃的愿望。

他最有效率的方法之一就是他的故事。傍晚时分，当我们的眼皮开始变重时，他点点头，指着他过去坐的工作台后面的一个旧皮沙发所在的角落，我们团坐在角落里，他在想象我们的未来。我们被赋予了社会事业的关键，既有那些我们必须通过勤奋和明智地运用道德品质而提升的点，也有那些必须不惜一切代价避免的点。

因此，我们要减轻父母所面临的负担，尤其是那些在困难时期从事农业的人。

不幸的是，我童年时最快乐的一段时间持续了不到一年……我们在失去挚爱的朋友和导师时所遭受的痛苦是无法忘却的[①]。

"但我把我对他的爱和感激一直保存到现在。"

4）第二个雇用的导师与他的前任完全相反。他的教育制度是形式主义的。那个老绅士主要坚持服从和举止上的优雅，并要求我们在下班时间不要打扰他。这个可怜的人病了，两年后他死于肺结核。

然而，这两年并没有让我从斯波霍兹那里学到的东西白白浪费。他成功地塑

---

①这位年轻的老师患有抑郁症；在一个冬夜，他离家出走，走进森林，用猎枪自杀。

造了我认真履行职责的愿望，以及我对良好学习的偏好，我不但没有失去热情，反而不断激励我的新导师采取行动①。

"在后来的几年里，我常常被这样的记忆所困扰：让那个可怜的病人连续几个小时待在他的工作场所，而无视他用来摆脱我的那些可怜的小伎俩，从而剥夺了他应得的休息。"

5）从吕贝克体育馆毕业后，沃纳决定进入柏林的炮兵学校。他父亲说：德国不能长久地维持下去……唯一稳固的东西是腓特烈大帝和他的普鲁士军队建立的国家，在这个时代，做锤子比做铁砧更好。

17 岁的沃纳徒步旅行，带着一把硬币，找到他在"未来事业"中的位置。从吕贝克到柏林的距离大约是 145 英里（234 千米）……沃纳来到柏林最著名的炮兵学校，后来又进了马格德堡的另一所炮兵学校。然而，考虑到他特殊的技术天赋，他被派到柏林的工程和炮兵学校去实习。他认为 1835 年秋天到 1838 年夏天是他一生中最快乐的时光。

6）他的母亲于 1839 年 7 月 8 日去世，6 个月后的 1840 年 1 月 16 日，父亲也去世了。那时西门子家族有 12 个活着的孩子（2 个孩子在出生后不久就死了）。沃纳之前只有路德维希（1812 年生）和玛蒂尔达（1814 年生）。沃纳的军官工资是唯一的永久收入来源。在亲戚的帮助下，他承担起照顾弟弟妹妹的重任。

7）我感谢年轻的柏林物理学家让我参与物理社团的建立。与这些年轻人相识、共事，他们有着杰出的才华和坚定的志向，增强了我对科学研究和发展的热情，鼓励我把我的未来献给严肃的科学。

然而，生活压倒了我的愿望。我天生渴望把获得的知识好好利用，而不是让它保持休眠，这迫使我回到技术方面。这就是我的一生。我的爱属于科学，而我的工作和我的成就主要在技术领域。

我的科学追求使我相信，只有在技术专家之间传播科学知识，技术进步才是可能的。

那时②，科学技术仍然被一个无法逾越的鸿沟所分割。

8）在柏林，我的发明挣钱的尝试获得了成功，尽管作为一名军官，我在选择我的商业事业方面是被限制的。

……不久我们就认识到，缺乏坚实的知识和充足的资金支持的投机发明是一件非常不可靠的事情，即使有，也很少产生实际的好处。

---

①沃纳当时 14 岁或 15 岁。

②我不能不发表这样的评论：120 年前（这里引用的台词大约写于 1890 年），沃纳·冯·西门子定义了今天被认为是绝对有机的概念和客观存在的现象，我指的是科学和技术被认为是不可分割的，只会在未来发展。令人惊讶的是，在所有人中，他感觉到了未来，预见到了未来，并试图在他的实际追求中融合一个和另一个，这导致了他的惊人的解决方案和美妙的胜利。他还回顾了大约 50 年前，即 19 世纪上半叶存在的分歧，并以自己的经验与整合 19 世纪下半叶科学和技术的现代全球驱动力建立了他的结论。

制造商经常来向我征求意见,于是我开始了解他们使用的设备及其操作原理。很明显,技术不可能突飞猛进,因为在科学领域,技术常常受到少数杰出人士产生的富有成果的思想的影响。一项技术发明只有在技术本身非常先进、发明是可行的并已成为必要的情况下才具有价值和意义。

9)同时,最初我的封闭和开放导体之间的静电相互作用理论在科学界并没有赢得可信度,因为它与当时的主导思想相矛盾。

一般来说,今天很难想象一个文明人在没有铁路和电报的情况下能如何生活,而且很难从精神上重新审视过去的观点,理解我们遇到的困难,然后处理今天理所当然的事情。现在任何一个小学生都熟悉的概念和方法必须通过不断的努力来掌握。

10)在建造这条线路的时候[①],我遇到了一位企业家,Reuter 先生,他在科隆和布鲁塞尔之间建立了一个鸽子邮件服务公司,这是一个有用而有利可图的业务,被电报的发明无情地摧毁。

当总是陪同丈夫出差的 Reuter 太太向我抱怨他们的生意即将灭亡,我告诉这对夫妇,他们应该去伦敦,启动一个电报局,就像我表兄、司法顾问西门子和沃尔夫先生在柏林建立的电报局一样。

路透社遵循我的建议,取得了显著的成功。路透社电报局和它的创始人 Baron Reuter[②]现在世界闻名。

11)铁路局的管理人员认识到电报的巨大实际意义,他们安装了电报线路来传送信息和信号,从而提高了铁路的生产效率,提高了行车安全记录。

12)伯克利米歇尔伯爵[③]看到沃纳的弟弟卡尔是一个非常年轻的人时,颇为恼火。当时担任圣彼得堡办公室(图 11.6)主任的卡尔刚满 20 岁。伯爵并没有撤销先前与沃纳会面时达成的决定,卡尔获准设计并铺设通往沙皇冬宫书房的电报线路,但前提是不得对塔楼进行任何改动,该书房和用于与华沙通信的 AL 电报设备均由塔楼承载。离开伯爵的办公室,卡尔检查了塔楼,发现其中一个角落漏了雨水管,而所有其他角落都装有这样的管道。

---

①撒开细节,这是科隆和布鲁塞尔之间的一条新电报线,这是由一家新成立的公司西门子和哈尔斯克(Siemens & Halske)实施的首批项目之一(1848 年),该公司于 1847 年在柏林成立,并发展成为全球关注的西门子。

②即使在今天,在 21 世纪,路透社集团(自 2008 年以来:汤姆逊路透社)也是世界上最大的国际新闻和金融信息机构(见维基百科)。

③ Pyotr Andreyevich Kleinmichel 伯爵(1793~1868 年)——执行沙皇尼古拉斯一世命令的政治家,建造尼科拉耶夫斯卡亚铁路(自 1923 年以来:OktBraskaya 铁路),从圣彼得堡到莫斯科(1851 年),和俄罗斯的第一条电报线路(19 世纪 50 年代初)。

图 11.6　俄罗斯圣彼得堡西门子电器股份公司

图 11.7　沃纳·冯·西门子像

他立即回来，让伯爵再听他说，这使政治家更加恼怒，激起了一个尖锐的问题：现在你想要什么？然而，听了卡尔的话，伯爵召集了负责这条线的警官，并严厉斥责他，因为根据先前的建议，在塔壁上必须割下一条管道。

卡尔建议安装隐形的雨水管道，并在管道内铺设绝缘电缆（这不是一个理想的简单 TRIZ 解决方案，基于模型抽取、局部质量、复制，当然还有嵌套）。从那时起，卡尔和西门子公司一直都很喜欢伯爵的支持。

13）"尽管我（图 11.7）对科学研究有很大偏见，但我看到必须首先把我所有的精力都投入技术工作中，因为它的结果可以为我提供从事科学研究的手段和机会。在那些劳累的时间里，研究和发明活动几乎完全取决于技术要求。"

14）报纸①《魔术师泽顿》，1866 年 12 月 8 日这样写道：

"……在发明创造女神的土地上（根据报纸，它的意思是英国），在实际应用紧跟科学发现的背景下，世界上最宏伟的电报电缆工程之一是由德国人建立的。

西门子在伍尔维奇工作（在 19 世纪末，伍尔维奇是郊区，现在它是东伦敦泰晤士河上的地区），不仅建立了海底和陆地电缆及各种类型的电报设备，而且建立了一个科学实验室，一个不断试验和产生智慧发明的地方。这家工厂的电缆被装上泰晤士河轮船，运往世界各地，连接圣彼得堡、克朗施塔特和法国、科西

---

①直接引自沃纳的回忆录。

嘉和阿尔及利亚；它们在尼罗河上奔向埃及的帕沙；它们在印度、巴西和拉普拉塔[①]、卡佩[②]、土耳其和西班牙工作。

它们的总长度是 6000 海里（1 海里 =1852 米），这是帕克承诺要建立的环绕地球带的一个很好的部分。这条环带自工厂成立以来就在短短的时间内被编织起来了，这是西门子在世界各地享有盛名的证明……

这些作品的创始人的名字在英国的科学界受到最高的尊重，这是常识。如果受过教育的英国人开始放弃认为德国人本质上是一个不实际的哲学家的旧观念，那么这主要归功于像西门子这样的人。"

15）印度—欧洲电报线的建成[③]，很容易与第一条从纽约到旧金山的泛美铁路的建设、苏伊士运河的建设等全球成就相比较；苏伊士运河的修建大大缩短了到印度的距离，在信息传递方面，永久性的跨大西洋电缆线路，终于在 1866 年完成。

16）经过几次尝试之后[④]，几位西门子工程师终于设法为连接欧洲和美国的直达线路做了一个完美的电缆。他们在探险中所学到的一切都证实了沃纳在 1857 年开发的电缆理论，并证明它在制作更完美的电缆方面是有用的。

与此同时，竞争者们不顾一切地试图夺回失地。他们甚至把西门子兄弟的电缆从海里捞出来，把它切成碎片，看看它是由什么做成的。然而，随着时间的推移，很明显，这些原始的东西不足以消除西门子兄弟已成为强大对手的事实。在第一条直达美国线建成后的 10 年内，该公司已经铺设了五条跨大西洋电缆。

17）1887 年 12 月 25 日沃纳给他的兄弟卡尔的信中写道："从我年轻的时候起，我就渴望建立一个世界级的企业，就像福格尔[⑤]所创造的那样，它不仅能给我，也能给我的后嗣全世界的权力和权威，保障兄弟姐妹、亲戚们更好的生活。

这种感觉可以追溯到我们从斯波霍兹那儿听到的故事，我们的导师，用他的生活故事——每次都给我们机会，一举消灭父母遭受的所有苦难——鼓励我们这些懒惰的男孩，坚持我们的努力。当我沿着我的人生道路前进时，这个想法牢牢地寄托在我的心里，使我对我的兄弟姐妹们有责任心。"

18）我非常感激幸运的降临。这是一个令人愉快的巧合，我的年轻岁月伴随着自然科学的快速发展，我致力于电气技术，因为它们仍然不发达，为我创造了一个有利于发明和改进的环境。另外，我经常不得不应付特殊的不幸。这是一场

---

①阿根廷布宜诺斯艾利斯港口。

②美国马萨诸塞州东部科德角半岛（Peninsula Cape Cod）的缩写；西门子（Siemens）从欧洲铺设的横跨大西洋的电报线路的最后一部分后来被放置在这里（1879 年）；大西洋底部总共铺设了 8 条电缆线路。

③西格弗里德·冯·威赫，赫伯特·戈泽勒（1984）西门子公司，其在电气工程发展中的历史作用 1847-1980. 第 2 版. 柏林和慕尼黑；引自 S. 威赫，E. 施罗德. 伟大的实业家：沃纳·冯·西门子。克虏伯。系列：历史剪影。出版商：菲尼克斯，1998 年。

④同前。

⑤德国中世纪晚期工业、贸易和金融企业的一个主要集团，属于福格尔家族，其后代至今仍在。

图 11.8　柏林工业大学校内的纪念碑
作者 2012 年拍摄。

对完全出乎意料的困难和事故的不懈斗争，从一开始就阻碍了我的事业——但是，由于幸运，我总能克服……

在人的一生中，成功与失败常常完全取决于能否及时、正确地利用好机会。我（图11.8）有能力迅速决定在关键时刻必须做什么，并且能在不考虑太久的情况下做正确的事情，这点一直陪伴着我的整个生活，尽管我在许多场合下屈服，或者应该说，几乎习惯性地、一次又一次地屈服于我有点梦幻般的精神气质。这种能力保护我免受伤害，在陷入困境时引导我……

"我缺乏良好的记忆力，没有秩序感，一贯的和无法改变的朴实。尽管如此，我还是创立了大型商业企业，并取得了巨大的成功，这证明勤奋与能源常常能消除我们的不足。"

19）我相信我们工厂的迅速繁荣是建立在生产主要是基于发明这一事实上的。尽管在大多数情况下，它们没有受到专利的保护，但仍然使我们比那些一直迟到的竞争对手更具优势，而我们通过使用最新的改进不断取得进步。

"我的生活是美好的，充满了成功的努力和有用的劳动，最后，唯一让我难过的是……我将被剥夺继续从事富有成果的工作来充分实现自然科学时代的机会。"

20）"我们的目标和志向必须始终高于力量所能达到的，因为只有这样我们才能充分发挥后者的作用。"——1852 年[①]

21）"对于那些认真准备行动的人来说，'我想要'的阶段充满了神奇的力量！的确，一个人不应该回避障碍和挫折，也不要忽视自己的目标！"——1854 年

22）"任何个人的成就只能根据他们为他人创造的利益来判断。这样的行为只有当他们为公益做出贡献时才值得尊敬。"——1872 年

"我对现在和未来的兴趣总是比过去更明显。我还认为，如果我能令人信服地证明，一个没有继承资源或有影响力的监护人的年轻人，如果没有适当的

---

①　20～22 段摘自 2007 年 10 月《西门子 160 年》特刊，西门子互联网档案（www.Siemens.com/history/pool/en/history/1847-1865_beginings_and_initial_expansion/160j_e.pdf）。

先前训练，只靠自己就能崛起，做一些有益的事情，那么这对下一代可能会更有用，更具激励性。"

——沃纳·冯·西门子，哈尔茨堡，1889 年 6 月

11.3　康斯坦丁·齐奥尔科斯基

我通过创造来学习…

1）对于齐奥尔科斯基（图 11.9）来说，"活着"意味着"发明"……①直到他年老的时候，这位科学家还珍藏着他童年的第一次空中航行体验。他八九岁的时候，母亲给孩子们一个玩具气球，气球是用充气的火棉胶制成（一种乙醚或酒精中的硝基纤维素溶液，溶剂蒸发后产生了一个薄膜），充满氢气。未来的飞艇冠军庄严地在房间里踱步，然后穿过花园，拉着绑在一根线上的分钟浮空器。

图 11.9　康斯坦丁·爱德华多维奇·齐奥尔科斯基（1857~1935 年）

2）10 岁时，齐奥尔科斯基染上猩红热，这使他余生都聋了。

3）有进取心的青少年对自制的机制非常热心。他总是专注于这样或那样的事情上（图 11.10）。他把风力发电机、称重钟、可操作的车床装配在一起；他制造了一个自行驾驶的小车，装有一个可以迎风行

图 11.10　卡鲁加的木屋，在奥卡河畔，齐奥尔科斯基居住并创作了许多他的作品

---

① 1 ~ 5 段基于：Pelelman，1937. Konstantin Eduardovich Tsiolkovsky（1857~1935）。

驶的风力发电机。另一个成功的自给自足的装置是一辆由一个小汽轮机推动的原始汽车（只是提醒一下：那是在 19 世纪 70 年代早期！）。

4）在莫斯科，这位 17 岁的年轻人发现自己生活在赤贫之中。他父亲从微薄的家庭预算中拨出的 10 卢布或 15 卢布只能维持近乎饥饿的生活，特别是考虑到齐奥尔科斯基只把那笔钱的一小部分花在了食物上；大部分钱都用来买书和实验材料。他只吃棕色面包，甚至连茶和土豆都不吃。"我清楚地记得除了水和棕色面包什么都没有。每隔三天，我去面包店买价值 9 戈比的面包。因此，我每个月都靠 90 戈比面包度日……但是，我仍然对我的想法感到满意，我的棕面包饮食从来没让我苦恼过。"（来自齐奥尔科斯基的自传笔记）

5）许多人持有错误的观念，齐奥尔科斯基发明了火箭；事实上，他只是证实了其实际应用的可能性。此外，齐奥尔科斯基预言了火箭的可能演变；在之后几十年里，他对火箭所经历的变化构建了蓝图，以增加其功率，并能够完成令人兴奋的任务，而这些任务是不能用任何其他技术手段来完成的。

6）1919 年 11 月 17 日，齐奥尔科斯基一家有五位不速之客。他们搜查了这所房子，逮捕了这个家族的主人，把他带到了莫斯科的卢比扬卡监狱。在那里他被审问了几个星期。

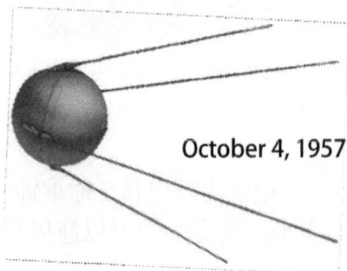

图 11.11　第一颗人造卫星发射

7）"齐奥尔科斯基的思想要从幻想变成现实，需要几代人在科学技术的几个分支上完成大量的工作。1926 年，齐奥尔科斯基写道：人类的第一大步是离开大气层，成为地球的卫星。我们现在站在这一步的边缘。"[1]（图 11.11，图 11.12）

8）雅各布·伊西多罗维奇（佩雷尔曼）回忆说，《空中导航信使》中的文章简直让他不知所措。一个叫齐奥尔科斯基的人，他以前从来没有听说过，他有一个伟大的发现。通往太空的路被标出了。佩雷尔曼意识到，他会做很多对传播齐奥尔科斯基的思想有用的事，并让那些日常追求与科学相去甚远领域的人也会相信，太空飞行不仅仅是空中楼阁。人们迟早会克服引力，造访月球和遥远的行星[2]。

---

①第 7 段根据杰出的火箭发动机设计师 Valentin Petrovich Glushko（1908~1989 年）在 1957 年齐奥尔科斯基诞辰 100 周年纪念大会上所作的报告得出，那次会议是在地球第一颗人造卫星发射前两周举行的。

②摘自 G.T.Chernenko 的书《邀请他进行一次星际旅行》；见 www.fandom.ru。

图 11.12　齐奥尔科斯基诞辰 100 周年纪念大会主席团
第一排：左二 V.P.Glushko；左三 S.P.Korolyov。

9）1923 年，一个 15 岁的男孩瓦伦丁·格卢什科写信给齐奥尔科斯基："尊敬的齐奥尔科斯基！我有个请求，如果你按我的要求做，我将非常感激。这项要求涉及行星际和恒星际旅行的可能性。我对这件事感兴趣已有两年多了。我已经对这个题目做了大量的阅读。当我读到佩雷尔曼的一本很棒的书《星际旅行》时，一切都变得清晰起来。但后来我觉得有必要做一些计算。在没有任何手册的情况下，我自己开始做这些计算。然后我很幸运地在《科学评论》杂志（1903 年 5 月）发表了题为'用反应装置探索太空'的文章。不幸的是，这篇文章很简短。我知道在同一个标题下还有另一篇文章（它是单独出版的）更详细。这就是我一直在寻找的，这就是我写信的目的。另一篇文章《用反应装置探索太空》和你的另外作品《地球之外》并不是唯一促使我写这封信给你的原因，我还有很多其他非常重要的问题要问你……"

齐奥尔科斯基回信给那个男孩，把他的书寄给他，询问他对太空旅行的热情有多么认真。

快乐的瓦伦丁马上回答说："关于我在星际旅行中感兴趣的问题，我只能告诉你，这是我的理想和我一生的目标，我希望把它奉献给这伟大的事业。"

10）2007 年 8 月 2 日，一艘先进的货运飞船从哈萨克斯坦拜科努尔基地发射，向国际空间站运送燃料、食物和材料。这次发射是献给齐奥尔科斯基 150 周年纪念日的。那天，一个伟大的探险家和梦想家的画像登上太空，它被刻在飞船的船体上。

11）我想提醒你们，我在标题中所用的拉丁词的含义是：

Per Aspera Ad Astra ——历经艰难困苦走向繁星

11.4 雅各布·佩雷尔曼

能在旧事物中发现新事物是天才的标志。

——佩雷尔曼

图 11.13 雅各布·伊西多罗维奇·佩雷尔曼（1982~1942 年）

1）在比亚伊斯托克这座城市，1882 年 11 月 22 日，一个名叫"雅各布"（图 11.13）的孩子出生在当地一家布厂的簿记员伊西多尔·佩雷尔曼的家中。这家人租了一套简陋的公寓，父亲微薄的工资勉强维持生计。真正的困难始于 1883 年 9 月父亲去世。

没有足够的钱生活，作为小学教师的母亲，被迫上私人课。繁育和养育儿子的重担落在母亲脆弱的肩膀上。尽管家里经济拮据，她还是决定给孩子们良好的教育，从他们幼年起，她让他们做家务，指导他们的阅读，帮助他们做家庭作业，教他们法语和德语[①]。

2）1889 年 9 月 23 日，《格罗德诺省新闻报》刊登了一幅题为"关于预期的火灾之雨"的照片，署名为 J.P.，这两个字母隐藏了一个非传统中学的学生，是一个不知名的 16 岁男孩，现在是公认的经典。而且，他是"娱乐科学"流派的创始人，著有一千多篇科普文章、一百多本书籍和小册子，以及二十几本教科书和手册。但为什么是"J.P."？为什么这个刚刚起步的作家需要一个笔名？他为什么要这么谦虚？真正的原因不是谦虚。根据当时的规则，禁止学童与学生在报纸和杂志上发表他们的作品，否则驱逐出境[②]。

3）雅各布不仅仅读了很多书，他还有一个阅读系统：他母亲选了一长串的书，他必须按照规定的顺序阅读。1901 年秋季，雅各布穿上了外国学院学生的制服。他的生活并不容易，不得不支付学费，买食物和制服、付房租。这时

---

①在这里和下面的几个段落中，我使用了以下书籍的摘录：G.I.Mishkevich，娱乐科学博士．莫斯科：知识出版社，1986。

②N.M.卡普西娜，雅各布·佩雷尔曼．草图．莫斯科：学校数学杂志，2007 年第 5 期。

他母亲容易生病，再也不能帮助他了。1903 年 5 月，麻烦敲响了雅各布的门，他的母亲突然去世了，他的兄弟①申请了紧急休假，并去比亚伊斯托克把最爱的母亲安葬了。

4）1912 年，圣彼得堡杂志《空中导航信使》登载了齐奥尔科斯基的一篇文章，叫做"用反应装置探索太空"。此后，佩雷尔曼成为齐奥尔科斯基太空探索的杰出推动者。他出版了几本书来支持和澄清这些观点。齐奥尔科斯基回信给佩雷尔曼：那些关于日常用处的作品可以被数百万人阅读，但特殊的作品却很少被阅读。

5）1913 年 11 月 20 日，佩雷尔曼在俄罗斯环球业余爱好者协会的一次会议上发表了世界上第一个关于星际旅行可能性的报告②。报告中包含了一个非常有趣的信息：在发射过程中，宇宙飞船中的人必须保持一个水平位置，以最小化多重重力载荷对人体有机体产生的影响。这是目前所有宇航员的发射位置！

6）佩雷尔曼的书《星际旅行》（图 11.14）。1915 年由圣彼得堡索金出版社首次出版了《飞向外层空间和到达天体》一书，该书随后出版了许多版本。第十版（1935 年）列出了设计苏联火箭装备并发射第一艘宇宙飞船的人的名单：S. P. Korolyov、V. P. Glushko、M. K. Tikhonravov 和 Yu. A. Pobedonostsev。

图 11.14　《星际旅行》

7）S. P. Korolyov（当时 25 岁）在 1932 年 7 月 31 日③写道："尽管我们有巨大的实验负荷，但我们都非常专注于我们为大众所做的事情。

显然，完全专注于我们在军事方面的工作是完全错误的……而对于急于学习、做一些有用的工作的 GRID（俄罗斯火箭推进研究小组的缩写）成员却毫无用处，……我很想看看你们的奇闻。我很想看到你在促进火箭科学的工作中所写的精彩书籍，努力确保它的繁荣，并教育他人。如果真的发生了这种情况，地球上的第一艘太空船将第一次离开地球。"佩雷尔曼回应了这一要求，出版了一本名为"火箭登月"的小册子和新版的《星际旅行》。

8）在 20 世纪 30 年代早期，佩雷尔曼是 GRID 的首批成员之一，GRID 是火箭科学发展的倡导者和狂热爱好者组成的自愿协会，在莫斯科和圣彼得堡以及

---

① 1913 年，他的哥哥约瑟夫（1878 ~ 1959 年）去美国成为著名的剧作家。
② G.T.Chernenko. 去星际旅行的邀请. 选集：环球. 列宁格勒：儿童文学出版社，1988。
③谢尔盖·帕夫洛维奇·科罗廖夫（1907~1966 年），杰出的火箭设计师，1929 年从以鲍曼命名的莫斯科高等技术学校毕业。1939 年，他回到莫斯科，直到 1944 年，他与其他许多航空和火箭设计师一起在一个封闭的特别设计局 "sharaga" 工作。

后来的其他城市都有分会。该集团的创始人与发起人包括杰出的研究人员和设计师 S.P.Korolyov，F.A.Tsander，Yu. A. Pobedonostsev，M.K.Tikhonravov 和其他人；在列宁格勒，这个团体的代表是 V.V.Razumov，N.A.Rynin，J.I.Perelman，N.I.Tikhomirov（1930 年去世），B.S.Petropavlovsky，V.A.Artemyev 和其他人。

GRID，这个缩写名字，经常被戏谑地解读为自由工作的工程师群体。起初，这是真的：GRID 成员通常依靠自己的资金支付锻接或焊接工程或购买仪器。S. P. Korolyov 领导了 GRID 的莫斯科分会，他曾经对他的母亲说："你看，我确实拿到了薪水，但我必须为图纸付钱……"另一次，他在她允许的情况下，拿了几把旧的银钥匙作为焊接合金。

9）惊奇的艺术[①]。

当我们感到惊讶的时候，我们很快不再惊讶，我们失去了对不直接影响我们存在的事物的兴趣。习惯会扼杀兴趣，我们甚至很难把注意力集中在身边发生的事情上。能在旧中发现新是天才的标志。

我们甚至已经习惯了降落伞，也不惊讶于一个活着的人从天上降落到地球[②]。为了克服日常思维的懒惰，把注意力转移到过于熟悉的物体上，这样的物体必须以新的光芒来显示，它们的未知面必须被暴露出来。

在有兴趣的地方，新的认识和新知识的大门是敞开的。

这是否意味着学习必须变成某种娱乐？不，娱乐性科学并不是罪过。娱乐元素的作用正好相反：娱乐的元素不是把科学变成娱乐，而是利用娱乐作为学习工具。此外，通过揭示熟悉物体的意想不到的方面，娱乐科学有助于加深理解和提高观察力。

10）1935 年，佩雷尔曼在列宁格勒开设了一个娱乐性科学博物馆（在第二次世界大战期间被封锁）。参观博物馆的人中有一位是未来的宇航员，当时是列宁格勒的一名小学生，格奥尔基·米哈伊洛维奇·格雷奇科（1931 年出生），后来（1955 年）毕业于波罗的海国家技术大学。

11）最终，文学评论家可能会把佩雷尔曼称为体裁创造者。一种新的文体本身就是一种杰出的文学现象，它能够美化创造者。

但是佩雷尔曼发现的真正意义远远超出了纯文学观念的界限。最重要的是，他基本上开发和验证了一种新的娱乐教育！即使是最严厉的批评家也没有在他的

---

①编撰于 J.I.Perelman，《娱乐科学是什么》（1939），出版于 2008 年第 7 期《学校图书馆报》电子版上，由九月第一出版社于一个很棒的网站 lib.1september.ru 上发布。

②请注意，今天大多数人都认为笔记本、GPS 导航仪或移动电话等设备是理所当然的，尽管这三种产品（至少在 2011 年的最新实现中）都没有"老"过 30 年！

书中找到任何类似于亵渎神学或变形的东西[1]。相反，大家一致同意这些书代表了一种新型读本，适用于数以百万计的人（图 11.15）。

图 11.15 佩雷尔曼的《趣味物理》一书简介

如果我们记得这个发现是在一个当时有数百万文盲的国家出现的，那么这一发现的意义更重大。当雅各布·伊西多罗维奇在一次读者大会上被问及他的前辈时，他回答说：俄罗斯有很多了不起的科学推动者。我从他们那里学到了很多东西，但我不能像他们那样写作……

12）列宁格勒封锁的编年史[2]。

1941 年 7 月 1 日到 1942 年 2 月：向列宁格勒前线和波罗的海舰队的军事情报官员与当地的游击队战士演讲，内容是如何在没有仪器的情况下找到自己的位置。

1942 年 1 月 18 日，安娜·达维多夫娜（图 11.16）在医院值班时饿死了。

图 11.16 雅各布·伊西多罗维奇·佩雷尔曼和他的妻子安娜·达维多夫娜·卡明斯卡娅·佩雷尔曼

列宁格勒，1941 年 5 月。

1942 年 3 月 16 日，雅各布·伊西多罗维奇在列宁格勒纳粹军队围攻期间遭受饥饿，极度憔悴而死。

———————————

[1] 几何，有趣的算术，有趣的天文学，有趣的力学，有趣的代数等。

[2] ru.wikipedia.org/wiki/Перельман□_Яков_Исидорович。

11.5　根里奇·阿奇舒勒

"我有一种武器，远远超过所有的冲锋枪——解决制造问题的秘诀。我对理性的力量和能力有着不可动摇的信心。这帮助我活下来。"

——阿奇舒勒，1992 年 7 月，于彼得罗扎沃茨克

图 11.17　根里奇·阿奇舒勒，21 岁
www.altshuller.ru/photo/photo04.asp。

来自 1986 年 4 月 28 日阿奇舒勒（图 11.17）和他的合著者维特金的对话[①]：

1）我记得我们乘轮船从克拉斯诺夫斯克到巴库。在食堂里，我掉了一把叉子（或者可能是一把勺子）。我非常害怕，问："船长听到噪声了吗？"他们向我保证他听到了。我目瞪口呆……这一定是我第一次对所有的船长感到敬意……

2）大约是在 8 点。我们住在二楼，在一个光滑的阳台上。每天早晨，太阳从房子的墙后面升起，穿过街道，窗玻璃闪烁着"金色"的光芒……

3）我们在巴库没有公寓，但有很多书。我们从一个公寓搬到另一个公寓，拖着它们走。这些书我记得很清楚。

4）这院子不错。我发现很难说是什么塑造了我的性格。是我正在读的书，一点一点地开始理解它们，还是庭院社区？问题是，那个社区很特别，很有竞争力。如果有人得到了什么，其他人就试图赶上并取代。喂，有人开始下棋了。有个家伙拿着一个棋盘，带着英勇的神气向我们挑战。他持续了两个星期的胜利，然后其他人，只是为了让他生气，提高到了他的水平。然后国际象棋被遗忘了，自行车比赛代替了它。

每个人都拿到了自行车，我们开始了比赛。后来有人画了个"A"，开始了绘画比赛。然后是摄影……

你所做的并不重要，重要的是你在做什么方面是最好的。我是那群人里最年轻的男孩。我比其他人年轻了一二岁，很难熬过去。也许那时我第一次有了一个想法，这个想法后来在我的整个一生中一直支持着我。你看，有人是最好的自行

---

① http：//www.altshuller.ru/interview/interview5.asp。

车手，有人是最好的棋手，等等。不幸的是，我意识到，至少在我的院子里，我没有可以吹嘘或炫耀的突出的才能。然后我又有了第二个发现——当你读给别人听时，所有的欲望都转移到了另一个层面上，结果确实取决于初步的准备。不是看人的身体能力，而是看他准备得如何。我不想说这个想法在我的脑海里已经清楚地表达出来了，但它确实在内心深处缠绕和转变了。

我需要一种方法。书成了我的方法。

我相信就是在那时我提出了我的第一个创新计划。那是一个美丽的革命节日。每个人都想参加庆祝活动。五一节，十月革命纪念日……但是没有足够的厕所……那些住在这些房子里的人会建立起他们的防御系统——菱角、带刺铁丝网、锁——你可以这么说……然后我就想到了在汽车拖车上安装一个可移动的厕所。我决定做一个小模型。我有一套儿童工具（父亲给我买的）。于是我用橡皮泥做了所有的零件，并郑重地把整个装置呈献给父亲。他说这太好了，不可能是你新发明的。我对这种暗示感到愤慨。毕竟，这一切都是我自己想出来的！我当时在街上，然后就想到了这一切……父亲走到书架前，拿出一本建筑手册，上面有一张巴黎类似的街上厕所的照片。我印象深刻。我意识到做一个发明并不是那么简单。

我甚至没有怀疑我是一个具有爆炸性的人。不，不只是"炸药"，而是"傲慢的炸药"……

5）我不仅没有音乐天赋，而且在学习外语的过程中，我也表现得很愚蠢。太可怕了！我不能让自己学会四行押韵的诗……如果有一个容易理解的算法，我很容易做到。如果有什么事情需要机械地学习，那对我来说是一个几乎无法逾越的障碍。

6）父亲和母亲经常不在家。他们不在的时候，总有人来照顾我。有时是女房东，有时是邻居。我应该说在那个时候饿死是很困难的。我们院子里种着葡萄，它们也是好葡萄。一挂串在绳子上挂在院子里晾干，如果你到别人家里来，你总能得到一盘汤。但母亲认为这还不够，所以她决定把我托付给拉夫罗夫照顾。拉夫罗夫是个酒鬼艺术家。他毕业于艺术学院。他长什么样？看起来像高尔基戏剧中的一个角色：赤脚，蓬乱的头发和胡子，平布衬衫。

他根据照片定做肖像。典型的黑客！但是人们说他曾经是个好艺术家。我被那种双重性激怒了。有一次我对他说："你根本不是艺术家！"我用残忍无情的方式说了这句话。现在一切都过去了，但那时我太饥饿……你甚至不记得如何拿着刷子。我说了很多恶心的话，一直紧靠着门，这样，如果他开始打架，我就会有退路。他说："你想让我为你画些东西吗？""是的，"我回答。什么？你来选，我来画。

然后我要他画夜空。我意识到这是最难画的东西之一。他开始准备，一直持续到第二天晚上。他甚至暂时不喝酒——也许他喝了点啤酒……他很忧郁。他不停地用一把破梳子拂胡子。他把颜料拼在一起。然后晚上开始画一幅画。令我吃惊的是，他没有出去看天空，而是开始凭记忆马上画出来。他工作了很长时间。我睡着了，然后醒了——他还在画画——然后又打瞌睡了。持续了五六小时。他画了一个多云的天空。中间的云层散开了，人们可以看到洞中的月亮。月亮旁边也有一颗小星星。就这样。拉夫罗夫抱怨说，他没有油漆，他需要做修正。但这幅画美极了。

当我醒来的时候，我看到了一张完整的卡片，就像一张明信片，也许是一张半明信片。他已经失去了所有的力气，他只是坐在那里，一张茫然的脸盯着那张卡片，他什么也做不了。我能说什么呢？……我意识到这个创作类似于艰苦的劳动。几天来，我住在那个艺术家旁边。我清楚地看到他那无可否认的才能被酒毁了。我无法解释。但对我来说，甚至一杯啤酒、普通啤酒，都变成了毒药。

图 11.18　Genrikh Altshuller 的工作室
纪录片发明算法。中央科学电影制片厂，
1974 年。
www.altshuller.ru/img/altshuller/gsa。

7）如果我（图 11.18）给这些因素排序，父母[①]的意见放在首位。另一个可能影响塑造个性的因素是年龄。我相信童年是最有利的时间来塑造创造性的属性。孩子必须在一个有充足的空闲时间的环境中长大，并接触强大的创造性刺激。竞争环境和优秀的学校教师——这些都是重要的因素。接着，他们不断地告诉我，只有为人民做些事，生命才有意义。一些重大的事情，比如发现北极点……这需要大量的准备，这需要知识，你必须准备，准备，准备……直到所有这些线交叉，汇聚在那一点。

此外，我看到我父亲工作。他可以花几天甚至几周的时间撰写一篇小报纸文章或大型杂志文章。换句话说，我是在一个"非黑客"环境中长大的。

甚至很清楚，"非黑客"方式是一种困难的方式，这是唯一值得的方式，别无选择。

8）应该注意的是，写书以及其他的文学追求都离我而去。我就这样读完了六年级，似乎一切都开始有了起色。后来，我们都不得不忘记写书了。最好的办法是避免伸出你的脖子。我父亲就是这么做的。他从事出版业的工作。

9）然后我开始对太空火箭感兴趣。当然，这一切都源于儒勒·凡尔纳的科幻小说。也许，与鹦鹉螺也有关。无论如何，我仔细阅读了几十本书……在我的

①索尔·埃菲莫维奇，根里赫·阿奇舒勒的父亲、记者和作家，在 1942 年底死于一场长期的疾病。丽贝卡·尤利耶夫娜，他的母亲，也是一名记者，在 1954 年自杀身亡，死于绝望，她相信自己再也见不到儿子了。

理解范围内。我根本不理解数学书，但几乎牢记麦克斯·瓦利埃的《在登·韦尔滕劳斯的空间中前进》。所以我想为什么不继续瓦利埃的开头。建造一艘装有火箭发动机的船。我们将加速到大约 400~500 千米 / 小时。当时的世界纪录是 600 千米 / 小时。如果不打破世界纪录，建造一艘船有什么意义？

管道（当船在运动时，将舷外的水泵入碳化物发动机）被弯曲，使它的开口朝向船移动的方向。我们从一项美国发明中借用了这个想法（这使得高速列车能够不停地将水注入它们的水箱中）。佩雷尔曼的书中描述了这项发明。我们充分利用了他有趣的物理和其他书籍。它们是我们船的主要灵感来源之一。对于一艘以佩雷尔曼的娱乐科学书籍为基础设计的船来说，我们的船看起来非常漂亮。

我们的化学老师笑得很开心。他说，一个愚蠢的脑袋不让脚休息…我记得这个谚语很好。我们应该花更多的时间思考……

10）每天都有无数的问题。我们想到了最先想到的解决方案。当时我不知道什么是技术上的矛盾。我不知道技术矛盾的表现是客观规律。不能指望它们自己消失。

11）我已经谈到了我童年时代的情况——竞争环境等。一本科幻书在一个恰当的时刻送到我的手上——稍早一点或稍晚一点，它就不会有同样的效果。这是一次偶然的事件。另一个这样的融合是我与里海军事舰队的检查合作。

我没多久就成为一名专利专家，然后我得到了一个启示：为什么不深入研究解决问题的方法。好吧，首先，我没有发现很多这样的书，这不仅仅是让我吃惊——我感到茫然和困惑。1946 年，我读了奥洛夫的一本书，叫做《发明家的秘密》。我们找到了恩格尔迈尔写的书，读一本，然后读另一本，然后再读一本。渐渐地，我得出了这样的结论：没有发明的理论，这是一个惊人的鸿沟，我找不到这样的书，不是运气好就是运气不好。很自然，我意识到我必须做这件大事。创建，选择方法，设计理论，写出来，实现它。

对"发明"给出明确的定义，这是一个旨在消除技术矛盾的过程的最终结果。什么是"解决问题"？解决问题是寻找和消除潜在的矛盾。我们所有的知识，从书本上所学到的一切，描绘了一场消除矛盾的斗争。我们的个人经历、书籍、历史——一切都指向那个方向。

有一个突破点：从 1946 年到 1948 年。这两年来去匆匆。我的人生目标正在改变。以前我是在做一项发明，一项主要的发明，可能与潜艇有关，1948 年我意识到我的余生将围绕发明问题解决理论旋转。

12）我继续发明，但我的重点改变了，就像我的人生计划一样。这一切都发生在两年的时间里。起初，夏皮罗追随我的脚步：他指望着快速的胜利，他希望未来 TRIZ 能迅速得到认可。但在我们的工作过程中，我们看到，迅速接受和认可并不是一纸空文，首先我们必须处理根深蒂固的偏见，是极其强大和古老的偏见，可以追溯到原始的创造性活动。

阿奇舒勒和维特金的书《如何成为天才》：

13）强大的发明家能找到解决个别复杂问题的有力办法。超凡的、超强的发明家制定了所有解决方案的普遍原则。一个有创造力的人必须能够解决最复杂的问题。直到最近，没有人可以学会做这件事。TRIZ 原理可以应用于各行各业。今天，任何人都可以学会解决创造性的问题。任何正常人都能做到这一点。

14）TRIZ 是一门年轻而不断发展的科学。TRIZ 不仅是深化（加深），而且是宽广的（扩展），创造了精确科学的桥头堡。今天 TRIZ 开始渗透科学系统和艺术系统。曾经有一段时间，试图制定创造性技术问题解决的原则显得同样怯懦和犹豫。

在 20 岁的时候（1946 年的阿奇舒勒），制定一个"异端"的任务来创作"算法"需要很大的勇气。今天 TRIZ 已经存在，它被用来解决问题，它正在被传播和研究。

15）几千年来，发明家们一直在对问题进行无情的战争，每次他们都在战场上，在解决几十个随机问题（最好）的过程中积累了无关紧要的个人经验，以及一些知识。但是经验和知识没有什么用处，因为它们导致惯性行为，而为了解决复杂的问题，人们需要做一些不合逻辑的事情，一些不寻常的事情。

图 11.19　Genrikh Altshuler、Raphael Shapiro 和 Valentina Nikolayevna Zhuravloyova（1933～2004 年，科幻作家 Genrikh Saulovich 的妻子）
巴库，1959。

而且发明的时间比可能的要晚。这比坏还糟糕——这是错误的。因为它是尝试错误的方法。

自然地，发明家没有机械地经历无限的可能性。首先，他尝试一些他习惯的事情，那些看似合乎逻辑和合理的事情。当他们失败后，当许多月或数年后，发明家仍然空手，他诉诸于尝试异常、"野生"和随机的事情。

16）与施韦泽尔的《埃尔弗希特》（LeBeon Life）一样，我们需要说"敬畏时间"。时光流逝，永不复返，时间的流失在任何年龄都是犯罪。

17）第一次努力识别典型的创造性个人素质是在 1984 年，由阿奇舒勒（图 11.19），TRIZ 培训师和开发商杰拉西莫夫、利斯文、维特金、兹洛蒂娜、祖斯曼试验，并产生以下 6 个相互关联的品质：

a）有价值的目标　　个人必须有一个新颖的、先前未达到的、重要的、有益社会的和有价值的目标（目标体系）。

b）计划	必须有一个计划（或一套计划），以确保达到他 / 她的目标，并监督执行进度。
c）个人的工作能力	必须愿意执行，并实际执行大量的工作，以实现他 / 她的计划。
d）解决问题的方法	个人必须有一个方法，可以用来解决他 / 她可能会遇到的问题，为了他 / 她的最终目的。
e）适应性	个人必须有能力捍卫自己的想法，处理公众的谴责和不理解，"坚持自己的枪支"，并忠于自己的理想。
f）有效性	所取得的结果（或其范围）必须与最初的目标相称。

18）我们不能过无意识的生活。这不值得我们去做。人类不是被飓风吹倒的树叶。他们必须遵守人类的标准和规则，并且始终保持自己的本来面目。人类不能将自己与任何随机的人进行比较，比如住在隔壁的邻居，而应是那些改变历史进程的人。他们必须努力成为这样的人。任何人都可以做到这一点。

任何人都可以提升，并花费一生的时间来标记自己之前的罪行……

11.6   史蒂夫·乔布斯

史蒂夫·乔布斯（1996 年《连线》杂志：加里·沃尔夫的《下一个疯狂的伟大事件》）：创造力只是连接事物。当你问有创造力的人是怎么做的，他们感到有点内疚，因为他们并没有真的去做，他们只是看到了一些东西。过了一会儿，这对他们来说似乎是显而易见的。这是因为他们能够连接已有的经验，合成新事物。他们之所以能够做到这一点，是因为经历了更多的经历，或者比其他人更多地思考了自己的经历。以下内容[1]来自兰德鲁姆（创意教练，著名作家，创意人的传记作者）撰写的书，其中单独献给史蒂夫（图 11.20）的章节。

1）在学校里，他更喜欢和大孩子们待在一起。其中，史蒂夫·加里·沃兹尼亚克，比他大四岁。乔布斯对电子产品很感兴趣，当他和沃兹尼亚克制造了一个"蓝盒子"时，他变得欣喜若狂，这使得电话公司无法记录长途电话。沃兹尼

---

[1] Gene N. Landrum. 天才形象：十三个改变世界的创造性的人 . 纽约：普罗米修斯出版社，1993。

图 11.20　史蒂芬·保罗·乔布斯（1955~2011 年）

www.ferra.ru/techlife/news/2011/10/06/Steve-Jobs。

亚克在伯克利学习的时候制造了这样的设备，而乔布斯仍然是一个高中生。这一角色分布预示着他们未来的合作——三年后乔布斯（20岁）和沃兹尼亚克（24岁）在苹果上演了同样的场景。

2）他拒绝了普遍接受的观点，这保证了他未来的创新成功。他是个孤僻的人——有时太古怪了，并且避开其他孩子。他和他们不同，他想走自己的路，这最终促使他创办了苹果电脑公司。

3）苹果已经在 1975 年、1976 年和 1977 年投入运营。该公司没有人力或财力可和 IBM、惠普、英特尔、DEC 以及许多其他在 PC 市场占据主导地位的公司相比较。这两样史蒂夫都没有。尽管如此，他们从未放弃，他们相信成功，因此，他们总是得到他们想要的。在 1976 年，雅达利和惠普几乎完成了对苹果电脑的收购。然而，这两家公司认为，100 000 美元的价格加上三名品牌持有者的 36 000 美元的回报是不合理的。苹果创始人是多么幸运啊！毕竟，仅仅四年之后，乔布斯的分红就达到了 2.56 万美元。

史蒂夫的养父母保罗和克拉拉·乔布斯的家（图 11.21），位于加利福尼亚州洛斯阿尔托斯市的克里斯特大道。1976 年，它的车库成了史蒂夫·乔布斯和史蒂夫·沃兹尼亚克的工作室，也是第一台个人电脑和世界上最贵公司（2011年）苹果的诞生地。

4）史蒂夫·乔布斯没有创建任何基于微处理器的个人计算机的组件。他没有为系统设计或软件开发做出贡献。

图 11.21　养父母的家

实际上，乔布斯并没有涉及苹果 1 代和苹果 2 代项目的技术部分。所有的技术都是由沃兹尼亚克创作的。乔布斯作为催生新市场的催化剂，他组织了不稳定的事业——他成功了。沃兹尼亚克想出售他的发明，而乔布斯说服了他把计算器卖给惠普，并进入了充满风险的创新之路。

5）乔布斯于 1981 年成为苹果公司的董事，但他的管理生涯（在许多认识他的人看来）过于独裁、不稳定和不可持续。1983 年约翰·斯卡利的到来标志着喜怒无常和专横的工作开始衰落，他最终在 1985 年被解雇。

6）乔布斯没有把他的解雇放在心上。他立即着手开发一个新概念，设想在他新公司的教育和生产工作岗位上实施最先进的微处理器技术（下一步，乔布斯又在苹果公司掌舵一次，在 1997 年）。

乔布斯[1]：

7）（花花公子，1985 年）大多数人购买家庭电脑的最令人信服的原因是把它连接到全国性的通信网络。对于大多数人来说，我们正处在一个真正意义上的突破阶段——与电话出现时一样引人注目。

8）（有线，1996 年）当你年轻的时候，你看电视，认为有阴谋。网络密谋要愚弄我们。但是当你长大一点的时候，你会意识到这不是真的。这些网络是为了给人们提供他们想要的东西。这是一个更令人沮丧的想法……我们可以有一场革命！但是网络确实是为了给人们他们想要的东西。这是事实。

9）（商业周刊，1998 年）很难通过焦点小组来设计产品。很多时候，人们不知道他们想要什么，直到你展示给他们。

10）（这段和下一段：斯坦福大学毕业典礼演讲，2005 年 6 月 12 日）并不完全是浪漫的。我没有宿舍，所以我睡在朋友房间的地板上，我把 5 美分的可乐

---

[1]所有图片均来自维基百科。

瓶退瓶费拿回来买食物，我每个星期日晚上都要步行 7 英里穿过小镇，在哈里斯奎师那庙里吃一顿好饭。我喜欢这种生活。后来，我在好奇心和直觉的驱使下偶然发现的许多东西都是无价之宝。

11）你的工作将占据你生活的大部分，唯一真正满足的方法就是做你认为伟大的工作。做伟大工作的唯一方法就是热爱你所做的事情。如果你还没有找到，继续寻找。不要停顿下来。

12）当时我（图 11.22）没有看到，但事实证明，被苹果公司解雇是我所经历过的最好的事情。成功的沉重被一个初学者的轻率所取代，对每件事都不太确定。它解放了我，使我进入了生命中最有创造力的时期之一。

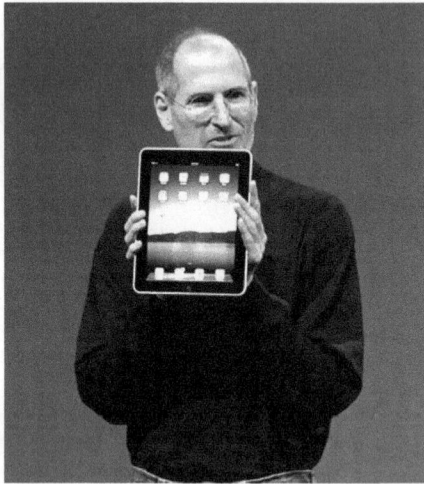

图 11.22　乔布斯

13）你的时间有限，所以不要浪费时间活在别人的生活里。不要被教条所束缚——教条是和别人思考的结果一起生活的。不要让别人的意见淹没你内心的声音。最重要的是，要有勇气跟随你的内心和直觉。它们已经知道你真正想成为什么样的人了，其他一切都是次要的。

14）当我年轻的时候，有一本令人惊叹的出版物《全地球目录》，它是我们这一代人的圣经之一。它是由一个叫 Stewart Brand 的家伙在距离门洛帕克不远的地方创造的，他带着诗意把它带到了生活中。这是在 20 世纪 60 年代后期，个人电脑和桌面出现之前，所有都是用打字机、剪刀和宝丽来相机制作的。它有点像谷歌的平装书，比谷歌早出现了 35 年：它是理想主义的，充满了整洁的工具和伟大的理念。

斯图尔特和他的团队出版了几期《全地球目录》，然后当它走上正轨时，他们出了最后一期。那是 20 世纪 70 年代中期，我和你们同龄。最后一期的封底是一张清晨乡间小路的照片，如果太冒险的话，你可能会发现自己正在搭便车。下面是这样的话："保持饥饿。保持愚蠢。"这是他们签署的告别辞。

保持饥饿。保持愚蠢。

我一直希望自己能做到这一点。现在，当你们毕业，开始新的生活，我希望你们能这样。

15)（《财富》杂志，1998 年 11 月 9 日：史蒂夫的三张脸……布伦特·施伦德和史蒂夫·乔布斯提供）我会告诉你一些其他的东西，让你看待事物的方式不同（图 11.23）。

图 11.23　苹果商标图

11.7　理查德·布兰森

每个人都需要有目标。你可以称之为挑战，也可以称之为目标。这就是我们成为人类的原因。正是这些挑战使我们从穴居人变成了寻找星星的人。

勇于创新。没有什么是不可能的。创造性地思考。这个制度不是神圣的。要另辟蹊径。①

——理查德·布兰森

图 11.24　理查德·查尔斯·尼古拉斯·布兰森爵士（1950 年出生）
英国著名企业家、亿万富翁、维珍大西洋航空公司和其他公司创始人（1984 年），包括维珍银河航空公司（2004 年），乘热气球和穿越大西洋方面的世界与其他纪录的赢家（1986 年乘热气球和 1987 年乘快艇维珍大西洋挑战者 II）。

1）我（图 11.24）似乎不断地打破一些我不知道的不成文的规则，作为回报，我被鞭打了。

这已经够糟糕的了，但必须礼貌地感谢校长对我的后背造成如此多的痛苦，这是难以置信的。

2）更大的问题是我有阅读障碍。单词对我来说只是一个毫无意义的杂乱符号，无论我多么努力地去阅读和拼写，都无法持续很长时间，直到我训练自己集中精力好几年。

我第一次自给自足是在四岁的时候。

①所有的段落都是由作者从 Branson R. 的书中整理出来的。去吧，让我们做吧：生活和商业的课程（扩展版）．维珍图书，2009。

我们去了一个地方，在回家的路上，妈妈把我放在离我们家几英里远的地方，告诉我在田野里找到回家的路。她把它变成了一个游戏，一个我很乐意玩的游戏。这是我从未忘记的早期挑战。随着年龄的增长，这些课程变得越来越难了。

3）一个冬天的早晨，当我十二岁左右，从寄宿学校回家半个学期的时候，妈妈摇醒我，叫我穿好衣服。天又黑又冷，但我爬下了床。早餐放在厨房里——可能是热的和有营养的粥，来补充我的营养——我得到了盒装午餐和一个苹果。"我肯定你会在路上找到一些水，"妈妈一边说一边让我骑 50 英里的自行车去南海岸。

当我带着地图独自出发以防迷路时，天还很黑。

我去了亲戚家过夜，第二天就回家了。当我走进温暖的厨房时，感到非常自豪，我肯定会受到热烈的欢迎。相反，妈妈说："好吧，瑞奇。这很有趣吗？快出去吧，牧师要你给他砍一些木头。"

4）对有些人来说，这听起来很刺耳。但我的家人非常爱和关心对方。那些早期的教训，随着我们的成长而增加，是因为我的父母希望我们坚强，依靠自己，塑造自由、独立的精神……妈妈知道失败是不公平的，但这就是生活。教孩子们一直都能赢不是一个好主意。在现实世界中，人们挣扎着，有赢家和输家，有时也有不公正现象，我们必须奋起反抗。

5）但我只是觉得我有点曲解了规则，占了便宜（因为销售的音乐唱片是通过海关税操纵进口的）。当我被逮捕、驱车前往多佛并被投入监狱时，我感到非常震惊。

我简直不敢相信。我以为只有罪犯被绞死。但是，独自一人在灯火阑珊中，我慢慢地意识到我不是嬉皮士海盗。这不是游戏。我是个罪犯。校长的话又传给了我。当我十六岁离开学校时，他曾说："布兰森，我预言你要么进监狱要么成为百万富翁。"我不是百万富翁，但我在监狱里。我的父母总是对我说，我们生活中拥有的一切就是我们的好名声。

早上，妈妈来到法庭支持我。法官……设置的保释金需要 30 000 美元。我没有那么多的钱……所以妈妈把家抵押出去。她对我的信任几乎让我难以承受。她在球场对面看着我，我们都哭了起来。

海关同意以相当于我非法所得三倍的罚款来结案。它达到了一个巨大的数字：45 000……未来要面对的可怕的事实，必须找到，但我不生气。我不尊重法律，理应付出代价。从那以后，我的口号就是不做任何违法的事。

我会永远记得她在回伦敦的火车上的话。"我知道你已经吸取了教训，瑞奇。不要为洒了的牛奶哭泣。我们必须着手处理这个问题。你的名声就是一切……"在你的交易中，公平对待。不要欺骗——但要瞄准胜利。

6）我在维珍尝试的一件事是让人们思考自己，更积极地看待自己。有些人把这称为"重塑自我",但我认为我们都有内在的力量,需要被发现和发挥出来,而不是重塑……我告诉他们,相信自己。你可以做到。我也说:"大胆点,但不要赌博。"

7)我相信目标。做一个梦从来不是件坏事,但我总是很实际。我不幻想和做不可能的白日梦。我设定目标,然后想如何实现目标。我喜欢团队工作。我永远不会说:"我不能这样做,因为我不知道怎么做。"我会问他人,审视它,找到一条路。看,听,学——这些都是我们一生都应该做的事情,而不仅仅是在学校。

8)我大胆,是的,但不愚蠢。

9)这并不是说我偷了所有的东西,而是合法的。但只有坚持和创新,我们才能赢得胜利(图 11.25)。世界正在改变。想法和机会正在迅速扩大。有时候,你的想法不会起飞。即使经过仔细的研究,也不是所有的想法都是好的;有时你的竞争对手有更好的想法,或者他们比你快。现代企业家步履蹒跚地走向失败。你可以从没有奏效的想法中学到一些东西,用它来知道什么时候该玩或者什么时候停止。

图 11.25　Richard Branson 和 Burt Rutan(Elbert Leander "Burt" Rutan,生于 1943 年)
Rutan 是美国设计高性能轻型飞机的杰出创新者,包括 76 号航行者(1986 年的世界纪录:9 天不间断环球飞行);维珍大西洋全球飞行(2005 年世界纪录:3 天环球直飞等);航空母舰怀特奈特一号和怀特奈特二号;火箭飞机宇宙飞船一号和宇宙飞船二号等。

10)我相信我们应该不时地评估我们的生活。我们达到目标了吗?我们能剔除那些我们不需要的东西吗?我不是说扔掉旧鞋或破椅子。我的意思是,我们需要丢掉坏习惯或懒惰的方式,这会阻碍我们的思维发展。

11)著名探险家罗伯特·斯科特①是我祖父的表弟。他是个非常有勇气的人,他两次南极之行是他成为第一个到达南极的人的目标的一步……他在 1912 年到

①请看作者本篇前言《寻求而不屈服》。

达南极，但是……他是第二个。罗尔德·阿蒙森是第一个。这对斯科特来说是个沉重的打击。他和他的同伴疲惫不堪，病入膏肓，在返程途中死去。

人们说，可怜的斯科特，他很勇敢，但输掉了比赛。但人们不记得他在南极上空进行了第一次气球飞行，尽管这是一项惊人而高度危险的壮举。

有一个出发点是很重要的，即使你是第二、第三、第四个，你也会知道自己已经尽力了。

12）我从小就认为我们都可以改变世界。我认为帮助别人、尽我们所能做好事是我们的责任，但这从来都不是件繁重的事。

13）我们现在正进入新世纪，工业为王，后患无穷的旧观念正在改变……未来是令人兴奋的。我们可以进入复兴的门槛，不仅是我们的生活方式，而且包括商业和发明。

14）如果你认识到某件事是个好主意，或者你的个人生活中有什么你想做的事情，但不能马上确定如何实现你的目标，我不相信那个小单词"不能"会阻止你。如果你没有正确的经验来达到你的目标，那就走另一个方向，寻找一条不同的道路。总是有一个解决最复杂问题的方法……睁开你的眼睛，看一看，学一学。

15）每个人都需要不断学习。每个人都需要目标。我的每一个教训都可以应用到我们所有人身上。无论我们想做什么，我们都能做到，因为我们能做到。

16）我学到了很多：不仅是如果你想做一些事情，你就应该去做，而且要做好准备，对自己有信心，互相帮助，最重要的是，继续努力，永不放弃。

17）我学到的最好的教训就是做这件事。不管它是什么，不管它看起来多么困难和令人畏惧，就像古希腊的柏拉图说，"开始是任何工作中最重要的部分"，而中国人说，"千里之行始于足下"。

祝你好运，祝你旅途愉快。走吧，迈出第一步，放手去做。

11.8　阿纳托利·尤尼茨基

来自尤尼茨基和他的个人档案中的对话。

1）阿纳托利六岁的时候……当他的小妹妹塔玛拉看到其他孩子狼吞虎咽地吃冰淇淋时，脸颊上全是白色的，问他："托力亚，请给我买些冰淇淋……"大哥的心融化了，他照她说的做了。他还在冰淇淋上面加了柠檬水和奶油蛋糕。他花掉了从母亲身上拿走的三卢布。然后他们在一条繁忙的马路边徘徊，不敢穿过它。经过一番争吵后，他们猛冲过去……绊倒了……一辆卡车的刹车声响起，一个巨大的轮子离塔玛拉的头只有几英寸，阿纳托利沮丧地看着……这是人生的一课：不要偷窃，否则你或身边的人会受到惩罚……

2）塔玛拉五岁，阿纳托利刚满八岁。早上三点，他抚摸着妹妹的肩膀，把她叫醒。篮子在他们还没注意到之前就满了。为了使所有的蘑菇都放进去，阿纳托利在边缘上插了一排树枝，篮子突然变大了两倍。然后他把那些不合适的蘑菇放进一个灰色的购物袋里，轻到可以由塔玛拉携带。

3）当阿纳托利（图 11.26）还是个小男孩时，他学会了挤牛奶。成年女人想知道他是怎么做到这么快的，而且没有一滴奶漏。他又用两只手做了，就像一个羊毛染色的奶农。有趣的是，没有人教他那样做。

4）他喜欢采摘越橘。还学会了用双手做这件事。结果，他比成年妇女快，那些使用"梳子"的人，用装着铁棍的装置。阿纳托利从不求助于"梳子"。他认为它会撕掉树叶，剥掉枝条，破坏了越橘。

图 11.26 阿纳托利·爱德华多维奇·尤尼茨基（1949 年生），地球和空间线性传输系统的发明者

作者在左，白俄罗斯明斯克铁路天路总部，2015 年 5 月。

5）然后是饲料时间。割草落到卡车的车身上，他的任务是"跳舞"，踩草，把它塞进角落里。经过这么长时间的"跳舞"的夏天，他的脚经常在晚上抽筋。当玉米收获的时候，阿纳托利作为一个联合收割机操作员去上班。

6）阿纳托利设计和建造的第一批火箭是蒸汽火箭，它们在水上工作。他在森林、空地或壕沟里找到了一个空壳，放在水里，直到壳满了三分之二。然后壳的嘴必须用一块木头密封。起初，他无法控制它不撒漏液体"燃料"，为了阻止外壳洒漏，必须把它翻过来，在过程中把水倒空。后来他找到了一个更好的方法，把充满水的壳在直立的位置上叉到树枝上，然后用石头把树枝敲进去。然后他用刀把树枝砍掉，接着又造了一个"宇宙飞船"：树枝被壳侧贴在地上，周围是一块干木头"发射垫"。小火开始燃烧，壳中的水逐渐升温，然后沸腾，壳体内的压力迅速上升到临界点。炮弹从树枝上滑落，飞了几百米远，留下了一条长长的蒸汽状的轨迹。

7）朋友们在峡谷中翻找，发现弹药盒，弹出子弹，并从子弹中晃出火药。他们偶尔也会遇到旧雷和炮弹。火药被放进一个特殊的罐子里。那是给阿纳托利的。他制造了一枚火箭，而且必须发射。没有火药就不会飞……

8）为了多挣一点钱，他的母亲尤利娅·斯捷潘诺夫娜在学校兼职做一名修女。她不得不在几间教室里擦地板。但独自一人做不到，而她的儿子帮助了她。

母亲不想让他做那件肮脏的工作，但他不愿听从她的反对意见，几乎每天晚上都跟着她。一天早上，当女老师走进来的时候，她无法让自己双腿跨过门槛——

地板闪闪发亮，仿佛光从里面照出来。她问那些老师们谁做的这件事，他们回答说："是修女的孩子们，他们一起熬夜，用刀刮掉未涂漆的地板上的污渍……"不久前，人们从掩体搬进了新房子，甚至没有人想到地板……

9）母亲没有报酬，因为她在集体农场做工作。她不得不抚养两个孩子，但如果在工作年末，他们告诉她是她拥有农场，而不是她在农场工作，她怎么办呢？……这家人根本没有钱生活，克鲁基的生活变得无法忍受，她怎么解决这个问题呢？1962年，他们回到哈萨克斯坦，和她的另一个姐姐住在一起。

一个夏天的夜晚，孩子们坐在街头电影院看电影。天已经黑了。突然，他们看到一根燃烧着的蜡烛从巨大屏幕的左边冲向天空。它爬得越来越高，然后消失在黑暗的天空中。大家都知道这是拜科努尔在发射火箭。第二天，全世界都会知道……

我想说母亲一生都在努力工作。她把自己献给了我们，她的孩子们。她的肖像被贴上了尼科尔斯基市（现在的萨特帕耶夫）和杰兹卡兹甘市的光荣榜。

10）他们使用的是可燃的梳子，而不是燃料，但它们并没有燃烧足够热。他们开始使用电影胶片……飞机飞行员"帮助"他们通过扔银色胶带来设计火箭。后来他了解到，飞机在军事演习中使用了这种胶带来躲避雷达。胶带为火箭体提供了极好的材料。他们所要做的就是在一个"金属管"上卷绕几层，然后把它粘在一起，这样就可以把完成的物体从管道上拉出，最后制造火箭的可燃填料，将火箭推进"太空"。

11）当我（图 11.27）还是秋明工程建设学院的学生时，我喜欢科幻故事和童话故事，尤其是 Münchhausen 男爵的冒险经历。火箭燃料和火箭发射对环境有害的想法已经多次引起我的注意。出乎意料的是，男爵给了我两个与太空探索密切相关的想法。第一次是他被藤蔓从月球上拉下来的时候。那是齐奥尔科斯基的主意！第二次是当他把自己的头发梳成辫子的时候，从沼泽里爬出来。货物能自行进入太空吗？反引力？不，还没有。这些都违背了物理定律……

图 11.27 我们在"工业展览 95"（20 年前！）的展台前并排站着
汉诺威，德国，1995 年。

12）朋友们多次要求我制造特制爆炸装置，我告诉他们我永远不会做，他们必须继续使用他们的鱼竿。他们还邀请我去他们的狩猎旅行，我总是把那些邀请函放到一边——我不能让自己杀死一个活生生的生物……

13）我一直在想我的家乡克鲁基，最后我

和一个电视剧组一起在那里……当整个地区被切尔诺贝利的有毒灰烬覆盖，我们的老房子被一群抢劫者抢劫和烧毁了。

14）在接下来的十五年里，一些歹徒几乎骗走我所有的东西——金钱、土地、资产、公司……而且他们也搜刮了很多。公正的知识产权被独立的国际估价师估价为 140 亿美元。幸运的是，他们无法带走最重要的东西——我的自由和我的生命。

15）妥协？我辞职了。我曾经说过"不"，就是这样。

16）阿纳托利掌握了发明问题解决理论（TRIZ），并在实践中获得了丰富的专利经验，就像在瑞士专利局工作了几年的爱因斯坦，后来用这些话描述了那个时期：我学会了把小麦和茶分开。如果没有这个背景，伟大的物理学家就不会发展他的相对论。

17）功能理想模型：问题的解决方案在操作区域内——如果我们不能移动质量中心，让它停留在它所在的位置。这个质心必须与地球的质心重合，否则将没有平衡——静态或动态。这里只有一个技术解决方案——交通工具必须是环绕地球的环的形式。为了进入太空，这个环必须依靠内力增加它的直径。环的质心必须始终保持在行星的中心（图 11.28）。

图 11.28 经济学家、系统分析师和企业家谢尔盖·西比里亚科夫（左）与未来主义作家马克西姆·卡拉什尼科夫讨论了推广尤尼茨基环技术的前景

视频采访图片汇编（推荐给我所有的读者！），标题为"技术园：创新与创新者"，第 14 期，2011 年 7 月 14 日。new-core.ru/video/neyromir/strunnyitransportyunic。

18）环传输具有巨大的系统构建能力。例如，俄罗斯的新定居点可以建在最美丽、最环保的地方。因为全年都可以快速可靠地到达大都市或娱乐区。没有人——从楚科奇和海参崴到圣彼得堡和索契——将被隔离开来，与俄罗斯共同的身体和精神空间分开。

19）第一个客户是俄罗斯经济部，它为 2005 年日本名古屋世博会俄罗斯博览会委托了 Yunitsky String Transport（YST，比例 1∶10）的工作模型。该工作模型是由客户制造、测试和支付的。然而，在俄罗斯指导委员会的最后一次会议上，一位"政府"科学顾问做出了这样的声明："弦路？世界上没有人有它们，我们想去日本，不要愚弄我们自己！这不该出现在我的生命里！"

20）西比里亚科夫（总结）：他们不会让埃菲尔建造他的塔。一个又一个问题出现了！他说，我要用我自己的钱建造它，让它屹立 30 年。如果它没有被使用，我会破产，但如果它变得有利可图，这将意味着我的技术是正确的。给我 30 年的特许权来使用它。答案是：嗯，这是你的钱，继续浪费吧。

今天，第一，埃菲尔铁塔是巴黎最受欢迎的旅游景点；第二，巴黎的象征；第三，埃菲尔成为法国最富有的人之一。

这就是我们现在想在莫斯科做的事情。我们有投资者！我们所需要的只是市政府说："去试试吧！"

21）1982 年，《青年技术知识》杂志（第 6 期，第 34 ~ 36 页）发表了未来主义作家亚瑟·克拉克①的小说《天堂的喷泉》的译本，来自戈麦尔的工程师阿纳托利·尤尼茨基提出了在轮子上进入太空的想法。然后阿纳托利给著名的大师写了一封信……亚瑟·克拉克给阿纳托利·尤尼茨基的回信是：

亲爱的尤尼茨基先生！我非常高兴和满意地读了你的信。它让我感动和兴奋。活在我们星球上的人被人类技术性的发展所困扰，真是太好了。他们对地球的未来感到担忧——不管他们住在哪里，无论是在苏联、日本、美国还是法国……我现在很忙，正在写一本新书，所以我的信会很简短。在不久的将来，当我完成我的工作时，我会给你写一封详细的信。我已经把你的联系方式和有关你的想法的信息放到我的电脑里了。我相信这个想法很有意思，很有前途。行动！胜利偏爱那些坚定不移、专心致志的人。我相信你就是这样的人之一。我拥抱你。亚瑟·克拉克。

（附：亲爱的阿纳托利！在我最近的采访中你会发现其他问题的答案。我想你会更多地了解我。写信给我关于你自己和你的新想法，我很乐意回信……）

22）在《未来的轮廓》（1962 年）中，亚瑟·克拉克提出了所谓的克拉克定律，告知现代科学的发展。

法则一：当一位杰出但年长的科学家指出某些事情是可能的时候，他肯定是对的。当他说某事是不可能的时，他很可能错了。

法则二：发现可能性极限的唯一方法是冒险一点点地越过它们，进入不可能的境地。

法则三：任何足够先进的技术都无法与魔法区分开来。

---

①亚瑟·查尔斯·克拉克爵士（1917 年 12 月 16 日，英国 ~ 2008 年 3 月 19 日，科伦坡，斯里兰卡），英国作家、科学家、未来学家和发明家，最著名的是他与斯坦利·库布里克合作的标志性科幻电影《2001：太空奥德赛》（1968）；创造了一组地球同步卫星提供全球通信覆盖的想法（1945 年）和组织全球天气预报（1954 年），空间升降机理念的热情支持者。

我在这里向我的读者说"再见"。我也对你们说：可能会再见面！包括你与现代 TRIZ 的见面！当然，祝你好运！

11.9 这是你的选择！亲爱的年轻读者们！

我希望你在这本书中所读到的一切，尤其是在本章中，明确地告诉你，一切美好的事物都是你工作的成果，你的个人毅力、勇气和耐心倍增你的信念与梦想。没有什么可以补充的，没有什么可以带走的[①]。

还有一件事没说。健康——当你还年轻和有足够的时间时，你需要锻炼。它将帮助你为未来储存力量。

每个人都知道吸烟是危险的，但很多人继续吸烟。放弃它，永远！

每个人都知道毒品是致命的，它们破坏了你的个性，使你成为这一附加物的奴隶——还有一些人，在一个没有思考的时刻，决定他们会"尝试"。这就是"死亡经销商"们等待的原因，因为这样的"品尝者"总是加入他们的客户群，支持他们的犯罪供应和分配网络的存在。对自己和他们说不！

每个人都知道酒精是有害的，许多人在消费酒精方面没有办法，很多人在他们的幼年开始饮酒。

在人们的工作中有许多类似的例子。这里还有一个，太重要了，不能对此保持沉默。大家都知道，超速和不顾他人的驾驶是绝对危险的，任何情况下都不允许！但仍有许多人没有被撞死一个行人、其他类似车辆上的人或自己的风险而警示到。

为什么会发生这种情况？答案很简单：缺乏基本的尊重和自尊心，缺乏责任感，在他人面前和自己面前，缺乏测量的感觉和理解。如果一条线交叉，可能会导致不可逆转的后果，不可逆转的命运。别人的生活和自己的生活都会发生不可逆转的变化。同时也缺乏热情、同情和乐于助人的意愿。有很多无知、愚蠢和穴居人一样的利己主义。

同时，我们所需要的是学会做出选择，对那些在别人面前和在我们面前的选择负责，并获得一种管理我们的欲望和能力的能力。我们必须建立自己的生活，不要让任何人操纵自己。为自己而战。为你珍视的人和事物而战。永远不要放弃我在这本书中告诉过你的那些人的足迹。你可以做你自己。你可以克服所有的障碍。你可以达到你的目标。和那些与你想法相同的人联合起来。当你们在一起的

---

① sapienti sat（拉丁语）的意思是：对智者说一句话就足够了（理解）。

图 11.29　你可以问我：你抽烟了吗？是的，我抽。但幸运的是我很久以前就放弃了。我很抱歉我抽了烟，而且我没有早点戒烟

机器人海报上的铭文：

时候，你会变得更强壮。

前进！

现在谈谈关于这个课程和你需要为此付出代价的事实。

老实说：所有的工作都得付钱。所有产品和服务的价值取决于需求与质量。

我们给你提供一个有价值的产品。投资于你的未来。

找到一种方法来赚取你真正需要的。不要把赚来的钱浪费在琐事上。你不能不帮助那些比你弱的人。

在说再见之前，我想向大家展示一个"严肃笑话"，这个笑话是学生们在 2011 年创作的，展示在马里乌波尔技术大学主楼的玻璃后面。我和这个"机器人"在一起展示它的高度（图 11.29）。

> 学生评议会。Samizdat[①]。
>
> 看和思考！
> 他的身体是由874个香烟包组成的，成本高达7943美元。
>
> 你能更好地利用那笔钱吗?

> 因此，作为 2011 年 12 月的付费课程，花费 760 欧元或 992 美元不仅会变得一无所获，还对你的身体和心理健康造成了一定的伤害。

> 6 个月或 1 年内不要买香烟或其他不必要的东西，这门课是你的！找到一种方法来节省或挣钱以支付这一课程！

把你的目标设定在有价值的目标上，然后达到目标。这是可能的。这是你的选择！只有你自己能成为你生活中所发生一切的主人。

---

① "Samizdat" 的意思是 "自我出版"。

TDCP 的六个重要个人品质：

a）有价值的目标   个人必须有一个新颖的、先前未达到的、重要的、有益社会的和有价值的目标（目标体系）。

b）计划   必须有一个计划（或一套计划），以确保达到他 / 她的目标，并监督执行进度。

c）个人的工作能力   必须愿意执行，并实际执行大量的工作，以实现他 / 她的计划。

d）解决问题的方法   个人必须有一个方法，可以用来解决他 / 她可能会遇到的问题，为了他 / 她的最终目的。

e）适应性   个人必须有能力捍卫自己的想法，处理公众的谴责和不理解，"坚持自己的枪支"，并忠于自己的理想。

f）有效性   所取得的结果（或其范围）必须与最初的目标相称。

根里奇·阿奇舒勒[1]

———————————

[1] 由作者译自《如何成为天才：创造性人格的人生策略》。

| 第三篇 |

主要工具
（总结）

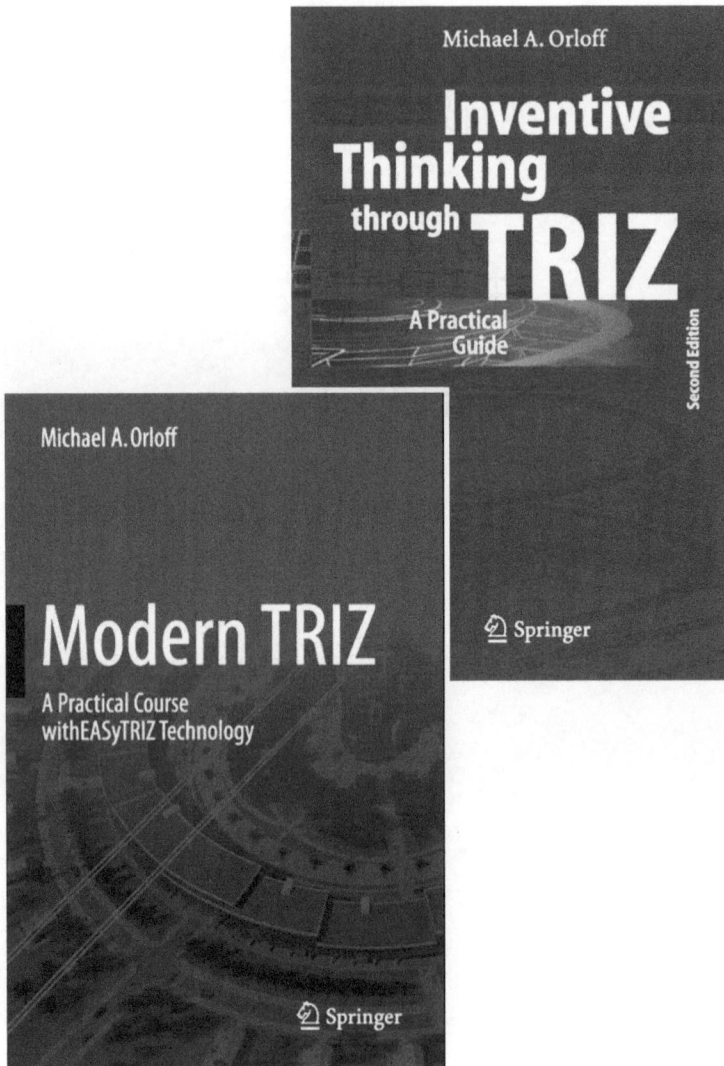

继 *ABC-TRIZ* 后作者的主要书籍（2015）

|S1| **TRIZ**

1）解决问题的关键在于识别和消除系统性矛盾！

2）现实中有无数个创造性的问题，但系统性矛盾的数量却相对较少。因此存在典型的技术用于消除这些系统性的矛盾。而通过分析伟大的发明就可以确定问题的解决方法（技术）。

3）解决定向问题的方法和策略必须依赖于技术系统演进的规律。

阿奇舒勒《如何学习发明》- 坦波夫，坦波夫书籍出版社，1961 年（俄文版）

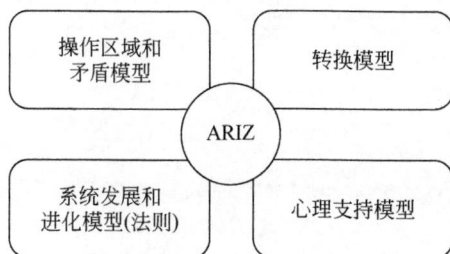

图 S1.1　TRIZ 结构示意图

"……自然地①，每个问题都有独一无二之处，拥有个性的存在方式。

通过分析能帮助我们突破最关键的瓶颈——系统矛盾及其成因。在此之后便可以在由合理方案支撑的框架内进行创造性的探讨。"

——根里奇·阿奇舒勒

定向思维并不排除直觉。相反，标准化的思维过程创造的一种特殊"态度"更有利于直觉的表现。

阿奇舒勒《发明算法》- 莫斯科，莫斯科工人出版社，1973 年（俄文版）

---

①由作者汇编，源自各种略有差异的资料。

|S2| 发明是一种深入的研究

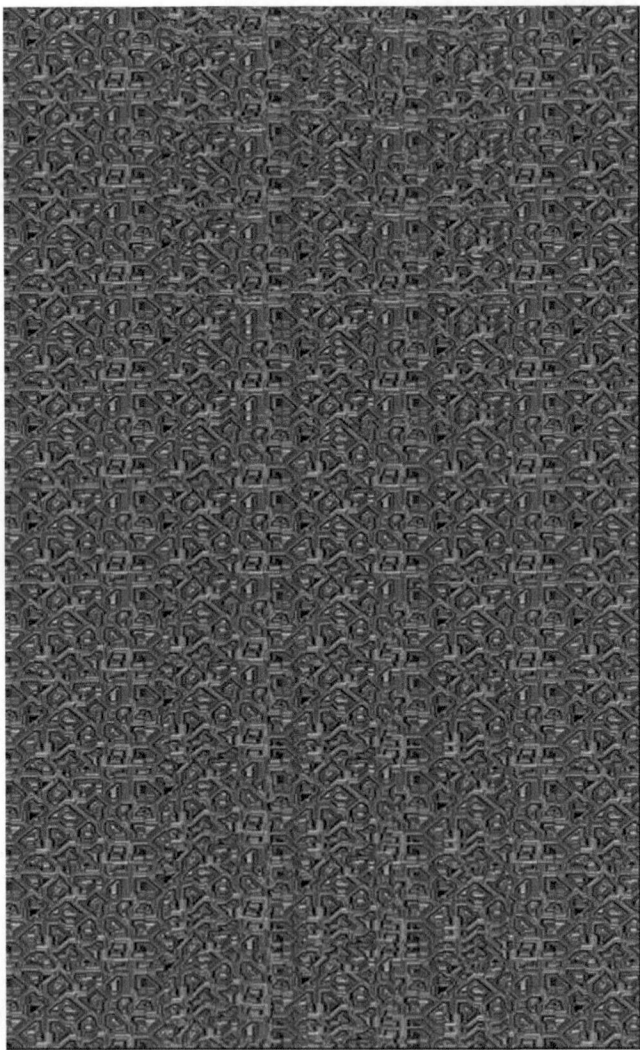

挖掘这张海报的"秘密":顺时针旋转 90 度,试着浏览而不是盯着它。

当你看到图片中隐藏的三维深度时,你一定能体验到心领神会的奇妙!同样的事情也会发生在你学习 TRIZ 的时候。特别是当你独立完成了至少几十个任务,在你学会勇敢地面对并克服任何极具挑战性的问题之后,你就会不由自主地痴迷于 TRIZ 的神秘和科技之中。

图 S2.1 思维导图

|S3| 思想产生时的心理水平

设计思维中的三个"心理"区域：①应用（设计）区域；②创意区域；③心理区域。

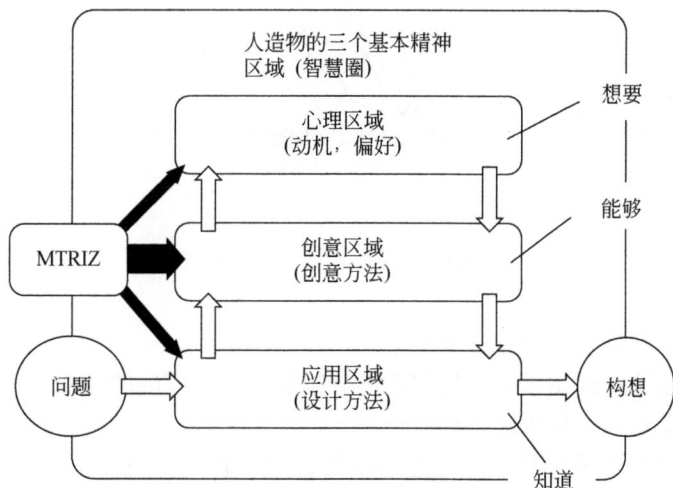

图 S3.1　设计思维导图

有效想法的创造需要应用三个"专业"的区域：专业的应用和创造性的知识与技能，以及在实现既定目标（情感、心理学）方面的投入和坚韧。

知识＋能力＋渴望！

|S4| 用 TRIZ 直接解决一个问题

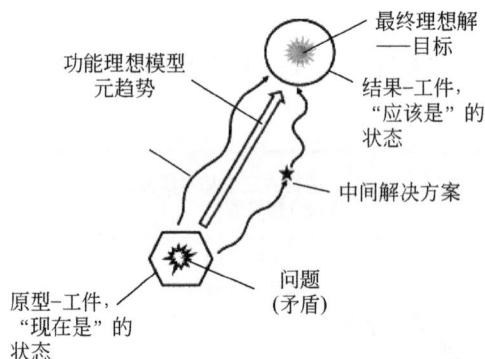

图 S4.1　TRIZ 解决问题流程图

注意：你应该心领神会这个方案！

解决问题的过程始于对初始问题的分析和对矛盾问题的建模。而矛盾就存在于原型中，需要进一步改进。

然后我们需要确定目标、最终理想解 [IFR（必须得到什么特性）] 并制定出试验性的操作原则以及功能理想模型 [FIM（它必须如何操作）]。功能理想模型指向元趋势，即我们采取行动所达到的标准理想解。

最好的标准理想解：基于自我组织的系统依托现有资源来解决问题，并根据现实情况的需要进行微调。

然后，我们选择转换模型①，即将带领我们到达目的地的具体路径。

最后但同样重要的是，我们发明的特定解决方案，以及改变的原型工件资源，都是为了实现最终的结果或"继承者"工件，这与寻求标准理想解的过程是一致的。

通常，一旦你正确地制定了标准理想解和功能理想模型，它们就会驱动着你去解决这个问题。

① TRIZ 工具不断进化；在这种情况下，更新的工具将发布在现代 TRIZ 学院网站上。

|S5|　倾向于理想的系统

$$E_{ideal} = \frac{Fnc=Functionality}{Phs=Physicality}$$

图 S5.1　理想系统等式

功能 = { 指令，效率，操作等 } → 1（归一化为 1）
物理性 = { 体积，重量，能量消耗，废物，污染等 } → 0

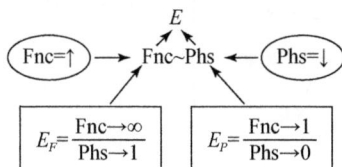

图 S5.2　系统扩展式

　　根据 TRIZ 的"理想化"法则，在其整个生命周期中，所有系统都在试图提高自身的功能能力与实现成本的比率 P。

　　存在两种可能的元趋势，也可能形成各种组合。根据"功能扩展法"，有可能是：①为了增加功能 $F → ∞$ 投资有限成本 $P → 1$（任何参数几乎都能够重新设置为 1）；②根据"物理压缩定律"，可以以有限的功能 $F → 1$，降低成本 $P → 0$。

|S6|　主要系统特性的限制

每个特性的增加都受到系统的物理属性或系统中嵌入的思想实现范围的限制。能够完全代表进化关系的形式有逻辑曲线或 S 曲线。

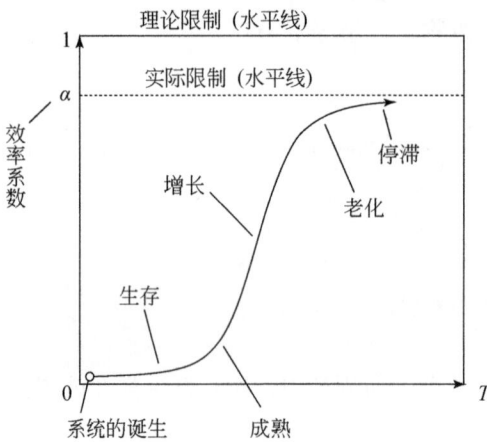

图 S6.1　进化关系 S 曲线

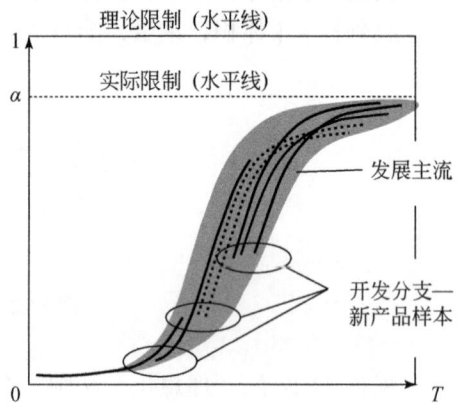

图 S6.2　产品开发限制图

任何工件的开发都是受不同用户的需求所驱动的。为此我们设计了不计其数的汽车、飞机、手机、电视机、电脑等模型。但是这种转变不会改变系统的类型。因此，这种转变可以被定义为发展。

|S7| 主要系统特性突破

分支和分歧的每一个"点"都是因为两个主要驱动力之间的冲突所造成的：不断增长的需求［需求（"拉力"）］和增长能力［供给（"推力"）］。如果增长能力无法满足日益增长的需求就会产生矛盾。

当操作区域（操作空间）的资源被证明已经枯竭或快到枯竭的时候，以及当转化潜力被证明是有限的时候就会加剧矛盾。在这种情况下，运用 TRIZ 方法将便于矛盾的解决。

一般来说，在给定类型系统的开发资源耗尽之后，如果出现了一种新类型的系统并用于相同的目的，但是具有更好的技术特性和效率，这种转变可以被定义为进化。

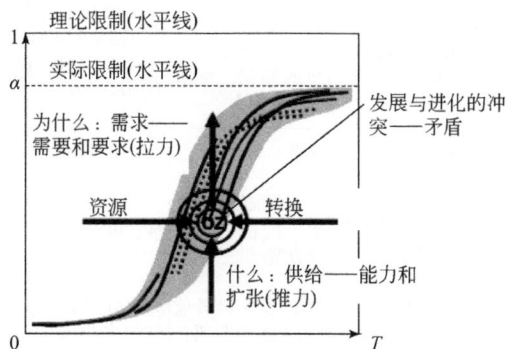

图 S7.1　系统矛盾冲突图　　　　　　图 S7.2　系统进化示意图

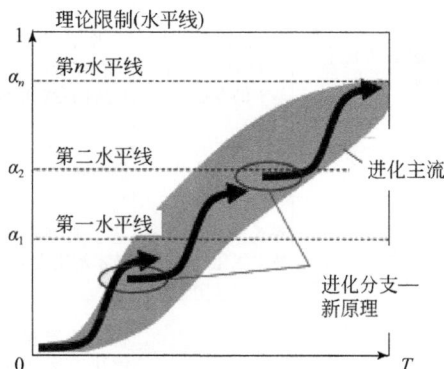

|S8| 发明的等级

文明的发展历程——数以百万计的发明——在价值上是不同的。在下面的表格中，你可以根据它们的水平，并参照各种不同的特征指标，找到一种发明的分类。

表 S8.1 发明等级的分类

问题层面	发明的等级				
	1. 简单的改良	2. 改善	3. 本质内的发明	4. 跨领域的发明	5. 新发现
初始条件	具有参数的任务的具体分配	有几个参数的任务；有结构的类比	结构糟糕的"堆"任务；只有功能类比存在	许多因素是未知的；没有结构或功能类比	主要目标是未知的；没有类比
问题的资源和解决问题的人	资源是显而易见且容易获得的；基本的专业培训	资源不明显，但仍存在于系统中；传统的专业培训	资源通常来源于其他系统和层次；发展和综合思维	来自不同知识领域的资源；较强的联想思维，广博的知识，克服成见的能力	资源或其应用程序以前是未知的；选择的动机，没有刻板印象
难度	任务没有冲突	标准问题	非标准问题	极端的问题	独特的问题
转换规则	作为解决方案的技术优化	基于典型类比的技术解决方案	基于组合方法的创造性解决方案	基于集成技术"效果"的创造性解决方案	科学和技术发明
创新水平	元素参数略有变化	初始功能和结构解决方案在功能原理上没有改变	具有积极的系统效应的有意义的发明；功能原理的变化	具有系统超级效应的强大发明，导致邻近系统发生重大变化	具有强烈系统效应的杰出发明，导致了文明的本质变化

创造性的想法并不是明显的，它是一个由人类思维创造出来的在已知知识中并不明显的对象。

|S9| 发明复杂性

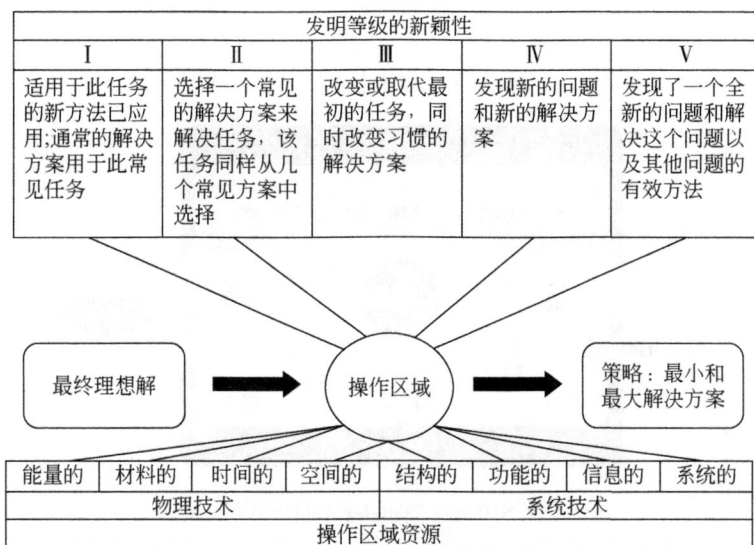

发明等级的新颖性				
I	II	III	IV	V
适用于此任务的新方法已应用;通常的解决方案用于此常见任务	选择一个常见的解决方案来解决任务,该任务同样从几个常见方案中选择	改变或取代最初的任务,同时改变习惯的解决方案	发现新的问题和新的解决方案	发现了一个全新的问题和解决这个问题以及其他问题的有效方法

最终理想解 → 操作区域 → 策略:最小和最大解决方案

能量的	材料的	时间的	空间的	结构的	功能的	信息的	系统的
物理技术				系统技术			
操作区域资源							

图 S9.1　发明复杂性分类

表 S9.1　元策略的最大和最小任务

元策略		问题的复杂性
最小任务	最大任务	
决定性的资源是已知的(TRIZ 工具)	决定性的原则是已知的(TRIZ 工具)	低
可发现新资源(TRIZ 工具)	可发现新原则(用于整合替代系统的 TRIZ 工具和方法)	中等
找不到资源(更改或替换任务)	找不到新原则(到一个综合系统的过渡)	高

|S10| 发明元算法 "T-R-I-Z"
（MAI T-R-I-Z 1995）

可以用建设性的四步方案来表示解决任何问题的过程。

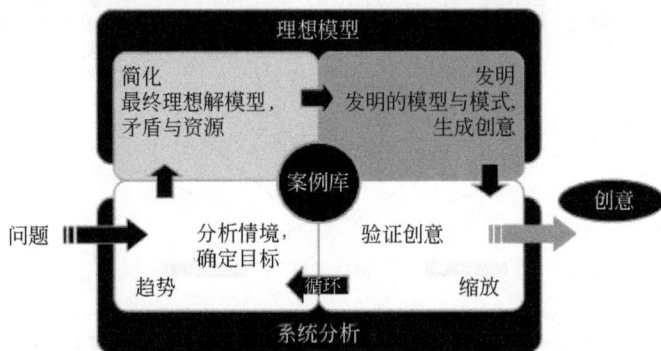

图 S10.1 "T-R-I-Z" 四步方案

四步方案分别是：

（Trend）趋势 = 分析问题情况并确定对象和方案进化方向；

（Reducing）简化 = 以矛盾的形式对问题进行建模；

（Inventing）发明 = 在转换模型的帮助下生成一个想法；

（Zooming）缩放 = 对不同尺度［从不同级别（缩放）］和不同焦点（从多个视点和不同方面）的思想进行检验，以评估它们的效率。

反白字箭头表示算法在一个周期结束时没有得到满意解的情况下的循环重复。

MAI T-R-I-Z 1995 在概念上非常接近第一版发明问题解决算法 ARIZ-1956。

|S11| 现代 TRIZ：基于 MAI T-R-I-Z 的标准化培训、实践和问题解决

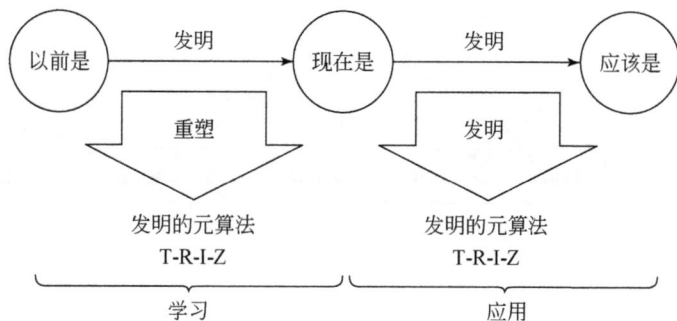

图 S11.1　MAI T-R-I-Z 方案

相同（标准）的 MAI T-R-I-Z 方案：

- 加速 TRIZ 用户的基本培训；

- 从一开始就创建并加强正确的技能，这些技能可以根据以相同标准格式提供的示例来解决 TRIZ 问题；

- 通过使用标准方法来开发和强化"自动化"，加快解决现实生活中的问题。

MAI T-R-I-Z：

考虑的是解决方案而不是解决方法。

|S12| 基于 MAI T-R-I-Z 的重新发明

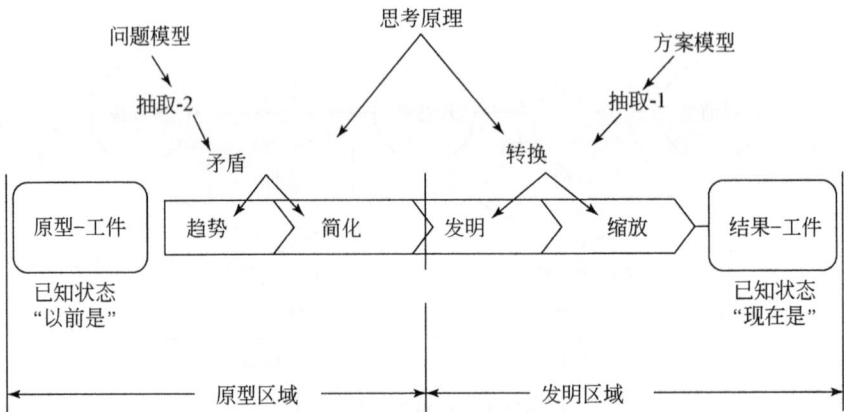

图 S12.1　MAI T-R-I-Z 思考原理图

抽取 -1 = 从结果工件中抽取转换模型。

抽取 -2 = 从原型工件中抽取出矛盾。

重新发明 = 对"以前是"原型工件转换为"现在是"发明工件的过程建模。

原型工件的"以前是"状态的特征是存在矛盾，必须消除。

结果工件（发明工件）的"现在是"状态没有初始的矛盾，并且与工件的新需求相一致。

|S13| 在 MAI T-R-I-Z 的基础上发展

论点：在人类活动的任何领域，都可以在 MAI T-R-I-Z 的基础上实现有效想法的发明。

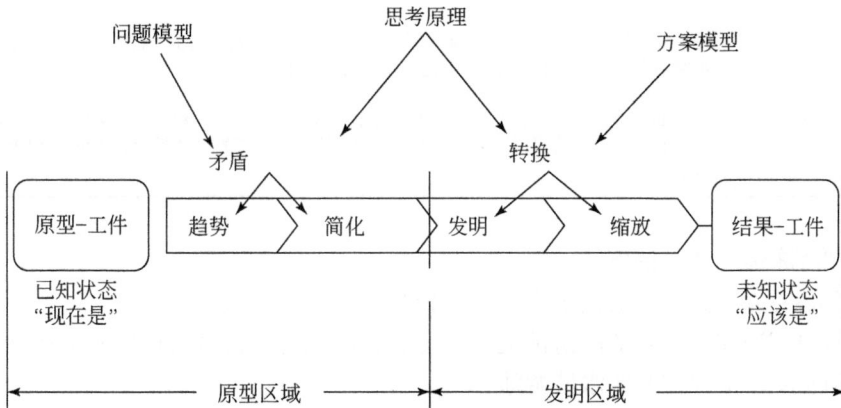

图 S13.1　MAI T-R-I-Z 思考原理图

发明 = 创建有效的想法来转换"现在是"原型工件，它包含最初的矛盾，转换为"需要"的目标结果工件（发明），它不包含最初的矛盾，并且具有新的要求的属性。

理解时间 = 问题解决者在物理上处于"现在是"状态；他 / 她也拥有关于原型工件的知识。

"需要"状态的概念以及解决方案创建过程的所有事件和阶段，都与发明目标——未来结果工件有关。

|S14| 标准矛盾

表 S14.1　标准矛盾分类表

类型	解释
标准矛盾（1）	标准矛盾（经典的 TRIZ 中：技术矛盾）＝二进制（双因素）模型，它反映一个对象（或几个冲突对象）的两个不同功能特征之间不兼容的要求
标准矛盾（2）	标准矛盾＝双因素模型，其中一个因素与系统最重要的特征相对应，并支持其最重要的特征（正趋势因子或改善因素），而另一个因素则不对应该特征或抵消它（负问题因子或恶化因素）

"游泳运动员"的例子

有必要为游泳运动员提供全年、超长距离（开放水域）训练。

问题：当在一个普通的游泳池里训练时，泳池边的转身会打破游泳运动员的技术和速度，不像在开阔水域游泳。

最初的想法（可选）：游泳池的特殊构造（圆形、椭圆形，甚至是 8 字形）。

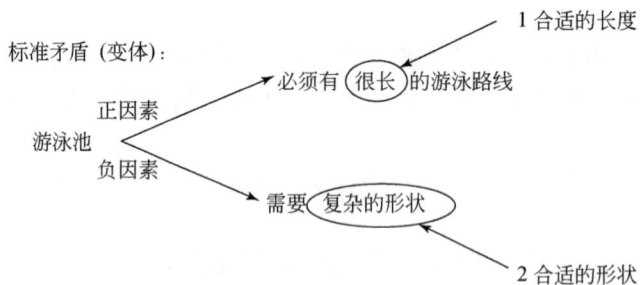

图 S14.1　游泳运动员例子

文字（公式）格式：泳池 ▶ 无尽的泳道 VS 复杂的形状

|S15| 根本矛盾

表 S15.1　根本矛盾分类表

分类	解释
根本矛盾（1）	根本矛盾（在经典 TRIZ 中：物理矛盾）= 二元矛盾模型，相反，即相互排斥的需求来自同一构造（组件、资源、功能、效果、条件等）的同一特征
根本矛盾（2）	根本矛盾 = 二元双因素模型，其中第一个因素反映一个需求为"改善因素"，第二个因素反映与"恶化因素"相同的需求，因此这两个因素表示同一构造（组件、资源、功能、行为、状态等）的相同属性但不兼容
附加	在一个根本矛盾中： a）这两个因素对于工件的主要有用功能可能是必需的； b）"负因素"是属性的不良状态，应该转化为仅正因素； c）"负因素"反对发展主要属性

"跳水运动员"例子

有必要确保跳水运动员在泳池内进行安全的训练。

问题：不正确的入水方式，以及与水面的危险碰撞，容易造成跳水运动员受伤，带来很大的伤害风险。

图 S15.1　水面软硬属性图

根本矛盾（变体）：

公式格式：水必须是 ► 软（为了保护跳水运动员）VS 硬（物理属性）

|S16| START：机敏思维的最简 TRIZ 算法

（Simplest TRIZ-Algorithm of Resourceful Thinking）

S16.1　START：集成方案图

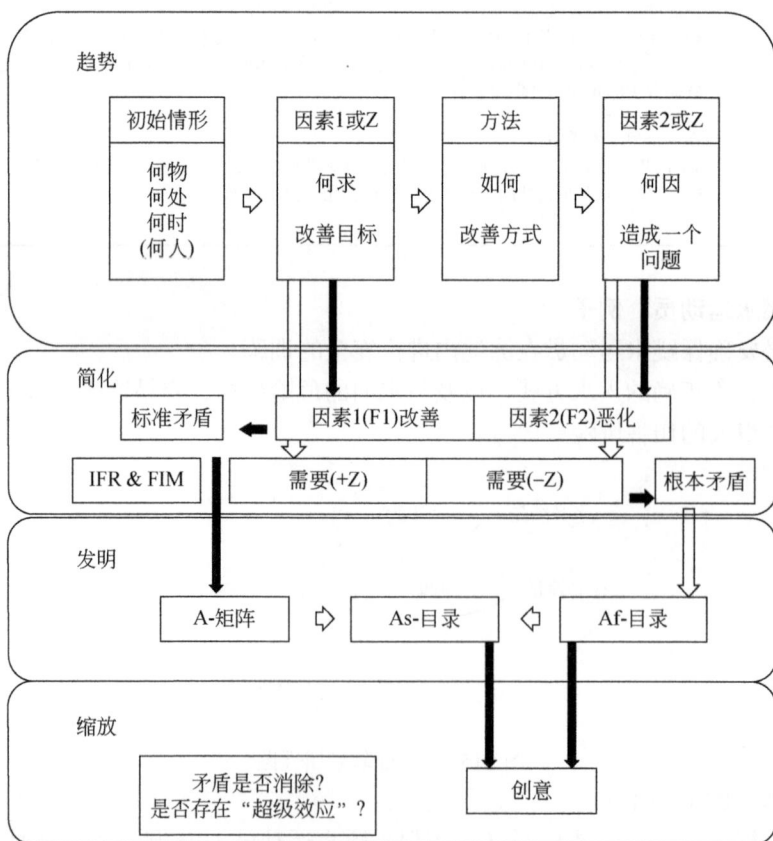

图 S16.1　算法导航

带有黑色箭头的路线显示了在简化和发明阶段的基于标准矛盾的运动。带有白色箭头的路线显示了在简化和发明阶段的基于根本矛盾的运动。两条路线都从趋势阶段开始，并在缩放阶段完成。

S16.2　START：标准矛盾路径

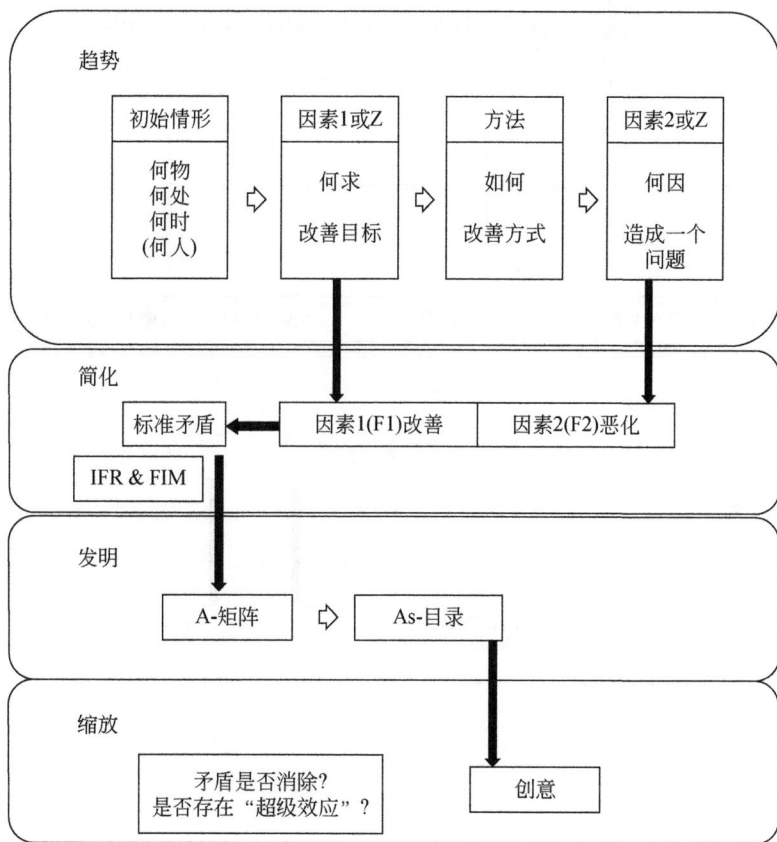

```
┌──────────────────────────────────────────────────────────────┐
│ 趋势                                                            │
│   ┌────────┐    ┌────────┐    ┌────────┐    ┌────────┐        │
│   │ 初始情形│    │ 因素1或Z│    │  方法  │    │ 因素2或Z│        │
│   │        │ ⇨ │        │ ⇨ │        │ ⇨ │        │        │
│   │  何物  │    │  何求  │    │  如何  │    │  何因  │        │
│   │  何处  │    │改善目标│    │改善方式│    │造成一个│        │
│   │  何时  │    │        │    │        │    │  问题  │        │
│   │ (何人) │    │        │    │        │    │        │        │
│   └────────┘    └────────┘    └────────┘    └────────┘        │
└──────────────────────────────────────────────────────────────┘

┌──────────────────────────────────────────────────────────────┐
│ 简化                                                            │
│        ┌────────┐ ← ┌──────────────┬──────────────┐           │
│        │ 标准矛盾│   │ 因素1(F1)改善 │ 因素2(F2)恶化 │           │
│        └────────┘   └──────────────┴──────────────┘           │
│   ┌──────────┐                                                  │
│   │ IFR & FIM│                                                  │
│   └──────────┘                                                  │
└──────────────────────────────────────────────────────────────┘

┌──────────────────────────────────────────────────────────────┐
│ 发明                                                            │
│        ┌────────┐    ┌────────┐                                 │
│        │ A-矩阵 │ ⇨ │ As-目录│                                  │
│        └────────┘    └────────┘                                 │
└──────────────────────────────────────────────────────────────┘

┌──────────────────────────────────────────────────────────────┐
│ 缩放                                                            │
│   ┌──────────────────┐              ┌────────┐                  │
│   │ 矛盾是否消除？     │              │  创意  │                  │
│   │ 是否存在"超级效应"？│              └────────┘                 │
│   └──────────────────┘                                          │
└──────────────────────────────────────────────────────────────┘
```

S16.3　START：根本矛盾路径

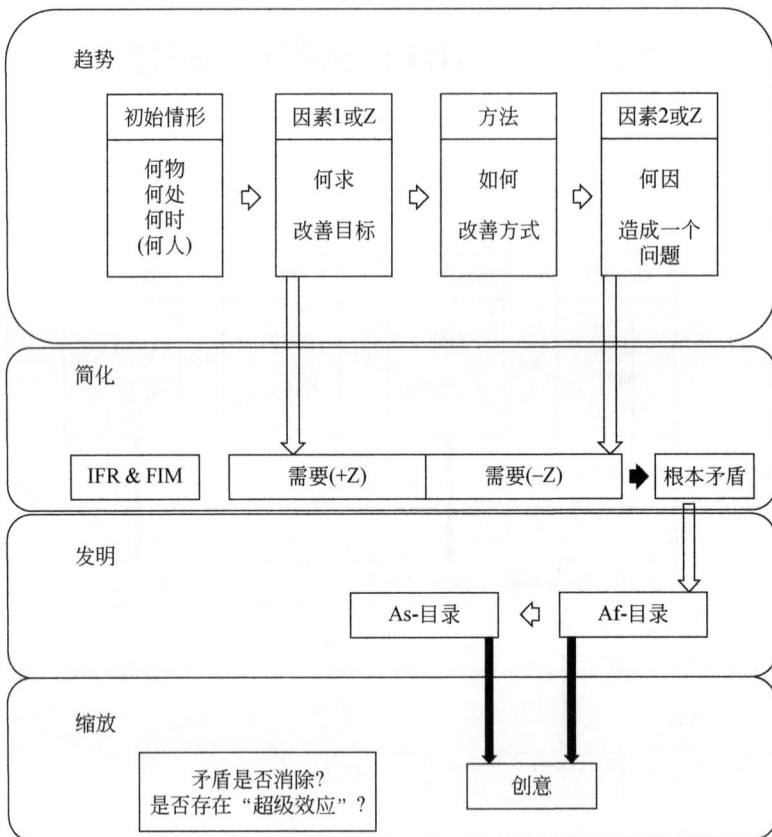

|S17| 操 作 区 域

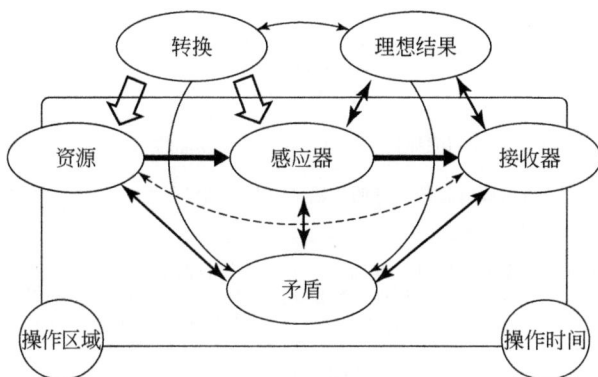

图 S17.1 操作区域转换过程

操作区域的转换过程有以下几个阶段。

1）在操作区域内选择感应器和接收器。

2）对接收器或反映操作区域中存在的其他问题的矛盾的定义。

3）资源的确定，已经存在于操作区域的资源和其他需要的资源。

4）对操作区域的最终理想解和功能理想模型的制定。

5）转换模型的选择：

——"转换"通常应用于感应器并将它自己的资源和其他可用资源引入操作区域；

——实现"转换"的目的是用最终理想解替换矛盾或完全消除矛盾。

|S18| 资　　源

表 S18.1　技术资源分类表

系统技术资源			
系统的	信息的	功能的	结构的
与一般系统属性相关	与承载信息的消息的传输相关	与功能的创建有关	与物体的构成有关
系统的目的、效率、生产力、可靠性、安全性、生存性、耐久性等	数据的完整性、准确性、有效性、抗干扰性、测量方法和效率、编码等	符合系统目的的主要有用功能、辅助功能、负功能、操作原理描述（功能模型）	组件列表和组件间关系、结构类型（线性、分支、平行、闭合等）
物理技术资源			
空间的	时间的	材料的	能量的
与几何属性有关	与时间测度有关	与材料的属性有关	与能量及其性质有关
物体的形状、尺寸、长度、宽度、高度、直径、形状特征——存在空腔、凸起等	事件的频率、时间间隔的持续时间、时滞/超前的持续时间。操作时间：问题情境存在的时间间隔	化学成分、物理性质、特殊工程性质	应用和测量能量的类型，包括机械、重力、热力、电磁和其他力；能源利用方面

表 S18.2　资源属性表

资源属性	应用次序
价值	免费的→廉价的→昂贵的
质量	有害的→中性的→有用的
数量	无限的→足够的→不足的
可用性	现成的→变动的→派生的

|S19| 用标准矛盾工具集（BICO）解决标准矛盾

选择和匹配足够的改善因素与恶化因素来建模标准矛盾。

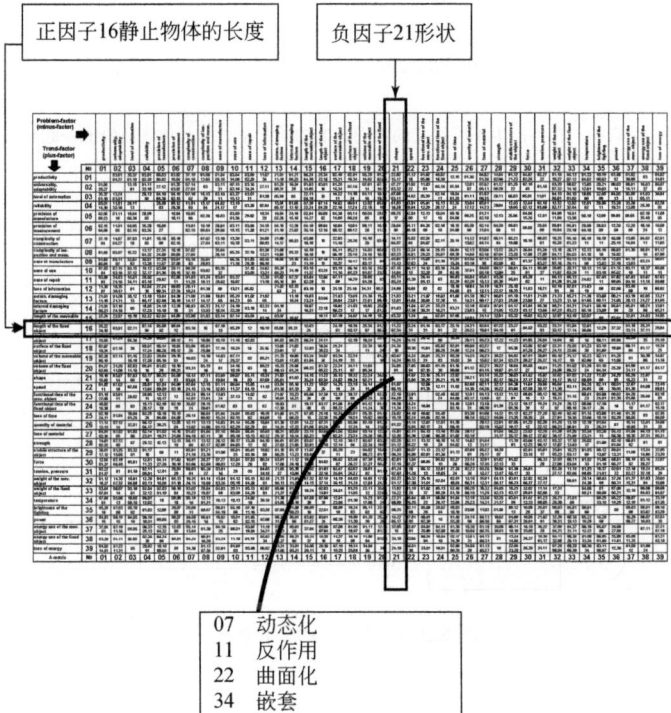

图 S19.1　标准矛盾工具集

阿奇舒勒矩阵推荐的矛盾和导航公式：

$$16 \ VS \ 21 = 07, \ 11, \ 22, \ 34$$

|S20| 示例 "游泳运动员"（再补充）

趋势

开放的水体用于训练长距离游泳运动员。在恶劣天气下，训练可能变得不可能。通常在一个 50 米的泳池中，游泳运动员不可避免地会到达边缘并且不得不转身并加把劲继续游，这干扰了他的技术发挥并打乱了节奏。

一个复杂的圆形（圆形、椭圆形或 8 字形）游泳池可以消除这个问题，但是这种游泳池在构造（形状）上会变得相当复杂。

我们如何为游泳运动员提供更适合的训练场地呢？

简化

功能理想模型：X- 资源，在不产生不可接受的负面影响的情况下，与其他现有资源一起获得最终理想解：在游泳池中对长距离游泳运动员进行适当的训练。

标准矛盾

公式格式：水池 ▶ 长游泳赛道 VS 越来越复杂的形状

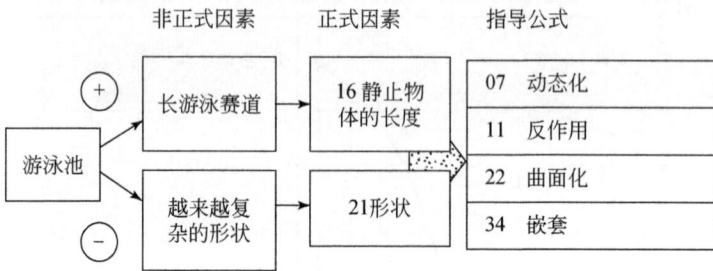

图 S20.1 标准矛盾示意图

根本矛盾

公式格式：池 ▶ 圆的 VS 非圆形的

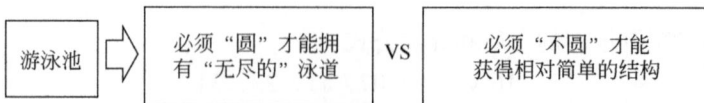

图 S20.2 根本矛盾示意图

|S20| 示例"游泳运动员"（再补充）

发明

关键模型：11 反作用 - b）使对象或环境的可移动部分固定。

主要思想：使水流动。另外：07 动态化。

考虑到 22 曲面化：一个圆形的水池，只是头脑风暴的第一个想法！

缩放

矛盾已经消除了吗？ 是的。

超级效应：因为教练位于游泳运动员的附近，所以可以调整训练参数（运动速度和阶段）并且随时随地调整游泳运动员的游泳技术。

负面影响：没有。

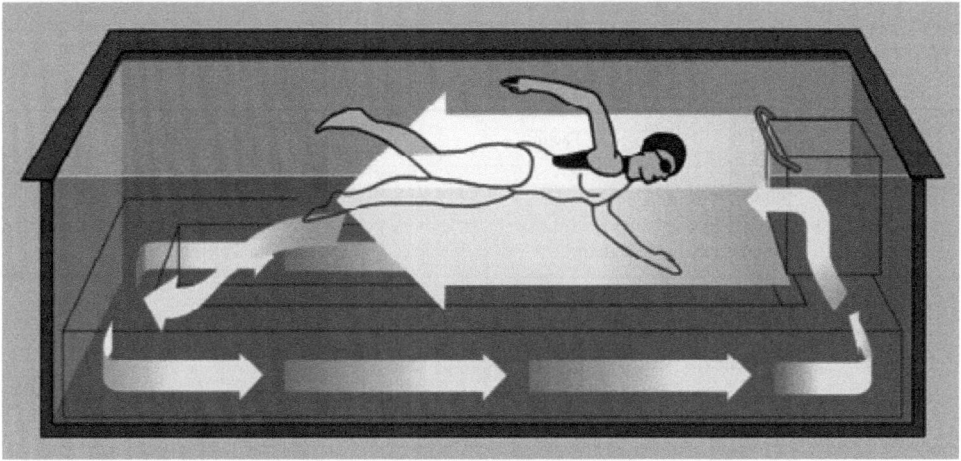

图 S20.3   游泳运动员训练示意图

简述

为了给长距离的游泳运动员提供充分的训练机会并且简化泳池设计，泳池内的水可以根据导航仪 11 反作用和 07 动态化来移动。

|S21| 阿奇舒勒矛盾矩阵

表 S21.1　39 个改善因素和恶化因素列表

序号	Factor	因素
01	Productivity	生产率
02	Universality，Adaptability	适应性，通用性
03	Level of automation	自动化程度
04	Reliability	可靠性
05	Precision of manufacture	制造精度
06	Precision of measurement	测量精度
07	Complexity of construction	系统的复杂性
08	Complexity of inspection and measurement	控制和测量的复杂性
09	Ease of manufacture	可制造性
10	Ease of use	操作流程的方便性
11	Ease of repair	可维修性
12	Loss of information	信息损失
13	External damaging factors	作用于物体的有害因素
14	Internal damaging factors	物体产生的有害因素
15	Length of the moveable object	运动物体的长度
16	Length of the fixed object	静止物体的长度
17	Surface of the moveable object	运动物体的面积

续表

序号	Factor	因素
18	Surface of the fixed object	静止物体的面积
19	Volume of the moveable object	运动物体的体积
20	Volume of the fixed object	静止物体的体积
21	Shape	形状
22	Speed	速度
23	Functional time of the moveable object	运动物体的作用时间
24	Functional time of the fixed object	静止物体的作用时间
25	Loss of time	时间损失
26	Quantity of material	物质的量
27	Loss of material	物质损失
28	Strength	强度
29	Stabile structure of the object	稳定性
30	Force	力
31	Tension, pressure	应力，压强
32	Weight of the moveable object	运动物体的重量
33	Weight of the fixed object	静止物体的重量
34	Temperature	温度
35	Brightness of the lighting	照度
36	Power	功率
37	Energy use of the moveable object	运动物体的能量消耗
38	Energy use of the fixed object	静止物体的能量消耗
39	Loss of energy	能量损失

表 S21.2　阿奇舒勒矩阵表

趋势因素（正因素）＼问题因素（负因素）		生产率 01	适应性，通用性 02	自动化程度 03	可靠性 04	制造精度 05	测量精度 06	系统的复杂性 07	控制和测量的复杂性 08	可制造性 09	操作流程的方便性 10	可维修性 11	信息损失 12	作用于物体的有害因素 13
生产率	01		03.01 04.27	35.37 01.10	03.01 02.30	09.03 06.02	03.02 15.04	37.19 04.18	01.06 13.05	01.04 05.18	03.04 34.08	03.09 02.29	11.07 36	21.01 11.18
适应性，通用性	02	01.04 20.27		13.15 01	01.11 32.18	27.12	01.35 03.02	07.14 27.04	03	03.11 31	07.15 03.16	03.16 34.24	27.11	01.28 09.31
自动化程度	03	35.37 01.10	13.24		28.13 09	04.10 06.36	04.10 02.15	07.18 29	15.13 29	03.10 11	03.37 15.12	03.01 11	01.38	05.38
可靠性	04	03.01 14.30	11.01 32.18	28.11 13		28.09 03	09.12 28.36	11.01 03	13.17 04	04.02 24.17	13.19 17	03.28	02.04	13.01 05.17
制造精度	05	02.06 09.23	01.11 18	10.04 06.36	28.09 03		10.04 18.11	10.05 06	02.36	18.03	03.09 01.36	29.02	18.34 29	10.04 02.26
测量精度	06	12.15 04.09	11.01 05	04.05 02.15	35.28 03.36	10.09 27		13.01 02.15	10.18 09.04	20.01 29.06	03.11 19.15	03.09 11.28	34.10 01.21	04.18 21.10
系统的复杂性	07	37.19 04	14.07 04.27	07.03 18	11.01 33	10.18 02.15	05.10		07.02 27.04	13.10 03.11	13.39 10.18	03.11	34.08 09.03	21.08 14.17
控制和测量的复杂性	08	01.06	03.07	15.33	13.17 04.32	27.34	10.18 09.04	07.02 27.04		35.04 28.14	05.35	37.10	01.38 13.21	14.04
可制造性	09	01.03 02.04	05.11 07	32.04 03	39.04 13.38	37.20 11.07	03.01 37.06	13.10 03	20.04 28.03		05.35 11.16	01.03 28.39	09.18 06.16	18.05
操作流程的方便性	10	07.03 04	07.15 03.16	03.15 37.12	19.13 32.17	03.01 01.36	03.09 05.15	29.11 37.19	09.29 03.02	05.35 37		37.10 03.09	24.02 13.21	05.29 04.23
可维修性	11	03.09 02	34.03 24.16	15.01 34.11	28.02 03.16	29.02	02.05 11	01.03 11.28	01.24 19.11	01.03 28.02	03.37 10.07		12.39 11.10	05.16
信息损失	12	11.36 07	18.35 39.17	01	02.04 36	27.24 09.34	09.03 27.34	20.11 18.24	01.38	09	13.21	05.02		21.02 03
作用于物体的有害因素	13	21.01 11.18	01.28 21.31	38.12 15.17	13.18 05.17	10.04 36.10	04.38 14.17	21.08 14.17	21.08 14.17	18.01 04.23	05.29 05	01.02	21.02 05	
物体产生的有害因素	14	21.01 06.23	07.19 24.18	05	18.05 17.23	24.19 15.10	12.38 10	08.03 31	05.33 13.03	24.17 18.34	24.18 22.20	03.18	02.33 14	01.18 34
运动物体的长度	15	22.24 04.14	22.07 03.16	19.18 10.16	02.22 14.17	04.09 14.27	04.09 02	03.08 10.18	01.03 10.18	13.04 19	07.14 01.24	03.04 02	03.18	21.01 19.18
静止物体的长度	16	25.22 34.10	03.01	02.11	07.14 04	05.09 02	09.04 12	03.10		07.19 13	05.29	12	18.10	03.06
运动物体的面积	17	02.10 15.05	07.25	22.25 04.36	14.39	05.09	10.04 09.12	22.03 11	05.26 10.06	11.03 10.18	07.19 11.16	03.04 02.03	25.10	21.38 04.03
静止物体的面积	18	02.07 19.34	07.16	36	09.01 17.24	05.14 06.02	10.04 09.04	03.06 05	05.01 25.06	17.16	16.24	16	25.16	13.05 23.01
运动物体的体积	19	02.20 05.15	07.14	01.15 16.18	22.03 17.28	29.04 05.16	29.10 04	10.03	14.10 24	14.03	07.11 25.37	02	05.21	21.33 01.05
静止物体的体积	20	01.27 02.05	31.20 11.09	02.03 11.18	05.01 16	01.02 29	19.10 09.31	03.31	05.19 10	01	34.10 18.19	03	09.22 18	15.23 08.13
形状	21	17.10 15.02	03.07 14	07.03 09	13.18 16	09.25 17	04.09 03	16.14 03.04	07.11 23	03.09 19.04	09.07 10	05.11 03	19.34 07.09	21.03 05.01
速度	22	04.02 11	07.02 10	02.06	28.01 13.04	04.09 09.29	03.02 03.18	12.15 24.15	12.15 13.16	01.11 32.03	09.04 11.37	15.05 04.13	11.10	03.04 01.36
运动物体的作用时间	23	01.19 22.08	03.01 11	20.02	28.05 11	12.13 16.17	12	02.24 14.07	08.14 23.01	13.03 24	37.13	14.02 13	02	21.07 38.04
静止物体的作用时间	24	40.02 16.30	05	03	15.13 20.17	02.10 18	02.10 24	35.02 24	29.15 20.01	01.02	03	03	02	19.03 17.38
时间损失	25	02.18 24.11	01.04 01.25	18.04 24	02.25 24	18.10 04.06	18.15 04.09	20.14	06.04 09.02	01.04 15.24	24.04 02.15	09.03 02	18.10 04.09	01.06 15
物质的量	26	11.14 12.13	07.12 14	32.01	06.12 04.17	38.25	12.05 04	12.11 13.02	12.13 14.06	14.03 01.13	01.14 02.29	05.09 02.29	18.04 01	10.38 14.31
物质损失	27	04.01 02.36	07.02 05	01.02 06	02.14 23.01	12.01 18.31	16.15 31.04	01.02 04.18	01.06 02.11	07.15 38	09.04 05.18	05.01 15.13	09.03 02.12	38.21 25.17
强度	28	14.01 02.22	07.12 09	07	28.12	12.13 16	12.13 04	05.11 07.17	13.12 02.09	28.12 04.05	09.17 12	13.28 02	04.10 02	06.01 27.03
稳定性	29	36.01 17.12	01.25 15.05	03.32 01	01.17 18	06	11	05.01 21.10	01.21 23.36	01.08 25	09.01 02.16	05.01 09	18.02 02.16	01.18 06.25
力	30	12.04 01.27	07.19 06.40	05.01	12.01 11.33	04.14 27.26	01.02 36.18	10.01 02.06	26.27 02.08	07.27 06.03	03.04 12.29	07.03 28	09.34 02	03.01 17.06
应力，压强	31	02.22 01.27	01	01.18	02.11 08.01	12.01	20.04 08.03	08.03 01	05.26 27	03.01 16	05	05	04.05 34.18	21.05 27
运动物体的重量	32	01.12 18.27	14.35 07.32	10.01 06.08	12.28 03.13	04.01 10.06	04.13 14	10.25 26.15	04.14 10.09	13.04 03.26	01.12 05.18	02.18 04.28	01	21.33 06.13
静止物体的重量	33	03.04 07.01	08.07 14	05.10 01	02.04 32.12	02.13 01.19	06.10 04	03.02 10.23	29.04 19.07	04.03 09	20.11 03.09	05.13 04.28	02.07 01	05.08 21.27
温度	34	07.04 01	05.06 13	10.05 08.16	08.01 12.02	18	09.08	05.19 01.31	12.13 01	10.13	10.13	24.02 16	39.18	21.38 01.05
照度	35	05.29 16	07.03 08	05.10	01.03	12.09	28.07 09	20.09 07	19.09	08.01 04.10	04.10 08	07.19 11.16	03.20	07.08
功率	36	04.01 15	08.19 15	04.05 19	08.18 10.31	09.03 05	09.07 25.15	40.08 16	08.01 16	10.02 15	10.01 02.15	01.05 02	02.08	08.21 31.05
运动物体的能量消耗	37	37.04 01	07.19 11.16	09.05	08.33 28.13	12.35 04.32	12.03 09	05.14 13.04	01.30	04.10 25	08.01	03.07 19.04	11.18 34.21	20.13 01.05
静止物体的能量消耗	38	03.20	01.11	02.05	02.26 36	04.24 06	04.01	04.24	08.01 16.29	03.24	11.18	01.19	05.02 34	02.05 21.27
能量损失	39	04.02 14.01	07.22 11.31	05	28.02 01	18.10 09.04	09	34.36	01.12 07.36	02.01	01.09 03	05.08	08.02	33.21 01.05

趋势因素（正因素） ＼ 问题因素（负因素）		物体产生的有害因素 14	运动物体的长度 15	静止物体的长度 16	运动物体的面积 17	静止物体的面积 18	运动物体的体积 19	静止物体的体积 20	形状 21	速度 22	运动物体的作用时间 23	静止物体的作用时间 24	时间损失 25	物质的量 26
生产率	01	01.21 06.23	06.24 04.30	25.34 22.10	02.10 15.31	02.01 19.34	05.20 15.02	01.27 02.05	22.02 15.17	01.12 18	01.02 05.06	40.02 16.30	12.15	01.30
适应性，通用性	02	18.24 28	01.03 14.05	03.01 16	01.25 14.34	07.16	07.01 14	07.31 16.12	07.27 03.32	01.02 22	11.03 01	05.16	01.04	12.01 07
自动化程度	03	05	22.11 04.19	36	19.22 11	11.10 24	01.11 16	10.11 18.31	07.09 03.11	04.02	20.39	02.16 11	18.04 01.25	01.11
可靠性	04	01.05 17.10	07.39 22.24	07.14 04.28	19.02 22.16	09.01 17.24	12.02 22.18	05.01 16.28	01.03 28.04	33.01 12.29	05.01 20.17	15.13 24	02.25	33.04 17.12
制造精度	05	24.19 15.10	02.04 14.27	05.09 02	04.38 14.09	05.14 06.26	09.04 05	29.02 01	09.25 17	02.04 09	12.13 17	18.04 15	09.10 04.06	09.25
测量精度	06	12.38 23.02	04.10 35.16	09.04 12.16	10.04 09.12	10.04 09.12	09.11 20	10.18 11.31	20.04 09	04.11 09.18	04.20 09	02.10 18	18.15 04.09	05.20 09
系统的复杂性	07	08.03	03.18 10.18	10	22.03 11.16	20.26	15.10 20	03.16	14.11 04.07	15.02 04	02.24 04.07	02.11	20.14	11.12 13.02
控制和测量的复杂性	08	05.33	16.19 10.18	10	05.11 06.19	05.23 25.16	14.03 24.16	05.06 10.33	13.11 03.23	12.24 16.01	08.14 29.23	29.15 20.01	06.04 09.39	12.13 14.06
可制造性	09	33.18 23	03.14 11.19	07.19 13	11.03 10.37	16.17	11.14 03.17	01	03.04 11.13	01.11 32.03	13.03 24	01.16	01.04 15.24	01.36 03.18
操作流程的方便性	10	31.18 11.37	03.19 11.37	03.24	03.19 11.16	06.16 07.23	03.16 01.07	24.06 23.31	07.15 14.04	06.11 15	14.12 32.29	03.16 29	24.04 02.15	37.01
可维修性	11	07.37 04	03.04 02.29	12.06 31	07.11 09	16.29	29.05 01.28	03	03.11 05.24	15.39	04.13	03	09.03 02.29	05.04 02.29
信息损失	12	02.33 21	03.10	10	25.10	25.16	34.31	05.21	24.09	10.09	02	02	18.10 04.09	18.04 01
作用于物体的有害因素	13	11.18 19.24	19.03 23.24	03.06	21.03 38.04	13.05 23.01	21.36 27.01	15.23 08.13	21.03 12.01	33.21 01.04	21.07 38.04	19.03 17.38	01.06 15	01.38 14.31
物体产生的有害因素	14		19.07 16.21	22.18	19.05 06.23	21.03 17	19.05 17	25.06 01.24	01.03	01.04 12.36	07.21 38.31	33.23 16.21	03.21	12.18 23.03
运动物体的长度	15	19.07			19.11 25	07.19 24	34.07 03.24	34.19 04.01	19.31 08.24	03.32 02.14	11.24 32	08	02.01 03.08 07.05 14	14.01
静止物体的长度	16	01.31	12.03 24		24.19 01	19.34 02.17	25.34 07	01.32 05.22	11.22 07.34	22.24 31	01.14 31	03.17 01	25.14 22	24.31 29.22
运动物体的面积	17	19.05 06.23	22.07 06.24	22.19 24.11		03.24 12.18	34.22 19.24	22.11	35.15 14.24	14.25 24.15	20.12	03.12 08	10.24	14.25 20.11
静止物体的面积	18	21.03 17	12.03	10.34 39.23	24.31 34		22.34 11	10.11 24	24.34 10	10.35	11.01	05.02 08.25	02.01 24.06	05.06 17.24
运动物体的体积	19	19.05 17.03	03.34 01.04	34.07 24	03.34 24.19	22.34 31		01.22 18	03.07 14.24	14.24 30.15	20.01 24	25.31 03	05.20 15.02	14.25 34
静止物体的体积	20	25.06 01.24	08.22	01.32 05.22	22.24 25.11	34.11 07	11.04 05.34		34.05 01	17.05 04	08.03 07.15	01.15 30	01.16 09.06	01.12
形状	21	01.03	14.15 35.24	11.22 02.34	35.15 14.02	19.22 09.24	22.24 07.21	34.05 01		01.07 15.06	22.10 39.29	25.11 35.21	22.02 15.19	26.21
速度	22	05.18 01.33	11.22 32	19.07 15	14.25 15	22.19 24	34.14 15	04.34	01.07 06.15		12.08 01.35	12.11	11.02	02.08 14.30
运动物体的作用时间	23	33.23 16.21	05.08 39	37.39 08	12.19 08	39.37 08	02.05 08.25	02.25 37	22.10 04.29	12.01 35		02.40 24	40.02 04.06	12.01 02.17
静止物体的作用时间	24	21	19.17 08	03.17 01	06.10 08.22	01.19 12.34	01.12 11.24	01.15 30	19.38 11.34	14.24 22.11	18.04		04.40 02.16	12.01 31
时间损失	25	01.21 06.23	07.05 14	25.18 22.35	10.24 35.16	02.01 19.24	05.35 15.02	16.02 09.06	24.02 15.19	04.10 02.24	40.02 04.06	04.40 02.16		01.30 06.16
物质的量	26	12.01 17.23	14.22 01.06	07.31 01.24	07.22 14	05.06 17.24	07.40 14	01.30 31.03	01.22	01.14 15.04	12.01 02.17	12.01 31	01.30 06.16	
物质损失	27	02.03 15.14	22.14 02.23	02.04 18	01.05 02.31	02.06 23.31	03.14 25.26	12.23 06.31	14.01 12.35	02.11 04.30	04.13 12.06	13.16 06.30	07.06 01.02	20.12 02.18
强度	28	07.01 21.05	03.07 32.01	07.22 04.10	12.15 17.14	39.17 04	22.34	19.07	32.11 01.17	13.12 10.22	18.10 24	14.12 04.02	14.02 13	
稳定性	29	01.17 13.23	11.07 03.04	27	05.28 11	23	04.02 08.23	15.04 01.17	01.23 06.24	38.01 04.06	11.13 02.01	23.12 01.36	01.13	07.09 01
力	30	11.12 26.18	19.08 39.26	04.02 07	08.02 26.27	03.06 37.27	07.39 37.26	05.26 06.27	02.01 07.37	11.04 37	08.05	05.02 27.26	02.27 06.26	22.14
应力，压强	31	05.38 13.06	01.02 26	01.03 22.16	02.07 26.04	02.07 26.27	20.01 02	01.18	01.24 07.02	20.01 26	08.12 13	22.01 19.05	27.26 24	02.22 26
运动物体的重量	32	21.01 31.23	07.32 14.15	07.19 37.14	14.19 30.15	04.03 31.24	14.05 17.04	17.05 24.34	02.22 01.17	05.32 07.30	35.15 31.01	02.04	02.01 40.04	12.10 06.31
静止物体的重量	33	01.21 03.23	19.24	02.03 14.01	34.01	01.25 11.05	22.11 12	35.01 22.05	01.08 14.22	01.19 25	01.02 37	05.13 08.20	02.40 01.10	08.20 06.10
温度	34	21.01 05.18	07.08 39	07.08 39	12.01 23.06	01.30	15.23 17.06	01.20 24	22.21 24	05.04 26.25	08.11 23	08.06 26.17	01.04 33.06	12.19 25.23
照度	35	01.08 09.23	08.09 16	22.01	08.09 10	19.24 02	05.11 02	22.11 02	09.25	02.11 08	05.08 20	20.02 04	08.03 10.19	03.08
功率	36	05.01 06	03.02 01.27	03.01 24	08.30	19.09 11.30	01.20 30	25.20 29	14.22 29	07.01 05.17	08.01 02.30	16	01.40 02.20	24.15 08
运动物体的能量消耗	37	05.01 20	37.04	07.08 07.04	07.08 29	01.05 19.07	01.11 06	12.15 01.34	37.05 14	32.07 01	04.11 20.06	04.11 02.08	01.30 08.06	15.36 16.06
静止物体的能量消耗	38	08.21 06	19.24 37	19.39 16	11.37 18	19.16 08	11.08 04	01.06	34.18	03.04	08.24 04	19.04 10	02.17 34.39	12.01 31
能量损失	39	33.01 05.21	34.05 20.11	20.30 34	07.10 19.25	19.34 25.06	34.06 36	34	24.18	16.01 30	33.01	19.31	02.06 09.34	34.06 29

问题因素（负因素） ＼ 趋势因素（正因素）		物质损失 27	强度 28	稳定性 29	力 30	应力，压强 31	运动物体的重量 32	静止物体的重量 33	温度 34	照度 35	功率 36	运动物体的能量消耗 37	静止物体的能量消耗 38	能量损失 39
生产率	01	04.02 01.36	14.04 02.06	01.12 21.23	04.07 02.26	02.27 22	01.10 18.27	04.13 07.12	01.33 04.02	10.19 08.03	01.40 02	01.02 30.08	03	04.02 14.01
适应性、通用性	02	07.02 05.11	01.12 09.20	01.25 2	07.19 40	01.16	03.20 07.32	08.07 14.16	13.05 12.01	20.21 10.03	08.03 14	08.01 14.11	16.03 37	06.07 03
自动化程度	03	01.02 06.35	29.11	06.03	05.01	11.01	04.10 06.01	04.10 01.02	10.05 08	32.09 08	04.05 13	05.09 11		36.04 05.11
可靠性	04	02.01 14.23	28.04	12.03 18.05	32.04 02.12	02.18 01.08	12.32 02.17	12.02 32.04	12.01 02	28.09 11	33.28 10.31	33.28 13.08	26.36	02.28 01
制造精度	05	01.31 02.18	12.13	25.06	04.08 15.26	12.01	09.04 11.06	10.01 13.39	08.10	12.09	09.05	09.05	02.18 35.40	11.09 05
测量精度	06	02.16 31.04	04.20 11	09.01	09.05	20.04 09	09.01 10.04	04.01 29.10	20.08 04.18	20.03 09	12.20	12.20	18.16 24	10.09 13
系统的复杂性	07	01.02 04.14	05.11 04	05.21 19.08	10.16	08.03 01	10.25 15.26	05.10 01.23	05.19 11	18.19 11	40.08 25.15	13.05 14.04	04.02 11	02.01 11.05
控制和测量的复杂性	08	03.06 02.18	13.12 07.04	28.21 23.25	26.04 17.08	01.26 27.09	13.10 04.11	20.11 04.03	12.13 01.16	05.18 10	08.03 16.02	01.30	08.01 16	01.12 07.08
可制造性	09	07.15 38	13.12 02.09	28.11 03	01.37	01.08 03.27	04.14 07.16	03.13 26.11	13.10 06	04.18 13.03	13.03 37.18	04.10 13.03	03.24	08.01
操作流程的方便性	10	04.09 05.18	09.17 12.04	09.01 25	04.11 01	05.09 37	29.05 11.07	20.11 03.29	10.13 11	11.19 03.18	01.13 05.02	03.11 18	18.37 11	05.08 11
可维修性	11	05.01 15.13	03.28 05.39	05.01	03.28 11	11	05.13 01.28	05.13 01.28	24.02	07.03 11	07.02 09.05	07.03 04.16	03.07 11.16	07.03 09.08
信息损失	12	34.19 12.11	18.31 22.17	25.10 18.35	11.03	18.21	02.18 01	02.01 35	21.03 18	08	02.08	03.40 08	18	08.02
作用于物体的有害因素	13	38.21 08.17	06.01 27.03	01.18 25.06	11.01 23.06	21.05 27	21.33 13.23	05.21 11.18	21.38 01.05	03.08 09.11	08.21 31.05	03.18 20.13	02.05 21.27	33.21 01.05
物体产生的有害因素	14	02.03 15	07.01 21.05	11.12 13.23	03.14 03.17	05.38 13.06	08.21 07.23	01.21 03.23	21.01 05.18	08.18 23.09	05.01 06	05.01 20	08.21 06	33.01 05.21
运动物体的长度	15	24.14 36.02	32.01 14.15	03.32 03	19.02 24	03.32 01	32.07 14.15	03.19 07.24	02.07 08	09	03.01	32.01 18	24.03	34.05 01.23
静止物体的长度	16	02.04 18.01	07.22 04.10	23.27 01		03.22 01	25.31 32.17	01.04 17.14	12.01 30.06	12.29	37.32	01.18 33.11	25.31 37.11	20.04
运动物体的面积	17	02.01 05.23	12.07 17.22	28.05 11.23	08.25 01.05	02.07 26.04	05.19 14.04	12.31 05	05.07 16	07.09 08.11	08.02 09.06	08.09	19.08 35	07.19 25.10
静止物体的面积	18	02.22 06.23	17	05.30	03.06 01.26	02.07 26.27	22.31 24.11	25.05 22.06	01.23 30	03.18 01.09	19.09	08.11 04	01.17	19.34 25
运动物体的体积	19	26.23 15.02	35.02 07.34	04.02 03.23	07.01 26.27	20.01 26.27	05.10 14.17	31.11 10	15.23 02.06	02.11 05	01.20 11.06	01	30.38 08	34.07 11.16
静止物体的体积	20	02.23 01.15	39.22 19.07	18.04 01.17	05.06 27	18.01	31.25 24.08	01.02 08.22	01.20 24	01.18 04.34	25.20	01.08 35	01.17	01.17
形状	21	01.14 12.35	25.22 02.17	38.03 06.24	01.02 27.17	15.07 02.22	32.02 14.17	07.02 10.12	21.22 08.09	11.07 09	24.20 15.22	05.20 31	22.07	22
速度	22	02.11 04.30	32.12 10.22	04.38 03.06	11.04 07.08	20.06 30.17	05.04 11.30	03.11	04.25 26.05	02.11 08	08.01 30.05	32.07 01.30	01.08	22.40 08.01
运动物体的作用时间	23	04.13 12.06	03.12 02	11.12 01	08.05 16	08.12 13	08.35 15.31	31.15	08.01 23	05.08 24.01	04.13 01.30	04.20 01.06	20.06	02.18 01
静止物体的作用时间	24	13.16 06.30	01.39	23.12 01.36	19.17 39	19.24 07	31.24 08.16	20.13 26.17	08.06 34	17.18 16	16	11.17 18	01.17	02.17 15.18
时间损失	25	01.06 02.23	14.12 04.06	01.12 21.35	02.27 26.35	27.26 24	02.40 27.01	02.40 10.35	01.14 33.06	03.08 10.19	01.40 03	01.30 02.06	03	02.35 10
物质的量	26	20.12 02.18	22.01 15.02	07.05 19.17	01.22 12	02.26 22.12	01.20 06.31	13.10 06.01	12.19 23	01.04 25.31	01	15.14 16.06	12.01 31	34.06 29
物质损失	27		01.04 31.17	05.22 25.17	22.07 06.17	12.26 27.02	01.20 36.17	01.20 21.09	33.26 23.31	03.20 11	04.13 06.30	06.18 18.35	37.31	01.13 05.31
强度	28	01.04 31.17		11.19 01	02.06 12.22	02.12 06.17	01.03 17.07	17.10 13.03	25.02 17	01.08	01.04	08.01 02	01	01
稳定性	29	05.22 25.17	19.39 07		02.01 33.16	05.01 05.23	33.01 03.17	10.23 09	01.03 09	09.12 13.07	09.01 13.31	11.08	13.24 14.06	22.05 23.20
力	30	32.01 17.35	01.02 22.13	01.02 33		06.33 28	32.03 27.06	06.11 03.04	01.02 33	11.08 01.18	08.01 06.27	08.19 02	03.16 26.27	22.07
应力，压强	31	02.26 12.27	39.06 12.17	01.38 05.17	26.01 33		02.26 27.17	11.14 02.06	01.23 08.05	18.37 21.01	02.01 22	22.18 02.27	19.24 37.18	05.26 29
运动物体的重量	32	35.01 12.31	04.13 06.17	03.01 08.23	32.02 06.27	02.26 27.17		08.01	20.14 24.30	08.03 09	37.26 06.31	01.03 15.31	01.03 04	20.05 15.08
静止物体的重量	33	35.32 11.25	04.05 02.13	10.23 03.17	32.02 08.01	11.14 02.06	17.31 03		04.08 09.21	01.08 09	07.08 06.21	12.19	06.08 04.03	06.08 04.07
温度	34	33.26 14.31	02.25 21.17	03.01 09	01.02 12.33	01.23 08.05	26.21 20.30	21.01 09		09.25 33.16	05.22 19.29	08.07 12.19	01.12	33.19 01.03
照度	35	11.03	01.08	09.12 13	10.08 20	25.01 37	08.03 09	05.01 09	09.01 08		09	09.03 08	09.01 03.07	08.16 03.20
功率	36	04.13 06.30	10.02 04	01.09 07.31	10.05 26.01	21.02 09	32.26 30.31	06.11 19.13	16.20 19.29	16.20 08		16.20 08.27	08.07 16.03	02.01 30
运动物体的能量消耗	37	01.18 06.35	35.08 39.01	08.11 19.18	16.10 33.05	36.22 29	37.06 04.31	04.37 31.11	08.18 12.22	05.07 08	20.08 27.06		07.11	37.21 07.18
静止物体的能量消耗	38	04.13 06.31	01	13.24 14.06	26.27	19.39 32.08	04.11 13.26	08.39 20.13	01.08 33.26	08.05 01.09	35.08 11.01	05.08 11.35		01.31 03.18
能量损失	39	01.13 05.27	10	22.05 23.20	26.30	24.11	07.20 08.04	08.20 06.39	08.30 34	03.11 09.07	12.30	01.08 12	01.08 24	

|S22| 阿奇舒勒发明原理 - 目录

表 S22.1　40 条发明原理（专业转换模型）

序号	Navigator	导航仪
01	Change in the aggregate state of an subject	物理或化学参数改变
02	Preliminary action	预先作用
03	Segmentation	分割
04	Replacement of mechanical matter	机械系统替代
05	Separation	抽取
06	Use of mechanical oscillations	机械振动
07	Dynamization	动态化
08	Periodic action	周期性作用
09	Change in color	颜色改变
10	Copying	复制
11	Inverse action	反作用
12	Local property	局部质量
13	Inexpensive short-life object as a replacement for expensive long-life one	廉价替代品
14	Use of pneumatic or hydraulic constructions	气动和液压结构
15	Discard and renewal of parts	抛弃或再生
16	Partial or excess effect	未达到或超过的作用
17	Use of composite materials	复合材料
18	Mediator	中介物
19	Transition into another dimension	空间维数变化

序号	Navigator	导航仪
20	Universality	多用性
21	Transform damage into use	变害为利
22	Spherical shape	曲面化
23	Use of inert media	惰性环境
24	Asymmetry	增加不对称性
25	Use of flexible covers and thin films	柔性壳体和薄膜
26	Phase transitions	相变
27	Use of thermal expansion	热膨胀
28	Previously installed cushion	预先防范
29	Self-servicing	自服务
30	Use of strong oxidants	强氧化剂
31	Use of porous materials	多孔材料
32	Counterweight	重量补偿
33	Quick jump	减少有害作用的时间
34	Matryoshka	嵌套
35	Unite	合并
36	Feedback	反馈
37	Equipotentiality	等势
38	Homogeneity	均质性
39	Preliminary counteraction	预先反作用
40	Uninterrupted useful function	有效作用的连续性

表 S22.2　阿奇舒勒发明原理 - 目录表格（文本形式）

名称	解释
01 物理或化学参数改变	a）这包括转变为"伪状态"（"伪液体"）和过渡态，如使用固体物体的弹性特性以及简单的过渡，从固态到液态； b）浓度、弹性程度、温度的变化等。
02 预先作用	a）先前就有必要（部分或完全）更改一个对象； b）提前准备好物品，以便它们可以从最佳位置投入工作，并且不浪费时间。

续表

名称	解释
03 分割	a）将物体分解成各个部分； b）使分解一个物体成为可能； c）提高物体的拆卸程度（减少零件）。
04 机械系统替代	a）用光学、声学或嗅觉方案替换机械方案； b）使用电场、磁场或电磁场进行物体的相互作用； c）用动态字段替换静态字段，即从时间固定到灵活字段，从非结构化字段到具有特定结构的字段； d）使用与铁磁粒子相关的场。
05 抽取	将"不兼容的部分"（"不兼容的属性"）从对象中分离出来，或者完全将唯一真正必要的部分（必要属性）包含到对象中。
06 机械振动	a）引起对象振动； b）如果对象已经振动，则将振动的频率提高到超高频； c）使用谐振频率，应用石英振动器； d）使用与电磁场有关的超声波振动。
07 动态化	a）改变对象或环境的特征以优化每个工作流程； b）将一个对象拆分成可相互移动的部分； c）使可移动的对象固定。
08 周期性作用	a）从连续功能转变为周期性功能（脉冲）； b）如果功能已经以这种方式运行，则更改周期； c）将脉冲之间的中断用于其他功能。
09 颜色改变	a）改变物体或其环境的颜色； b）更改对象或其环境的透明度级别； c）使用颜色补充来观察难以看到的物体或过程； d）如果这种补充已经在使用，请增加照明措施。
10 复制	a）使用简单且廉价的副本，而不是无法访问的、复杂的、昂贵的、不合适的或易碎的物品； b）用光学副本替换一个物体或一个物体系统；在这里采取措施进行改变（放大或缩小副本）； c）如果使用可见副本，那么它们可以用红外线或紫外线副本代替。
11 反作用	a）完成相反的动作（加热物体而不是冷却物体），而不是任务条件所规定的行动； b）使物体或环境的可移动部分固定或使固定部分可移动； c）将物体上下或左右翻转。
12 局部质量	a）将对象的结构（外部环境、外部影响）从相同变为不同； b）物体的不同部分具有不同的功能； c）每一个物体都应该在最符合其功能的条件下存在。
13 廉价替代品	用一组没有某些属性（如寿命长）的廉价物品代替昂贵的物品。
14 气动和液压结构	使用气体或流体部件代替物体中的固定部件，如可被吹起或充满液压流体的部件、气垫或流体静力或液压反应部件。
15 抛弃或再生	a）完成任务并且不再是物体的一部分的零件应予以处理（溶解、蒸发等）； b）在工作中应立即更换物体的使用部分。

续表

名称	解释
16 未达到或超过的作用	当难以完全达到预期效果时，应尽量少做一点或多做一点；这可以使任务更容易。
17 复合材料	从均质材料转变到组合。
18 中介物	a）使用另一个对象来传输一个动作； b）暂时将一个对象与另一个（容易分开的）对象连接起来。
19 空间维数变化	a）对象的形状可以使其不仅可以以线性方式移动或放置，而且可以以二维方式放置在表面上；也可以从表面过渡到三维空间； b）从几个层面进行操作；提示或转动其侧面的对象；使用有问题的空间的背面； c）使用投射相邻空间或当前空间背面的光线。
20 多用性	一个对象具有多个功能，因此不需要其他对象。
21 变害为利	a）利用破坏性因素，特别是环境因素，以达到有益的效果； b）将一个消极因素与其他消极因素相结合来消除这个消极因素； c）改善破坏性因素，直到它不再造成损害。
22 曲面化	a）把对象的线性部分变成弯曲的物体，从平面变成球形，从立方体或平行六面体变成圆形结构； b）使用滚子、球和弹簧； c）通过使用离心力改变转向运动。
23 惰性环境	a）用惰性的物质替换普通介质； b）在真空中完成一个过程。
24 增加不对称性	a）从对象的对称形状移动到非对称性的形状； b）如果对象已经非对称，则增加其非对称性程度。
25 柔性壳体和薄膜	a）采用柔性盖层和薄层代替常用结构； b）将对象从外部具有柔软的覆盖层或薄层的世界中分离出来。
26 相变	充分利用相变过程中发生的现象，如体积变化、辐射、吸收热量等。
27 热膨胀	a）加热时充分利用材料的膨胀（或减少）； b）利用具有不同热膨胀系数的材料。
28 预先防范	提前采取安全措施，提高相对较差环境的安全性。
29 自服务	a）对象本身具有辅助和修理功能； b）重复使用废物（能源、材料）。
30 强氧化剂	a）用增强型气流代替正常空气； b）用氧取代增强型气流； c）通过电离辐射影响空气或氧气； d）氧与臭氧的使用； e）用臭氧代替电离。
31 多孔材料	a）使对象多孔或补充使用多孔元件（插入物、覆盖物等）； b）如果对象已经由多孔材料构成，则可以预先用某种材料填充孔隙。

续表

名称	解释
32 重量补偿	a）对与另一个对象有连接的物体的重量进行补偿； b）利用与外部环境的相互作用（如气动或水动力）来补偿对象的重量。
33 减少有害作用的时间	高速完成一个过程或部分（破坏性或危险的）阶段。
34 嵌套	a）对象在一个对象内部，也在另一个对象内部，等等； b）物体穿过另一个物体的中空空间。
35 合并	a）将相似的物体联合起来用于相邻的操作； b）暂时将相似的物体联合起来用于相邻的操作。
36 反馈	a）产生追溯影响； b）改变已经存在的追溯影响。
37 等势	改变工作条件，使其不必升降物体。
38 均质性	与相关对象交互的对象必须由相同的材质（或具有相似属性的材质）制成。
39 预先反作用	如果任务的条件是需要采取行动，则应提前采取相反的行动。
40 有效作用的连续性	a）所有部件在全部连续工作的情况下不中断地完成工作； b）消除空转和中断。

表 S22.3 阿奇舒勒发明原理 - 目录（例子）

名称	解释
01 物理或化学参数改变	a）这包括转变为"伪状态"（"伪液体"）和过渡态，如使用固体物体的弹性特性以及简单的过渡，从固态到液态； b）浓度、弹性程度、温度的变化等。
	（01-02）德国 ZELTEC 公司已经开发出一种透明圆锥体，可以从地面上提取干净的水（导航仪 01）。锥体放在地面上，太阳光线加热表面。地下的水蒸发，凝结在圆锥体的壁上，然后流入位于圆锥体底部的集水器。
02 预先作用	a）先前就有必要（部分或完全）更改一个对象； b）提前准备好物品，以便它们可以从最佳位置投入工作，并且不浪费时间。
	（02-02）预先在羊身上拉网，以收集使用特殊化学制剂而从羊身上掉下来的羊毛（导航仪 02）。

名称	解释
03 分割	a）将物体分解成各个部分； b）使物体分解成为可能； c）提高物体的拆卸程度（减少零件）。
	（03-02）为了重新发挥刀的切割功能，刀片由数个部分组成，当这些部分磨损时可以将其取下。为此，在刀片上切了一些小凹痕（导航仪 03）。
04 机械系统替代	a）用光学、声学或嗅觉方案替换机械方案； b）使用电场、磁场或电磁场进行物体的相互作用； c）用动态字段替换静态字段，即从时间固定到灵活字段，从非结构化字段到具有特定结构的字段； d）使用与铁磁粒子相关的场。
	（04-02）德国 Microtec 公司制造了用于检查和治疗血管的微型"潜艇"。外部旋转磁场带动"螺旋桨"（导航仪 04）。
05 抽取	将"不兼容的部分"（"不兼容的属性"）从对象中分离出来，或者完全将唯一真正必要的部分（必要属性）包含到对象中。
	（05-01）为了确保椅子能够进行电动前进运动，将一个装备有电动机、蓄电池和导向系统的装置集成到轮椅中（导航仪 05）。
06 机械振动	a）引起对象振动； b）如果对象已经振动，则将振动的频率提高到超高频； c）使用谐振频率，应用石英振动器； d）使用与电磁场有关的超声波振动。
	（06-01）一家美国公司生产了安装在前保险杠上的特殊超声波哨子。在气流速度超过 50 千米 / 小时的情况下，哨子会发出超声波信号，这对动物来说是可怕的，但人们听不到（导航仪 06）。速度越快，超声波信号越响。
07 动态化	a）改变对象或环境的特性以优化每个工作程序； b）将一个对象拆分成彼此之间可移动的部分； c）使可移动的对象固定。
	（07-01）发现了一种新的动态解决方案，可以更加安全地固定游艇并改善其运行，特别是在浅水区域；龙骨可以折叠并通过带有灵活组件的船体铰链进行折叠（导航仪 07）。

续表

名称	解释
08 周期性作用	a）从连续功能转换为周期性功能（脉冲）； b）如果功能已经以这种方式运行，则更改周期； c）将脉冲之间的中断用于其他功能。
	（08-02）如果手表保持静止 3 天以上，日本精工公司生产的电子表就"睡着了"（不再显示时间）。内部存储器继续计时，手表一触即"醒"，立即开始显示正确的时间（导航仪 08）。
09 颜色改变	a）改变对象或其环境的颜色； b）改变对象或其环境的透明度水平； c）使用补色来观察难以看见的对象或过程； d）如果这种补充已被使用，则添加照明。
	（09-02）法国 DAITEM 公司提出了一个新系统来保护公寓和汽车免遭盗窃。该系统使用一种装置，在检测到未经授权的进入行为时，该装置在公寓和汽车内释放白色烟雾，但是烟雾不会损坏公寓和汽车（导航仪 09）。当防盗报警系统跳闸时，该设备被激活。
10 复制	a）使用简单且便宜的副本，而不是无法访问、复杂、昂贵、不合适或易碎的对象； b）用光学副本替换对象或对象系统；在这里采取措施进行改变（放大或缩小副本）； c）如果使用可见的副本，则可以用红外或紫外副本替换它们。
	（10-01）已经开发了一个系统来复制具有许多不同种类的鱼的水族馆。该系统由显示器组成，如安装在水族馆后面的电脑显示器，带有模仿气泡运动和植物自然运动的薄玻璃墙。鱼和整个世界都通过计算机屏幕上的影像进行投影（导航仪 10）。这些组合的平面在大型水族馆中造成了鱼类存在的错觉。
11 反作用	a）代替作业条件所规定的动作，完成相反的动作（加热一个物体而不是冷却它）； b）使物体或环境的可动部分固定或使固定部分移动； c）把一个物体上下或左右翻转。
	（11-02）美国公司 Kinesis 开发了一种键盘，其左右键盘沉入两个分开的凹槽中（导航仪 11）。
12 局部质量	a）将对象的结构（外部环境、外部影响）从相同变为不同； b）物体的不同部分具有不同的功能； c）每一个物体都应该在最符合其功能的条件下存在。
	（12-02）有人建议将由易熔材料制成的、装有灭火剂的管道安装在电缆上方，以自动"定位"并抑制电气火灾（导航仪 12）。

续表

名称	解释
13 廉价替代品	用一组不具有某些特性（如使用寿命长）的价格低廉的物体代替昂贵的物体。
	（13-01）有人建议创建与应用小型和廉价的无人机来记录海洋上方的气象数据（导航仪 13）。
14 气动和液压结构	使用气体或流体部件代替物体中的固定部件，如可被吹起或充满液压流体的部件、气垫或流体静力或液压反应部件。
	（14-02）日本公司 Mugen Denko 为摩托车手制作了充气救生背心（导航仪 14）。
15 抛弃或再生	a）完成任务并且不再是物体的一部分的零件应予以处理（溶解、蒸发等）； b）在工作中应立即更换物体的使用部分。
	（15-02）日本公司"东芝"开发出电脑打印机墨水，加热时几乎完全无色（导航仪 15）。
16 未达到或超过的作用	当难以完全达到预期效果时，应该尽量少做一点或多做一点；这可以使任务更容易。
	（16-02）药用安瓿可以通过浸入冷却液中迅速封闭，以防止尖端以外的强热场的剧烈加热（导航仪 16）。
17 复合材料	从均质材料转移到组合。
	（17-02）在英国，已经提出了多层幕布。它包含不同大小的孔隙，提供声波的机械过滤，使一组滤波器的总通带近似于海浪的频谱（导航仪 17）。
18 中介物	a）使用另一个对象来传输一个动作； b）暂时将一个对象与另一个（容易分开的）对象连接起来。
	（18-02）将活水中发光的单细胞微生物引入盐水池中来观察海豚的移动（根据导航仪 18）。然后可以用高精度摄像机记录在海豚身体周围流动的水。

续表

名称	解释
19 空间维数变化	a) 对象的形状可以使其不仅可以以线性方式移动或放置，而且可以以二维方式放置，即在表面上；也可以改善从表面到三维空间的过渡； b) 从几个层面进行操作；提示或转动其侧面的对象；使用有问题的空间的背面； c) 使用投射相邻空间或当前空间背面的光线。
	（19-02）用常规卷尺测量常常意味着在不同的方向上使用卷尺，无论是水平、垂直或不同角度。这意味着测量是在不同的维度上进行的（导航仪 19）。这让构建一个房间的紧密连接的三维结构表示成为可能。
20 多用性	一个对象具有多个功能，因此不需要其他对象。
	（20-02）柏林工业大学开发了一种具有通用学习能力的机器人，用于拆除不再使用的复杂家用电器和工业设备（导航仪 20）。
21 变害为利	a) 利用破坏性因素，特别是环境因素，以达到有益的效果； b) 将消极因素相结合，消除消极因素； c) 改善破坏性因素，直到它不再造成损害。
	（21-01）木材副产品（树皮、刨花和剩板）可供大型发电厂使用，为锯木厂或邻近设施生产额外的电能以便弥补由大量木材废物造成的损失（导航仪 21）。
22 曲面化	a) 把对象的线性部分变成弯曲的物体，从平面变成球形，从立方体或平行六面体变成圆形结构； b) 使用滚子、球和弹簧； c) 通过使用离心力改变转向运动。
	来自德国波茨坦大学的科学家基于旋转盘开发了一种特殊的支架（导航仪 22）。盘上装有可用作手柄和脚踏板的突起。盘的旋转轴也可以改变。
23 惰性环境	a) 用惰性的物质替换普通介质； b) 在真空中完成一个过程。
	（23-01）粉状干冰早已被用来驱散云层；现在德国的气象学家已经成功地用它驱散机场的雾（导航仪 23）。

名称	解释
24 增加不对称性	a）从对象的对称形状移动到非对称性的形状； b）如果对象已经非对称，则增加其非对称性程度。
	（24-01）试剂管被设计成曲面形状并能够直立在平面，以便它可以在没有特殊框架的情况下站立在桌子上；预计这将简化设备的使用（导航仪 24）。
25 柔性壳体和薄膜	a）采用柔性盖层和薄层代替常用结构； b）将对象从外部具有柔软的覆盖层或薄层的世界中分离出来。
	（25-01）德国企业家 Peter Aschauer 发明了一种新型救援装置——由亮橙色尼龙制成的雪崩安全气囊（导航仪 25）。安全气囊被放在一个小背包中，当使用者发现自己有被埋在雪中的危险时，由使用者启动小气瓶中的压缩氮气充气。
26 相变	充分利用相变过程中发生的现象，如体积变化、辐射、吸收热量等。
	（26-01）为了使受伤部位迅速冷却，法国 Crionic 医疗公司提供枪形便携式设备；当拉动扳机时，枪口将发射出一片干冰（导航仪 26）。
27 热膨胀	a）加热时充分利用材料的膨胀（或减少）； b）利用具有不同热膨胀系数的材料。
	（27-01）美国公司（Sealed Air Corporation）已开发出各种尺寸的高弹性聚乙烯袋。机械或热冲击触发聚合物泡沫的生产，然后泡沫均匀分布在袋子内部（导航仪 27）。
28 预先防范	提前采取安全措施，提高相对较差环境的安全性。
	（28-02）乘客区的降落伞可以在飞机失事时救助乘客（导航仪 28）。失事时可以分离并丢弃货物部分，减轻机翼和发动机的"多余"重量，从而减轻降落伞上的负担（减轻其自身重量）。这样可以减少该系统的运营费用。
29 自服务	a）对象本身具有辅助和修理功能； b）重复使用废物（能源、材料）。
	（29-01）机器人有一个程序，指示它们搜索指定的或任何附近的电源插座，以便为其蓄电池充电（导航仪 29）。

续表

名称	解释
30 强氧化剂	a）用增强型气流代替正常空气； b）用氧取代增强型气流； c）通过电离辐射影响空气或氧气； d）氧与臭氧的使用； e）用臭氧代替电离。
	（30-01）瑞典 Mediteam 公司开发了一种无须钻孔的治疗龋齿的方法，使用一种特殊的混合物，在不到半分钟的时间内溶解牙齿的病变组织（导航仪 30）。
31 多孔材料	a）使对象多孔或补充使用多孔元件（插入物、覆盖物等）； b）如果对象已经由多孔材料构成，则可以预先用某种材料填充孔隙。
	（31-01）联合国粮食及农业组织的专家已经开发并取得专利，在不加热的情况下对椰子水进行消毒。饮料用微孔过滤器过滤，除去微生物及其孢子（导航仪 31）。
32 重量补偿	a）对与另一个对象有连接的物体的重量进行补偿； b）利用与外部环境的相互作用（如气动或水动力）来补偿对象的重量。
	（32-02）土耳其工程师提供了一种通过海上运输的由聚合物薄膜制成的长"链条"和"网络"来输送大量淡水的方法； 每个这样的水箱装有 10 000 立方米的水。因为淡水比海水轻，装有大量淡水的水箱保持漂浮（导航仪 32）。
33 减少有害作用的时间	高速完成一个过程或部分（破坏性或危险的）阶段。
	（33-02）德国城市 Sendenhorst 的风湿病学家采用了一种不同寻常的方法治疗关节炎和风湿病：将患者放入温度为 –110~ –120℃ 的冷藏室中 1~2 分钟（导航仪 33）。
34 嵌套	a）对象在一个对象内部，也在另一个对象内部，等等； b）物体穿过另一个物体的中空空间。
	（34-02）将一个接收器和合成器插入耳朵中，可以方便和仔细地听到无线电节目、移动电话的消息和其他信号（导航仪 34）。
35 合并	a）将相似的物体联合起来用于相邻的操作； b）暂时将相似的物体联合起来用于相邻的操作。
	（35-02）在手表底部安装约 10 000 个热微元件，以产生足够大的电位为手表供电；热微元件将手腕温度与周围环境温度之间的差异转换为电力（导航仪 35）。

续表

名称	解释
36 反馈	a）产生追溯影响； b）改变已经存在的追溯影响。
	（36-02）西门子开发了一个计算机程序，根据以前的使用数据确定每台 ATM 机内的现金数量（导航仪 36）。
37 等势	更改工作条件，以便不需要提升或降低对象。
	（37-02）为了让老人和病人更容易进出浴缸，浴缸安装了一扇门，当浴缸是空的时候可以打开，当浴缸装满水的时候，它会被紧紧地密封（导航仪 37）。
38 均质性	与相关对象交互的对象必须由相同的材质（或具有相似属性的材质）制成。
	（38-01）在英国剑桥的焊接研究所，一件由人造纤维制成的衬衫被激光焊接（导航仪 38）。
39 预先反作用	如果任务的条件是需要采取行动，则应提前采取相反的行动。
	（39-02）索尔福德大学的英国工程师们发明了一种特殊的药管帽，在有效期过后不能打开（导航仪 39）。
40 有效作用的连续性	a）所有部件在全部连续工作的情况下不中断地完成工作； b）消除空转和中断。
	（40-02）美国宝洁公司已经申请了一项吸入药专利：在熨烫过程中，用含有几滴药的水蒸汽发生器来进行熨烫（导航仪 40）。

|S23| 用 RICO（根本矛盾工具集）方法解决根本矛盾

如果你有一个相同的属性需要增加和减少，那么阿奇舒勒矛盾矩阵无法提供帮助，因为有一个相同的改善因素和恶化因素。

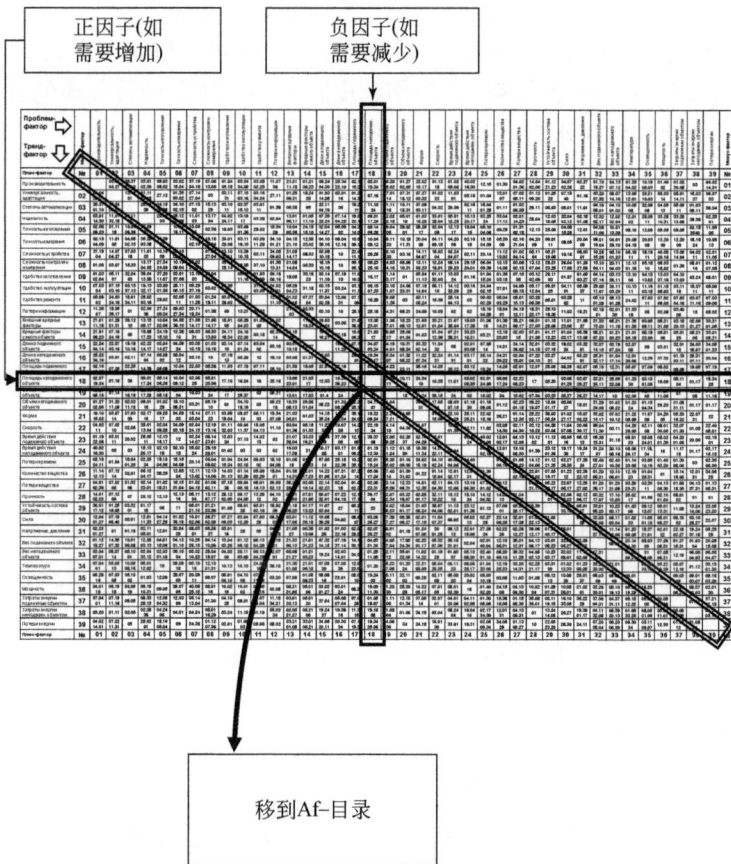

图 S23.1　根本矛盾工具集

S24 案例"跳水运动员"（重新发明）

S24.1 START——通过标准矛盾

趋势

高台跳水运动员的训练与高风险的伤害和职业病有关。

训练过程中的关键时刻是跳水运动员进入水中的一刹那。例如，从 10 米高跳下时背部入水不仅会导致疼痛性挫伤和皮肤破裂，还会导致危险的脊柱损伤。

我们如何让高台跳水运动员的训练更安全？

简化

功能理想模型：X- 资源，连同可用的或修正资源，在不使对象更复杂或引入任何负面属性的情况下，保证实现以下最终理想解：

从任何高度安全进入水中。

标准矛盾

公式格式：跳▶增加高度和创伤

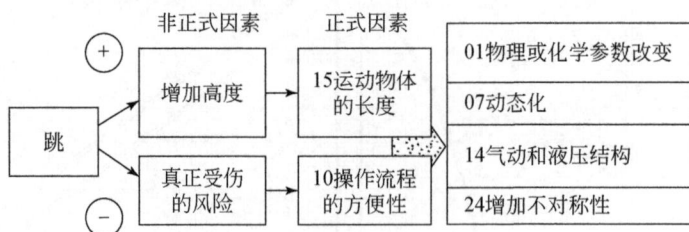

图 S24.1 如何解决"跳"的标准矛盾

根本矛盾

公式格式：跳▶增加高度 VS 创伤

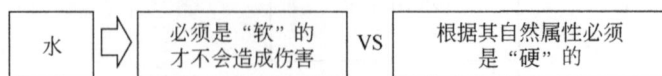

图 S24.2 水的"软硬"矛盾

发明

关键模型：01 物理或化学参数改变 - a）转变为"伪状态"；b）浓度的变化。

07 动态化 - c）使对象可移动，否则它是固定的。

14 气动和液压结构 - 使用气体或流体部件代替物体中的固定部件：充气……气垫……

主要思想：在跳跃时注入压缩空气，在水面上形成"气垫"。

缩放

矛盾已经消除了吗？ ——是的。

超级效应：安全地训练儿童。

负面影响：增加建筑的复杂性。

http://www.myrthap
oolsusa.com/eng/a
ccessories-air-
safety-cushion.htm

图 S24.3 跳水实景图

简述

为了保证高台跳水运动员的训练安全，跳跃期间将强大的压缩空气射流注入水中，在水面上形成"气垫"。

使用的专业导航仪：01 物理或化学参数改变，07 动态化及 14 气动和液压结构。

S24.2 START——通过根本矛盾

趋势

高台跳水运动员的训练与高风险的伤害和职业病有关。

训练过程中的关键时刻是跳水运动员进入水中的时刻。例如，从 10 米高跳下时背部入水不仅会导致疼痛性挫伤和皮肤破裂，还会导致危险的脊柱损伤。

我们如何让高台跳水运动员的训练更安全?

简化

功能理想模型：X- 资源，连同可用的或修改的资源，并且不使对象更复杂或引入任何负面属性，保证实现以下最终理想解:

从任何高度安全进入水中。

根本矛盾（两种形式）：

文本:

水必须是柔软的（为了保护跳水运动员）VS 坚硬（物理性质）

图解:

| 水 | ⇨ | 必须是"软"的
才不会造成伤害 | VS | 根据其自然属性
必须是"硬"的 |

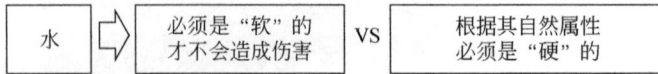

图 S24.4　水的"软硬"矛盾

发明

主要的专业模型是阿奇舒勒目录表中的四个基本转换。01 物理或化学参数改变 - a）过渡到"伪状态"；b）浓度的变化。14 气动和液压结构 - 使用气体或流体部件代替物体中的固定部件：充气……气垫……

主要思想：在跳跃时注入压缩空气；在水面上做一个"初步安装的气垫"。

缩放

矛盾已经消除了吗?　——是的。

超级效应：1）安全地训练儿童；2）邀请参观者进行活动——从高处跃入跳水池的休闲活动!

负面影响：增加建筑的复杂性。

http://www.natare.
com/natare-
pools/competition-
and-training-pools

图 S24.5　跳水实景图

简述

为了保证高台跳水运动员的训练安全，跳跃期间将强大的压缩空气射流注入水中，从而在水面上形成"气垫"。

使用的导航仪：01 物理或化学参数改变及 14 气动和液压结构来实现结构与材料 / 能量的根本转换。

|S25| 阿奇舒勒分离原理 - 目录

表 S25.1　阿奇舒勒分离原理 - 目录表

根本转换	与导航仪的关系
空间分离冲突性质：空间的一部分具有属性 A，而系统空间的另一部分的属性不是 A。	05 抽取：去除破坏部分，强调所需的部分。 10 复制：使用简化且便宜的副本。 19 空间维数变化：增加对象的自由度，使用多层结构，使用侧面和其他表面。 22 曲面化：过渡到曲面形状；使用轮子、球或弹簧。 24 增加不对称性：向非对称性形状过渡，增加非对称性。 25 柔性壳体和薄膜：使用灵活的覆盖层和薄层，而不是普通的结构。 34 嵌套：将一个对象分阶段存放在另一个物体中；将对象放置在另一个对象的空心空间中。
时间分离冲突性质：在一个时间间隔内，系统具有属性 A；在另一个时间间隔内，它的属性不是 A。	02 预先作用：提前部分或完全运行必要的效果；提前安排对象，以便其可以更快地工作。 07 动态化：使对象（或其部件）可移动；优化每个阶段（对象）流程。 08 周期性作用：a）从连续工作转变为定期工作（脉冲）；b）如果功能已经以这种方式运行，则更改期限；c）使用脉冲之间的中断来实现其他功能。 18b 中介物：在特定时间连接一个对象与另一个（容易移除）对象。 28 预先防范：提前考虑可能的中断。 33 减少有害作用的时间：加速流程，以免出现损害。 35b 合并：暂时将相似或相邻的操作彼此连接起来。 39 预先反作用：必须提前完成相反的效果才能发挥主要作用。 40 有效作用的连续性：消除空闲时间和中断，使对象的所有部分都能满负荷运转。
结构中冲突性质的分离：该系统的一些元素具有属性 A，而其他元素或系统整体拥有不是 A 的属性。	03 分割：将一个对象拆解成几部分；增加"拆卸"的程度。 04 机械系统替代：用动态替换静态字段，从暂时固定到灵活字段，从非结构字段到具有特定结构的字段。 11 反作用：采取与现有条件明显相反的行动。 12 局部质量：从类似的结构过渡到不同的结构，以便每个部分都能在最佳条件下完成其功能。 15 抛弃或再生：用完的零件在其功能期间可以被处置或再生。 18 中介物：a）使用另一个对象来传送一个动作；b）暂时将一个对象与另一个（容易分开的）对象连接起来。 32a 重量补偿：通过与具有提升力的其他对象的连接来补偿对象的重量。 35a 合并：将相似的对象连接到相邻的操作。 36 反馈：a）产生追溯影响；b）改变已经存在的追溯影响。

续表

根本转换	与导航仪的关系
材料／能量中相互冲突的特性的分离：一方面，材料有属性 A；另一方面，它的属性不是 A。	01 物理或化学参数改变：改变浓度，充分利用材料的弹性等特性。 14 气动和液压结构：使用气体或流体部件，而不是对象中的固定部件，如可以被吹起或充满液压流体的部件，气垫、流体静压或液压反应部件。 16 未达到或超过的作用：当很难完全达到预期效果时，我们应该尽量少做一点或多做一点。 17 复合材料：从类似的材料过渡到组合。 18 中介物：已完成任务的部分，不再是对象的一部分，应在工作中立即更换某一物体的部件。 23 惰性环境：用惰性气体代替介质；让进程在真空中运行。 26 相变：在相变过程中充分利用现象，如体积变化、辐射或吸收热量。 27 热膨胀：充分利用材料的热膨胀，使用不同的热膨胀材料。 29 自服务：重复利用（材料和能源）。 30 强氧化剂：用氧气代替空气，用离子束影响空气，使用臭氧。 31 多孔材料：以多孔的方式塑造对象，用某种材料填充多孔材料。 38 均质性：相互影响的对象使用同一材料。

|S26| 四种基本模式的阿奇舒勒目录

表 S26.1　空间分离模式阿奇舒勒表

1. 在空间上分离	系统空间的一部分具有属性 A，而系统空间的另一部分的属性不是 A。

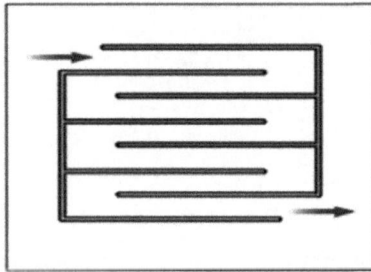

（排队的秩序）为了消除在建筑物（博物馆、剧院、展览厅）出现人群混乱的可能性，该区域通过竖立分隔建筑进行重新组合，形成狭窄的走廊，人们只能步行通过（在空间上进行改造）。

表 S26.2　时间分离模式阿奇舒勒表

2. 在时间上分离	在一个时间间隔内，系统具有属性 A；在另一个时间间隔内，它的属性不是 A。

（同一平面的横穿道路）为了在物理上消除车辆在同一水平穿越交通路线时发生碰撞的可能性，通过使用调节秩序的特殊信号系统（如交通信号灯或交通管理员）来及时划分冲突交通流量运动（时间上的变化）。

表 S26.3　结构分离模式阿奇舒勒表

3. 结构上的分离	系统的某些要素具有属性 A，而其他要素或整个系统的属性不是 A。

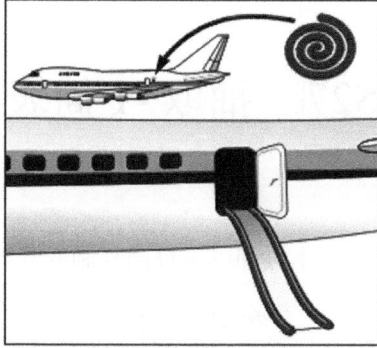

（紧急逃生滑梯）创建紧急逃生滑梯，该滑梯在使用和卷起时是耐用且"不灵活"的，并且在不使用时是"柔性"的，它由多个连接的弹性管形成，通过压缩空气膨胀（结构转变）。

表 S26.4　材料分离模式阿奇舒勒表

4. 材料上的分离	为了一个目的，材料具有属性 A；为了另一个目的，它的属性不是 A。

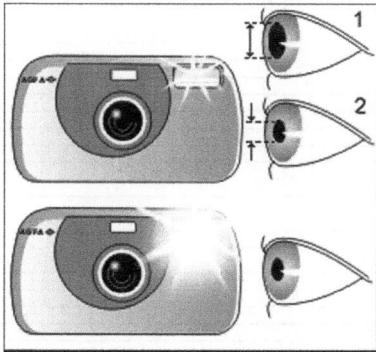

（闪光灯前）为了防止"红眼效应"，在制作闪光辅助照片时，许多相机在启动主闪光灯前会产生一个或多个小的闪光（材料和能量转换）；因此，瞳孔收缩，而来自主闪光灯的光线更少到达视网膜。

|S27| 抽取 -1 简表

注意：所有表格都可以从本页和以下页面复制或从学院网站下载。

表 S27.1 简表

抽取-1 专业转换	
工件1：	
导航仪	原因
工件2：	
导航仪	原因
工件3：	
导航仪	原因
工件4：	
导航仪	原因

|S28| 抽取 -1 简表的示例

表 S28.1 抽取简表示例

工件 1: 束发 "操作"（用松紧发带固定发尾）	
导航仪	原因
02 预先作用	关键想法：在手上系上一条松紧发带
18 中介物	手是临时放置发带的中介
34 嵌套	一条发带放在手上，在发带里面

工件 2: 冰块饮料（使用密封封装的冰块来冷却饮料）	
导航仪	原因
05 抽取	关键思想：将冰和饮料液体分开
08 周期性作用	冰可以周期性地融化和冻结
10 复制	用外壳保护冰（用冷水冷却瓶 = 原型）
11 反作用	与原型相反，使用在瓶子中（或在某些胶囊中）的冰进行冷却
18 中介物	关键思想：通过胶囊壁传递冷却
25 柔性壳体和薄膜	使用灵活的（以及在实践中不灵活的！）的外壳
34 嵌套	关键思想：在胶囊内放冰

工件3: 充气人群（为了用人填充大空间，电影制作人发明了充气假人）	
导航仪	原因
03 分割	把一群人分成真实的人和假人两部分
10 复制	假人复制和代替人
13 廉价替代品	使用假人更便宜
14 气动和液压结构	关键想法：使用充气假人
15 抛弃或再生	很容易替换任何类型的假人
20 多用性	假人可以重现许多功能和姿势
32 重量补偿	充气假人便于运输和安装

工件4: 私人记事簿页面的拐角（线条穿孔，可准确撕下页面的拐角）	
导航仪	原因
02 预先作用	关键思想：预先在页面拐角处打孔线
03 分割	将页面分为两部分，一部分用来书写，另一部分待撕掉
05 抽取	分开要撕掉的小角落
12 局部质量	分配一条穿孔线
16 未达到或超过的作用	穿孔，便于撕掉

S29 用于重新发明的 "START-form"

表 S29.1 "START-form"

编号_____ 标题_____

趋势

简化

FIM：*X*-资源在不产生不可接受的负面影响的情况下，提供获得IFR的其他现有资源[_____]。

标准矛盾

非正式的因素   正式的因素   导航仪来自可提取的A-矩阵

（额外的）来自抽取的导航仪

根本矛盾

_____ 必须是 _____ 与 _____

发明

缩放

矛盾被消除了吗？ 是，否.

超级效应：_____

负面影响：_____

简述

|S30| "START-form" 中的示例 "冰饮"

趋势

为了让饮料（果汁、鸡尾酒等）保持较长时间的凉爽，您可以添加冰块。然而，随着冰融化，饮料的味道在变化，因为在饮料减少的同时水的相对含量正在增加。你该怎么准备一杯冰镇饮品，使其在消费过程中的味道保持不变?

简化

功能理想模型：X- 资源，不产生不可接受的负面影响，与其他现有资源一起提供获得最终理想解：

已经冷却的冰饮的味道必须保持不变。

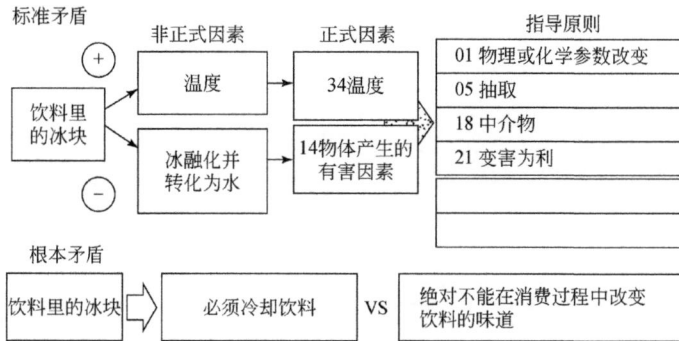

图 S30.1　矛盾

发明

关键模型：18 中介物 - a）使用另一个对象来传送动作。

主要思想：封装冰块。饮料变凉，没有水进入饮料。

基于根本矛盾的附加解决方案。根据材料分离导航仪和专用导航仪 38 均质性：相互作用的对象

图 S30.2　冰饮

应该由相同的材料制成，冰雕像应该由相同的饮料制成（并非所有饮料都可以）。

缩放

矛盾已经消除了吗？ 是的。

超级效应：可以用精美造型的小冰雕像装饰。

负面影响： 没有。

简述

根据导航仪 18 中介物，使用密封封装的冰来冷却饮料。

冰雕像可以用与导航仪 38 均质性相同的饮料制成。

|S31| 用于抽取和重新发明的简单初级表格

表 S31.1　简单初级表

工件	

过去：原型工件	现在：结果工件
插图	插图
以前是(描述)	成为(描述)

简化

▶ 非正式标准矛盾

_____ ▶ _____ VS _____

正式标准矛盾

_____ ▶ _____ VS _____ = _____

▶ 根本矛盾

_____ ▶ _____ VS _____

发明

LC	导航仪	功能

转换过程的描述

学生		日期	

|S32| 例 "费舍尔销钉" 的简单初级表格

工件

以前是：原型工件

ARTUR 和 KLAUS 费舍尔销钉

现在是：结果工件

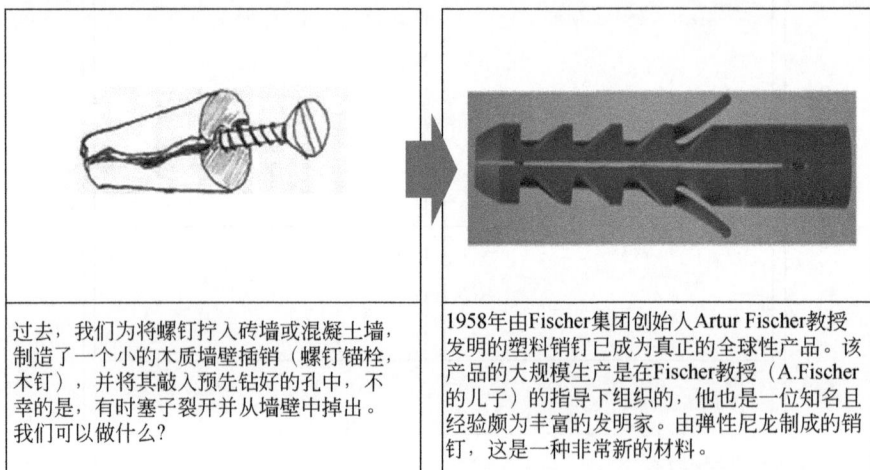

过去，我们为将螺钉拧入砖墙或混凝土墙，制造了一个小的木质墙壁插销（螺钉锚栓，木钉），并将其敲入预先钻好的孔中，不幸的是，有时塞子裂开并从墙壁中掉出。我们可以做什么？

1958年由Fischer集团创始人Artur Fischer教授发明的塑料销钉已成为真正的全球性产品。该产品的大规模生产是在Fischer教授（A.Fischer的儿子）的指导下组织的，他也是一位知名且经验颇为丰富的发明家。由弹性尼龙制成的销钉，这是一种非常新的材料。

简化

非正式标准矛盾（SC）

墙塞▶增加孔的深度或直径 VS 可靠性降低

正式标准矛盾

墙塞▶16 静止物体的长度 VS 04 可靠性＝04，07，14

根本矛盾（RC）

墙塞▶"硬"（紧紧地填充孔）VS "软"（让螺钉进入）

发明

LC	导航仪	功能
++	01 物理或化学参数改变	a）使用固体物体的弹性特性：墙塞的主体由弹性塑料制成
++	07 动态化	a）改变对象或环境的特性以优化每个工作流程——移动壁挂式机身！
+	结构中的基本变化	更换材料：插槽，顶部，边翼，弹性部件 ——以确保初始移动和可靠地固定螺钉

　　用于解决标准矛盾：主模型（标有两个加号）为 07 动态化和 04 机械系统替代（根据阿奇舒勒矛盾矩阵），以及 01 物理或化学参数改变（来自抽取）。塑料销钉的发明完全符合这些导航仪：销钉的主体由弹性塑料（模型 01）制成，因此当螺钉穿过它时（导航仪 04 和 07），其膨胀性和其直径增加。基本模型：空间 ——零件是可移动和不可移动的，而整个系统是弹性的； 结构——切口，顶部，边翼； 材料——弹性和拉伸性的新型塑料材料（尼龙）。

|S33| 重新发明"初表"（两页）

表 S33.1 初表第一页

工件	

与原型进行比较的结果描述

举例：原型工件
　　　结果工件

抽取：

插图	插图
问题	想法

以前是：
原型工件

趋势 ▷ 简化 ▷ 发明 ▷ 缩放

现在是：
结果工件

抽取转换模型

序号	导航仪	功能

矛盾的抽取

矛盾的类型	说明
标准矛盾	
根本矛盾	

学生 _____   日期 _____

| 418 |

表 S33.1　初表第二页

重新发明	
趋势	

简化

最终理想解：

标准矛盾（SC）–抽取–2S

非正式的或/和正式的正因素

非正式的或/和正式的负因素

来自抽取或/和A–矩阵
的转换模型

根本矛盾（RC）–抽取–2R

与

发明

缩放

矛盾被消除了吗？–是（或否？）

超级效应：

负面影响：

发展趋势：

环境变化：

扩展用途：

学生　　　　　　　　　　　　　　　　　　　日期

|S34| 以"达·芬奇的桥梁"为例的"初表"

达·芬奇的桥梁

简介：达·芬奇发明了一个用于军事用途的旋转桥。自己的部队可以使用旋转桥来安全地渡河。必要时，桥可以"收回"（转身），以防止敌军快速越过。此外，这座桥平时可以用来渡河，并且能够让船只通航。

这座桥通过拉索围绕轴向塔架旋转，自身也受到拉索的支持，还可以使用船只或空桶作为额外的配重。

插图：原型工件——俄罗斯浮桥（http：//les.novosibdom.ru/node/468）；
　　　结果工件——达·芬奇机器（www.labirint.ru/books/121061）。

LC	No.	发明原理	功能
++	07	动态化	c) 使固定的物体可以移动
	12	局部质量	c) 每个对象应该在最符合其功能的条件下存在
++	19	空间维数变化	a) 物体的形状使其不仅可以线性移动或放置，也可以二维移动或放置，即在面上
	32	重量补偿	a) 用提升力补偿物体与其他物体的连接重量

重新发明

趋势 已知的桥梁（浮动桥梁和预制桥梁）不能在提供渡河条件的同时迅速"收回"以便允许船只通过。在相对宽阔的河流上建造一座吊桥存在许多技术难题。在这种情况下，桥梁通常用多个跨度建造，于是每个跨度可以变成一个小型桥梁。但是，这样的桥是静止的，不容易拆卸。

当需要在任意地点设置交叉口时，需要一种不同类型的桥，当然，前提是这条河的宽度不是太大，如100米以下。你有什么建议？

简化 宏观功能理想模型：X- 资源在不使系统过于复杂且不会造成不可接受的负面影响的情况下，确保与其他可用资源一起获得最终理想解：可快速提供并快速移除的道口。

标准矛盾(SC)-抽取-2S

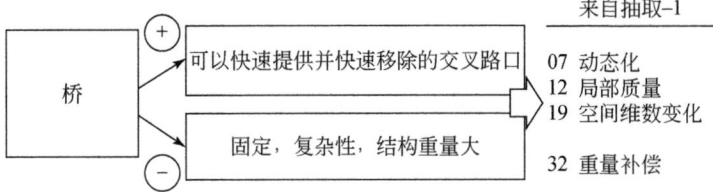

来自抽取–1

桥 —— (+) 可以快速提供并快速移除的交叉路口

07 动态化
12 局部质量
19 空间维数变化

(−) 固定，复杂性，结构重量大

32 重量补偿

根本矛盾(RC)-抽取-2R

桥 ⇒ 必须可供穿越 & 决不允许等待的船只通过

发明

为了达到目标1（加速提供和移除交叉口），桥梁可移动（能够水平旋转）——主导模型 07 动态化和 19 空间维数变化。

为了达到目标2（实现两个桥梁位置 ——横跨河流和岸边），桥梁通过拉索绕着轴向旋转——模型 12 局部质量。

为了达到目标3（桥重量平衡），配重固定在较短部分的可移动坡道下——模型 32 重量补偿。

基本模型：时间 ——桥在不同的时间间隔内执行两个主要功能；结构——引入某些元素以使桥转动。

科学效应	应用：旋转滑轮(如与风车类比)；拉索提升机；平衡秤；内部加强肋(梁、格栅)，使结构更坚固。

缩放

矛盾消除	是的。
超级效应	可用于军事目的(防止敌军穿越)。
负面影响	相对复杂的建筑。
发展趋势	交叉施工/拆除操作的自动化。
环境变化	桥台和坡道必须与堤岸对齐。
解决方案的完美度	最高分。 证实:这种结构以前不为人所知，也没有直接的对应；功能变化很快。

|S35| 含抽取和重新发明例子的阿奇舒勒发明原理 - 目录

01 物理或化学参数改变	a）这包括转变为"伪状态"（"伪液体"）和过渡态，如使用固体物体的弹性特性以及简单的过渡，从固态到液态； b）浓度、弹性程度、温度的变化等。

例 . 地面上的水
简介

德国的ZELTEC公司开发了一种透明的圆锥体，用于从地面中提取干净的水（导航仪01）。锥体放置在地面上，用太阳光线加热表面。地下的水蒸发，在锥体壁上凝结，并流入位于锥体底部周围的收集器。

抽取

R	#	导航仪	推理
++	01	物理或化学参数改变	主要发明原理
+	09	颜色改变	透明锥体
+	12	局部质量	冷凝在壁上的水被收集在一个特殊的收集器中
+	19	空间维数变化	使用锥体的内侧
	29	自服务	水本身聚集在收集器中

重新发明

趋势

在炎热地区收集足够的水是一个严峻的问题。即使在沙漠中也会有一定量的水存在。我们怎样才能以最低的费用获得这种水？

简化

最大功能理想模型：操作区域本身达到了结果：

水从地面或空气中自行出现。

微观功能理想模型：

操作区域中存在物质或能量粒子形状的 X- 资源，并确保实现最大功能理想模型。

标准矛盾的模型：

效果，状态，对象					
从土壤或者空气中收集水					
（+）- 因素			（−）- 因素		工具箱
在不同地区使用	02	适应性，通用性	尽量减少能源消耗 37	运动物体的能量消耗	01，08，11，14

发明

想法：使用发明原理 01 强制太阳能从地面蒸发水。为了达到这个结果，已经开发了一种透明圆锥体，可以在必要的地点运输、展开和部署。收集器安装在锥体的内壁上。冷凝在锥体内侧的蒸发水流入收集器。

缩放

标准矛盾已解决。

操作区域本身使用太阳能自动从地面和 / 或空气中抽取水。

02 预先作用	a）先前就有必要（部分或完全）更改一个对象； b）提前准备好物品，以便它们可以从最佳位置投入工作，并且不浪费时间。

例. 网收集羊毛
简介

提前将网拉伸到绵羊身上，以收集在应用特殊化学制剂时从动物身上掉下来的羊毛(导航仪02)。

抽取

R	#	导航仪	推理
+	02	预先作用	主导性导航仪
+	05	抽取	落下的羊毛收集在网中
	10	复制	网格袋的副本
	29	自服务	羊毛自己收集在网中
+	34	嵌套	羊被"插入"网中

重新发明
趋势

为了减少与剪羊毛有关的工作负荷，澳大利亚科学家开发了一种蛋白质，当它应用于羊毛时，会在成熟毛发的基部形成减弱部分，从而导致它们在同一时间脱落。然后，羊毛继续生长，直到再次施用蛋白质。但是，当羊毛落到地上时，它会损失质量并且难以收集。我们如何从数千只羊中收集"自剪"羊毛？

简化

操作时间：从"剪切物质"应用到羊毛脱落的那一刻。

宏观功能理想模型：X- 资源不会造成不可接受的负面影响，可确保与其他可用资源一起获得以下结果：收集动物身上的所有羊毛。

标准矛盾的模型：

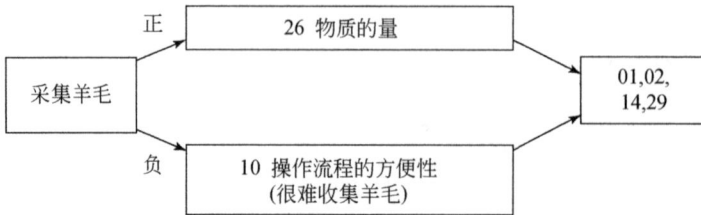

该模型的重点在于消除新剪切方法的增加"便利性"与"剪"羊毛的低效率之间的矛盾。

发明

根据发明原理 02 的想法：先在羊周围拉一个网来收集羊毛。当网络被移除并清空之后，它可以再次被使用。

缩放

标准矛盾完全解决了！

附加系统效应 1：机械或电动剪断时动物的应力大大降低。

附加系统效应 2：剪羊毛时用更简单、更高效的导航仪（自动化地应用"剪切物质"并自动拉伸和移除网）取而代之的工作很困难。

03 分割	a）将物体分解成各个部分；
	b）使分解一个物体成为可能；
	c）提高物体的拆卸程度（减少零件）。

例 . 墙纸和地毯刀
简介

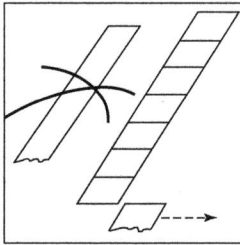

为了维持刀的切割功能，刀刃由几个部分组成，当它们磨损的时候可以被移除。为了达到这一目的，小的压痕被压到刀刃上(导航仪03)。

抽取

R	#	导航仪	推理
+	02	预先作用	压痕是预先制造的
++	03	分割	主导性导航仪
	15	抛弃或再生	磨损的刀片被扔掉，刀刃被更新

重新发明
趋势

刀刃变钝后，整个刀子都被扔掉了。在正常的家庭条件下，再生刀锋是非常困难的。我们如何延长刀的使用寿命？

简化

操作对象：刀刃。

宏观功能理想模型：X- 资源不会造成不可接受的负面影响，可确保与其他可用资源一起获得以下结果：再生刀的刀刃。

标准矛盾模型：

效果，状态，对象					
保留刀锋利的刀刃					
(＋)‐因素			(－)‐因素		工具箱
这意味着它的形式的重建	21	形状	刀变钝	13	作用于物体的有害因素	01，03，05，21

发明

根据导航仪 03，刀分成几个部分；每个部分在使用后都可以与其余部分分开。在刀的下一部分的分离线处形成锋利的边缘。该部分在磨损后也可以从其余部分中分离出来。

缩放

标准矛盾已解决！

04 机械系统替代	a）用光学、声学或嗅觉方案替换机械方案； b）使用电场、磁场或电磁场进行物体的相互作用； c）用动态字段替换静态字段，即从时间固定到灵活字段，从非结构化字段到具有特定结构的字段； d）使用与铁磁粒子相关的场。

例. "潜艇"用于血管
简介

Microtech德国公司为血管检查和治疗制造了一种微型"潜艇"。外部旋转磁场驱动"螺旋浆"(导航仪04)。

抽取

R	#	导航仪	推理
+	04	机械系统替代	主导性导航仪
+	05	抽取	导管本身在血管内部，但是从外部控制
+	10	复制	潜艇的副本
	12	局部质量	导管将药物精确地输送到目标点
+	19	空间维数变化	沿着复杂的轨迹运动的可能性

重新发明
趋势

借助导管检查和治疗血管是一种痛苦与创伤性的手术，因为很难将导管推进血管。是否可以自动执行此操作？

简化

操作区域和操作区域资源：血管的内部空间。问题在于导管在血管壁上缠绕有两个负面后果：①卡住；②它可能伤害血管。通常导管的头部是用于执行手术或输送药物（操作单元）的部分。

宏观功能理想模型：X- 资源不会造成不可接受的负面影响，可确保与其他可用资源一起获得以下结果：操作单元进入手术区治疗或检查。

标准矛盾：

效果，状态，对象						
将工具或药物输送到血管中						
（+）- 因素			（−）- 因素			工具箱
—	10	操作流程的方便性	伤害	27	物质损失	04，05，09，18

发明

根据导航仪 04 的想法：建议使用自动移动的操作单元，而不是通过"粗糙"入侵式推进的导管。为此，操作单元以"潜水艇"的形式制造。这是一个由外部磁场启动的"螺旋桨"胶囊。

导航仪 05 也存在：操作单元与导管隔离并引入操作区域！

缩放

标准矛盾被移除。

"操作单元"的进步已经变得不那么痛苦。

非常强大的系统超级效应：操作单元已经变得通用，因为可以确保不同工具的布置。

05 抽取	将"不兼容的部分"("不兼容的属性")从对象中分离出来,或者完全将唯一真正必要的部分(必要属性)包含到对象中。

例. 电动轮椅
简介

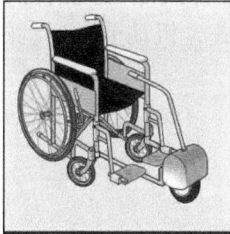

轮椅上装有一个装置,该装置配备了电动机、蓄能器和导向系统,以确保椅子的机动前进运动(导航仪05)。

抽取

R	#	导航仪	推理
+	02	预先作用	"拖拉机"是事先准备好的
+	05	抽取	主导性导航仪
+	10	复制	"拖车"与"拖车"的副本
	12	局部质量	大型机动轮椅分为几部分
	15	抛弃或再生	"拖拉机"可以拆卸和连接

重新发明
趋势

当残疾人在较长距离内旅行时,如有人要穿过公园时,残疾人独立向前运动的椅子需要更多的能量。在轮椅上安装电动机使该系统更加复杂,并增加了重量(从而使椅子在室内难以操纵)和成本。

简化

操作时间:在户外旅行的时间(在公园和树林里)。

宏观功能理想模型:X-资源不会造成不可接受的负面影响,可确保与其他可用资源一起获得以下结果:在户外的轮椅运动。

标准矛盾模型:

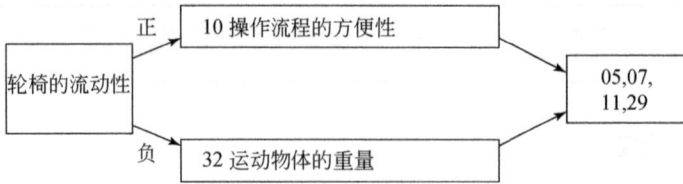

发明

根据导航仪 05 的想法：一个单元安装在轮椅上，用于短途旅行，包括带蓄电池的电动机和向前移动的导向系统。通过这种方式，机动前进运动的必要属性仅在短途旅行期间存在。

缩放

标准矛盾已解决！

超级效应：附加的电机单元也可以在室内使用。

06 机械振动	a）引起对象振动；
	b）如果对象已经振动，则将振动的频率提高到超高频；
	c）使用谐振频率，应用石英振动器；
	d）使用与电磁场有关的超声波振动。

例 . 利用超声波驱赶动物
简介

一家美国公司制造了安装在前保险杠上的特殊超声波哨子。在气流影响下速度超过50千米/小时时，哨子会发出超声波信号，这对动物来说是可怕的，但人们听不到(导航仪06)。速度越快，超声波信号越响。

抽取

R	#	导航仪	推理
+	02	预先作用	哨子是事先安装的
+	05	抽取	信号在车辆前方移动
+	06	机械振动	主导性导航仪
	07	动态化	速度越快，信号越响
+	10	复制	噪声被用来驱赶动物

重新发明
趋势

动物习惯于沿着大型高速公路行驶，并经常出现在道路上。它们不害怕声音和光线信号。当车辆靠近时，是否有可能防止动物出现在道路上或尽快让其远离道路？

简化

操作区域：移动车辆前方的空间。车辆移动越迅速，"恐惧"信号的水平越强，在较大距离处才有效。信号必须可靠运行，无须人工干预，如自动进行。

宏观功能理想模型：X- 资源不会造成不可接受的负面影响，可确保与其他可用资源一起获得以下结果：在路上吓跑动物，不会对人造成伤害。

标准矛盾：

效果，状态，对象					
吓跑动物					
（＋）- 因素			（－）- 因素		工具箱
运动速度	22	速度	非自动化	03	02，06
			自动化程度		

发明

众所周知，动物对超声波有反应。因此，可以在车辆上安装超声波发生器。但是，必须确保发电机自动运行并在更高的速度产生更强的信号。

根据导航仪 06：一家美国公司制造了安装在前保险杠上的特殊超声波哨子，在空气流动速度＞50 千米 / 小时的情况下，哨子发出超声波信号，使动物离开道路，但人无法听到。速度越快，信号越响。并且这个哨子是自动工作的。

缩放

标准矛盾被移除。创建了简单而有效的解决方案。

07 动态化	a）改变对象或环境的特征以优化每个工作流程；
	b）将一个对象拆分成可相互移动的部分；
	c）使可移动的对象固定。

例. 操作区域
简介

发现了一种新的动态解决方案可以安全地锚定游艇并改进它们的运动，特别是在浅水区：操作区域可以使用船体中的铰链折叠和转动灵活的组件（导航仪07）。

抽取

R	#	导航仪	推理
+	03	分割	操作区域和船体是分开的
+	07	动态化	主导导航仪
+	10	复制	桨的副本
+	12	局部质量	操作区域在浅水中
	34	嵌套	操作区域"插入"船体

重新发明
趋势

游艇停泊时，"高"、长而薄的游艇操作区域在浅水区成为障碍。然而，当游艇在深水中航行时，这种大面积的操作区域确保了路线稳定性。

简化

操作区域：游艇的龙骨。

操作时间：停泊。

最大功能理想模型：操作区域本身确保达到以下结果：游艇的"大"和"缺席"操作区域。

标准矛盾模型：

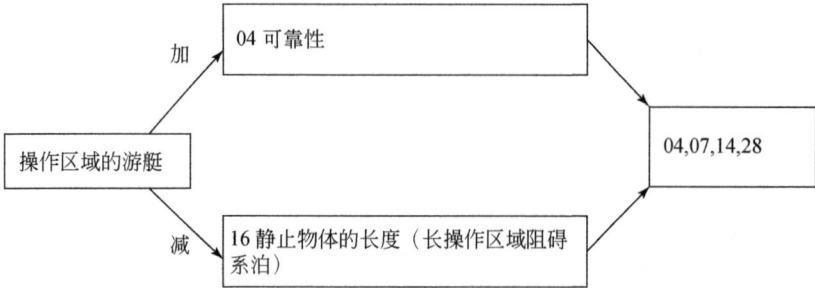

发明

在游艇船体的中央槽抽入龙骨的结构（07 动态化），并且确保在游艇的侧面两个可移动龙骨的结构已经存在。一位美国造船厂发现了两个新的解决方案：①龙骨在游艇船体的铰链接头处偏转；②双龙骨，带有独立的铰链组件。

缩放

标准矛盾通过操作区域状态的周期性变化来解决，即被系泊时提升和航行时下降。

这两种新解决方案也提供了相当明显的系统超级效应：船体最重要的部分没有槽，所以游艇的稳定性没有受损。

08 周期性作用	a）从连续功能转变为周期性功能（脉冲）； b）如果功能已经以这种方式运行，则更改周期； c）将脉冲之间的中断用于其他功能。

例 . 睡觉的手表
简介

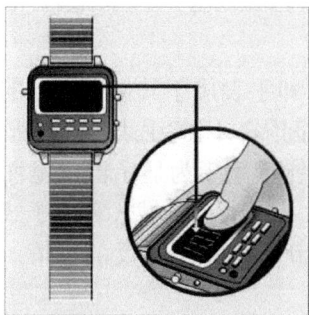

日本精工公司制作了一个"入睡"电子表（即不显示时间），如果手表一动不动，且显示时间超过3天的话。内部存储器继续计时，手表一触即"醒来"并立即显示正确的时间(导航仪08)。

抽取

R	#	导航仪	推理
	01	物理或化学参数改变	引入了"睡眠"状态
+	08	周期性作用	主导导航仪
+	10	复制	人的睡眠
+	16	未达到或超过的作用	去除过多的动作——手表未使用时的时间指示
	19	空间维数变化	手表本身可以节省能源

重新发明
趋势

所有可移动电子设备都有一个共同的问题：电池寿命相对较短。尽管功率不高，我们怎样才能延长这些设备的运行时间，如手表？

简化

操作时间：读取时间的间隔，或者简而言之，当我们看表以知道准确的时间的间隔。

微观功能理想模型：物质或能量粒子形式的 X- 资源在操作区域内，并确保与其他可用资源一起，达到以下结果：省电电池操作。

标准矛盾：

影响，状态，物体					
电子手表省电操作					
（+）- 因素			（−）- 因素		工具箱
不经常更换电池和正常地操作手表	10	操作流程的方便性	—	39	能量损失	05，08，11

发明

根据导航仪 08 的想法：因为操作时间，即手表用于其指定用途的时间，仅限于我们看表盘并读取其数据的极短的时间间隔，因此手表可以"睡觉"而不显示任何其他时间的信息。事实上，更多的能量用于为显示器供电而不是为计时电子电路供电。导航仪 11 反作用：在普通手表中（机械式和电子式都是），时间连续显示，耗费大量电量。相比之下，新手表做了相反的事情，并能够定期运作。

缩放

标准矛盾被消除。

重要的系统超级效应：减少可更换电池的数量并减少环境污染。

09 颜色改变	a）改变物体或其环境的颜色； b）更改对象或其环境的透明度级别； c）使用颜色补充来观察难以看到的物体或过程； d）如果这种补充已经在使用，请增加照明措施。

例 . 在公寓和汽车里的雾
简介

法国DAITEM公司提出了一个新系统来保护公寓和汽车免遭盗窃。该系统使用一种装置，在检测到未经授权的进入行为时，该装置在公寓和汽车内释放白色烟雾，但烟雾不会损坏公寓和汽车(导航仪09)。当防盗报警系统跳闸时，该设备被激活。

抽取

R	#	导航仪	推理
+	05	抽取	所需属性在所需时间引入操作区域
++	09	颜色改变	主导导航仪
++	10	复制	烟、雾
+	28	预先防范	保护装置提前安装
	29	自服务	操作区域保护自己

重新发明
趋势

几乎所有已知的防盗警报系统都有一个共同的缺陷：即使在触发警报后，犯罪分子仍然可以从公寓内偷东西或偷汽车（如果警报系统未阻塞发动机）。是否可以通过某种方式阻止窃贼的行为来减轻损失？

简化

警报在操作上很方便，但是犯罪分子在警报响起后仍可以在很短的时间内偷走重要的东西。

操作区域：受保护的空间（公寓或汽车内的空间）。重要的参数是操作时间：保护动作必须快速启动，然后必须持续地等到所有者或警察到来。

宏观功能理想模型：X- 资源，不会造成不可接受的负面影响，确保与其他可用资源一起获得以下结果：迅速和持续地制造犯罪分子的不可逾越的障碍。

标准矛盾：

效果，状态，对象						
在封闭空间行事的难度						
（＋）- 因素			（－）- 因素		工具箱	
—	10	操作流程的方便性	27	物质损失	04，05，09，18	

发明

根据导航仪 09 的想法：法国公司 DAITEM 提出了一个新的系统以保护公寓和汽车免受犯罪分子的侵害。系统使用预装的设备检测到未经授权的公寓或汽车侵入行为时，浓密的乳白色浓烟进入公寓和汽车内（导航仪 09）。当防盗报警系统跳闸时，设备被激活。而烟雾却不会损坏公寓和汽车。

缩放

标准矛盾被消除。

| 10 复制 | a）使用简单且廉价的副本，而不是无法访问的、复杂的、昂贵的、不合适的或易碎的物品；
b）用光学副本替换一个物体或一个物体系统；在这里采取措施进行改变（放大或缩小副本）
c）如果使用可见副本，那么它们可以用红外线或紫外线副本代替。 |

例 . 水族箱里有一百万条鱼
简介

已经开发出一种用于复制水族箱的系统，来显示许多不同种类的鱼。系统由显示器组成，如计算机监视器安装在薄薄的水族箱玻璃墙后面来模仿空气的运动以及气泡和植物的自然运动。鱼和它们的整个世界都是通过计算机屏幕上视频投影的方式显示（导航仪10）。组合创造了一种鱼存在在一个大水族馆的幻觉。

抽取

R	#	导航仪	推理
+	03	分割	原型水族箱分为几个部分
+	05	抽取	鱼与水"分离"并转移到"监视器"中
++	10	复制	主导导航仪
+	12	局部质量	两个不同的部分一起模仿一个水族馆
	14	气动和液压结构	水中的气泡

重新发明
趋势
我们如何快速改变水族箱的内容以增加环境多样性和提高鱼的数量？
简化
操作区域：水族箱体。

我们认为更复杂的结构会改变所呈现内容的难易程度。这就是我们如何制定适当版本的问题：减少建筑的复杂性，同时保持水族箱便于使用的特性。

宏观功能理想模型：X- 资源，在不造成不可接受的负面影响的情况下，与其他可用资源一起，确保实现以下结果：方便更换水族箱内的水。

标准矛盾模型：

影响，状态，物体						
水族箱						
（+）- 因素			（–）- 因素			工具箱
—	07	系统的复杂性	—	10	操作流程的方便性	10, 13, 18, 39

发明

想法：建议系统复制一个水族箱与所需的鱼类物种。该系统包括一个显示器，如一个薄壁水族箱后面的计算机显示器，有少量的水并模拟气泡和植物的自然运动。鱼和它们的自然环境可以通过影像呈现（导航仪 10）。组合创造了一个大型水族箱鱼存在的假象。

缩放

标准矛盾已消除。

缺点：只能从一个方向观察水族箱。

极其强大的系统超级效应 1：缺乏真鱼，否则它们将被限制在水族馆内。

强大的系统超级效应 2：创建任何规模的水族箱都很简单，如酒店大堂、幼儿园和学校。

强大的系统超级效应 3：可展示不同的水栖生物。

11 反作用	a) 完成相反的动作（加热物体而不是冷却物体），而不是任务条件所规定的行动； b) 使物体或环境的可移动部分固定或使固定部分可移动； c) 将物体上下或左右翻转。

例．带嵌入式按键的键盘
简介

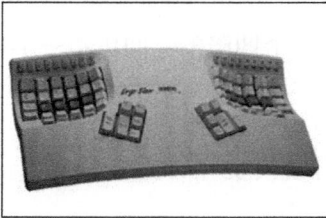

Kinesis美国公司开发了一种键盘，可将左右键插入两个分开的凹槽中 (导航仪11)。

抽取

R	#	导航仪	推理
++	3	分割	键盘分为功能区
++	11	反作用	主导导航仪
+	12	局部质量	每个键都位于最方便的位置，并且是凹的
	34	嵌套	按键被"插入"键盘中
+	35	合并	将关键组连接起来，以供左右手使用

重新发明
趋势
一个普通的键盘有一个均匀的表面，食指和小指必须移动最远的距离才能到达它们的键。我们能改进这种设计使每个手指在相同的条件下工作吗？

简化
操作区域：键盘上的一组键。

主要问题：不同的手指必须通过不同的距离才能到达普通键盘上指定的键。

宏观功能理想模型：X- 资源，在不造成不可接受的负面影响的情况下，与其他可用资源一起，确保实现以下结果：

每个手指要达到键盘上每个"键"的最佳移动距离。

标准矛盾模型：

影响，状态，物体						
键盘上的键						
（+）- 因素			（–）- 因素			工具箱
—	10	操作流程的方便性	—	15	运动物体的长度	03，11，19，37

发明

根据导航仪 11，字母数字键被放置在两个凹陷的空间中：一个用于左手，一个用于右手。这缩短了每个手指移动的距离。功能键由拇指操作。整只手放在一个斜向上的垫子上，这样每个手腕上的负担就大大减轻了。

该解决方案的特点是能够有效地解释导航仪 03 和 19。

缩放

标准矛盾已消除。

缺点：从标准键盘到适应新配置需要一段时间。

系统超级效应：键盘宽度减小。这样可以将鼠标垫移近手部并增加桌面上的可用空间。

12 局部质量	a）将对象的结构（外部环境、外部影响）从相同变为不同； b）物体的不同部分具有不同的功能； c）每一个物体都应该在最符合其功能的条件下存在。

例 . 扑灭电气火灾
简介

有人建议在电缆上方安装由填充灭火液体的易熔材料制成的管道，以自动"定位"和抑制电气火灾 (导航仪12)。

抽取

R	#	导航仪	推理
++	01	物理或化学参数改变	装满"灭火器"的管子熔化了
+	18	中介物	管子把"灭火器"送到最需要的地方
	19	空间维数变化	管道位于电缆上方
++	12	局部质量	主导导航仪
++	28	预先防范	"灭火器"预先放置在受威胁的电缆上方

重新发明
趋势

工业能源系统的一个难题是如何定位和快速扑灭高压电缆中的火灾。这些电缆可能有几千米长。

简化

操作区域：电缆的整个长度。

主要问题：火灾定位和输送至点，大量冷却和灭火液体燃烧或过热。

一个理想的灭火系统结构的变化可以用几个功能理想模型来表示。

宏观功能理想模型：X- 资源，在不造成不可接受的负面影响的情况下，与其他可用资源一起，确保实现以下结果：

热点的精确定位和灭火。

最大功能理想模型：操作区域本身确保达到以下结果：灭火材料进入燃烧区本身。

微观功能理想模型：物质或能量颗粒形式的 X- 资源位于操作区域内，确保实现最大功能理想模型。

标准矛盾模型：

影响，状态，物体						
电气火灾的定位和抑制						
(＋) - 因素			(－) - 因素			工具箱
—	06	测量精度	—	16	静止物体的长度	04，09，12，16

发明

导航仪 12，关键导航仪，要求在火灾区域精确应用灭火液体(特殊液体溶液)。开发了一种方法，将含有灭火液且由易熔材料制成的管子（管）沿电缆全长置于电缆上方。温度升高使管子直接在过热区域自动熔化，灭火液直接流入危险区域。

缩放

标准矛盾已消除。

系统超级效应 1：最短时间定位热源。

系统超级效应 2：灭火材料的使用可引发火灾报警。

13 廉价替代品	用一组没有某些属性（如寿命长）的廉价物品代替昂贵的物品。

例 . 小型飞行实验室
简介

有人建议创造并应用小型和廉价的无人驾驶飞机来记录海洋上空的气象数据(导航仪13)。

抽取

R	#	导航仪	推理
++	10	复制	"大型"飞机的副本
+	11	反作用	制作微型传感器，并将其安装在小型飞机上，而不是在"大型"飞机上安装"大型"仪器
	12	局部质量	一架小飞机就够了
++	13	廉价替代品	主导导航仪
+	16	未达到或超过的作用	防止使用过大的飞机

重新发明
趋势

测量温度和气压，记录卫星的风向和风速是非常困难的，而且"气象船"在海上的保养和维护费用过于昂贵。考虑到需要观测的区域面积过大，可以做些什么?

简化

操作区域：海洋上方的大片区域。重要的参数是操作时间：在 24 小时的基础上，定期测量海平面上多个点的参数。

宏观功能理想模型：X- 资源，在不造成不可接受的负面影响的情况下，与其他可用资源一起，确保实现以下结果：在海洋上方几个点连续 24 小时记录气象数据。

标准矛盾：

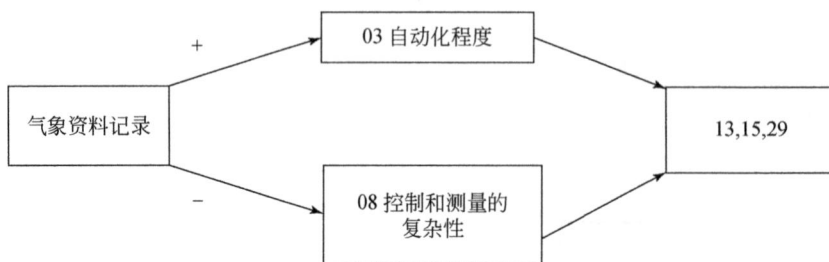

发明

根据导航仪 13 的观点：为了在海洋上空记录气象数据，建议使用小型和廉价的无人驾驶飞机（"无人机"），该无人机可以在海洋上空形成一个动态的"实验室"网络，并从多个点同时启动。几十架这样的飞机可以在各自指定的航线上同时在不同的高度飞行。

缩放

消除了标准矛盾。

例子：1998 年 8 月 21 日，美国自动气象气球"莱玛"（以立陶宛、拉脱维亚幸福女神命名）从纽芬兰独立飞往苏格兰。这架实验室飞机的重量为 13 千克，翼展为 3 米，飞行期间消耗了大约 8 升燃油。"莱玛"在 26 小时内行驶了 3200 千米。

14 气动和液压结构	使用气体或流体部件代替物体中的固定部件，如可被吹起或充满液压流体的部件、气垫或流体静力或液压反应部件。

例 . 摩托车手充气救生衣
简介

Mugen Denko日本公司为摩托车手生产了一种充气救生衣(导航仪 14)。

抽取

R	#	导航仪	推理
+	01	物理或化学参数改变	这件背心因空气而"膨胀"
+	12	局部质量	大多数暴露场所的保护
++	14	气动和液压结构	主导导航仪
	18	中介物	防止重大伤害
++	28	预先防范	这个词的直接意义，即采取事先防范措施

重新发明
趋势

拯救生命和减少摩托车事故受害者受伤的问题没有可靠的解决办法。有没有可能改进现有的方法或提出新的想法?

简化

操作区域：摩托车驾驶员的受保护身体部位。

重要参数是操作时间：摩托驾驶员开始坠落后，安全装置必须尽快操作。

宏观功能理想模型：X- 资源，在不造成不可接受的负面影响的情况下，与其他可用资源一起确保实现以下结果：快速可靠地保护坠落的摩托车驾驶员。

标准矛盾：

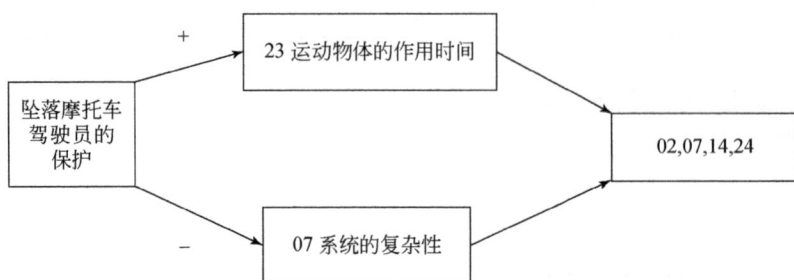

发明

据导航仪 14 的想法，日本公司"Mugen Denko"为摩托车手生产救生衣。其工作原理与海上救援用充气救生衣相同。充气救生衣通过一根钢索固定在摩托车上，该钢索连接到一个小型压缩二氧化碳罐的阀门上。如果摩托车驾驶员开始从车上摔下来，钢索会伸展并打开阀门，救生衣会立即充气，从而保护摩托车驾驶员不受伤害。

缩放

消除了标准矛盾。

注意：当摩托车驾驶员完成正常行程后下车时，钢索不得激活，且必须自动分离。

15 抛弃或再生	a）完成任务并且不再是物体的一部分的零件应予以处理（溶解、蒸发等）； b）在工作中应立即更换物体的使用部分。

例 . 墨水消失
简介

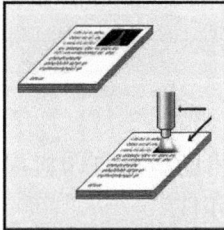

日本东芝公司开发出的电脑打印机墨水加热后几乎完全无色(导航仪15)。

抽取

R	#	导航仪	推理
+	01	物理或化学参数改变	改变墨水的状态
++	09	颜色改变	改变墨水颜色
+	12	局部质量	只有墨水消失了
++	15	抛弃或再生	主导导航仪
+	26	相变	使用特殊的物理效果

重新发明
趋势
如何减少废纸的数量？
简化
必须保证纸张的重复使用。然而，去除穿透纸中纤维的着色物质并不简单。已知的尝试使纸张变得无用。

操作区域：印刷后的纸张表面。

微观功能理想模型：物质或能量颗粒形式的 *X-* 资源位于操作区域内，确保与其他可用资源一起达到以下结果：干净的纸。

标准矛盾：

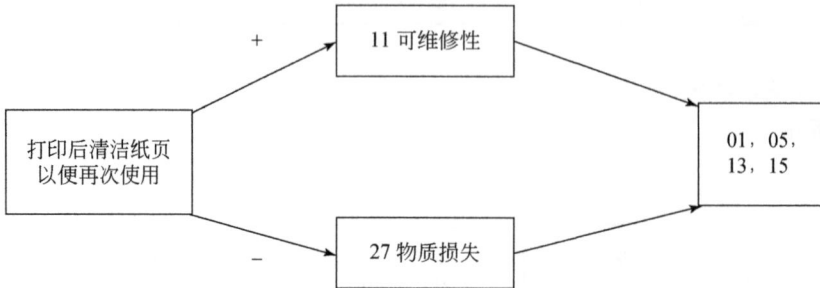

发明

根据导航仪 15 的观点：日本东芝公司开发出的电脑打印机墨水，加热到 180℃时几乎完全脱色。这种纸至少适合粗糙的复印件。

缩放

消除了标准矛盾。

超级效应 1：东芝公司计划利用办公设备（如空调）产生的"无用"热量生产特殊的热室。

超级效应 2：在工业规模上，这种用于初步纸张清洁的技术将大大方便处理来自办公室的废纸。

16 未达到或超过的作用	当难以完全达到预期效果时，应尽量少做一点或多做一点；这可以使任务更容易。

例 . 熔化安瓿
简介

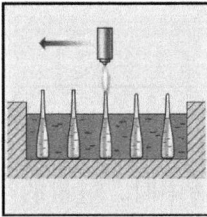

将药用安瓿浸泡在冷却液中，可以很快地将其密封起来，使其免受强热场的影响，但尖端会受到强烈加热(导航仪16)。

抽取

R	#	导航仪	推理
	10	复制	防止过热的系统副本
++	12	局部质量	只加热安瓿的尖端
++	16	未达到或超过的作用	主导导航仪
+	18	中介物	冷却液（水）从安瓿中吸走过多的热量
+	28	预先防范	安瓿预先安装在冷却液中

重新发明
趋势

长期以来，密封安瓿一直是一个难题，因为加热安瓿的上部会导致热量分布在安瓿的整个表面，从而损害了安瓿所装的物质。如何改进安瓿封口工艺?

简化

操作区域：安瓿（玻璃）顶端的材料、安瓿（玻璃）主体、安瓿内空间、加热热场（燃烧器火焰、激光束）、空气。

主要问题：防止热量分布到整个安瓿。

操作时间：加热时间加上传热时间，在任何情况下，缩短操作时间都是合理的。

最大功能理想模型：操作区域本身确保实现以下结果：快速密封安瓿而不损

坏里面的药物。

微观功能理想模型：物质或能量颗粒形式的 X- 资源位于操作区域内，确保实现最大功能理想模型。

标准矛盾模型：

影响，状态，物体					
把安瓿的尖端加热到熔点					
（＋）- 因素			（－）- 因素		工具箱
—	34	温度	—	07	系统的复杂性	05，16，19

发明

关键方法是导航仪 16，当安瓿的主体浸入冷却液中时，过量的热场被送入加热区。

这是对导航仪 05 的一个有效解释，其中日益密集的热场的影响从有害的（当安瓿被环境空气冷却时）变为有用的（当安瓿被特殊液体冷却时）。

缩放

标准矛盾已消除。

系统超级效应 1：缩短运行时间。

系统超级效应 2：安瓿内的药物不再受损。

17 复合材料	从均质材料转变到组合。

例 . 隔绝噪声的窗帘
简介

在英国，已经发明了一种多层窗帘。其表面有大小不一的孔，可对声波进行机械过滤，使一组滤波器的聚合通带(aggregate pass band)近似于海浪的频谱(导航仪17)。

抽取

R	#	导航仪	推理
+	03	分割	普通窗帘被分为好多层
++	12	局部质量	不同直径的孔可以过滤相应波长的声波
++	17	复合材料	主导导航仪
++	31	多孔材料	各层有不同直径的孔
+	25	柔性壳体和薄膜	组合体拥有许多薄层

重新发明
趋势

因为一些尖锐的、出乎意料的声音，街道上的噪声特别大。普通的窗帘隔音效果不好。怎样才能减少噪声的影响呢？

简化

操作区域：窗口区域。

安装额外的大型窗帘以减少噪声。但是这很不方便，而且会减少光照。

微观功能理想模型：以物质或能量粒子形式存在的 X- 资源位于操作区域内，与其他可用资源一起确保取得下列成果：穿过窗户进入公寓的街道噪声被"弱化"。

标准矛盾模型：

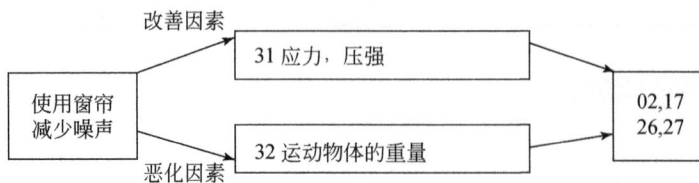

改善因素

| 31 应力，压强 |

| 32 运动物体的重量 |

恶化因素

02,17
26,27

发明

根据导航仪 17 的想法：在英国，已经发明了一种由多个薄透明层组成的窗帘。其表面有大小不一的孔，可对声波进行机械过滤，使一组滤波器的聚合通带近似于海浪的频谱。

缩放

标准矛盾被消除。

18 中介物	a) 使用另一个对象来传输一个动作; b) 暂时将一个对象与另一个(容易分开的)对象连接起来。

例 . 发光水流中的海豚
简介

在流动的水中发光的单细胞微生物被引入盐水池,以研究海豚的运动(根据导航仪18:中介物)。然后可以用高精度摄像机记录在海豚身体周围流动的水。

抽取

R	#	导航仪	推理
+	01	物理或化学参数改变	含有微生物的水的饱和度
+	09	颜色改变	显然是另一个主导导航仪
++	12	局部质量	根据需要改变颜色
++	18	中介物	主导导航仪
+	26	相变	使用特殊物理效果

重新发明
趋势

我们如何才能使海豚身体周围的水流清晰可见,并用照片或视频设备记录下来呢?在这些动物的身体上涂上特殊的染料需要大量的工作,且对海豚来说往往十分危险。

简化

操作区域:游动的海豚附近的水。

最大功能理想模型:操作区域本身确保达到以下结果:由海豚的运动而产生的水下流动是可见的。

微观功能理想模型:以物质或能量粒子形式存在的 X- 资源位于操作区域内,确保实现最大功能理想模型。

标准矛盾模型：

影响，状态，物体					
在海豚身体附近的水					
（+）-因素			（–）-因素		工具箱
海豚身体的表面	02	适应性，通用性	长期且安全的	04	可靠性	01，11，18

发明

发光的单细胞微生物被提前引入盐水池中（根据导航仪 18：中介物）。这些生物在流动的水中发光。用高精度摄像机录制的录像使我们能够确定海豚的身体周围的水是如何流动的。

有趣的是要注意导航仪 02（改变水本身的性质）和导航仪 11（相反的效果：给水染色，而不是海豚）也提供了很好的解释。

缩放

标准矛盾被消除。

强系统性的超级效应 1：海豚身上什么都没有发生。

强系统性的超级效应 2：这种方法也适用于其他在水中运动的物体。

19 空间维数变化	a）对象的形状可以使其不仅可以以线性方式移动或放置，而且可以以二维方式放置在表面上；也可以从表面过渡到三维空间； b）从几个层面进行操作；提示或转动其侧面的对象；使用有问题的空间的背面； c）使用投射相邻空间或当前空间背面的光线。

例．三维卷尺
简介

用普通的卷尺测量通常意味着卷尺在不同的方向使用，如水平、垂直、其他角度。这意味着测量是在不同的维度进行的(导航仪19)。这样有可能构建房间的三个维度的表示。

抽取

R	#	导航仪	推理
++	04	机械系统替代	不进行"机械"测量；相反，传感器测量卷尺的角度要偏转和倾斜
+	12	局部质量	测量卷尺主体位置的变化
++	19	空间维数变化	主导航仪
	29	自服务	卷尺可以自己测量其自身位置的变化

重新发明
趋势

通过对直线长度和角度的大量测量，构建了复杂物体（隧道、洞穴、工业设施）的三维图像，其中某些主要的线相互紧密相连。这些操作是用不同的工具完成的，其工作量大，而且相对不精确。

简化

操作区域：在工作状态下的整个卷尺的主体（整个结构）。

最大功能理想模型：操作区域本身确保达到以下结果：测量卷尺相对于给定方向的方位。

微观功能理想模型：以物质或能量粒子形式存在的 X-资源位于操作区域内，确保实现最大功能理想模型。

标准矛盾模型：

影响，状态，物体						
确定卷尺的方向						
（+）- 因素			（-）- 因素			工具箱
不精确	06	测量精度	劳动密集	10	操作流程的方便性	03，11，15，19

发明

麻省理工学院（Massachusetts Institute of Technology）设计了一种卷尺，可以自动测量尺带展开部分的长度，用测向仪记录卷尺旋转方向，并使用一个传感器来确定角度（导航仪 19）。然后，这些参数被存储在一台便携式电脑中，这台电脑可以在其屏幕上构造出测量对象的三维图像。

缩放

标准矛盾被消除。

20 多用性	一个对象具有多个功能，因此不需要其他对象。

例 . 机器人拆卸旧洗衣机
简介

柏林工业大学开发了一种具有通用学习能力的机器人，用于拆除不再使用的复杂家用电器和工业设施(根据导航仪20的解决方案)。

抽取

R	#	导航仪	推理
++	10	复制	复制专业操作
+	12	局部质量	操作会自动调整
++	20	多用性	主导导航仪
+	36	反馈	机器人可以根据检测结果调整动作
	40	有效作用的连续性	机器人可以不间断地工作

重新发明
趋势
我们如何简化家用电器（如各种洗衣机）和不再使用的工业设备的拆解？
简化
操作区域：各种陈旧设备的拆除。

最大功能理想模型：操作区域本身确保达到以下结果：拆除旧机器的最佳技术。

微观功能理想模型： 以物质或能量粒子形式存在的 X- 资源位于操作区域内，确保实现最大功能理想模型。

标准矛盾模型：

影响，状态，物体						
拆除旧机器的技术						
（+）- 因素			（−）- 因素			工具箱
—	02	适应性，通用性	—	01	生产率	01，04，20，27

发明

有人建议将通用机器人编程，以便它们适应新的操作导航仪（根据导航仪 20）并教它们新的工作。

缩放

标准矛盾被消除。

强系统性的超级效应 1：机器人的通用性和在几乎任何可以想象到的复杂的结构中使用它们的可能性较高。

强系统性的超级效应 2：改进拆除旧设备和设施的过程，使得再利用这些设备的大型部件成为可能，或者将它们转换成不同的形式，而不是熔化它们。这也有助于减少环境污染。

21 变害为利	a）利用破坏性因素，特别是环境因素，以达到有益的效果； b）将一个消极因素与其他消极因素相结合来消除这个消极因素； c）改善破坏性因素，直到它不再造成损害。

例. 发电厂与木材副产品
简介

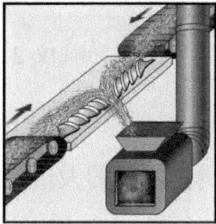

木材副产品(树皮、刨花和剩余物)可用于大型发电厂。可为锯木厂或邻近设施生产额外的电能，这可以弥补因收集大量木材废料造成的损失(导航仪21)。

抽取

R	#	导航仪	推理
+	01	物理或化学参数改变	燃烧木屑和锯末
++	10	复制	燃烧木头
	12	局部质量	木屑和锯末被转化为燃料
++	21	变害为利	主导导航仪

重新发明
趋势
大量的木材废料堆积在锯木厂和木材加工厂附近，这些木材废料之后会被分解。我们如何才能减少这种环境破坏？
简化
操作区域：在自然环境中，木材加工产生的废弃物会产生负面影响，即木材浪费本身。

最大功能理想模型：操作区域本身确保达到以下结果：减少木材加工过程中产生的废弃物对环境的破坏影响。

微观功能理想模型：以物质或能量粒子形式存在的 X- 资源位于操作区域内，确保实现最大功能理想模型。

标准矛盾模型：

影响，状态，物体					
木材加工的浪费					
（＋）- 因素			（－）- 因素		工具箱
自然环境被木材加工的浪费影响	14	物体产生的有害因素	额外的加工会降低生产力	01	生产率	01，06，21，23

发明

我们建议在当地发电厂燃烧木材加工产生的废料（根据导航仪 21）。

缩放

标准矛盾被消除。

额外能源的生产补偿了锯木厂和木材加工厂由附近堆积的大量木材废料而造成的损失。

22 曲面化	a）把对象的线性部分变成弯曲的物体，从平面变成球形，从立方体或平行六面体变成圆形结构； b）使用滚子、球和弹簧； c）通过使用离心力改变转向运动。

例 . 在体育馆攀岩
简介

德国波茨坦大学(University of Potsdam)的科学家们在旋转圆盘的基础上开发了一个特殊的支架(导航仪22)。圆盘上安装有攀岩支点，可以用作抓手和脚托。圆盘的旋转轴也可以改变位置。

抽取

R	#	导航仪	推理
+	06	机械振动	摇摆和翻滚（弯腰和弯曲）
++	07	动态化	圆盘旋转和倾斜
++	12	局部质量	改变圆盘轮廓
++	22	曲面化	主导导航仪
	24	增加不对称性	攀岩支点是不对称的

重新发明
趋势
如果静止模拟器提供的训练路线很少，我们如何改善攀岩运动员的训练？
简化
操作区域：训练模拟器的表面。

操作时间：训练时间；运动员很快就习惯了静止的"墙"。为了消除这一缺点，攀岩支点被手动重新排列。这是一个工作量大且低效的过程。

微观功能理想模型：X- 资源，在不造成不可接受的负面影响的前提下，与其他可用资源一起，确保达到以下结果：能够使用任何路线类型和无限的训练时间。

标准矛盾模型：

影响，状态，物体					
攀岩者训练模拟器					
（+）- 因素			（−）- 因素		工具箱
需要更长（无限）的训练路线	15	运动物体的长度	短路线变化少	02	适应性，通用性	03，07，16，22

发明

根据导航仪 22 的想法：来自德国波茨坦大学的科学家们在旋转圆盘的基础上开发了一个特殊的支架（导航仪 22）。圆盘上安装有突出物，可以用作抓手和脚托，圆盘的旋转轴也可以改变位置。

导航仪 07 也出现了。

缩放

标准矛盾被消除。

想法的发展：在主题公园里，展台也是一个很好的景点。

23 惰性环境	a）用惰性的物质替换普通介质；
	b）在真空中完成一个过程。

例. 雾气的消散
简介

长期以来，粉状干冰一直用于驱散云层。现在德国气象学家已经成功地用它来驱散机场的雾气（导航仪23）。

抽取

R	#	导航仪	推理
++	01	物理或化学参数改变	空气中小水滴的冻结
+	05	抽取	水滴通过沉降与空气分离
+	21	变害为利	给空气大幅度降温
++	23	惰性环境	主导导航仪
+	26	相变	水滴从空气中吸收热量

重新发明
趋势

众所周知，飞机着陆十分复杂，并且在雾天很危险。那么有可能使雾气消散吗？

简化

操作区域：机场起降跑道上方的空间。

操作时间：飞机着陆的时间。

微观功能理想模型：X-资源，在不造成不可接受的负面影响的前提下，与其他可用资源一起，确保达到以下结果：雾气消散。

标准矛盾模型：

影响，状态，物体					
雾气的消散					
（＋）- 因素			（－）- 因素		工具箱
机场着陆跑道上方的空间	20	静止物体的体积	由于高湿度和低气温，雾持续存在	13	作用于物体的有害因素	08，13，15，23

发明

根据导航仪 23 的想法：粉末干冰长期以来被用来驱散云层。现在德国气象学家已经成功地利用它来驱散机场的雾。一分钟后，细小的冰晶出现在空气中，很快就落到地上。

出现的其他导航仪：08 周期性作用，13 廉价替代品，15 抛弃或再生。

缩放

标准矛盾被消除。

24 增加不对称性	a）从对象的对称形状移动到非对称性的形状；
	b）如果对象已经非对称，则增加其非对称性程度。

例 . 水平试管
简介

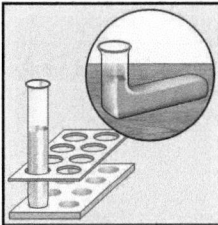

试管既要有弯曲的形状，又要有平坦的底座，这样它就可以放在没有特殊框架的桌子上。这有望简化这些仪器的使用(导航仪24)。

抽取

R	#	导航仪	推理
+	05	抽取	物体是稳定的
++	10	复制	花瓶或杯子的复制
+	19	空间维数变化	试管在"平面"内弯曲，而非沿"直线"拉伸
++	24	增加不对称性	主导航仪
+	29	自服务	试管是独立的

重新发明
趋势

典型的试剂管是圆柱形的，所以在使用时需要立在桌子上，否则里面的液体会流出来。然而，在工作时手边有几个试剂管是非常有用的。可试管架占用了很大的空间。我们如何才能解决这个问题？

简化

操作区域：试管，使试管保持垂直的试管架。

最大功能理想模型：操作区域本身确保达到以下结果：丢弃框架，同时保持试管口不闭合的功能。

微观功能理想模型：X- 资源，在不造成不可接受的负面影响的前提下，与其他可用资源一起，确保达到最大功能理想模型。

标准矛盾模型：

影响，状态，物体					
试管					
（＋）- 因素			（－）- 因素		工具箱
支撑面积不足	18	静止物体的面积	没有支撑无法站立	10	操作流程的方便性	16，24

发明

我们建议研制一种"不对称"试管（根据导航仪 24）。这种试管必须具有弯曲的形状和平坦的底座，以便它不需要特殊支架就可以立在桌子上。

缩放

标准矛盾被消除。

缺点：这种试管会突然掉下来，这种情况在使用试管架时是不可能发生的。

25 柔性壳体和薄膜	a）采用柔性盖层和薄层代替常用结构；
	b）将对象从外部具有柔软的覆盖层或薄层的世界中分离出来。

例 . 雪崩中的营救
简介

德国企业家彼得·阿肖尔(Peter Aschauer)发明了一种新的救援设备——用亮橙色尼龙制成的雪崩安全气囊（导航仪25）。安全气囊装在一个小背包里，当使用者有被埋在雪里的危险时，就会从一个小圆筒状容器中释放出压缩氮气来充气。

抽取

R	#	导航仪	推理
+	10	复制	救生圈或救生衣的复制品
++	14	气动和液压结构	气囊充满了压缩空气
++	25	柔性壳体和薄膜	主导导航仪
+	28	预先防范	可以被认为是第二个主导导航仪
+	33	减少有害作用的时间	气囊充气很快

重新发明
趋势
　　每年都有几十名登山者和滑雪者由于雪崩死在山中。当一场雪崩意外发生时，很少有时间进行旨在确保安全的演习。我们能增加生还的机会吗？
简化
　　操作区域：雪崩中的空间。
　　操作时间：雪崩运动的时间。已知的复杂和相对有效的设备过于沉重。
　　微观功能理想模型：X- 资源，在不造成不可接受的负面影响的前提下，与其他可用资源一起，确保达到以下结果：雪崩中的营救。

标准矛盾模型：

影响，状态，物体					
雪崩中的营救					
(+) - 因素			(−) - 因素		工具箱
—	07	系统的复杂性	—	32	运动物体的重量	10，15，25，26

发明

根据导航仪 25 的说法：德国企业家彼得·阿肖尔发明了一种新的救援设备——一种由亮橙色尼龙制成的雪崩安全气囊（导航仪 25）。这个安全气囊被装在一个小背包里，当使用者有被埋在雪下的危险时，就会从一个小圆筒状容器中释放出压缩的氮气来充气。

导航仪 10 复制也存在：使用充气救生衣进行水上救援的原理。

缩放

标准矛盾被消除。

26 相变	充分利用相变过程中发生的现象，如体积变化、辐射、吸收热量等。

例 . 冷却枪
简介

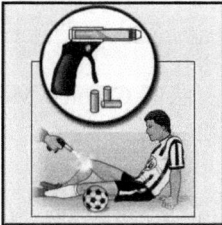

为了快速冷却受伤区域，法国Cryonic Medical 公司提供枪形便携式冷却装置。 扣动扳机时，枪会发出一团干冰(导航仪26)。

抽取

R	#	导航仪	推理
+	10	复制	枪的形状很方便
++	14	气动和液压结构	使用压缩空气
++	26	相变	主导导航仪
+	28	预先防范	枪是预先装好的

重新发明
趋势
众所周知，许多损伤如瘀伤、扭伤、脱臼需要冷却以获得镇痛和抗水肿的效果。然而，冷却剂的存储及其向受伤区域的精确输送需要使用非常不方便的装置。如何提高使用冷却剂的效率?

简化
操作区域：受伤的地方。

操作时间：在受伤事件发生后的短时间内。

微观功能理想模型：X- 资源，在不造成不可接受的负面影响的前提下，与其他可用资源一起，确保达到以下结果：用于将冷却剂精确输送到受伤部位的便利装置。

标准矛盾模型：

		影响，状态，物体				
		输送冷却剂到伤处				
(＋)-因素			(－)-因素			工具箱
—	05	制造精度	—	18	静止物体的面积	05，06，14，26

发明

根据导航仪 26 的想法：为了快速冷却受伤部位，法国 Cryonic Medical 公司提供枪型便携式冷却设备。扣动扳机时，枪会发出一团干冰。

导航仪 14 气动和液压结构也出现了。

缩放

标准矛盾被消除。

效果：半分钟内，"喷射"的干冰将受伤部位的温度从 33℃降低到 2℃。

27 热膨胀	a）加热时充分利用材料的膨胀（或减少）； b）利用具有不同热膨胀系数的材料。

例 . 神奇的包装
简介

美国希悦尔公司开发了各种尺寸的高弹性聚乙烯塑料袋。机械或热冲击引发聚合物泡沫的产生，然后均匀地分布在塑料袋的内部（导航仪27）。

抽取

R	#	导航仪	推理
++	01	物理或化学参数改变	增加材料的体积
+	04	机械系统替代	一种"巧妙的"材料代替各种填充物
+	05	抽取	引入新属性：完全填充整个空白空间
+	10	复制	复制充气结构
++	27	热膨胀	主导导航仪

重新发明
趋势

运输不便物品（即具有许多突出部件的物品）和易碎物品（如玻璃制品）的问题是众所周知的。我们怎样才能让用于包装这些物品的材料更为致密，且不会损坏它们。

简化

操作区域：包装箱内的空间。

普通包装材料如颗粒的应用，需要对物品进行额外的固定，如在长时间的运输过程中，物品会移动到箱体壁上，不受包装材料的保护。

微型功能理想模型：X- 资源，在不造成不可接受的负面影响的前提下，与其他可用资源一起，确保达到以下结果：可靠而"小心"地固定箱内物品。

标准矛盾模型：

影响，状态，物体						
易碎或运输不便物品的密集包装						
(+) - 因素			(−) - 因素			工具箱
—	19	运动物体的体积	—	31	应力，压强	01，20，26，27

发明

根据导航仪 27 的想法：美国希悦尔公司已经开发出各种尺寸的高弹性聚乙烯袋。机械或热冲击会引发聚合物泡沫的产生，然后聚合物泡沫会均匀地分布在塑料袋内部。

导航仪 01 和 20 也使用到了。将处于"流体"状态的泡沫转化为"固体"状态（导航仪 01 物理或化学参数改变）。这种泡沫使包装任意形式的物品成为可能（导航仪 20 多用性）。

缩放

标准矛盾被消除。

| 28 预先防范 | 提前采取安全措施，提高相对较差环境的安全性。 |

例 . 飞机的降落伞
简介

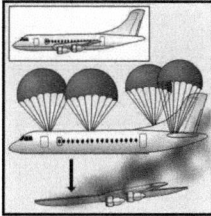

乘客舱的降落伞可以在飞机失事时挽救乘客(导航仪28)。货物部分、机翼与发动机的"多余"重量可以被分离和丢弃，从而减轻降落伞的负担(就像它本身的重量一样)。

抽取

R	#	导航仪	推理
++	03	分割	将飞机分成若干部分
+	05	抽取	贵重物品与坠落的飞机"分离"
++	10	复制	人的降落伞的复制品
++	28	预先防范	主导导航仪
++	34	嵌套	降落伞隐藏在机身内

重新发明
趋势

在航空事故中，主要目的是拯救乘客。我们怎样才能达到这个目标?

简化

操作区域：载有乘客的失事飞机的客舱部分。

我们注意到以下理想解决方案的制定,因为我们不能依赖任何外部标准因素。

最大功能理想模型：操作区域本身确保达到以下结果：失事飞机的乘客安全着陆。

微观功能理想模型：以物质或能量粒子形式存在的 X- 资源位于操作区域内,确保实现最大功能理想模型。

标准矛盾模型：

影响，状态，物体					
载有乘客的失事飞机的客舱部分					
（＋）- 因素			（－）- 因素		工具箱
乘客获救	04	可靠性	大型飞机	16	静止物体的长度	04，07，14，28

发明

根据导航仪 28，在飞机上预先安装了降落伞系统。

此导航仪与下列导航仪一起使用：

05 抽取——乘客（位于乘客舱）与故障飞机分离；

03 分割——飞机分为需营救部分和不需营救部分；

29 自服务——机舱自救。

在将来，这个例子可以用恶化因素 32 运动物体的重量进行补充，并且可以对阿奇舒勒矛盾矩阵进行相关的补充。

缩放

标准矛盾被消除。

29 自服务	a）对象本身具有辅助和修理功能； b）重复使用废物（能源、材料）。

例 . 自我服务机器人
简介

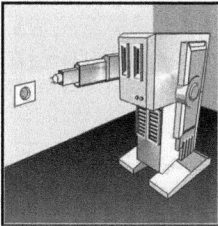

机器人有一个程序，指示其搜索指定的或任何附近的电源插座，为其蓄电池充电(导航仪29)。

抽取

R	#	导航仪	推理
+	05	抽取	所需的功能被分配给机器人
++	10	复制	模仿人类动作
+	28	预先防范	机器人被"训练"给自己提前插上电源
++	29	自服务	主导导航仪

重新发明
趋势

工业机器人和家用机器人的蓄电池需要定期充电。我们怎样才能为机器人的主人简化这项工作呢?

简化

操作区域：带有可充电的蓄电池的机器人。

最大功能理想模型：操作区域本身确保达到以下结果：蓄电池的充电。

微观功能理想模型：以物质或能量粒子形式存在的 X- 资源位于操作区域内，确保实现最大功能理想模型。

标准矛盾模型：

影响，状态，物体					
带有可充的蓄电池的机器人					
（+）- 因素			（−）- 因素		工具箱
—	10	操作流程的方便性	—	07	系统的复杂性	19，29

发明

根据导航仪 29，通过编程，机器人可以自己寻找指定的或任何附近的电源插座。

导航仪 28、10、19 和 20 可以被建设性地解释。

缩放

标准矛盾被消除。

这一原则在现实生活中经常用到。

30 强氧化剂	a）用增强型气流代替正常空气； b）用氧取代增强型气流； c）通过电离辐射影响空气或氧气； d）氧与臭氧的使用； e）用臭氧代替电离。

例 . 以溶解代替在牙齿上钻洞
简介

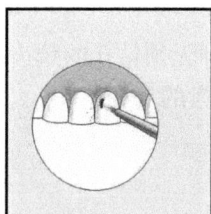

瑞典Mediteam公司发明了一种无须钻孔的龋齿治疗方法，使用一种特殊的混合物，可在不到半分钟内溶解牙齿的病变组织(导航仪30)。

抽取

R	#	导航仪	推理
++	01	物理或化学参数改变	牙齿病变组织溶解
+	10	复制	复制酸对病变组织的影响
+	12	局部质量	局部性质是确定的
+	21	变害为利	"溶剂"的有效应用
++	30	强氧化剂	主导导航仪

重新发明
趋势
通常需要在牙齿上钻孔，去除脆弱的病变组织，并放入填充物，以保持牙齿的清洁和稳定。我们能改变这个痛苦的手术并缩短手术时间吗？
简化
为了减少治疗时间，可以提高钻孔速度，但这可能导致健康组织被不必要地去除。

操作区域：牙齿上的疼痛部位。

操作时间：去除受影响的组织的时间。

微观功能理想模型： X- 资源，在不造成不可接受的负面影响的前提下，与其他可用资源一起，确保达到以下结果：无痛和精准去除不健康的组织。

标准矛盾模型：

影响，状态，物体						
去除牙齿病变组织						
（+）- 因素			（−）- 因素			工具箱
—	22	速度	—	27	物质损失	02，04，11，30

发明

根据导航仪 30：瑞典的 Mediteam 公司发明了一种无须钻孔的龋齿治疗方法，即使用一种特殊的混合物，可在不到半分钟内溶解牙齿的病变组织。

导航仪 04 机械系统替代也出现了。

缩放

标准矛盾被消除。

强系统性的超级效应：病变组织被快速无痛地去除，同时保护健康组织。

31 多孔材料	a）使对象多孔或补充使用多孔元件（插入物、覆盖物等）； b）如果对象已经由多孔材料构成，则可以预先用某种材料填充孔隙。

例. 椰子水的消毒
简介

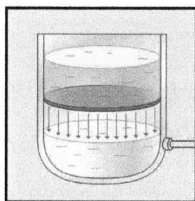

联合国粮食及农业组织(Food and Agriculture Organization of the United Nations)的专家开发了一种不需加热就能将椰子水消毒的方法，并申请了专利。用微孔过滤器过滤饮料，去除微生物及其孢子(导航仪31)。

抽取

R	#	导航仪	推理
	04	机械系统替代	膜结构的改进
+	05	抽取	有害物质从椰子汁中"分离"出来
++	10	复制	过滤器的复制
	12	局部质量	可以选择孔径的大小
++	31	多孔材料	主导导航仪

重新发明
趋势

每一个未成熟的椰子都含有大约 1.5 升透明、凉爽、酸甜的液体，可以解渴，并含有多种维生素、钾和糖。这就是所谓的"椰子水"。随着椰子成熟，水里充满了脂肪滴，变成了椰子汁。

椰子水不屈服于巴氏杀菌，它在加热时变酸；因此不能储存在罐子和瓶子里供以后出售。

简化

操作区域：用于处理椰子水的玻璃杯。

最大功能理想模型：X- 资源，在不造成不可接受的负面影响的前提下，与其他可用资源一起，确保达到以下结果：椰子汁的杀菌。

标准矛盾模型：

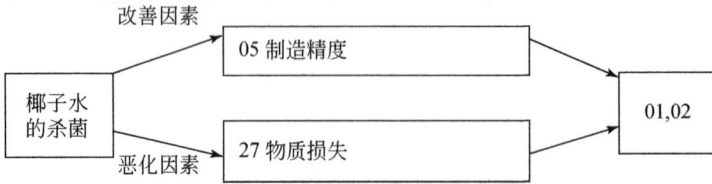

发明

根据导航仪 31 的想法： 联合国粮食及农业组织的专家开发了一种不需加热就能将椰子水消毒的方法，并申请了专利。用微孔过滤器过滤饮料，去除微生物及其孢子。

导航仪 01 物理或化学参数改变和导航仪 18 中介物也在解决方案中出现了。

缩放

标准矛盾被消除。

32 重量补偿	a）对与另一个对象有连接的物体的重量进行补偿； b）利用与外部环境的相互作用（如气动或水动力）来补偿对象的重量。

例 . 水的海运
简介

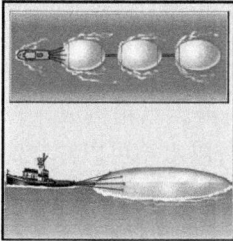

土耳其工程师提供了一种通过海洋运输方式运送大量淡水的方法，这种运输方式由长链状或网状的有机薄膜水箱构成，每个这样的水箱含有10 000立方米的水。因为淡水比海水轻，所以水箱可以浮在海面上(导航仪32)。

抽取

R	#	导航仪	推理
++	10	复制	浮冰的复制
++	11	反作用	不是把水装在船上，而是"把水装进水里"
++	14	气动和液压结构	利用淡水和海水密度的差别
++	32	重量补偿	主导导航仪
	35	合并	把水箱串起来形成一个环

重新发明
趋势

众所周知，世界上许多干旱地区存在缺乏饮用水的问题。有必要组织大量淡水的海上运输。

然而，这种运输需要大型轮船。我们如何确保大量淡水的运输？

简化

操作区域：储运大量淡水的容器。

微观功能理想模型： X- 资源，在不造成不可接受的负面影响的前提下，与其他可用资源一起，确保达到以下结果：大量淡水的运输。

标准矛盾模型：

影响，状态，物体						
大量淡水的运输						
(＋)-因素			(－)-因素			工具箱
—	32	运动物体的重量	—	30	力	02，06，27，32

发明

根据导航仪 32 的想法： 土耳其工程师提供了一种通过海洋运输方式运送大量淡水的方法，这种运输方式由长链状或网状的有机薄膜水箱构成，每个这样的水箱含有 10 000 立方米的水。因为淡水比海水轻，所以水箱可以浮在海面上。

缩放

标准矛盾被消除。

| 33 减少有害作用的时间 | 高速完成一个过程或部分（破坏性或危险的）阶段。 |

例 . 相反的桑拿：在 –110℃进行治疗
简介

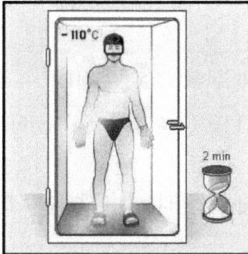

德国森德豪斯特市（Sendenhorst）的风湿病学家采用了一种不同寻常的治疗关节炎和风湿病的方法:将患者置于零下110℃至零下20℃的冷冻室内1~2分钟(导航仪33)。

抽取

R	#	导航仪	推理
+	11	反作用	使用冷冻代替加热
++	16	未达到或超过的作用	冷冻温度为–110℃
++	21	变害为利	强劲而短暂的冷冻被证明是有用的
+	26	相变	冷却皮肤表面
++	33	减少有害作用的时间	主导导航仪

重新发明
趋势

低温的治疗效果是众所周知的，如人们在冷水中洗澡、泡在冰洞里、桑拿后在雪地里打滚。那么我们怎样才能避免负面影响并使治疗效果最大化呢？

简化

操作区域：人类的皮肤，温度很低的空气（在一个特殊的房间里）。

操作时间：暴露于低温（冷空气）的时间。

最大功能理想模型：X- 资源，在不造成不可接受的负面影响的前提下，与其他可用资源一起，确保达到以下结果：冷空气的治疗作用。

标准矛盾模型：

影响，状态，物体						
冷空气下的治疗						
（＋）- 因素			（－）- 因素			工具箱
很低	34	温度	冻伤的危险	27	物质损失	14，26，31，33

发明

根据导航仪 33 的想法：德国森德豪斯特市的风湿病学家采用了一种不同寻常的治疗关节炎和风湿病的方法：将患者置于零下 110℃ 至零下 20℃ 的冷冻室内 1~2 分钟。

将皮肤冷却至 2℃。这个疗法能使病人在相当长一段时间内摆脱疼痛。

缩放

标准矛盾被消除。

超级效应：在治疗时减少使用常规药物。

不足：冷冻的危险仍然存在；因此，在进入房间之前，患者要戴上呼吸器并保护身体的某些部分。

发展思路：体育医生也采用这种治疗方法。据证实，短暂暴露于超低温下相当于一次很好的肌肉按摩，它还能改善血液供应并使运动员的耐力提高 20%。

34 嵌套	a）对象在一个对象内部，也在另一个对象内部，等等； b）物体穿过另一个物体的中空空间。

例 . 耳朵里的收音器
简介

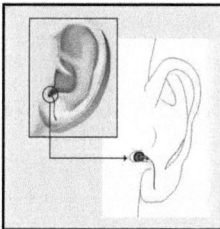

将接收器和合成器插入耳中，以便方便地收听到广播节目、手机的消息和其他信号（导航仪34）。

抽取

R	#	导航仪	推理
+	05	抽取	去除讨厌的电线
++	12	局部质量	将物体尽可能靠近"操作区域"
++	19	空间维数变化	反向使用：不是将对象"展开为一条线"，而是将其"折叠为一个点"
++	34	嵌套	主导导航仪

重新发明
趋势

我们怎样才能方便地收听到广播节目或电话？

简化

操作区域：人耳，耳机，从接收器或手机到耳机中的音频振荡器的电线。

主要问题是电线。收音机或移动电话是可见的。这说明一个有电线的音频设备正在使用时，设备移动的自由也受到限制，因为它们可能被损坏。

最大功能理想模型：操作区域本身确保达到以下结果：通过接收和播放设备感知音频信号。

微观功能理想模型：以物质或能量粒子形式存在的 X- 资源位于操作区域内，确保实现最大功能理想模型。

标准矛盾模型：

影响，状态，物体					
耳朵					
（+）- 因素			（−）- 因素		工具箱
引进一种新的听觉功能	01	生产率	减少需要的功能	16	静止物体的长度	10，22，25，34

发明

根据导航仪 34 的想法：接收器和合成器隐藏在耳朵里。

缩放

标准矛盾被消除。

系统超级效应：这一原理可广泛应用于制造与随身听、CD 播放机、移动电话等不同发射器兼容的通用接收器。

| 35 合并 | a）将相似的物体联合起来用于相邻的操作；
b）暂时将相似的物体联合起来用于相邻的操作。 |

例 . 一块表中的 10 000 个热元件
简介

手表底部安装了 10 000 个热微元件，以产生足够大的电能来为手表供电。微元件将手腕温度和周围环境温度之间的差异转换为电能(导航仪35)。

抽取

R	#	导航仪	推理
+	05	抽取	需要的特性（产生能量）被"引入"系统中
++	10	复制	使用了一万个热元件
+	19	空间维度变化	能量的来源不是"点"，而是位于"平面"内
++	26	相变	使用特殊的物理效果
++	35	合并	主导导航仪

重新发明
趋势

我们能生产出不需要经常更换电池的手表吗？有可能改进 10 千克重的汽车电池吗？

简化

操作区域：手表表壳、手表的动力来源、手表下的人体皮肤、环境（空气）。

最大功能理想模型：X- 资源，在不造成不可接受的负面影响的前提下，与其他可用资源一起，确保达到以下结果：

保证提供的电能腕表无须频繁更换电池或给电池充电。

标准矛盾模型：

影响，状态，物体						
手表能源产生						
(+) - 因素			(−) - 因素			工具箱
—	23	运动物体的作用时间	—	32	运动物体的重量	08，15，31，35

发明

10 000 个热微元件安装在手表的底部，产生足够大的电能为手表提供动力。这些微元件将手腕的温度和周围环境的温度的差异转化为电能（导航仪 35）。当手表被佩戴并移动时，系统会为手表本身提供动力，并为内部的蓄电池充电。手表不被佩戴时，蓄电池给它供电。

缩放

标准矛盾被消除。

| 36 反馈 | a）产生追溯影响；
b）改变已经存在的追溯影响。 |

例 . 自动取款机的钱
简介

西门子公司(Siemens)开发了一种计算机程序，可根据以前的使用数据确定每台自动取款机内的现金数量(导航仪36)。

抽取

R	#	导航仪	推理
	04	机械系统替代	自动化的使用
+	10	复制	人类行为的复制
++	11	反作用	从自动化设备接收所需信息，而不是从设备里检查这些信息
+	12	局部质量	每个自动化设备都知道自己的状态
++	36	反馈	主导导航仪

重新发明
趋势

太多的现金闲置在自动取款机里不是一件好事。德国有 5 万多台自动取款机，每台自动取款机的现金金额最高可达 40 万欧元。这通常是太多了，因为客户不能在自动取款机重新充值之前全部使用。这些钱（平均每台自动取款机里有 2 万～4 万欧元）将不再流通。我们能在每台自动取款机上存入最佳现金量的现金吗？

简化

操作区域：自动取款机里的钱。

我们能否提高自动取款机的经济效益和其用户友好度？在这种情况下，对所需现金数额的不精确估计是主要问题。

最大功能理想模型：操作区域本身确保实现以下结果：

自动取款中的最佳现金量。

微观功能理想模型：以物质或能量粒子形式存在的 X- 资源位于操作区域内，确保实现最大功能理想模型。

标准矛盾模型：

影响，状态，物体					
存入自动取款机的钱					
(+) - 因素			(−) - 因素		工具集
—	10	操作流程的方便性	—	05	制造精度	01，03，36

发明

西门子开发了一种电脑程序，根据以往的使用数据，确定每台自动取款机上的现金数量。

缩放

标准矛盾被消除。

据估计，这一计划每年可以重新流通超过 5000 万欧元。

基于导航仪 36 反馈的解决方案的一个明显的发展是在自动取款机上安装传感器来估计剩余的钱和新存款的信号。

37 等势	改变工作条件，使其不必升降物体。

例. 浴缸的门
简介

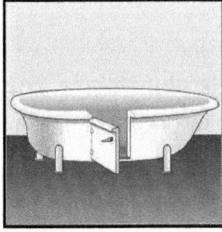

为了使老年人和患者更安全便利地进出浴缸，为浴缸配备了一个门，当浴缸是空的时，该门可以打开，而当浴缸里装满了水时，该门紧密关闭(导航仪37)。

抽取

R	#	导航仪	推理
	02	预先作用	在浴缸的保守结构中引入一个"动态"元素
++	19	空间维数变化	反向使用现有技术：在平面内而不是在其（浴缸）上方移动
++	11	反作用	首先进入浴缸，然后装满水
++	12	局部质量	门位于合适高度
++	37	等势	主导导航仪

重新发明
趋势

在没有外部帮助的情况下，老年人和患者进出浴缸十分困难和危险。我们如何改进这一过程？

简化

操作区域：浴缸。

操作时间：当一个人进入或走出浴缸的时候。

宏观功能理想模型：X- 资源，在不造成不可接受的负面影响的前提下，与其他可用资源一起，确保达到以下结果：

安全舒适地进出浴缸的方式。

标准矛盾模型：

影响，状态，物体					
安全舒适地进出浴缸的方式					
（＋）- 因素			（－）- 因素		工具箱
—	32	运动物体的重量	—	37	运动物体的能量消耗	01，15，31，37

发明

根据导航仪 37：为了使老年人和患者更安全便利地进出浴缸，为浴缸配备一个门，当浴缸是空的时候，该门可以打开，而当浴缸里装满了水时，该门紧密关闭。

缩放

标准矛盾被消除。

| 38 均质性 | 与相关对象交互的对象必须由相同的材质（或具有相似属性的材质）制成。 |

例 . 可粘接或焊接的衬衫（电焊！）
简介

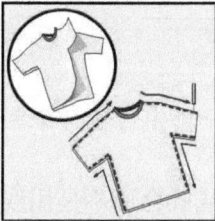

英国剑桥的焊接研究所用激光焊接了一件合成纤维制成的衬衫(导航仪38)。

抽取

R	#	导航仪	推理
++	01	物理或化学参数改变	材料熔化
+	10	复制	金属焊接的复制
++	38	均质性	主导导航仪

重新发明
趋势
有没有可能做一件衬衫而不使用纺织技术？
简化
布通常在用线缝在一起的时候会撕裂。它发生在撕裂力过大的情况下，尤其是在人造面料的工作服制作中。

操作区域：衣服的接缝。

操作时间：各部分连接的时间。

微观功能理想模型： X- 资源以物质或能量粒子的形式存在于操作区域内，并与其他可用资源一起确保实现以下结果：

衣服上各部分的可靠连接。

标准矛盾模型：

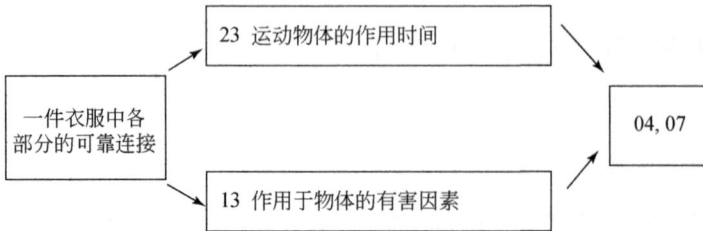

```
                    ┌────────────────────────────┐
                    │  23 运动物体的作用时间        │────┐
                    └────────────────────────────┘     │
   ┌──────────┐                                        ↓
   │ 一件衣服中各 │                                    ┌─────────┐
   │ 部分的可靠连接 │                                   │ 04, 07  │
   └──────────┘                                        └─────────┘
                    ┌────────────────────────────┐     ↑
                    │  13 作用于物体的有害因素       │────┘
                    └────────────────────────────┘
```

发明

根据导航仪 38：在英国剑桥的焊接研究所，一件由合成纤维制成的衬衫被激光焊接在一起。

导航仪 04 机械系统替代也出现了：通过焊接或胶合而不是用线缝来连接材料的想法已经实现。

缩放

标准矛盾被消除。

39 预先反作用	如果任务的条件是需要采取行动，则应提前采取相反的行动。

例 . 药瓶盖
简介

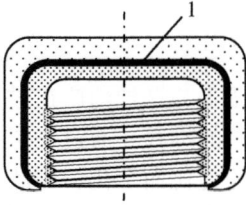

英国索尔福德大学（Salford University）的工程师发明了一种特殊的药瓶盖，这种药瓶在过期后不能再打开(导航仪39)。

抽取

R	#	导航仪	推理
++	01	物理或化学参数改变	定期销毁胶水
+	11	反作用	不是被粘在瓶子上，内部的瓶盖从外部瓶盖上"脱胶"，然后瓶盖开始自由旋转
+	18	中介物	不能拧开瓶盖，以防止过期药品的使用
++	39	预先反作用	主导导航仪

重新发明
趋势
我们如何确保药物在过期后不会被意外服用？
简化
操作区域：有药物的容器，特别是一个玻璃管，螺帽螺纹管，药瓶，环境（空气）。

我们可以这样解释这个问题：它将是有益的，不使药瓶的建设更加复杂。需要某种未知的 X- 资源来阻止药物过期后的使用，但又不损害药瓶的用户友好性。

在药瓶上标示警告是不舒服的，因为使用者必须经常检查药物是否过期。

最大功能理想模型：操作区域自身保证达到以下效果：

药物过期后不可能意外服用。

微观功能理想模型： X- 资源以物质或能量粒子的形式存在于操作区域内，

保证达到最大功能理想模型。

标准矛盾模型：

影响，状态，物体						
密封的药瓶						
（+）- 因素			（−）- 因素			工具箱
需要一种简单的方法来防止误食药物	07	系统的复杂性	使用药管一定会变得更方便	10	操作流程的方便性	10，18，39

发明

英国索尔福德大学的工程师发明了一种特殊的药瓶盖，这种药瓶在过期后就不能再打开了。螺旋线圈被切进管子和内盖，随着时间的推移，通过一层聚合物胶水的作用，内盖慢慢融化。胶水的状态会随着时间的变化而变化，因此可以调节其对内盖的影响，使其与到期时间相匹配。当胶水完全溶解后，外盖可以自由转动，因此"智能地"抵抗所有打开药瓶的努力（39 预先反作用）。这是该药物不应再被使用的信号。

在这个过程中，导航仪 10 和 18 也起作用了。

缩放

标准矛盾被消除。

40 有效作用的连续性	a）所有部件在全部连续工作的情况下不中断地完成工作； b）消除空转和中断。

例 . 用熨斗进行治疗
简介

美国宝洁公司（Procter & Gamble）为一种熨烫时的吸入药剂治疗方法申请了专利，方法是在蒸汽发生器中注入含有药物的水(导航仪40)。

抽取

R	#	导航仪	推理
++	10	复制	吸入药剂的复制
+	11	反作用	药物自己主动给患者，而不是患者去吃药
+	12	局部质量	药物正好送到需要的地方
++	29	自服务	药物自己就会出现在患者身上（见11）
++	40	有效作用的连续性	主导导航仪

重新发明
趋势

治疗卡他性疾病时，经常使用混有治疗物质的热湿空气的雾化疗法。有时吸入时间相当长。那么能否使它不仅能与看电视相结合，而且能与一些合适的家务相结合？

简化

在任何工作过程中，药物必须通过温暖潮湿的空气（蒸汽、雾）到达呼吸器官（口、鼻）中。

操作区域：脸周围的空间。

操作时间：吸入的时间，配合适当的家务劳动。

微观功能理想模型：X- 资源以物质或能量粒子的形式存在于操作区域内，并与其他可用资源一起确保实现以下结果：

用湿热空气将药物输送到呼吸器官。

标准矛盾模型：

影响，状态，物体						
吸入药物的传送						
（＋）- 因素			（－）- 因素			工具箱
大量喷洒一种药物	36	功率	—	07	系统的复杂性	08，15，25，40

发明

根据导航仪 40：美国宝洁公司为一种熨烫时的吸入药剂治疗方法申请了专利，方法是在蒸汽发生器中注入含有药物的水。

缩放

标准矛盾被消除。

超级效应：亚麻织物具有怡人的香味。

|S36| 阿奇舒勒物理矛盾 - 目录
（和重新发明）

1 空间分离	系统空间的一部分具有属性 A，而系统空间的另一部分不具有属性 A

例. 队列排序
简介

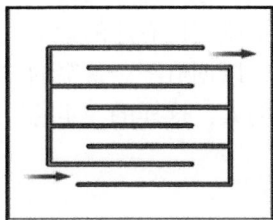

为了消除建筑物(博物馆、剧院、展览馆)前出现人群混乱的可能，该区域被重新组织，建立分隔的建筑，形成一个狭窄的走廊，人们只能一个接一个地步行前来(空间转换)。

重新发明
趋势

当人们试图通过一些狭窄的通道（如出入口或闸机口）时，冲突和某些威胁就会出现。在这种情况下，人们并不总是能够有序地运动。我们如何鼓励他们依次前进呢？

简化

操作区域：入口（如建筑物的入口）前的一大群人。

操作时间：从人们开始聚集到通过入口的时间间隔（如进入大厦）。

根本矛盾模型：

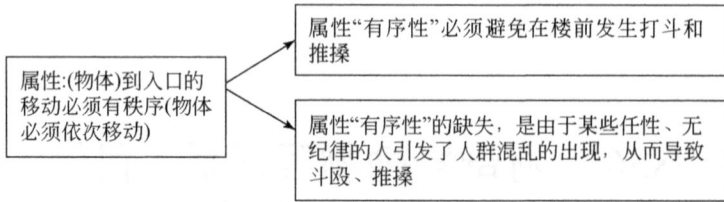

宏观功能理想模型：X- 资源，在不造成不可接受的负面影响的前提下，与其他可用资源一起，确保达到以下结果：

排队前进有序。

最大功能理想模型：操作区域本身确保实现以下结果：

排队前进有序。

微观功能理想模型：X- 资源以物质或能量粒子的形式存在于操作区域内，保证获得最大功能理想模型。

发明

只有限制移动对象在空间中的自由移动，才能实现在队列外不可能移动的要求。因此，根据空间转换的基本技术，它被重新定义为空间分割冲突的对象，这样他们就不能以冲突的方式相互作用。为了在队列中产生或支持有序的运动，这可能意味着要建立分隔的建筑，如栅栏、墙壁、灌木等，以创造一条狭窄的"走廊"通向入口。如果我们想要入口前面的空间容纳大量的人，这样的"走廊"可以被塑造成覆盖整个区域的"蛇形"。

本例中的 X- 资源是划分好的构造。

缩放

根本矛盾被消除。

位于冲突区域外的系统的一部分拥有一个属性（自由的无组织空间），而位于冲突区域内的系统的另一部分拥有相反的属性（通过划分和引导结构来组织空间）。

这一原则在现实生活中得到了广泛的应用。

需要指出的是，这一解决方案的关键作用是结构转型。

| 2 时间分离 | 在一个时间间隔内系统具有属性 A，反之，在另一个时间间隔，不具有 A 属性 |

例 . 同一水平线的交叉路口
简介

为了在物理上消除车辆在同一水平线上行驶时发生碰撞的可能性，使用特殊的信号系统(如交通灯或交通督导员)对冲突的交通流进行时间划分，这些信号系统控制着车辆的运动顺序(时间转换)。

重新发明
趋势

车辆在穿越交通路线时有相撞的风险，如在十字路口。我们怎样才能防止这种碰撞呢？

简化

操作区域：交通路线交叉口，冲突的车辆。

操作时间：车辆在穿越路线时同时到达交通路线交叉口的时间间隔。

在这个例子中，有可能形成几个根本矛盾。然而，无论怎么说，我们都必须界定参与者和矛盾演变的条件。

根本矛盾模型：

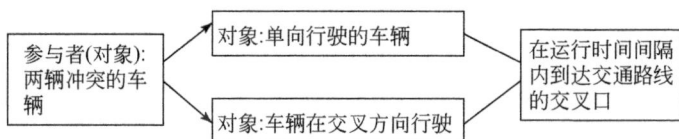

宏观功能理想模型：X- 资源，在不造成不可接受的负面影响的前提下，保证与其他可用资源一起达到以下效果：

车辆不可能相撞。

发明

只有在物体之间没有空间接触的情况下，才能实现不出现物理相互作用的要求。因此，根据时间转换的基本技术，它被重新定义为在时间上划分冲突的对象，使其不能以冲突的方式在空间上进行交互。

关于交通路线，这可能意味着冲突的物体必须轮流穿过十字路口。为了实现这一目标，十字路口都安装了交通信号灯。

本例中的 X- 资源是交通灯，以及根据特定交通灯信号穿越十字路口的规则（信息资源）。

缩放

根本矛盾被消除。

系统在一个时间间隔内具有一个属性（允许车辆从一个方向通过交叉口），在另一个时间间隔内具有相反的属性（允许车辆从另一个方向通过交叉口）。

这一原则在现实生活中得到了广泛的应用。例如，飞机、火车和船舶被指定一定的时间间隔，在此期间它们可以起飞、降落，或到达（或离开）火车站和海港等。

需要指出的是，这一解决方案的关键作用是结构转型。

3 整体与部分分离	系统的某些元素具有属性 A，而其他元素或系统作为一个整体具有非 A 属性

例 . 紧急逃生滑梯
简介

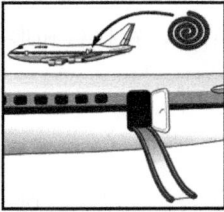

为了制造一个紧急逃生滑梯，使它在使用时耐用且稳固，在不使用时卷起并灵活，滑梯由几个连接的弹性管道组成，这些管道通过压缩空气充气(结构转换)。

重新发明
趋势

逃生滑梯必须足够长，足够耐用，使乘客能够在飞机紧急迫降时迅速离开飞机而不受伤害。例如，它可以以备用梯子的形式制成。但当不使用时，这种滑梯（即使梯子是可折叠的）不会在飞机内部占据太多的空间。此外，它可能相当重。我们如何才能设计一个更紧凑（在可能的范围内）更轻的逃生滑道？

简化

操作区域：紧急逃生滑梯。

操作时间：滑梯被乘客用来离开飞机的间隔时间。

"操作前"和"操作后"时间：滑梯不使用并储存在飞机上的时间间隔。

根本矛盾模型：

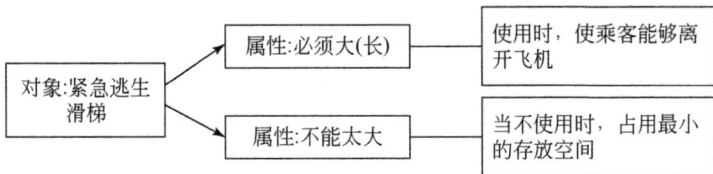

宏观功能理想模型：*X-* 资源，在不造成不可接受的负面影响的前提下，与其他可用资源一起，确保达到以下结果：

紧急逃生滑梯，不使用时小巧轻便，使用时稳固而耐用。

最大功能理想模型：操作区域自身保证达到以下效果：

具有宏观功能理想模型定义的属性的可转换紧急逃生滑梯。

发明

对象必须同时具有不相容属性，只能通过多个资源的同时转换来实现，其中一个资源起主导作用。对于紧急逃生滑梯，这意味着它必须由几个连接的弹性管道（"柔性"结构元素）组成。当不使用时，滑梯有一个相对较小的重量，并作为一个相对紧凑的物体存储。当使用时，滑梯被压缩空气充气，变得又长又耐用（"稳固"），使乘客能够逃离飞机。

这个例子中的 X- 资源是新的滑梯的弹性、动力结构、新材料和形状，以及压缩空气填充弹性管道。

缩放

根本矛盾被消除。

系统作为一个整体（滑梯作为连接的弹性管道的集合），为了达到一个目的，具有一个特性（"灵活性"，即能够像一卷纸存储起来），以及相反的属性（"稳固性"，即可展开使用，管道内充满压缩空气）作其他用途。

超级效应：与以前使用的结构相比，这种滑梯的重量要轻得多。

需要指出的是，这一解决方案的关键作用在于空间、物质和能量资源的转换。

4 条件分离	为一个目的，材料具有属性 A；为另一个目的，它具有非 A 属性

例. 预闪
简介

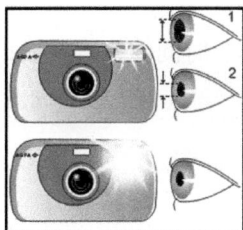

为了防止在拍摄闪光辅助照片时出现"红眼效应"，许多相机在启动主闪光灯之前，会先有一个或几个较小的短闪光(物质和能量转换)。这样，瞳孔缩小，主闪光灯到达视网膜的光线减少。

重新发明
趋势

长期以来，闪光辅助彩色摄影一直受到"红眼效应"的困扰。我们怎样才能解决这个问题？

简化

操作区域：瞳孔和从闪光灯产生的光。

操作时间：主闪光灯运行时间。

最大功能理想模型：X- 资源，在不造成不可接受的负面影响的前提下，与其他可用资源一起，确保达到以下结果：

瞳孔颜色正常（黑色）。

根本矛盾模型：

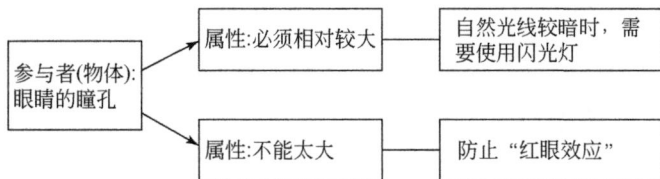

发明

对象必须同时具有不相容属性，只能通过多个资源的同时转换来实现，其中一个资源起主导作用。根据物质（能量）的根本性转换，许多相机在拍摄闪光辅助照片时，会在主闪光灯前使用一个或几个较小的短闪光（预闪光）。这些预闪光使瞳孔收缩，从而减少到达视网膜并被其反射的光量。

本例中的 X- 资源是来自预闪光的光线，它在操作时间间隔开始之前将瞳孔带到所需的（收缩的）状态。

缩放

根本矛盾被解决。

相关元素或整个系统（瞳孔）具有一个属性（"大"或在正常状态下膨胀）用于一个目的，而相反的属性（"小"或在主闪光灯启动时收缩）用于另一个目的。

应该注意的是，通过将部分操作转移到"预操作"时间内执行转换，已经获得了有效的解决方案。

该解决方案还使用了空间资源的转换。

|S37| 专业术语及缩略词

|S38| **AIMTRIZ 的主要网站**

www.mtriz.com
www.modern-triz-academy.com
www.gramtriz.com